普通高等教育土建学科专业"十二五"规划教材
高校建筑电气与智能化学科专业指导委员会
规划推荐教材

建筑供配电与照明

下册

郭福雁　黄民德　主编
谢秀颖　　　　　主审

中国建筑工业出版社

图书在版编目(CIP)数据

建筑供配电与照明 下册/郭福雁，黄民德主编. —北京：中国建筑工业出版社，2014.2
普通高等教育土建学科专业"十二五"规划教材. 高校建筑电气与智能化学科专业指导委员会规划推荐教材
ISBN 978-7-112-16210-9

Ⅰ.①建… Ⅱ.①郭…②黄… Ⅲ.①房屋建筑设备-供电系统-高等学校-教材②房屋建筑设备-配电系统-高等学校-教材③房屋建筑设备-电气照明-高等学校-教材 Ⅳ.①TU852②TU113.8

中国版本图书馆CIP数据核字(2014)第022334号

建筑供配电与照明下册共分两篇。上篇系统地介绍了照明设计的内容及设计方法。包括照明的基本知识、照明电光源，包括传统电光源和LED光源、照明灯具及其布置方式、室内照度计算与照明设计、室外照明设计、照明电气设计、智能照明控制与照明节能、应急照明设计、照明测量及照明电气设计软件的使用。

下篇主要讨论电气事故、供配电系统和建筑物的雷击防护等电气安全问题。重点围绕建筑电气环境的安全问题进行了阐述。包括电气安全的基本知识、建筑供配电系统的电气安全防护和建筑物的雷电防护等内容。

本书是建筑电气与智能化专业系列教材之一，主要供建筑电气与智能化专业和电气工程专业的本科学生使用，也可作为从事工业与民用建筑电气照明设计工作的工具书，还可作为照明施工、安装、运行维护等相关专业的参考用书。

课件网络下载方法：请进入 http://www.cabp.com.cn 网页，输入本书书名查询，点击"配套资源"进行下载。

责任编辑：张　健　王　跃　齐庆梅
责任设计：李志立
责任校对：张　颖　刘　钰

普通高等教育土建学科专业"十二五"规划教材
高校建筑电气与智能化学科专业指导委员会规划推荐教材
建筑供配电与照明
下册
郭福雁　黄民德　主编
谢秀颖　主审

*

中国建筑工业出版社出版、发行(北京西郊百万庄)
各地新华书店、建筑书店经销
北京科地亚盟排版公司制版
廊坊市海涛印刷有限公司印刷

*

开本：787×1092毫米　1/16　印张：22¾　字数：566千字
2014年8月第一版　2017年1月第三次印刷
定价：43.00元（附网络下载）
ISBN 978-7-112-16210-9
(24968)

版权所有　翻印必究
如有印装质量问题，可寄本社退换
（邮政编码　100037）

教材编审委员会名单

主　任：方潜生

副主任：寿大云　任庆昌

委　员：（按姓氏笔画排序）

于军琪　于海鹰　王立光　王　娜　王晓丽　付保川
朱学莉　李界家　杨　宁　杨晓晴　肖　辉　汪小龙
张九根　张桂青　陈志新　范同顺　周玉国　郑晓芳
项新建　胡国文　段春丽　段培永　徐晓宁　徐殿国
黄民德　韩　宁　谢秀颖

序

自 20 世纪 80 年代中期智能建筑概念与技术发端以来，智能建筑蓬勃发展而成为长久热点，其内涵不断创新丰富，外延不断扩展渗透，具有划时代、跨学科等特性，因之引起世界范围教育界与工业界高度瞩目与重点研究。进入 21 世纪，随着我国经济社会快速发展，现代化、信息化、城镇化迅速普及，智能建筑产业不但完成了"量"的积累，更是实现了"质"的飞跃，成为现代建筑业的"龙头"，赋予了节能、绿色、可持续的属性，延伸到建筑结构、建筑材料、建筑能源以及建筑全生命周期的运营服务等方面，更是促进了"绿色建筑"、"智慧城市"中建筑电气与智能化技术日新月异的发展。

坚持"节能降耗、生态环保"的可持续发展之路，是国家推进生态文明建设的重要举措，建筑电气与智能化专业承载着智能建筑人才培养重任，肩负现代建筑业的未来，且直接关乎建筑"节能环保"目标的实现，其重要性愈来愈加突出！2012 年 9 月，建筑电气与智能化专业正式列入教育部《普通高等学校本科专业目录（2012 年）》（代码：081004），这是一件具有"里程碑"意义的事情，既是十几年来专业建设的成果，又预示着专业发展的新阶段。

全国高等学校建筑电气与智能化学科专业指导委员会历来重视教材在人才培养中的基础性作用，下大气力紧抓教材建设，已取得了可喜成绩。为促进建筑电气与智能化专业的建设和发展，根据住房和城乡建设部《关于申报普通高等教育土建学科专业"十二五"部级规划教材的通知》（建人专函［2010］53 号）要求，委员会依据专业规范，组织有关专家集思广益，确定编写建筑电气与智能化专业 12 本"十二五"规划教材，以适应和满足建筑电气与智能化专业教学和人才培养需要。望各位编者认真组织、出精品，不断夯实专业教材体系，为培养专业基础扎实、实践能力强、具有创新精神的高素质人才而不断努力。同时真诚希望使用本规划教材的广大读者多提宝贵意见，以便不断完善与优化教材内容。

全国高等学校建筑电气与智能化学科专业指导委员会

主任委员　方潜生

前　言

随着照明技术的迅速发展，照明设计已成为建筑设计的重要组成部分。目前无论照明设计理念还是照明设备都发生了很大的变化。新的设计思想强调以人为本的人性化设计，以满足人们提出的环境优美、亮度适宜、空间层次感舒适、立体感丰富等多个层面的要求，同时注重艺术性、文化品位和特色。照明全方位的发展，改变了人们以往的观念。而且随着电气技术的不断发展，《建筑照明设计标准》GB 50034—2013、《民用建筑电气设计规范》JGJ 16—2008 和《建筑物防雷设计规范》GB 50057—2010 均已修订，本书根据新的设计标准和设计规范，引入了新的技术、新光源和新灯具等内容。

在发达国家，社会对电气安全问题极为重视，尤其是对涉及用户人身安全和公共环境安全的问题，更是予以了严格的规范。在我国，过去由于观念和体制上的原因，对电气安全问题更多地侧重于电网本身的安全和生产过程的劳动保护，对一般民用场所的电气安全问题和电气环境安全问题较为忽视，以致电击伤害和电气火灾等事故的发生率长期居高不下，单位用电量的电击伤亡事故更是比发达国家高出数十倍。最近 20 年来，我国在学习国际先进技术、采用国际先进技术标准等方面作了大量工作，在电气安全的工程实践上有了很大的进展，但与发达国家相比，差距仍然很大。由于我国经济持续快速发展，我国城市居民家庭的电气化水平迅速提高，住宅和其他民用建筑的建设蓬勃发展，使得电气安全问题显得十分现实和迫切。因此，将电气安全问题作为电气工程一个重要的专业方向进行研究，消除长期以来对电气安全问题的模糊认识，以科学的态度去认识它，用工程的手段去应对它，是一项十分有意义的重要工作。

本书是建筑电气与智能化专业系列教材之一，主要供建筑电气与智能化专业和电气工程专业的本科学生使用，也可供相关专业的学生和工程技术人员参考。

全书共分两篇。上篇系统地介绍了照明设计的内容及设计方法。第 1 章～第 3 章由天津城建大学黄民德编写，第 4 章，第 5 章由天津城建大学郭福雁编写，第 6 章～第 8 章由天津城建大学建筑设计研究院季中工程师编写。

下篇主要讨论电气事故、供配电系统和建筑物的雷击防护等电气安全问题。重点围绕建筑电气环境的安全问题进行了阐述。第 9 章由天津城建大学胡林芳编写，第 10 章由天津城建大学陈建伟编写，第 11 章由天津城建大学王悦编写。全书由黄民德统稿。由于时间仓促，且编者水平有限，书中难免有不妥之处，希望各界同仁及广大读者批评和指正。

目　　录

上篇　电气照明技术

第1章　照明的基本知识 ………………………………………………………………… 1
　1.1　照明系统的概念 …………………………………………………………………… 1
　1.2　照度标准 …………………………………………………………………………… 11
　　思考题 ………………………………………………………………………………… 25

第2章　照明电光源 ……………………………………………………………………… 26
　2.1　电光源的基本知识 ………………………………………………………………… 26
　2.2　白炽灯与卤钨灯 …………………………………………………………………… 29
　2.3　荧光灯 ……………………………………………………………………………… 31
　2.4　钠灯 ………………………………………………………………………………… 35
　2.5　金属卤化物灯 ……………………………………………………………………… 39
　2.6　LED光源 …………………………………………………………………………… 41
　2.7　其他照明光源 ……………………………………………………………………… 51
　2.8　照明光源的选择 …………………………………………………………………… 52
　2.9　光源主要附件 ……………………………………………………………………… 61
　　思考题 ………………………………………………………………………………… 64

第3章　照明灯具及布置 ………………………………………………………………… 66
　3.1　照明灯具及其特性 ………………………………………………………………… 66
　3.2　室内灯具的布置 …………………………………………………………………… 81
　　思考题 ………………………………………………………………………………… 85

第4章　室内照度计算与照明设计 ……………………………………………………… 86
　4.1　室内照度计算 ……………………………………………………………………… 86
　4.2　眩光计算 …………………………………………………………………………… 105
　4.3　室内照明设计概述 ………………………………………………………………… 109
　4.4　住宅照明设计 ……………………………………………………………………… 112
　4.5　学校照明设计 ……………………………………………………………………… 114

4.6　工厂照明设计 ·· 118
4.7　医院照明设计 ·· 122
4.8　旅馆照明设计 ·· 129
思考题 ·· 141

第5章　照明电气设计 ··· 142
5.1　概述 ··· 142
5.2　照明供配电系统 ·· 142
5.3　照明负荷计算及导线的选择 ·· 150
5.4　照明设计施工图 ·· 166
思考题 ·· 188

第6章　智能照明控制 ··· 190
6.1　智能照明控制系统原理 ·· 190
6.2　智能照明控制系统的设计 ··· 206
6.3　典型照明控制系统介绍 ·· 214
6.4　照明节能计算 ·· 219
思考题 ·· 227

第7章　应急照明 ··· 228
7.1　应急照明的基本要求 ··· 228
7.2　应急照明设计 ·· 231
7.3　应急照明设备 ·· 234
思考题 ·· 241

第8章　照明测量简述 ··· 242
8.1　常用测量仪器 ·· 242
8.2　不同场合的照度测量 ··· 244
8.3　反射比的测量 ·· 249
8.4　测量条件及测量方法 ··· 249
思考题 ·· 250

下篇　电气安全技术

第9章　概论 ·· 251
9.1　电气事故 ··· 251
9.2　电流的人体效应和安全电压 ·· 258

  9.3 电气绝缘 ………………………………………………………………………… 262
  9.4 电气设备外壳的防护等级 ………………………………………………… 269
  思考题 ………………………………………………………………………………… 271

第 10 章 供配电系统的电气安全防护 ……………………………………………… 272
  10.1 电气系统接地概述 ………………………………………………………… 272
  10.2 低压系统电击防护 ………………………………………………………… 279
  10.3 建筑物的电击防护 ………………………………………………………… 299
  思考题 ………………………………………………………………………………… 307

第 11 章 建筑物的雷击防护 ……………………………………………………………… 308
  11.1 概述 …………………………………………………………………………… 308
  11.2 防雷设施 …………………………………………………………………… 318
  11.3 建筑物防雷 ………………………………………………………………… 327
  11.4 室内信息系统的雷电防护 ………………………………………………… 331
  思考题 ………………………………………………………………………………… 343

附录 各种灯具的光度参数 ………………………………………………………………… 344
参考文献 …………………………………………………………………………………………… 355

上篇　电气照明技术

第1章　照明的基本知识

1.1　照明系统的概念

电气照明是建筑物的重要组成部分。照明设计的优劣除了影响建筑物的功能外，还影响建筑艺术的效果。因此我们必须熟悉照明系统的基本概念和掌握基本的照明技术。

室内照明系统由照明装置及其电气部分组成。照明装置主要是灯具，照明装置的电气部分包括照明开关、照明线路及照明配电等。

照明装置的基本功能是创造一个良好的人工视觉环境。在一般情况下是以"明视条件"为主的功能性照明，这是本章重点介绍的内容。

1.1.1　光的基本概念

光是能量，能量的大小是由光子的频率决定的。很多能量转移过程中都有光子的产生，当光子的数目达到一定程度且频率在人能感受的范围中时，就成了生活中肉眼所见到的光。当光子的数目太少达不到规定的程度时，人的肉眼不能看见。紫外线、红外线频率在人眼感觉范围之外，人也不能见到。在图1-1中，波长范围约在红光的 $0.78\mu m$ 到紫光的 $0.38\mu m$ 之间的电磁波能使人的眼睛产生光感，这部分电磁波称为可见光。

在太阳辐射的电磁波中，大于可见光波长的部分被大气层中的水蒸气和二氧化碳强烈吸收，小于可见光波长的部分被大气层中的臭氧吸收，到达地面的太阳光，其波长正好与可见光相同。

不同波长的可见光，引起人眼不同的颜色感觉，将可见光波长380～780nm依次展开，可分别呈现红、橙、黄、绿、靛、蓝、紫各色。各种颜色之间是连续变化的。发光物体的颜色，由它所发的光内所含波长而定。单一波长的光表现为一种颜色，称为单色光；多种波长的光组合在一起，在人眼中引起色光复合而成的复色光的感觉；全部可见光混合在一起，就形成了日光。非发光物体的颜色，主要取决于它对外来照射光的吸收（光的粒子性）和反射（光的波动性）情况，因此它的颜色与照射光有关。通常所谓物体的颜色，是指它们在太阳光照射下所显示的颜色。光的颜色与相应的波段如表1-1所示。

1.1.2　光的度量

无论是建筑照明中的人工照明，还是自然采光，常用的度量单位通常是根据标准作为计数单元。而这些标准的制定通常由国际照明委员会（CIE）通过和确定。本书中所涉及的各种技术术语与标准，均依据国际与国内标准《建筑照明设计标准》GB 50034—2013。

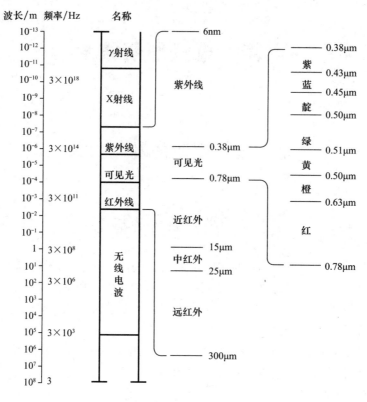

图 1-1 电磁波谱

光的颜色与相应的波长范围　　　　　　　　表 1-1

区域名称（nm）	性 质	波长区域		中心波长（nm）
1～200	光辐射	真空紫外线	紫外光	—
200～300		远紫外线		—
300～380		近紫外线		—
380～424		紫	可见光	402
424～455		蓝		440
455～492		青		474
492～565		绿		529
565～595		黄		580
595～640		橙		618
640～780		红		710
780～1500		近红外	红外光	—
1500～10000		中红外		—
10000～100000		远红外		—

1. 光通量（luminous flux）

光源以辐射形式发射、传播出去并能使标准光度观察者产生光感的能量，称为光通量，即能使人的眼睛有光明感觉的光源辐射的部分能量与时间的比值，用符号 Φ 表示，单位是流明，lm。流明是国际单位制单位，1lm 等于一个具有均匀分布 1cd（坎德拉）发

光强度的点光源在一球面度（单位为 sr）立体角内发射的光通量。其公式为

$$\Phi = K_m \int_0^\infty \frac{d\Phi_e(\lambda)}{d\lambda} \times V(\lambda) \times d\lambda \tag{1-1}$$

式中　$d\Phi_e(\lambda)/d\lambda$——辐射通量的光谱分布；

　　　λ——波长；

　　　$V(\lambda)$——波长的光谱光（视）效率；

　　　K_m——最大光谱光效能，单位是流明每瓦特，符号为 lm/W。在单色辐射时，明视觉条件下的 K_m 值为 683lm/W（$\lambda=555$nm 时），见图 1-2。

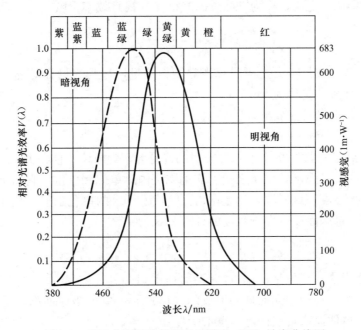

图 1-2　CIE 光度标准观察者光谱光（视）效率曲线图

光通量是光源的一个基本参数，是说明光源发光能力的基本量。例如 220V/40W 普通白炽灯的光通量为 350lm，而 220V/36W 荧光灯的光通量大于 3000lm，是白炽灯的几倍。简单说，光源光通量越大，人们对周围环境的感觉越亮。

光通量是可以用来判断可见光谱范围内光谱功率所能引起的主观感觉的强弱。所有可见光外的光谱的 $V(\lambda)=0$，不会引起视觉。

总之，光通量是针对光源而言的，是表征发光体辐射光能的多少，不同的发光体具有不同的能量。

2. 光谱光（视）效率（spectral luminous efficiency）

光谱光（视）效率是指标准光度观察者对不同波长单色辐射的相对灵敏度，是用来评价人眼对不同波长光的灵敏度的一项指标。人眼对不同波长的可见光有不同的光感受，这种光感受主要表现在明暗、色彩方面，光谱光（视）效率则是针对标准光度观察者对光的明暗感受、颜色感受而建立的指标。如下面框图所示。

不同波长（不同颜色）的可见光 → 灵敏度（标准光度观察者） → 对光的明暗、颜色感受

通常把这种对光的明暗、颜色的感受分为两种情况,一种是在明视觉条件下(白天或亮度为几个坎德拉每平方米以上的地方),另一种是在暗视觉条件下(黄昏或亮度小于 $10^{-3}\,\mathrm{cd/m^2}$ 的地方)。国际照明委员会提出了 CIE 光度标准观察者光谱光(视)曲线,见图 1-2。图中虚线为暗视觉曲线,实线为明视觉曲线。在明视觉条件下,人眼对波长 555nm 的黄绿色最敏感,其相对光谱光(视)效率为 1,波长偏离 555nm 越远,人眼感光的灵敏度就越低,相对光谱光(视)效率也逐渐变小。在暗视觉条件下,人眼对波长为 510nm 的绿色光最敏感。

光谱光(视)效率也可以用公式(1-2)描述,任一波长可见光的光谱光效能 $K(\lambda)$ 与最大光谱光效能 K_m 之比,称为该波长的光谱光(视)效率 $V(\lambda)$。

$$V(\lambda) = \frac{K(\lambda)}{K_\mathrm{m}} \tag{1-2}$$

式中 $K(\lambda)$——任一波长可见光所引起视觉能力的量,称为光谱光效能,单位是流明每瓦特,符号为 lm/W;

K_m——最大光谱光效能,lm/W。

3. 发光强度(luminous intensity)

一个光源在给定方向上立体角元内发射的光通量 dΦ 与该立体角元 dΩ 之商,称为光源在这一方向上的发光强度,以 I 表示。坎德拉是国际单位制单位,它的定义是一光源在给定方向上的发光强度,该光源发出频率为 $540 \times 10^{12}\,\mathrm{Hz}$ 的单色辐射,且在此方向上的辐射强度为 1/683W 每球面度。发光强度的计算公式为

$$I = \frac{\mathrm{d}\Phi}{\mathrm{d}\Omega} \tag{1-3}$$

式中 I——发光强度,单位是坎德拉,符号为 cd(1cd=1lm/1sr);

dΩ——球面上某一面积元对球心形成的立体角元,单位是球面度,符号为 sr。对于整个球体而言,它的球面度 $\Omega = 4\pi$。

工程上,光源或光源加灯具的发光强度常见于各种配光曲线图,表示了空间各个方向上光强的分布情况。

4. 照度(illuminance)

表面上一点的照度等于入射到该表面包含这点的面元上的光通量与面元的面积之商。照度以 E 表示。勒克斯也是国际单位制单位,1lm 光通量均匀分布在 $1\mathrm{m}^2$ 面积上所产生的照度为 1lx,即 $1\mathrm{lx}=1\mathrm{lm/m^2}$。计算公式为

$$E = \frac{\mathrm{d}\Phi}{\mathrm{d}A} \tag{1-4}$$

式中 E——照度,单位是勒克司,符号为 lx;

Φ——光通量;

A——面积,单位是平方米,符号为 m^2。

照度是工程设计中的常见量,说明了被照面或工作面上被照射的程度,即单位面积上的光通量的大小。对照度的感性认识可参见表 1-2 的照度对比。在照明工程的设计中,常常要根据技术参数中的光通量,以及国家标准给定的各种照度标准值进行各种灯具样式、位置、数量的选择。

照度对比 表 1-2

各种情况照度对比	照度（lx）
夏季阴天中午室外	8000～20000
晴天中午阳光下室外	80000～120000
40W 白炽灯 1m 处	30

5. 亮度

表面上一点在给定方向上的亮度，是包含这点的面元在该方向的发光强度 dI 与面元在垂直于给定方向上的正投影面积 d$A\cos\theta$ 之商。亮度以 L 表示，亮度定义图示见图 1-3。计算公式为

$$L = \frac{\mathrm{d}I}{\mathrm{d}A\cos\theta} \tag{1-5}$$

式中 L——亮度，单位是坎德拉每平方米，符号为 cd/m^2；
I——发光强度；
A——发光面积；
θ——表面法线与给定方向之间的夹角，单位为度。

对于均匀漫反射表面，其表面亮度 L 与表面照度 E 有以下关系

$$L = \frac{\rho E}{\pi} \tag{1-6}$$

对于均匀漫透射表面，其表面亮度与表面照度则有

$$L = \frac{\tau E}{\pi} \tag{1-7}$$

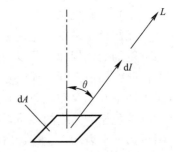

图 1-3 亮度定义图示

式中 L——表面亮度，单位为 cd/m^2；
ρ——表面反射比；
τ——表面透射比；
E——表面照度，单位为 lx。

一个物体的明亮程度不能用照度来描述，因为被照物体表面的照度不能直接表达人眼的视觉感觉。只有眼睛的视网膜上形成的照度才能感觉出物体的亮度，公式（1-5）说明发光面积上直接射入人眼的光强部分才能反应物体的明亮程度，公式（1-6）和公式（1-7）则反映被照物体经过对光的折射、反射、透射等作用后，进入人眼部分的照度，令人感觉出物体的明亮程度。目前有些国家将亮度作为照明设计的内容之一。

6. 发光效率（luminous efficiency）

光源的发光效率通常简称为光效，或光谱光效能，即前面讨论光谱光（视）效率和光通量两个参数中出现的光谱光效能 $K(\lambda)$ 和最大光谱光效能 K_m，若针对照明灯而言，它是指光源发出的总光通量与灯具消耗电功率的比值，也就是单位功率的光通量。例如，一般白炽灯的发光效率约为 7.1～17lm/W，荧光灯的发光效率约为 25～67lm/W，荧光灯的发光效率比白炽灯高，发光效率越高，说明在同样的亮度下可以使用功率小的光源，即可以节约电能。

以上介绍了 6 个常用的光度单位，它们从不同的侧面表达了物体的光学特征。光谱光

（视）效率用来评价人眼对不同波长的光的灵敏度；光通量是针对光源而言，是表征发光体辐射光能的多少，不同的发光体具有不同的能量；发光效率也是针对光源而言，表示光源发光的质量和效率，根据这个参数可以判别光源是否节能；发光强度也是针对光源而言，表明光通量在空间的分布状况，工程上用配光曲线图加以描述；照度是针对被照物而言，表示被照面接受光通量的面密度，用来鉴定被照面的照明情况；亮度则表示发光体在视线方向上单位面积的发光强度，它表明物体的明亮程度。

1.1.3 光与颜色

美国光学学会把颜色定义为：颜色是除了空间的和时间的不均匀性以外的光的一种特性，即光的辐射能刺激视网膜而引起观察者通过视觉而获得的景象。国家标准中，颜色的定义为：色是光作用于人眼引起除形象以外的视觉特性。根据这一定义，色是一种物理刺激作用于人眼的视觉特性，而人的视觉特性是受大脑支配的，也是一种心理反映。所以，色彩感觉不仅与物体本来的颜色特性有关，而且还受时间、空间、外表状态以及该物体的周围环境的影响，同时还受个人的经历、记忆力、看法和视觉灵敏度等各种因素的影响。

1. 色彩的种类

丰富多样的颜色可以分成两个大类，即无彩色系和有彩色系。

（1）无彩色系

无彩色系是指白色、黑色和由白色、黑色调和形成的各种深浅不同的灰色。无彩色按照一定的变化规律，可以排成一个系列，由白色渐变到浅灰、中灰、深灰到黑色，色度学上称此为黑白系列。纯白是理想的完全反射的物体，纯黑是理想的完全吸收的物体，在现实生活中并不存在纯白与纯黑的物体。无彩色系的颜色只有一种基本性质——明度。它们不具备色相和纯度的性质，也就是说它们的色相与纯度在理论上都等于零。色彩的明度可用黑白度来表示，愈接近白色，明度愈高；愈接近黑色，明度愈低。

（2）有彩色系

彩色是指红、橙、黄、绿、青、蓝、紫等颜色。不同明度和纯度的红、橙、黄、绿、青、蓝、紫色调都属于有彩色系。

2. 色彩的基本特性

有彩色系的颜色具有三个基本特性：色相、纯度（也称彩度、饱和度）、明度。在色彩学上也称为色彩的三大要素或色彩的三属性。

（1）色相（色调或色别）

色相是有彩色的最大特征。所谓色相是指能够比较确切地表示某种颜色色别的名称。如玫瑰红、桔黄、柠檬黄、钴蓝、群青、翠绿等。从光学物理上讲，各种色相是由射入人眼的光线的光谱成分决定的。例如，用白光——由红（700nm）、蓝（546.1nm）、绿（435.8nm）三原色光组成，照射某一物体表面，若该物体表面将绿光和蓝光吸收，将红光反射，这一物体表面将呈现红色。

（2）纯度（彩度、饱和度）

色彩的纯度是指色彩的纯净程度，它表示颜色中所含有色成分的比例。含有色彩成分的比例愈大，则色彩的纯度愈高，含有色成分的比例愈小，则色彩的纯度也愈低。可见光谱的各种单色光是最纯的颜色，为极限纯度。当一种颜色掺入黑、白或其他彩色时，纯度就产生变化。掺入的色彩达到很大的比例时，在眼睛看来，原来的颜色将失去本来的光彩，而变成混合色。

（3）明度

明度是指色彩的明亮程度。由于各种有色物体反射光量的区别而产生颜色的明暗强弱。色彩的明度有两种情况。一是同一色相不同明度。如同一颜色在强光照射下显得明亮，弱光照射下显得较灰暗模糊；同一颜色加黑或加白掺和以后也能产生各种不同的明暗层次。二是各种颜色的不同明度。每一种纯色都有与其相应的明度。黄色明度最高，蓝、紫色明度最低，红、绿色为中间明度。色彩的明度变化往往会影响到纯度，如红色加入黑色以后明度降低了，同时纯度也降低了；如果红色加白则明度提高了，纯度却降低了。

有彩色的色相、纯度和明度三个特征是不可分割的，应用时必须同时考虑这三个因素。

3. 光源色温

不同的光源，由于发光物质不同，其光谱能量分布也不相同。一定的光谱能量分布表现为一定的光色，对光源的光色变化，我们用色温来描述。

如果一个物体能够在任何温度下全部吸收任何波长的辐射，那么这个物体称为绝对黑体。绝对黑体的吸收本领是一切物体中最大的，加热时它辐射本领也最大。

因此，色温是以温度的数值来表示光源颜色的特征。色温用绝对温度"K"表示，绝对温度等于摄氏温度加273。例如，温度为2000K的光源发出的光呈橙色，3000K左右呈橙白色，4500～7000K近似白色。

在人工光源中，只有白炽灯灯丝通电加热与黑体加热的情况相似。对白炽灯以外的其他人工光源的光色，其色度不一定准确地与黑体加热时的色度相同。所以只能用光源的色度与最相接近的黑体的色度的色温来确定光源的色温，这样确定的色温叫相对色温。

表1-3、表1-4列出了一些常见的光源色温，表1-3为天然光源色温，表1-4为常见人工光源色温。如表1-3中全阴天室外光具有色温为6500K，就是说黑体加热到6500K时发出的光的颜色与全阴天室外光的颜色相同。

天然光源色温表　　　　　　　　　　　　　　　　　　　　表1-3

光　源	色温（K）	光　源	色温（K）
晴天室外光	13000	全阴天室外光	6500
白天直射日光	5550	45°斜射日光	4800
昼光色	6500	月光	4100

常见人工光源色温表　　　　　　　　　　　　　　　　　　表1-4

光　源	色温（K）	光　源	色温（K）
蜡烛	1900～1950	高压钠灯	2000
白炽灯（40W）	2700	荧光灯	3000～7500
碳弧灯	3700～3800	氙灯	5600
炭精灯	5500～6500		

光源既然有颜色，就会带给人们冷暖感觉，这种感觉可由光源的色温高低确定。通常色温小于3300K时产生温暖感，大于5300K时产生冷感，3300K至5300K时产生爽快感。所以在照明设计安装时，可根据不同的使用场合，采用具有不同色温的光源，使人们

身在其中时获得最佳舒适感。

4. 光源的显色性

人们发现在不同的灯光下，物体的颜色会发生不同的变化，或在某些光源下观察到的颜色与日光下看到的颜色是不同的，这就涉及光源的显色性问题。

同一个颜色样品在不同的光源下可能使人眼产生不同的色彩感觉，而在日光下物体显现的颜色是最准确的，因此可以将日光作为标准的参照光源。将人工待测光源的颜色同参照光源下的颜色相比较，显示同色能力的强弱定义为该人工光源的显色性，用符号 R_a 表示。显色性指数最高为 100。显色性指数的高低表示物体在待测光源下变色和失真的程度。光源的显色性由光源的光谱能量分布决定。日光、白炽灯具有连续光谱，连续光谱的光源均有较好的显色性。白炽灯光谱能量分布如图 1-4（a）所示。

通过对新光源的研究发现，除连续光谱的光源具有较好的显色性外，由几个特定波长色光组成的混合光源也有很好的显色效果。如 450nm 的蓝光、540nm 的绿光、610nm 的桔红光以适当比例混合所产生的白光（见图 1-4b），虽然为高度不连续光谱，但却具有良好的显色性。用这样的白光去照明各色物体，都能得到很好的显色效果。光源的显色性一般以显色性指数 R_a 值区分，R_a 值为 80～100 时，显色优良；50～79 表示显色一般；50 以下则说明显色性较差。

光源显色性和色温是光源的两个重要的颜色指标，色温是衡量光源色的指标，而显色性是衡量光源视觉质量的指标。

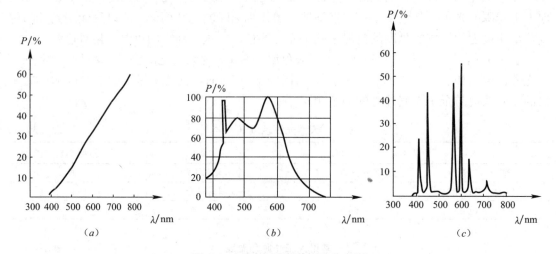

图 1-4 不同光源光谱能量分布图
(a) 白炽灯；(b) 荧光灯（白光色）；(c) 荧光高压汞灯

1.1.4 照明质量

优良的照明质量主要由以下五个要素构成：一是适当的照度水平；二是舒适的亮度分布；三是宜人的光色和良好的显色性；四是没有眩光干扰；五是正确的投光方向与完美的造型立体感。

1. 照度水平

在为特定的用途选择照度水平时，要考虑视觉功效、视觉满意程度、经济水平和能源

第1章 照明的基本知识

的有效利用。视觉功效是人借助视觉器官完成作业的效能，通常用工作的速度和精度来表示。增加亮度，视觉功效随之提高，但达到一定的亮度以后，视觉功效的改善就不明显了。在非工作区，不能用视觉功效来确定照度水平，而采用视觉满意程度，创造愉悦和舒适的视觉环境。无论根据视觉功效还是视觉满意程度来选择照度，都要受经济条件和能源供应的制约，所以要综合考虑，选择适当的标准。

2. 照度均匀度（uniformity ratio of illuminance）

要选择适当的亮度分布，既不要使亮度分布不当而损害视觉功效，又不要使亮度差别过大而产生不舒适眩光。照度均匀度应满足以下要求。

（1）公共建筑的工作房间和工业建筑作业区域内的一般照明照度的均匀度，按最低照度与平均照度之比确定，其数值应符合《建筑照明设计标准》GB 50034—2013 中的有关规定。

（2）采用分区一般照明时，房间或场所内的通道和其他非工作区域，一般照明的照度值不宜低于作业区域一般照明照度值的1/3。

3. 光源颜色

根据不同的应用场所，选择适当的色温和显色性的光源，以适应不同场所的要求。我国按照CIE的建议，就光源的光色给出了典型的应用场所，见表1-5。

光源的色表类别 表1-5

色表分组	色表特征	相关色温（K）	适用场所举例
Ⅰ	暖	<3300	客房、卧室、病房、酒吧
Ⅱ	中间	3300～5300	办公室、教室、阅览室、商场、诊室、检验室、实验室、控制室、机加工车间、仪表装配
Ⅲ	冷	>5300	热加工车间、高照度场所

室内照明光源的色表用其色温或相关色温来表征。室内照明的光源色表可分为Ⅰ、Ⅱ、Ⅲ三组。Ⅰ组为暖色表的光源，其色温或相关色温为小于3300K，一般常用于家庭的起居室、卧室、病房或天气寒冷的地方等；Ⅱ组属中间色表的光源，其相关色温在3300K～5300K之间，常用于办公室、教室、诊室、仪表装配、制药车间等；Ⅲ组属于冷色表的光源，一般常用于热加工车间、高照度场所以及天气炎热地区等。色温用于表征热辐射光源（白炽灯、卤钨灯等）的色表，而相关色温用于表征气体放电光源的色表。具体的光源色温和光源色表见表1-6。

各种光源的色温 表1-6

光源种类	色温（K）	光源种类	色温（K）
蜡烛	1925	暖白色荧光灯	2700～2900
煤油灯	1920	钠铊铟灯	4200～5000
钨丝白炽灯（10W）	2400	镝钛灯	6000
钨丝白炽灯（100W）	2740	钪钠灯	3800～4200
钨丝白炽灯（1000W）	2920	高压钠灯	2100
日光色荧光灯	6200～6500	高压汞灯	3300～4300
冷白色荧光灯	4000～4300	高频无极灯	3000～4000

长期工作或停留的房间、场所，照明光源的显色指数（R_a）不应小于80。在灯具安

装高度大于 8m 的工业建筑场所，R_a 可低于 80，但必须能够辨别安全色。常用房间或场所的显色指数最小允许值应符合 1.2 节中居住建筑、公共建筑、工业建筑和通用房间或场所照度标准值表的 R_a 要求。

常用各种光源的显色指数见表 1-7。

各种光源的显色指数（R_a） 表 1-7

光源种类	显色指数（R_a）	光源种类	显色指数（R_a）
普通照明用白炽灯	95～100	高压汞灯	35～40
普通荧光灯	60～70	金属卤化物灯	65～92
稀土三基色荧光灯	80～98	普通高压钠灯	23～25

可见，在经常有人的工作或停留房间、场所，不应采用卤粉制成的普通荧光灯，而应采用稀土三基色荧光灯才能满足《建筑照明设计标准》GB 50034—2013 的规定，执行该标准有助于照明质量本质上的提高，同时大大提高了光效，有利节约能源、降低成本和维护费用。

4. 眩光限制

眩光是由于视野中的亮度分布或亮度范围不适宜，或存在极端的对比，以致引起不舒适感觉或降低观察细部或目标能力的视觉现象。根据作用分类有直接眩光（由高亮度光源直接引起的）、反射眩光（由高反射系数表面反射亮度引起，如镜面）和光幕眩光（反射直接进入眼睛产生视觉困难）。根据效应分类有失能眩光（妨碍视觉效果，但不一定不舒适）和不舒适眩光（使人感到不舒适，但不一定妨碍视觉效果），它是影响照明质量的重要因素。

眩光效应的严重程度取决于光源的亮度和大小、光源在视野内的位置、观察者的视线方向、照度水平和房间表面的反射比等诸多因素，其中光源的亮度是最主要的。眩光会产生不舒适感，严重的还会损害视觉功效，所以工作必须避免眩光干扰。

(1) 眩光限制首先应从直接型灯具的遮光角来加以限制。一般灯的平均亮度在 1～20kcd/m^2 范围，需要 10°的遮光角；20～50kcd/m^2 范围，需要 15°的遮光角；在 50～500kcd/m^2 范围，需要 20°的遮光角；在大于等于 500kcd/m^2 时，遮光角为 30°。表 1-8 是适用于长时间有人工作的房间或场所内各种灯的平均亮度值。

各种灯的亮度值 表 1-8

灯种类	亮度值（cd/m^2）	灯种类	亮度值（cd/m^2）
普通照明用白炽灯	10^7～10^8	紧凑型荧光灯	(5～10)×10^4
管型卤钨灯	10^7～10^8	荧光高压汞灯	≈10^5
低压卤钨灯	10^7～10^8	高压钠灯	(6～8)×10^6
直管形荧光灯	≈10^4	金属卤化物灯	(5～7)×10^6

(2) 由特定表面产生的反射光，如从光泽的表面产生的反射光，会引起眩光，通常称为光幕反射或反射眩光。它将会改变作业面的可见度，使可见度降低，往往不易识别物体，甚至是有害的。通常可以采取以下措施来减少光幕反射和反射眩光。

1) 避免将灯具安装在干扰区内，这主要从灯具和作业位置布置来考虑。例如，灯布置在工作位置的正前上方 40°角以外区域（见图 1-5），可避免光幕反射。又例如，灯具布置在阅读者的两侧，或在单侧布灯，灯宜布置在左侧，从两侧或单侧（左侧）来光，可避免光幕反射（见图 1-6）。

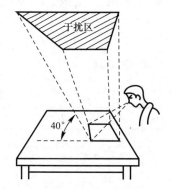 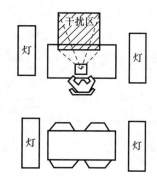

图 1-5 为避免光幕反射不应装灯的区域　　图 1-6 灯具避开干扰区布置在阅读者两侧

2）从房间各表面采用的装饰材料方面考虑，应采用低光泽度的材料。如采用无光漆、无光泽涂料、麻面墙纸等漫反射材料。

3）限制灯具本身的亮度，如采用格片、漫反射罩等，限制灯具表面亮度不宜过高。

4）照亮顶棚和墙表面，以降低亮度对比，减弱眩光，但要注意不要在表面上出现光斑。

（3）公共建筑和工业建筑场用房间或场所的不舒适眩光应采用统一眩光值（UGR）评价。按照《建筑照明设计标准》GB 50034—2013（计算见本书第 4 章），其最大允许值宜符合照度标准表内的规定。

（4）室外体育场所的不舒适眩光应采用眩光值（GR）评价，按《建筑照明设计标准》GB 50034—2013（计算见本书第 4 章），其最大允许值宜符合表 1-9 的规定。

体育建筑照明质量标准值　　表 1-9

类　别	GR	R_a
无彩电转播	50	65
有彩电转播	50	80

注：GR 值仅适用于室外体育场地

但有时为了使照明环境具有某种气氛，也利用一些眩光效果，以提高环境的魅力。

5. 造型立体感

造型立体感是说明三维物体被照明表现的状态，它主要由光的主投射方向及直射光与漫射光的比例决定的。选择合适的造型效果，既使人赏心悦目，又美化环境。

1.2　照度标准

照度的正确选择与计算是电气照明设计的重要任务。因此在照明工程中，对照度设计计算应按照国家标准进行。目前我国的照明设计标准是《建筑照明设计标准》

GB 50034—2013 和《城市道路照明设计标准》CJJ 45—2006。其中照明节能部分为强制性条文，必须严格执行。

建筑照明照度标准值均按以下系列分级：0.5lx、1lx、2lx、3lx、5lx、10lx、15lx、20lx、30lx、50lx、75lx、100lx、150lx、200lx、300lx、500lx、750lx、1000lx、1500lx、2000lx、3000lx 和 5000lx。

1. 工业建筑

工业建筑一般照明标准值（部分工业）应符合表 1-10 的规定。

工业建筑一般照明标准值　　　　　　　　　　　　表 1-10

房间或场所		参考平面及其高度	照度标准值（lx）	UGR	U_o	R_a	备注
1　机、电工业							
机械加工	粗加工	0.75m 水平面	200	22	0.40	60	可另加局部照明
	一般加工 公差≥0.1mm	0.75m 水平面	300	22	0.60	60	应另加局部照明
	精密加工 公差<0.1mm	0.75m 水平面	500	19	0.70	60	应另加局部照明
机电仪表装配	大件	0.75m 水平面	200	25	0.60	80	可另加局部照明
	一般件	0.75m 水平面	300	25	0.60	80	可另加局部照明
	精密	0.75m 水平面	500	22	0.70	80	应另加局部照明
	特精密	0.75m 水平面	750	19	0.70	80	应另加局部照明
电线、电缆制造		0.75m 水平面	300	25	0.60	60	—
线圈绕制	大线圈	0.75m 水平面	300	25	0.60	80	—
	中等线圈	0.75m 水平面	500	22	0.70	80	可另加局部照明
	精细线圈	0.75m 水平面	750	19	0.70	80	应另加局部照明
线圈浇注		0.75m 水平面	300	25	0.60	80	—
焊接	一般	0.75m 水平面	200	—	0.60	60	
	精密	0.75m 水平面	300	—	0.70	60	
钣金		0.75m 水平面	300	—	0.60	60	
冲压、剪切		0.75m 水平面	300	—	0.60	60	
铸造	热处理	地面至 0.5m 水平面	200	—	0.60	20	
	熔化、浇铸	地面至 0.5m 水平面	200	—	0.60	20	
	造型	地面至 0.5m 水平面	300	25	0.60	60	
精密铸造的制模、脱壳		地面至 0.5m 水平面	500	25	0.60	60	
锻工		地面至 0.5m 水平面	200	—	0.60	20	
电镀		0.75m 水平面	300	—	0.60	80	
喷漆	一般	0.75m 水平面	300	—	0.60	80	
	精细	0.75m 水平面	500	22	0.70	80	
酸洗、腐蚀、清洗		0.75m 水平面	300	—	0.60	80	
抛光	一般性装饰	0.75m 水平面	300	22	0.60	80	应防频闪
	精细	0.75m 水平面	500	22	0.70	80	应防频闪
复合材料加工、铺叠、装饰		0.75m 水平面	500	22	0.60	80	—
机电修理	一般	0.75m 水平面	200	—	0.60	60	可另加局部照明
	精细	0.75m 水平面	300	22	0.70	60	可另加局部照明

续表

房间或场所		参考平面及其高度	照度标准值（lx）	UGR	U_o	R_a	备 注
2 电子工业							
整机类	整机厂	0.75m 水平面	300	22	0.60	80	—
	装配厂房	0.75m 水平面	300	22	0.60	80	应另加局部照明
元器件类	微电子产品及集成电路	0.75m 水平面	500	19	0.70	80	—
	显示器件	0.75m 水平面	500	19	0.70	80	可根据工艺要求降低照度值
	印制线路板光伏组件	0.75m 水平面	500	19	0.70	80	—
	光伏组件	0.75m 水平面	300	19	0.60	80	—
	电真空器件、机电组件等	0.75m 水平面	500	19	0.60	80	—
电子材料类	半导体材料	0.75m 水平面	300	22	0.60	80	—
	光纤、光缆	0.75m 水平面	300	22	0.60	80	—
酸、碱、药液及粉配制		0.75m 水平面	300	—	0.60	80	—
3 纺织、化纤工业							
纺织	选毛	0.75m 水平面	300	22	0.70	80	可另加局部照明
	清棉、和毛、梳毛	0.75m 水平面	150	22	0.60	80	—
	前纺：梳棉、并条、粗纺	0.75m 水平面	200	22	0.60	80	—
	纺纱	0.75m 水平面	300	22	0.60	80	—
	织布	0.75m 水平面	300	22	0.60	80	—
织袜	穿综筘、缝纫、量呢、检验	0.75m 水平面	300	22	0.70	80	可另加局部照明
	修补、剪毛、染色、印花、裁剪、熨烫	0.75m 水平面	300	22	0.70	80	可另加局部照明
化纤	投料	0.75m 水平面	100	—	0.60	80	—
	纺丝	0.75m 水平面	150	22	0.60	80	—
	卷绕	0.75m 水平面	200	22	0.60	80	—
	平衡间、中间贮存、干燥间、废丝间、油剂高位槽间	0.75m 水平面	75	—	0.60	80	—
	集束件、后加工间、打包间、油剂调配间	0.75m 水平面	100	25	0.60	80	—
	组件清洗间	0.75m 水平面	150	25	0.60	80	—
	拉伸、变形、分级包装	0.75m 水平面	150	25	0.70	80	操作面可另加局部照明
	化验、检验	0.75m 水平面	200	22	0.70	80	可另加局部照明
	聚合车间、原液车间	0.75m 水平面	100	22	0.60	80	—
4 制药工业							
制药生产：配制、清洗灭菌、超滤、制粒、压片、混匀、烘干、罐装、轧盖等		0.75m 水平面	300	22	0.60	80	—

续表

房间或场所		参考平面及其高度	照度标准值（lx）	UGR	U_0	R_a	备注
制药生产流转通道		地面	200	—	0.40	80	—
更衣室		地面	200	—	0.40	80	—
技术夹层		地面	100	—	0.40	80	—
5　橡胶工业							
炼胶车间		0.75m水平面	300	—	0.60	80	
压延压出工段		0.75m水平面	300	—	0.60	80	
成型截断工段		0.75m水平面	300	22	0.60	80	
硫化工段		0.75m水平面	300	—	0.40	80	
6　电力工业							
火电厂锅炉房		地面	100	—	0.60	80	
发电机房		地面	200	—	0.60	80	
主控室		0.75m水平面	500	19	0.60	80	
7　钢铁工业							
炼铁	高炉炉顶平台、各层平台	平台面	30	—	0.60	60	—
	出铁场、出铁机室	地面	100	—	0.60	60	
	卷扬机室、碾泥机室、煤气清洗配水室	地面	50	—	0.60	60	
炼钢及连铸	炼钢主厂房和平台	地面、平台面	150	—	0.60	60	需另加局部照明
	连铸浇筑平台、切割区、出坯区	地面	150	—	0.60	60	需另加局部照明
	精整清理线	地面	200	25	0.70	60	—
轧钢	棒线材主厂房	地面	150	—	0.60	60	
	钢管主厂房	地面	150	—	0.60	60	
	冷轧主厂房	地面	150	—	0.60	60	需另加局部照明
	热轧主厂房、钢坯台	地面	150	—	0.60	60	
	加热炉周围	地面	50	—	0.60	20	—
	垂绕、横剪及纵剪机组	0.75m水平面	150	25	0.60	80	—
	打印、检查、精密分类、验收	0.75m水平面	200	22	0.70	80	—
8　制浆造纸工业							
备料		0.75m水平面	150	—	0.60	60	—
蒸煮、选洗、漂白		0.75m水平面	200	—	0.60	60	
打浆、纸机底部		0.75m水平面	200	—	0.60	60	
纸机网部、压榨部、烘缸、压光、卷取、涂布		0.75m水平面	300	—	0.60	60	
复卷、切纸		0.75m水平面	300	25	0.60	60	
选纸		0.75m水平面	500	22	0.60	60	
碱回收		0.75m水平面	200	—	0.60	60	—

续表

房间或场所		参考平面及其高度	照度标准值（lx）	UGR	U_0	R_a	备注
9 食品及饮料工业							
食品	糕点、糖果	0.75m 水平面	200	22	0.60	80	—
	肉制品、乳制品	0.75m 水平面	300	22	0.60	80	—
饮料		0.75m 水平面	300	22	0.60	80	—
啤酒	糖化	0.75m 水平面	200	—	0.60	80	—
	发酵	0.75m 水平面	150	—	0.60	80	—
	包装	0.75m 水平面	150	25	0.70	80	—
10 玻璃工业							
备料、退火、熔制		0.75m 水平面	150	—	0.60	60	—
窑炉		地面	100	—	0.60	20	—
11 水泥工业							
主要生产车间（破碎、原料粉磨、烧成、水泥粉磨、包装）		地面	100	—	0.60	60	—
储存		地面	75	—	0.60	60	—
输送走廊		地面	30	—	0.40	20	—
粗坯成型		0.75m 水平面	300	—	0.60	60	—
12 皮革工业							
原皮、水浴		0.75m 水平面	200	—	0.60	60	—
转毂、整理、成品		0.75m 水平面	200	22	0.60	60	可另加局部照明
干燥		地面	100	—	0.60	20	—
13 卷烟工业							
制丝车间	一般	0.75m 水平面	200	—	0.60	80	—
	较高	0.75m 水平面	300	—	0.70	80	—
卷烟、接过滤嘴、包装、滤棒成型车间	一般	0.75m 水平面	300	22	0.60	80	—
	较高	0.75m 水平面	500	22	0.70	80	—
膨胀烟丝车间		0.75m 水平面	200	—	0.60	60	—
贮叶间		1.0m 水平面	100	—	0.60	60	—
贮丝间		1.0m 水平面	100	—	0.60	60	—
14 化学、石油工业							
厂区内经常操作的区域，如泵、压缩机、阀门、电操作柱等		操作位高度	100	—	0.60	20	—
装置区现场控制和检测点，如指示仪表、液位计等		测控点高度	75	—	0.70	60	—
人行通道、平台、设备顶部		地面或台面	30	—	0.60	20	—
装卸站	装卸设备顶部和底部操作位	操作位高度	75	—	0.60	20	—
	平台	平台	30	—	0.70	20	—
电缆夹层		0.75m 水平面	100	—	0.40	60	—
避难间		0.75m 水平面	150	—	0.40	60	—
压缩机厂房		0.75m 水平面	150	—	0.60	60	—

续表

房间或场所		参考平面及其高度	照度标准值（lx）	UGR	U_0	R_a	备注
15 木业和家具制造							
一般机器加工		0.75m 水平面	200	22	0.60	60	应防频闪
精细机器加工		0.75m 水平面	500	19	0.70	860	应防频闪
锯木区		0.75m 水平面	300	25	0.60	60	应防频闪
模型区	一般	操作位高度	300	22	0.60	60	—
	精细	平台	750	22	0.70	60	—
胶合、组装		0.75m 水平面	300	25	0.60	60	—
磨光、异形细木工		0.75m 水平面	750	22	0.70	80	—

注：需增加局部照明的作业面，增加的局部照明照度值宜按该场所一般照明照度值的1.0～3.0倍选取。

2. 通用房间或场所

（1）公共和工业建筑通用房间或场所照明标准值应符合表1-11的规定。

公用场所照明标准值　　　　表1-11

房间或场所		参考平面及其高度	照度标准值（lx）	UGR	U_0	R_a	备注
门厅	普通	地面	100	—	0.40	60	—
	高档	地面	200	—	0.60	80	—
走廊、流动区域、楼梯间	普通	地面	50	25	0.40	60	—
	高档	地面	100	25	0.60	80	—
自动扶梯		地面	150	—	—	—	—
厕所、盥洗室、浴室	普通	地面	75	—	0.40	60	—
	高档	地面	150	—	0.60	80	—
电梯前厅	普通	地面	100	—	0.60	60	—
	高档	地面	150	—	0.60	80	—
休息室		地面	100	22	0.40	80	—
更衣室		地面	150	22	0.60	80	—
储藏室		地面	100	—	0.40	60	—
餐厅		地面	200	22	0.60	80	—
公共车库		地面	50	—	0.60	60	—
公共车库检修间		地面	200	25	0.60	80	—
试验室	一般	0.75m 水平面	300	22	0.60	80	可另加局部照明
	精细	0.75m 水平面	500	19	0.60	80	可另加局部照明
检验	一般	0.75m 水平面	300	22	0.60	80	可另加局部照明
	精细，有颜色要求	0.75m 水平面	750	19	0.60	80	可另加局部照明
计量室、测量室		0.75m 水平面	500	19	0.70	80	可另加局部照明
电话站、网络中心		0.75m 水平面	500	19	0.60	80	—
计算机站		0.75m 水平面	500	19	0.60	80	防光幕反射
变配电站	配电装置室	0.75m 水平面	200	—	0.60	80	—
	变压器室	地面	100	—	0.60	60	—
电梯机房		地面	200	25	0.60	80	—

续表

房间或场所		参考平面及其高度	照度标准值（lx）	UGR	U_o	R_a	备注
控制室	一般控制室	0.75m 水平面	300	22	0.60	80	—
	主控制室	0.75m 水平面	500	19	0.60	80	—
动力站	风机房、空调机房	地面	100	—	0.60	60	—
	泵房	地面	100	—	0.60	60	—
	冷冻站	地面	150	—	0.60	60	—
	压缩空气站	地面	150	—	0.60	60	—
	锅炉房、煤气站的操作层	地面	100	—	0.60	60	锅炉水位表照度不小于50lx
仓库	大件库	1.0m 水平面	50	—	0.40	20	—
	一般件库	1.0m 水平面	100	—	0.60	60	—
	半成品库	1.0m 水平面	150	—	0.60	80	—
	精细库件	1.0m 水平面	200	—	0.60	80	货架垂直照度不小于50lx
车辆加油站		0.75m 水平面	100	—	0.60	80	油表表面照度不小于50lx

（2）应急照明的照明标准值应符合下列规定：
1）备用照明的照度值除另有规定外，不低于该场所一般照明照度值的10%；
2）安全照明的照度值不低于该场所一般照明照度值的5%；
3）疏散通道的疏散照明的照度值不低于0.5lx。

3. 居住建筑

住宅建筑照明标准宜符合表1-12的规定。

住宅建筑照明标准值　　　　表1-12

房间或场所		参考平面及其高度	照度标准值（lx）	R_a
起居室	一般活动	0.75m 水平面	100	80
	书写、阅读		300*	
卧室	一般活动	0.75m 水平面	75	80
	床头、阅读		150*	
餐厅		0.75m 餐桌面	150	80
厨房	一般活动	0.75m 水平面	100	80
	操作台	台面	150*	
卫生间		0.75m 水平面	100	80
电梯前厅		地面	75	60
走道、楼梯间		地面	50	60
车库		地面	30	60

注：*指混合照明照度。

4. 公共建筑

包括十二类建筑的照明设计照度标准值，现分别列于下列表中。

（1）图书馆建筑照明标准值如表1-13所示。

图书馆建筑照明标准值 表 1-13

房间或场所	参考平面及其高度	照度标准值（lx）	UGR	R_a
一般阅览室	0.75m 水平面	300	19	80
国家、省市及其他重要图书馆的阅览室	0.75m 水平面	500	19	80
老年阅览室	0.75m 水平面	500	19	80
珍善本、舆图阅览室	0.75m 水平面	500	19	80
陈列室、目录厅（室）、出纳厅	0.75m 水平面	300	19	80
书库	0.25m 垂直面	50	—	80
工作间	0.75m 水平面	300	19	80

（2）办公建筑照明标准值如表 1-14 所示。

办公建筑照明标准值 表 1-14

房间或场所	参考平面及其高度	照度标准值（lx）	UGR	R_a
普通办公室	0.75m 水平面	300	19	80
高档办公室	0.75m 水平面	500	19	80
会议室	0.75m 水平面	300	19	80
接待室、前台	0.75m 水平面	300	—	80
营业厅	0.75m 水平面	300	22	80
设计室	实际工作面	500	19	80
文件整理、复印、发行室	0.75m 水平面	300	—	80
资料、档案室	0.75m 水平面	200	—	80

（3）商店建筑照明标准值如表 1-15 所示。

商店建筑照明标准值 表 1-15

房间或场所	参考平面及其高度	照度标准值（lx）	UGR	U_o	R_a
一般商店营业厅	0.75m 水平面	300	22	0.60	80
一般室内商业街	地面	200	22	0.60	80
高档商店营业厅	0.75m 水平面	500	22	0.60	80
高档室内商业街	地面	300	22	0.60	80
一般超市营业厅	0.75m 水平面	300	22	0.60	80
高档超市营业厅	0.75m 水平面	500	22	0.60	80
仓储式超市	0.75m 水平面	300	22	0.60	80
专卖店营业厅	0.75m 水平面	300	22	0.60	80
农贸市场	0.75m 水平面	200	25	0.60	80
收款台	台面	500*	—	0.60	80

注：* 指混合照明照度。

（4）观演建筑照明标准值如表 1-16 所示。

观演建筑照明标准值 表 1-16

房间或场所		参考平面及其高度	照度标准值（lx）	UGR	U_o	R_a
门厅		地面	200	22	0.40	80
观众厅	影院	0.75m 水平面	100	22	0.40	80
	剧场、音乐厅	0.75m 水平面	150	22	0.40	80

续表

房间或场所		参考平面及其高度	照度标准值 (lx)	UGR	U_o	R_a
观众休息厅	影院	地面	150	22	0.40	80
	剧场、音乐厅	地面	200	22	0.40	80
排演厅		地面	300	22	0.60	80
化妆室	一般活动区	0.75m 水平面	150	22	0.60	80
	化妆台	1.1m 高处垂直面	500*	—	—	90

注：*指混合照明照度。

(5) 旅馆建筑照明标准值如表 1-17 所示。

旅馆建筑照明标准值　　　表 1-17

房间或场所		参考平面及其高度	照度标准值 (lx)	UGR	U_o	R_a
客房	一般活动区	0.75m 水平面	75	—	—	80
	床头	0.75m 水平面	150	—	—	80
	写字台	台面	300	—	—	80
	卫生间	0.75m 水平面	150	—	—	80
中餐厅		0.75m 水平面	200	22	0.60	80
西餐厅		0.75m 水平面	150	—	0.60	80
酒吧间、咖啡厅		0.75m 水平面	75	—	0.40	80
多功能厅、宴会厅		0.75m 水平面	300	22	0.60	80
会议室		0.75m 水平面	300	—	0.60	—
大堂		地面	200	—	0.40	80
总服务台		台面	300*	—	—	—
休息厅		地面	200	22	0.40	80
客房层走廊		地面	50	—	0.40	80
厨房		台面	500*	—	0.70	—
游泳池		水面	200	22	0.60	80
健身房		0.75m 水平面	200	22	0.60	80
洗衣房		0.75m 水平面	200	—	0.40	80

注：*指混合照明照度。

(6) 医疗建筑照明标准值如表 1-18 所示。

医疗建筑照明标准值　　　表 1-18

房间或场所	参考平面及其高度	照度标准值 (lx)	UGR	U_o	R_a
治疗室、检查室	0.75m 水平面	300	19	0.70	80
化验室	0.75m 水平面	500	19	0.70	80
手术室	0.75m 水平面	750	19	0.70	80
诊室	0.75m 水平面	300	19	0.60	80
候诊室、挂号厅	0.75m 水平面	200	22	0.40	80
病房	地面	100	19	0.60	80
走道	地面	100	19	0.60	80
护士站	0.75m 水平面	300	—	0.60	—
药房	0.75m 水平面	500	19	0.60	80
重症监护室	0.75m 水平面	300	19	0.60	80

(7) 教育建筑照明标准值如表 1-19 所示。

教育建筑照明标准值　　　　　　　　　　　　表 1-19

房间或场所	参考平面及其高度	照度标准值（lx）	UGR	U_o	R_a
教室、阅览室	课桌面	300	19	0.60	80
实验室	实验桌面	300	19	0.60	80
美术教室	桌面	500	19	0.60	90
多媒体教室	0.75m 水平面	300	19	0.60	80
电子信息机房	0.75m 水平面	500	19	0.60	80
计算机教室、电子阅览室	0.75m 水平面	500	19	0.60	80
楼梯间	地面	100	22	0.40	80
教室黑板	黑板面	500*	—	0.70	80
学生宿舍	地面	150	22	0.40	80

注：*指混合照明照度。

(8) 博览建筑照明标准值应符合下列规定：

1) 美术馆建筑照明标准值应符合表 1-20-1 的规定；

2) 科技馆建筑照明标准值应符合表 1-20-2 的规定；

3) 博物馆建筑陈列室展品照度标准值及年曝光量限值应符合如表 1-20-3 的规定，博物馆建筑其他场所照明标准值应符合表 1-20-4 的规定。

美术馆建筑照明标准值　　　　　　　　　　　　表 1-20-1

房间或场所	参考平面及其高度	照度标准值（lx）	UGR	U_o	R_a
会议报告厅	0.75m 水平面	300	22	0.60	80
休息厅	0.75m 水平面	150	22	0.40	80
美术品售卖	0.75m 水平面	300	19	0.60	90
公共大厅	地面	200	22	0.40	80
绘画展厅	地面	100	19	0.60	80
雕塑展厅	地面	150	19	0.60	80
藏画库	地面	150	22	0.60	80
藏画修理	0.75m 水平面	500*	19	0.70	80

注：1. 绘画、雕塑展厅的照明标准值中不含展品陈列照明；
　　2. 当展览对光敏感要求的展品时应满足表 1-20-3 的要求。

科技馆建筑照明标准值　　　　　　　　　　　　表 1-20-2

房间或场所	参考平面及其高度	照度标准值（lx）	UGR	U_o	R_a
科普教室、实验区	0.75m 水平面	300	19	0.60	80
会议报告厅	0.75m 水平面	300	22	0.60	80
纪念品售卖区	0.75m 水平面	300	22	0.60	80
儿童乐园	地面	300	22	0.60	80
公共大厅	地面	200	22	0.40	80
球幕、巨幕、3D、4D 影院	地面	100	19	0.40	80
常设展厅	地面	200	22	0.60	80
临时展厅	地面	200	22	0.60	80

注：常设展厅和临时展厅的照明标准值中不含展品陈列照明。

第1章 照明的基本知识

博物馆建筑陈列室展品照度标准值及年曝光量限值　　　　表 1-20-3

类别	参考平面及其高度	照度标准（lx）
对光特别敏感的展品：纺织品、织绣品、绘画、纸制物品、彩绘、陶（石）器、染色皮革、动物标本等	展品面	50
对光敏感的展品：油画、蛋清画、不染色皮革、角制品、骨制品、象牙制品、竹木制品和漆器等	展品面	150
对光不敏感的展品：金属制品、石质器物、陶瓷器、宝石玉器、岩矿标本、玻璃制品、搪瓷制品、珐琅器等	展品面	300

注：1. 陈列室一般照明应按展品照度值的20%～30%选取；
　　2. 陈列室一般照明UGR不宜大于19；
　　3. 辨色要求一般的场所 R_a 不应低于80，辨色要求高的场所 R_a 不应低于90。

博物馆建筑其他场所照明标准值　　　　表 1-20-4

房间或场所	参考平面及其高度	照度标准值（lx）	UGR	U_o	R_a
门厅	地面	200	22	0.40	80
序厅	地面	100	22	0.40	80
会议报告厅	0.75m 水平面	300	22	0.60	80
美术制作室	0.75m 水平面	500	22	0.60	80
编目室	0.75m 水平面	300	22	0.60	80
摄影室	0.75m 水平面	100	22	0.60	80
熏蒸室	实际工作面	150	22	0.60	80
实验室	实际工作面	300	22	0.60	80
保护修复室	实际工作面	750*	19	0.70	90
文物复制室	实际工作面	750*	19	0.70	90
标本制作室	实际工作面	750*	19	0.70	90
周转库房	地面	50	22	0.40	80
藏品库房	地面	75	22	0.40	80
藏品提看库	0.75m 水平面	150	22	0.60	80

注：*指混合照明的照度标准值。其一般照明的照度值应按混合照明照度的20%～30%选取。

（9）会展建筑照明标准值如表1-21所示。

会展建筑照明标准值　　　　表 1-21

房间或场所	参考平面及其高度	照度标准值（lx）	UGR	U_o	R_a
会议室、洽谈室	0.75m 水平面	300	19	0.60	80
宴会厅	0.75m 水平面	300	22	0.60	80
多功能厅	0.75m 水平面	300	22	0.60	80
公共大厅	0.75m 水平面	200	22	0.40	80
一般展厅	地面	200	22	0.60	80
高档展厅	地面	300	22	0.60	80

（10）交通建筑照明标准值如表1-22所示。

交通建筑照明标准值　　　　表 1-22

房间或场所	参考平面及其高度	照度标准值（lx）	UGR	U_o	R_a
售票台	台面	500*	—	—	80
问讯处	0.75m 水平面	200	—	0.60	80

续表

房间或场所		参考平面及其高度	照度标准值（lx）	UGR	U_o	R_a
候车（机、船）室	普通	地面	150	22	0.40	80
	高档	地面	200	22	0.60	80
贵宾室休息室		0.75m 水平面	300	22	0.60	80
中央大厅、售票大厅		地面	200	22	0.40	80
海关、护照检查		工作面	500	—	0.70	80
安全检查		地面	300	—	0.60	80
换票、行李托运		0.75m 水平面	300	19	0.60	80
行李认领、到达大厅、出发大厅		地面	200	22	0.40	80
通道、连接区、扶梯、换乘厅		地面	150	—	0.40	80
有棚站台		地面	75	—	0.60	60
无棚站台		地面	50	—	0.40	20
走廊、楼梯、平台、流动区域	普通	地面	75	25	0.40	60
	高档	地面	150	25	0.60	80
地铁站厅	普通	地面	100	25	0.60	80
	高档	地面	200	22	0.60	80
地铁进出站门厅	普通	地面	150	25	0.60	80
	高档	地面	200	22	0.60	80

注：*指混合照明的照度标准值。

（11）金融建筑照明标准值应符合表 1-23 的规定。

金融建筑照明标准值 表 1-23

房间或场所		参考平面及其高度	照度标准值（lx）	UGR	U_o	R_a
营业大厅		地面	200	22	0.60	80
营业柜台		台面	500	—	0.60	80
客户服务中心	普通	0.75m 水平面	200	22	0.60	60
	贵宾室	0.75m 水平面	300	22	0.60	80
交易大厅		0.75m 水平面	300	22	0.60	80
数据中心主机房		0.75m 水平面	500	19	0.60	80
保管库		地面	200	22	0.40	80
信用卡作业区		0.75m 水平面	300	19	0.60	80
自助银行		地面	200	19	0.60	80

（12）体育建筑照明标准值应符合下列规定：

1）无彩电转播的体育建筑照度标准值应符合表 1-24-1 的规定；

2）有彩电转播的体育建筑照度标准值应符合表 1-24-2 的规定；

3）体育建筑照明质量标准值应符合表 1-9 的规定。

无电视转播的体育建筑照度标准值 表 1-24-1

运动项目	参考平面及其高度	照度标准值（lx）			R_a		眩光指数（GR）	
		训练和娱乐	业余比赛	专业比赛	训练	比赛	训练	比赛
篮球、排球、手球、室内足球	地面	300	500	750	65	65	35	30
体操、艺术体操、技巧、蹦床、举重	台面							
速度滑冰	冰面							

第1章 照明的基本知识

续表

运动项目		参考平面及其高度	照度标准值（lx）			R_a		眩光指数（GR）	
			训练和娱乐	业余比赛	专业比赛	训练	比赛	训练	比赛
羽毛球		地面	300	750/500	1000/500	65	65	35	30
乒乓球、柔道、摔跤、跆拳道、武术		台面	300	500	1000	65	65	35	30
冰球、花样滑冰、冰上舞蹈、短道速滑		冰面							
拳击		台面	500	1000	2000	65	65	35	30
游泳、跳水、水球、花样游泳		水面	200	300	500	65	65	—	—
马术		地面							
射击、射箭	射击区、弹（箭）道区	地面	200	200	300	65	65	—	—
	靶心	靶心垂直面	1000	1000	1000				
击剑		地面	300	500	750	65	65	—	—
		垂直面	200	300	500				
网球	室内	地面	300	300/500	750/500	65	65	55	50
	室外	地面						35	30
场地自行车	室内	地面	200	500	750	65	65	55	50
	室外	地面						35	30
足球、田径		地面	200	300	500	20	65	55	50
曲棍球		地面	300	500	750	20	65	55	50
棒球、垒球		地面	300/200	500/300	750/500	20	65	55	50

注：1. 当表中同一格有两个值时，"/"前为内场的值，"/"后为外场的值；
2. 表中规定的照度应为比赛场地参考平面上的使用照度。

有电视转播的体育建筑照度标准值　　　　表 1-24-2

运动项目	参考平面及其高度	照度标准值（lx）			R_a		Tcp（K）		眩光指数（GR）
		国家、国际比赛	重大国际比赛	HDTV	国家、国际比赛	HDTV	国家、国际比赛	HDTV	
篮球、排球、手球、室内足球、乒乓球	地面1.5m	1000	1400	2000	≥80	>80	≥4000	≥5500	30
体操、艺术体操、技巧、蹦床、柔道、摔跤、跆拳道、武术、举重	台面1.5m								30
击剑	台面1.5m								—
游泳、跳水、水球、花样游泳	水面0.2m								—
冰球、花样滑冰、冰上舞蹈、短道速滑、速度滑冰	冰面1.5m								30
羽毛球	地面1.5m	1000/750	1400/1000	1000/1400					30
拳击	台面1.5m	1000	2000	2500					

续表

运动项目		参考平面及其高度	照度标准值（lx）			R_a		T_{cp} (K)		眩光指数（GR）
			国家、国际比赛	重大国际比赛	HDTV	国家、国际比赛，重大国际比赛	HDTV	国家、国际比赛，重大国际比赛	HDTV	
射箭	射击区、箭道区	地面1.0m	500	500	500	≥80	>80	≥4000	≥5500	—
	靶心	靶心垂直面	1500	1500	1500					—
场地自行车	室内	地面1.5m	1000	1400	2000					30
	室外									50
足球、田径、曲棍球		地面1.5m								
马术		地面1.5m								—
网球	室内	地面1.5m	1000/750	1400/1000	2000/1400					30
	室外									50
棒球、垒球		地面1.5m								50
射击	射击区、弹道区	地面1.0m	500	500	500	≥80		≥3000	≥4000	—
	靶心	靶心垂直面	1500	1500	2000					—

注：1. HDTV指高清晰度电视，其特殊显色指数R9应大于零；
2. 表中同一格有两个值时，"/"前为内场的值，"/"后为外场的值；
3. 表中规定的照度除射击、射箭外，其他均应为比赛场地主摄像机方向的使用照度值。

5. 标准规定的照度值均为作业面或参考平面上的维持平均照度值。

6. 符合下列条件之一及以上时，作业面或参考平面的照度可按照度标准值分级提高一级。

（1）视觉要求高的精细作业场所，眼睛至识别对象的距离大于500mm时；

（2）连续长时间紧张的视觉作业，对视觉器官有不良影响时；

（3）识别移动对象，要求识别时间短促而辨认困难时；

（4）视觉作业对操作安全有重要影响时；

（5）识别对象亮度对比小于0.3时；

（6）作业精度要求较高，且产生差错会造成很大损失时；

（7）视觉能力低于正常能力时；

（8）建筑等级和功能要求高时。

7. 符合下列条件之一及以上时，作业面或参考平面的照度可按照度标准值分级降低一级。

（1）进行很短时间的作业时；

（2）作业精度或速度无关紧要时；

（3）建筑等级和功能要求较低时。

8. 作业面邻近周围的照度可低于作业面照度，但不宜低于表1-25的数值。

作业面邻近周围照度　　　　　　　　　　　表1-25

作业面照度（lx）	作业面邻近周围照度值（lx）
≥750	500
500	300
300	200
≤200	与作业面照度相同

注：作业面邻近周围指作业面外宽度不小于0.5m的区域。

9. 维护系数标准值

本标准中的照度标准值是维护照度值,即维护周期末的照度。设计的初始照度乘以维护系数等于维护照度。在照明设计时,应根据光源的光通衰减、灯具积尘和房间表面污染引起照度值降低的程度,乘以表 1-26 中的维护系数。

维护系数 表 1-26

环境污染特征		房间或场所举例	灯具最少擦拭次数(次/年)	维护系数值
室内	清洁	卧室、办公室、影院、剧场、餐厅、阅览室、教室、病房、客房、仪器仪表装配间、电子元器件装配间、检验室、商店营业厅、体育场等	2	0.80
	一般	机场候机厅、候车室、机械加工车间、机械装配车间、农贸市场等	2	0.70
	污染严重	公用厨房、锻工车间、铸工车间、水泥车间等	3	0.60
室外		雨篷、站台	2	0.65

10. 在一般情况下,设计照度值与照度标准值相比较,可有-10%~+10%的偏差。此偏差值只适用于装 10 个灯具以上的照明场所;当小于 10 个灯具时,允许适当超过此偏差。

思 考 题

1-1 光的本质是什么?人眼可见光的波长范围是多少?

1-2 发光物体的颜色由什么因素决定?

1-3 非发光物体的颜色由什么因素决定?

1-4 说明以下常用照明术语的定义。

(1)光谱光效率;(2)光通量;(3)发光效率;(4)发光强度;(5)照度;(6)亮度。

1-5 何为光源的显色性和光源的色温,并指出两者的区别。

1-6 照明质量的好坏,主要从哪几方面来衡量?

1-7 什么是眩光?什么是直接眩光、反射眩光和光幕眩光?

1-8 建筑照明照度标准值可分为多少级?

1-9 符合什么条件,作业面或参考面的照度可按照度标准分级按提高一级处理?

1-10 符合什么条件,作业面或参考面的照度可按照度标准分级按降低一级处理?

1-11 试说明维护系数的功用?

1-12 设计照度值与标准照度值的偏差如何处理?

第2章 照明电光源

2.1 电光源的基本知识

人类最早发明的电光源是弧光灯和白炽灯。1807年英国的戴维制成了碳极弧光灯。1878年,美国的布拉许利用弧光灯在街道和广场照明中取得了成功。1879年10月22日,美国著名电学家和发明家爱迪生点燃了第一盏真正有广泛实用价值的电灯,揭开了电应用于日常生活的序幕。随着科学技术突飞猛进的发展,各种新光源产品不仅在数量上,而且在质量上也产生了质的飞跃,发光效率高、显色性好、使用寿命长的新型电光源产品不断应用于建筑照明中。本节主要介绍热辐射电光源、气体放电光源等电光源的工作原理、技术参数以及比较和应用。

2.1.1 电光源的分类

根据发光原理,电光源可分为热辐射发光光源、气体放电发光光源和其他发光光源。电光源分类见图2-1。

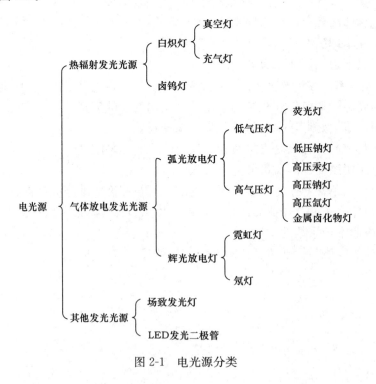

图2-1 电光源分类

1. 热辐射发光光源

热辐射发光光源也可称为固体发光光源,是利用灯丝通过电流时被加热而发光的一种光源。白炽灯和卤钨灯都是以钨丝作为辐射体，钨丝被电流加热到白炽程度时产生热辐射。

2. 气体放电光源

气体放电光源的发光原理完全不同于普遍的白炽灯类热辐射光源。主要是利用电流通过气体而发射光的光源。如通过灯管中的水银蒸气放电，辐射出肉眼看不到的波长为254nm为主的紫外线，然后照射到管内壁的荧光物质上，再转换为某个波长段的可见光。

气体放电光源又可按放电的形式分为弧光放电灯和辉光放电灯，常用的弧光放电灯有荧光灯、钠灯、氙灯、汞灯和金属卤化物灯，辉光放电灯有霓虹灯、氖灯。气体放电光源工作时需要很高的电压，其特点是具有发光效率高、表面亮度低、亮度分布均匀、热辐射小、寿命长等诸多优点，目前已成为市场销售量最大的光源之一。

3. 其他发光光源

常见的有场致发光灯（屏）和LED发光二极管。场致发光灯（屏）是利用场致发光现象制成的发光灯（屏），可用于指示照明、广告等。LED发光二极管是一种能够将电能转化为可见光的半导体，不同于白炽灯钨丝发光与节能灯荧光粉发光原理的是，它采用的是电场发光的原理，让足够多的电子和空穴在电场作用下复合而产生光子。LED的特点非常明显，寿命长、光效高、无辐射与低功耗。LED的光谱几乎全部集中于可见光频段，其发光效率可达80%～90%，是国家倡导的绿色光源，具有广阔的发展前景。尤其当大功率的LED研制出来而成为照明光源时，它将大面积取代现有的白炽灯与节能灯而占领整个市场。

2.1.2 电光源的命名方法

电光源的型号命名由五部分组成：自左至右，第一部分为字母，由表示光源名称主要特征的三个以内词头的汉语拼音字母组成；第二部分和第三部分一般为数字，主要表示光源的电参数；第四部分和第五部分为字母或数字，由表示灯结构特征的1～2个词头的拼音字母或有关数字组成；第四部分和第五部分作为补充部分，可在生产或流通领域中使用时灵活取舍。

表2-1和表2-2列出了部分常用白炽灯光源和常用气体放电光源的命名。

部分常用白炽灯光源型号命名表　　　　表2-1

光源名称		型号的组成					
		第一部分	第二部分	第三部分	第四部分		第五部分
普通照明灯管	普通照明灯管	PZ	额定电压（V）	额定功率（W）	S	磨砂	B 卡口
	普通照明双螺旋形灯管	PZS					E 螺口
	普通照明蘑菇形灯管	PZM			N	内涂白	M 蘑菇形玻壳
	普通照明反射形灯管	PZF					P P形玻壳
	普通照明球形灯管	PZQ					G 球形玻壳
装饰灯管		ZS			P G B	P形玻壳 球形玻壳 烛形玻壳	毫米数　玻壳直径
局部照明灯管		JZ			—		
红外线灯管		HW			H	端面红色	
					—		

续表

光源名称		型号的组成						
		第一部分	第二部分	第三部分	第四部分		第五部分	
	无影灯管	WY			G T R A	球形玻壳 管形玻壳 反射形玻壳 A形玻壳	E B SY A	螺口灯具 插口灯具 圆筒式灯具 预聚焦灯具
	仪器灯管	YQ						
	水下灯管	SX			LS	卤钨灯内管 深水用	—	
	电源指示灯管	DZ	额定电压 (V)	额定功率 (W)	A G T C	A形玻壳 球形玻壳 管形玻壳 圆锥形玻壳		
聚光 灯管	聚光灯管	JG			Fa	单扦脚灯头	—	—
	反射形聚光灯管	JGF						
卤钨灯	照明管形卤钨灯	LZG						
	卤钨航标灯管	LHB						
	卤钨跑道灯管	LPD			B	背景照明	YZ	硬质玻璃
	照明单端卤钨灯	LZD						
	照明反射型卤钨灯	LFS			FB	封闭式	—	

常用气体放电光源型号命名表　　　表2-2

光源名称		型号的组成						
		第一部分	第二部分	第三部分	第四部分		第五部分	
低气压 荧光灯	直管型荧光灯	YZ	额定电压 (V)	—	RZ RB RD RR RN RL HO LV LA HU	中性白色 白色 白炽灯色 日光色 暖白色 冷白色 红色 绿色 蓝色 黄色	毫米数	管径
	快速启动荧光灯	YK						
	瞬时启动荧光灯	YS						
	U型荧光灯	YU						
	环型荧光灯管	YH						
低气压 紫外灯	紫外杀菌	ZW	—	额定功率 (W)	—		TZ	透紫玻璃
	紫外保健灯	ZWJ						
	黑光荧光灯	ZY						
	直管形石英紫外灯	ZSZ						
	U形石英紫外灯	ZSU						
高压 汞灯	荧光高压汞灯	GGY	—	额定功率 (W)				
	自镇流荧光高压汞灯	GYZ	额定电压 (V)					
	专用高压汞灯	GGX						

第2章 照明电光源

续表

光源名称		型号的组成						
		第一部分	第二部分	第三部分	第四部分		第五部分	
钠灯	透明型高压钠灯	NG	额定功率(W)	—	— N SD SX K	外触发 内触发 双端引长 双芯 快速启动	— R BT ED	管形玻壳 反射形玻壳 BT形玻壳 ED形玻壳
	漫射形高压钠灯	NGM						
	反射形高压钠灯	NGF						
	中显色高压钠灯	NGZ						
	高显色高压钠灯	NGG						
	低压钠灯	ND			LC ZL	漏磁变压器 镇流器	—	
金属卤化物灯	照明金属卤化物灯	JLZ	额定功率(W)	—	KN D NTY	钪钠灯 镝灯 钠铊铟灯	T P D	管形 梨形 球形
	双石英金属卤化物灯	JLS						
	高色温金属卤化物灯	JGS			—			

2.2 白炽灯与卤钨灯

2.2.1 白炽灯

白炽灯泡是利用钨丝通过电流时被加热而发光的一种热辐射光源。它结构简单、成本低、显色性好、使用方便，有良好的调光性能，但发光效率很低，寿命短。一般情况下，照明设计不应采用普通照明白炽灯，对电磁干扰有严格要求，且其他光源无法满足的特殊场所除外。

白炽灯是由灯头、玻璃泡、支架、钨丝及惰性气体构成。常用灯丝结构有单螺旋和双螺旋两种，也有三螺旋形式。灯头可分为三大类：卡口灯头（B）、螺口灯头（E）和预聚焦灯头（P）。

普通照明灯泡、双螺旋灯丝普通照明灯泡、局部照明灯泡的技术参数见表2-3。

灯泡技术参数　　　　　　　　　表2-3

型号	额定电压(V)	功率(W)	光通量(lm)	色温(K)	平均寿命(h)	外形尺寸(直径×长度, mm)	玻壳形式	灯头型号
GLS 25W C	230	25	175	2800	1000	60×104	透明	E27 或 B22
GLS 40W C		40	283					
GLS 60W C		60	500					
GLS 100W C		100	1025					
GLS 25W F		25	170				磨砂	
GLS 40W F		40	275					
GLS 60W F		60	485					
GLS 100W F		100	994					

2.2.2 卤钨灯的发光原理与分类

卤钨灯属于热辐射光源，工作原理基本上与普通白炽灯一样，属于卤钨循环白炽灯，是在白炽灯的基础上改进而得。与普通白炽灯最突出的差别就是卤钨灯泡内所填充的气体含有部分卤族元素或卤化物。当充入卤素物质的灯泡通电工作时，从灯丝蒸发出来的钨，在灯泡壁区域内与卤素化合，形成一种挥发性的卤钨化合物。卤钨化合物在灯泡中扩散运动，当扩散到较热的灯丝周围区域时，卤钨化合物分解成卤素和钨，释放出来的钨沉积在灯丝上，而卤素再继续扩散到其温度较低的灯泡壁区域与钨化合，形成卤钨循环。卤钨循环有效地抑制了钨的蒸发，延长了卤钨灯的使用寿命，改善了普通白炽灯的黑化现象，同时还进一步提高了灯丝温度，获得较高的光效，减小了使用过程中光通量的衰减。

卤钨灯按充入灯泡内卤素的不同可分为碘钨灯和溴钨灯；按灯泡外壳材料的不同可分为硬质玻璃卤钨灯、石英玻璃卤钨灯；按工作电压的高低不同可分为市电型卤钨灯和低电压型卤钨灯（6V/12V/24V）；按灯头结构的不同可分为双端、单端卤钨灯；按色温的高低可分为高色温 3000K 以上，中色温 2800～3000K，低色温 2800K 以下卤钨灯；按应用领域可分为室内照明、泛光照明、舞台照明、放映、幻灯、投影以及电影、电视、新闻摄影卤钨灯；按外形可分为管形卤钨灯和柱形卤钨灯。

2.2.3 卤钨灯的结构

1. 管形卤钨灯

管形卤钨灯的典型结构如图 2-2 所示。卤钨灯由钨丝、充入卤素的玻璃泡和灯头等构成。管状卤钨灯一般功率为 100～2000W，灯管的直径为 8～10mm，长 80～330mm。

图 2-2 管形卤钨灯的外形

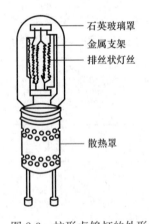

图 2-3 柱形卤钨灯的外形

2. 柱形卤钨灯

柱形卤钨灯的典型结构如图 2-3 所示。

这类柱形卤钨灯的功率一般有 75W、100W、150W 和 250W 等规格，玻璃壳有磨砂和透明两类，灯头采用 E27 型。

2.2.4 卤钨灯的特点及应用

卤钨灯与白炽灯相比具有体积小、输出功率大、光通量稳定、光色好、光效高和寿命长的特点。特别是其发光效率比普通白炽灯高出许多倍。另外，由于卤钨灯工作时采用卤钨循环原理，较好地抑制了钨的蒸发，从而防止卤钨灯泡的发黑，使得卤钨灯在寿命期内的光维持率基本维持在 100%。在色表和显色性方面与普通白炽灯相比，其光色更白一些，色调更冷一些，但显色性较好。卤钨灯的缺点是对电压波动比较敏感，耐震性较差。

基于上述特点，卤钨灯目前在各个照明领域中都具有广泛的应用，尤其是被广泛应用在大面积照明与定向投影照明场所，如建筑工地施工照明、展厅、广场、舞台、影视照明和商店橱窗照明及较大区域的泛光照明等。

卤钨灯在使用时应注意以下几个问题：

（1）卤钨灯不适用于低温场合；

（2）双端卤钨灯工作时，灯管应水平安装，其倾斜角度不得超过 4°，否则会缩短其使用寿命；

（3）卤钨灯工作时产生高达600℃左右的高温，因此卤钨灯附近不准放易燃物质，灯脚引入线应使用耐高温的导线；

（4）卤钨灯灯丝细长且脆，使用时要避免震动和撞击，也不宜作为移动照明灯具。

2.3 荧 光 灯

2.3.1 荧光灯的工作原理及分类

1. 荧光灯的结构

荧光灯是低压汞蒸气放电灯，其大部分光是由放电产生的紫外线激活管壁上的荧光粉涂层而发射出来。荧光灯电路接线图如图2-4所示，其中S表示启辉器，L表示镇流器。

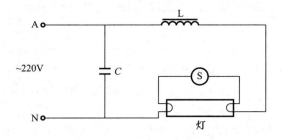

图2-4 荧光灯电路接线图

（1）启辉器。图2-5为启辉器的外观结构图。启辉器的作用是使电路接通和自动断开。它是一个充有氖气的玻璃泡，里面装有一个固定的静触片和用双金属片制成U形的动触片。图2-6是启辉器的电路图。为避免启辉器两触片断开时产生火花将触片烧坏，在氖气管旁有一只纸质电容器与触片并联。启辉器的外壳是铝质圆筒，起保护作用。

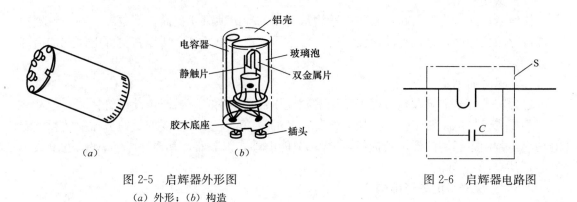

图2-5 启辉器外形图
（a）外形；（b）构造

图2-6 启辉器电路图

（2）镇流器。镇流器是一只绕在硅钢片铁芯上的电感线圈。它有两个作用，一是在启动时由于启辉器的配合产生瞬时高电压，促使灯管放电；二是在工作时起限制灯管电流的作用。

2. 荧光灯的工作原理

电路接通电源，灯管尚未放电时，启辉器的触片处在断开位置。此时，电路中没有电流，电源电压全部加在启辉器的两个触片上，使氖管中产生辉光放电而发热。温度上升使启辉器动、静触片接触，将电路接通。

启辉器接通后，电流流过镇流器和灯管两端的灯丝，使灯丝加热并发射电子。这时启辉器内辉光放电已停止，双金属片冷却缩回，两触片分开，使流过镇流器和灯丝的电流中断。在此瞬间，镇流器产生了相当高的自感电动势，它和电源电压串联后加在灯管两端引起弧光放电，灯管点燃。

灯管在弧光放电点燃灯管后，汞蒸气辐射出紫外线。在紫外线的照射下，灯管内壁的荧光粉被激发而发出可见光。同时，管内汞蒸气游离并辐射紫外线照射到灯管内壁荧光粉而发射荧光。荧光粉的化学成分可决定其发光颜色，有日光色、暖白色、白色、蓝色、黄色、绿色、粉红色等。

灯管发光后进入正常工作状态，此时一半以上的电压降落在镇流器上，灯管两端的电压即启辉器两触片之间的电压较低，不足以引起启辉器氖管的辉光放电，因此它的两个触片仍保持断开状态。

3. 荧光灯的分类

荧光灯按其形状不同可分为直管形和紧凑型荧光灯；按电源加电端分为单端荧光灯和双端荧光灯；按启动方式分为预热启动、快速启动和瞬时启动等类型。

(1) 预热启动式

预热启动式荧光灯是荧光灯中用量最大的一种。这种荧光灯在工作时，需要有镇流器、启辉器附件组成的工作电路。预热式荧光灯有 T12、T8、T5 和 T4 等几种。38mm 管径的 T12 灯功率范围为 20～125W。有的 25mm 管径的 T8 灯使用电感镇流器，功率范围为 15～70W；有的使用高频电子镇流器，功率范围为 16～50W。管径 15mm 的 T5 灯使用电子镇流器，功率范围为 8～35W。管径 13mm 的 T4 灯使用电子镇流器，功率范围为 8～28W。（每一个"T"数表示 1/8 英寸即 3.175mm）

(2) 快速启动式

快速启动式荧光灯是在灯管的内壁涂敷透明的导电薄膜，提高极间电场。在镇流器内附加灯丝预热回路，且设计的镇流器的工作电压比启动电压高，所以在电源电压施加后的 1s 就可启动。

(3) 瞬时启动式

这种荧光灯不需要预热，可以采用漏磁变压器产生的高压瞬时启动灯管。

为使荧光灯能正常工作，选用与灯管配套的镇流器是非常重要的。镇流器要消耗一定的功率，若用电感镇流器，其损耗≤9W；节能电感式镇流器，其损耗≤5.5W；电子式镇流器，其损耗≤4W。

2.3.2 荧光灯的外形结构

荧光灯按其外形可分为双端荧光灯和单端荧光灯。双端荧光灯绝大多数是直管形，两端各有一个灯头。单端荧光灯外形众多，如 H 形、U 形、双 U 形、环形、球形、螺旋形等，灯头均在一端。

1. 双端荧光灯

双端荧光灯主要由灯管和电极组成，如图 2-7 所示。

第 2 章 照明电光源

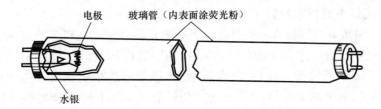

图 2-7 双端荧光灯的结构

2. 单端荧光灯

根据单端荧光灯的放电管数量及形状分为单管、双管、四管、多管、方形、环形荧光灯等类型。常见的单端荧光灯如图 2-8 所示。

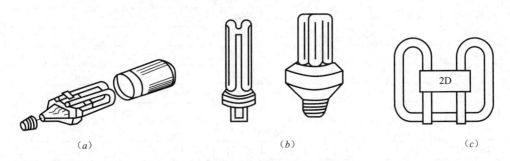

图 2-8 常见的单端荧光灯
(a) 双曲灯；(b) H 灯；(c) 双 D 灯

2.3.3 荧光灯的主要技术参数

1. 双端（直管形）荧光灯主要技术参数

表 2-4 为飞利浦标准直管荧光灯参数。标准直管荧光灯管内使用特殊氩气，采用高效荧光粉，装有防止两端发黑的内保护环和特殊三螺旋灯丝，寿命达 8000 小时以上。优点是节能、高效、长寿、光色好，耗电量比普通荧光灯管节省 10%，亮度比普通荧光灯管高出 20%，寿命比普通荧光灯管长 30%，显色性高。该类荧光灯适合一般场合使用，应用范围广泛，如家居照明、高级写字楼、商业照明等，并可配合各类格栅、支架等荧光灯具使用。

飞利浦标准直管荧光灯参数　　表 2-4

产品型号	显色指数	功率/W	光通量/lm	色温/K	灯头型号	平均寿命/h	直径/mm	全长/mm	包装/(个/箱)
TLD 18W/29	51	18	1150	2900	G13	8000	26	604	25
TLD 18W/33	63	18	1150	4100	G13	8000	26	604	25
TLD 18W/54	72	18	1050	6200	G13	8000	26	604	25
TLD 30W/29	51	30	2350	2900	G13	8000	26	908.8	25
TLD 30W/33	63	30	2300	4100	G13	8000	26	908.8	25
TLD 30W/54	72	30	2000	6200	G13	8000	26	908.8	25
TLD 36W/29	51	36	2850	2900	G13	8000	26	1213.6	25
TLD 36W/33	63	36	2850	4100	G13	8000	26	1213.6	25
TLD 36W/54	72	36	2500	6200	G13	8000	26	1213.6	25

2. 单端荧光灯主要技术参数

表 2-5 为飞利浦节能灯参数，该灯特点是耗电量低。采用进口三色基稀土荧光粉及特殊配方，其显色彩指数可达 80 以上，170V～250V 宽电压设计。优点是比普通白炽灯泡节电 80%、寿命长、光衰慢、显色度特高，使被照物体表现更逼真，层次更分明。宽电压设计更适合中国电网的实际情况，更加安全可靠。与飞利浦整流器配合，可适用于宾馆、酒店、商场、居室及公共照明。

飞利浦紧凑型荧光灯参数　　　　表 2-5

产品型号	显色指数	功率(W)	光通量(lm)	色温(K)	灯头型号	平均寿命(h)	直径(mm)	全长(mm)	包装（个/箱）
小功率型（2 针）									
PL-S 7W/827	>80	7	400	2700	G23	8000	28	135	60
PL-S 7W/865	>80	7	400	6500	G23	8000	28	135	60
PL-S 9W/827	>80	9	600	2700	G23	8000	28	167	60
PL-S 9W/865	>80	9	600	6500	G23	8000	28	167	60
PL-S 11W/827	>80	11	900	2700	G23	8000	28	236	60
PL-S 11W/865	>80	11	900	6500	G23	8000	28	236	60
大功率型（4 针）									
PL-L 18W/827	>80	18	1200	2700	2G11	8000	40	227	25
PL-L 18W/830	>80	18	1200	3000	2G11	8000	40	227	25
PL-L 18W/840	>80	18	1200	4000	2G11	8000	40	227	25
PL-L 24W/827	>80	24	1800	2700	2G11	8000	40	322	25
PL-L 24W/830	>80	24	1800	3000	2G11	8000	40	322	25
PL-L 24W/840	>80	24	1800	4000	2G11	8000	40	322	25
PL-L 36W/827	>80	36	2900	2700	2G11	8000	40	417	25
PL-L 36W/830	>80	36	2900	3000	2G11	8000	40	417	25
PL-L 36W/840	>80	36	2900	4000	2G11	8000	40	417	25
四头型（2 针）									
PL-C 10W/827	>80	10	600	2700	G24d-1	8000	28	118	40
PL-C 10W/830	>80	10	600	3000	G24d-1	8000	28	118	40
PL-C 10W/840	>80	10	600	4000	G24d-1	8000	28	118	40
PL-C 13W/827	>80	13	900	2700	G24d-1	8000	28	140	40
PL-C 13W/830	>80	13	900	3000	G24d-1	8000	28	140	40
PL-C 13W/840	>80	13	900	4000	G24d-1	8000	28	140	40
PL-C 18W/827	>80	18	1200	2700	G24d-2	8000	28	152	40
PL-C 18W/830	>80	18	1200	3000	G24d-2	8000	28	152	40
PL-C 18W/840	>80	18	1200	4000	G24d-2	8000	28	152	40
PL-C 26W/827	>80	26	1800	2700	G24d-2	8000	28	173	40
PL-C 26W/830	>80	26	1800	3000	G24d-2	8000	28	173	40
PL-C 26W/840	>80	26	1800	4000	G24d-2	8000	28	173	40

上述技术参数表中既列有国内产品，也有国外产品。从表中可知，荧光灯的色温范围基本在 2700K～6750K，因此色调范围较广，包括 RR（日光色）、RZ（中性白色）、RL

(冷白色)、RB（白色）、RN（暖白色）、RD（白炽灯色）。从显色性来看，既有显色性一般的光源，如表 2-3 中光源的显色指数 $R_a=51\sim72$，次于白炽灯与卤钨灯，也有显色性较高的光源，如显色指数 $R_a>80$。

2.3.4 荧光灯的特点及应用

荧光灯具有发光效率高、显色性较好、寿命长、眩光影响小，光谱接近日光等特点，广泛用于家庭、学校、研究所、工业、商业、办公室、控制室、设计室、医院、图书馆等处的照明。近年推出的直管 T5 型荧光灯，较 T8、T12 型荧光灯光效高、省材料，更具有环保、节能效果。环形荧光灯具有光源集中、照度均匀及造型美观等优点，可用于民用建筑家庭居室照明。紧凑型节能荧光灯是 20 世纪 80 年代起国际上流行的新型节能产品，该灯采用三基色荧光粉，集中了白炽灯和荧光灯的优点，具有光效高、耗能低、寿命长、显色性好、使用方便等特点。它与各种类型的灯具配套，可制成造型新颖别致的台灯、壁灯、吊灯、吸顶灯和装饰灯，适用于家庭、宾馆、办公室等照明之用。

荧光灯的缺点是功率因数低，发光效率与电源电压、频率及环境温度有关，有频闪效应，附件多，噪声大，不宜频繁开、关。

2.4 钠 灯

钠灯是利用钠蒸气放电发光的光源，按钠蒸气工作压力的高低分为高压钠灯和低压钠灯两大类。低压钠灯发出的是单色黄光，各种有色物体进入低压钠灯照明的灯光下都会变色，照到人的脸上便会变成灰黄色。高压钠灯的光色比低压钠灯好，观看各种有色物体的颜色比较自然。

2.4.1 高压钠灯

高压钠灯是一种高压钠蒸气放电灯泡，其放电管采用抗钠腐蚀的半透明多晶氧化铝陶瓷管制成，工作时发出金白色光。它具有发光效率高、寿命长、透雾性能好等优点，是一种理想的节能光源。

1. 工作原理

与荧光灯工作原理相类似，钠灯也必须有与之相应的专用镇流器、触发器，其接线原理图如图 2-9 所示。

(1) 触发器的工作方式

高压钠灯可分为内触发高压钠灯或外触发高压钠灯，并分别选用相应的工作电路（如灯泡加镇流器，或者灯泡加镇流器加触发器的工作电路），方可达到高压钠灯正常工作的要求。

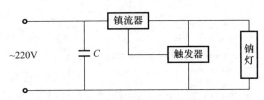

图 2-9 高压钠灯接线原理图

内触发高压钠灯是在灯泡壳内安装一双金属片开关和加热电阻丝。其工作原理是：接通电源时，电流经过加热电阻丝和双金属片开关使之温度升高，导致触点分离；在分离的瞬间，镇流器电感线圈上产生数千伏自感电动势并加在灯的两端，将钠灯点亮。灯工作后，由于电弧管的热辐射，外壳内温度升高，使开关触点维持在断开状态。

外触发高压钠灯泡是采用电子触发器在电源接通瞬间使灯管两端获得高压脉冲，将灯管点燃。目前常用的触发器有两端倍压式电子触发器、双向晶闸管触发器和三端电子触发器。与灯泡配套使用的镇流器有电感式镇流器和电子式镇流器两种。触发器的最低开始工作电压控制在 145V 以上；而照明低压线路的末端电压应不低于 180V。

(2) 放电管工作过程

在放电管内充有氙气的高压钠灯在触发器触发时，附件和镇流器在放电管两端产生约 2500V 左右的高电压，使两电极通过氙气和汞气放电。此时灯的光色由很暗的白色辉光很快变为蓝色光，这表明放电管内的汞蒸发已有足够的压力。激发和电离主要在汞蒸气中发生。随后灯发出单一的黄色光，说明在较低的钠蒸气压力下钠产生了共振辐射。随着钠蒸气压力的提高，灯发出金白色光，启动过程结束。此启动过程中电参数上的变化过程是：电流值从较大的启动电流逐步降低到接近工作电流；灯泡的工作电压从零逐步升高到接近工作电压。当工作电流、工作电压均稳定在额定值附近时，启动过程结束。

高压钠灯按泡壳分为普通型和漫射椭圆型两种，漫射椭圆型灯泡壳体上涂以白色漫射层，以使光线柔和。按触发方式可分为内启动和外触发两种，内启动型不需要触发器，目前大部分采用外触发方式。

2. 高压钠灯的结构

高压钠灯由放电管、玻璃外壳、灯头、电极、金属支架等构成，如图 2-10 所示。

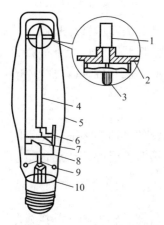

图 2-10　高压钠灯结构
1—金属排气管；2—银帽；3—电极；4—放电管；5—玻璃外壳；6—脚；7—双金属片；8—金属支架；9—钡消气剂；10—焊锡

放电管采用半透明多晶氧化铝制成。氧化铝能耐受高温，抗钠腐蚀。氧化铝管的两端用氧化铝陶瓷帽封接，老产品用铌帽封接。在氧化铝管内除充钠以外，还充入一定量的汞和氙气。

放电管是高压钠灯的关键部件。放电管工作时，高温高压的钠蒸气腐蚀性极强，故一般的抗钠玻璃和石英玻璃均不能作为放电管管体的制作材料，而采用半透明多晶氧化铝和陶瓷管则较为理想。它不仅具有良好的耐高温和抗钠蒸气腐蚀性能，还有良好的可见光穿越能力。

玻璃壳是选用高温的硬料玻璃制造。玻璃壳与灯芯的喇叭口经高温火焰熔融封口，然后抽真空或充入惰性气体后装上灯头，这样整个灯泡就基本成形了。由于电弧管在高温状态下工作，其外裸的金属极易氧化、变脆，故必须将放电管置于真空或惰性气体的外壳内。这样还可减少电弧管热量损失，提高冷端温度，提高发光效率。

灯头的作用是方便灯泡与灯座、电路相连接。长寿命灯泡要求灯头与玻璃壳连接牢固，不能有松动和脱落现象。

玻璃壳内抽成真空后，其真空度（压强远小于一个大气压的气态空间）仅为 6.6×10^{-2} Pa，仍可使金属零件氧化，影响灯泡稳定地工作，所以在玻璃壳内放置适量消气剂，将灯泡内真空度提高到 1.4×10^{-4} Pa 的高真空状态。目前，一般采用钡消气剂，将钡钛合金置于金属环内，再将其固定在待消气剂蒸散后不影响光输出的位置。

高压钠灯的放电管内除钠外，还必须充入汞。汞常态时呈液态状，具有银白色镜面光泽。在放电管中加入汞可提高灯管工作电压，降低工作电流，减小镇流器体积，改善电网的功率因数，增高电弧温度，提高辐射功率。

此外高压钠灯放电管中还充入帮助启动的惰性气体，一般充入氙或氩。氙气是一种稀有气体，它在灯泡中的作用是帮助启动和降低启动电压。氙气压力的高低还将影响灯泡的发光效率。

3. 高压钠灯主要技术参数

高压钠灯启动后的初始阶段是汞蒸气和氙气的低气压放电。这时候，灯泡工作电压很低，电流很大。随着放电过程的继续进行，电弧温度渐渐上升。汞、钠蒸气压由放电管最冷端温度所决定，当放电管冷端温度达到稳定，放电便趋向稳定，灯泡的光通量、工作电压、工作电流和功率也处于正常工作状态。

高压钠灯的主要技术参数见表2-6。其他各种类型的高压钠灯技术数据见网络下载资料。

普通高压钠灯技术参数　　　　　　　　　表2-6

型号	额定电压（V）	功率（W）	工作电压（V）	工作电流（A）	启动电压（V）	光通量（lm）	启动时间（min）	显色指数 R_a	色温（K）	平均寿命（h）	外形尺寸（直径×长度，mm）	灯头型号
NG70T	220	70	90	0.98	≥198	2250	≥5	35	1900	16000	φ39×155	E27
NG100T1		100	95	1.20		8500		35	1900	18000	φ39×180	E27
NG100T2		100	95	1.20		8500		35	1900	18000	φ49×210	E40
NG110T		110	105	1.30		10000		25	2000	16000	φ39×180	E27
NG150T1		150		1.80		16000		25	2000	18000	φ49×210	E40
NG150T2		150	100	1.80		16000		25	2000	18000	φ39×180	E27
NG215T		215	115	2.25		23000		25	2000	16000	φ49×259	E40
NG250T	220	250	100	3.00	≥198	28000	≥5	25	2000	18000	φ49×259	E40
NG360T		360	125	3.40		40000		25	2000	16000	φ49×287	E40
NG400T		400	100	4.60		48000		25	2000	18000	φ49×287	E40
NG1000T		1000	100	10.30		130000		25	2000		φ67×385	E40

注：表中数据为上海亚明灯泡厂产品数据。

从技术参数表中可知，高压钠灯的光效高，光通量大，可从2250～130000lm，平均寿命远大于荧光灯，但是色温较低，且显色性较差。

4. 高压钠灯的主要特点及应用

高压钠灯在工作时发出金白色光，具有发光效率高、寿命长、透雾性能好等优点，被广泛用于道路、机场、码头、车站、广场、体育场及工矿企业等场所的照明。

高压钠灯的缺点是受电源电压影响较大。电压波动在-8%～$+6\%$范围内可正常工作，电源电压过高或过低，将会影响灯泡的正常燃点及寿命。高压钠灯各参数与电压的关系见图2-11。

高压钠灯在使用时应注意以下几点：

（1）灯泡必须按线路图正确接线，方能正常使用。

（2）灯泡必须与相应的专用镇流器、触发器配套使用。

（3）在点灯线路图中，电源线上端应接相线，若接错成中线，将会降低触发器所产生的脉冲电压，有可能不能使灯启动。

（4）灯泡均采用螺旋式灯头，工作时带电，在维修调换灯泡时．应切断电源注意安全。

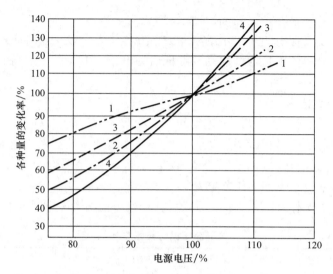

图 2-11 高压钠灯各参数与电压的关系
1—灯管电流；2—灯管电压；3—功率；4—总光通量

（5）灯泡需要配用适合的灯具。在燃点时，经灯具反射的光不应集中到灯泡上，以免影响灯泡的正常燃点及寿命；同时，不应使灯头温度高于250℃。在重要场合及安全性要求高的场合使用时，应选用密封型、防爆型或其他专用工具。

（6）点燃的灯泡关闭或熄灭后，必须冷却15分钟待灯泡温度降下来，才能接通电源再次启动。热态启动容易使灯泡损坏或烧毁。

（7）灯泡在使用过程中如自行熄灭，应检查电路各接点和灯座内接触片是否良好，电源电压是否波动大，镇流器、触发器有无损坏。如正常，可再次启动；如仍熄灭，说明灯泡已不能继续工作，必须调换灯泡。

（8）点燃时应避免与水或冷物接触，否则引起破壳爆裂。不同规格的高压钠灯必须配用相应规格的镇流器，灯泡与镇流器不能任意配用。尤其小功率灯泡配用大功率镇流器后，将导致灯泡工作电流过大，使用寿命缩短，甚至会使灯泡烧毁。

2.4.2 低压钠灯

1. 低压钠灯的工作原理

低压钠灯是一种钠蒸气放电管，钠原子在低压蒸气放电中被激发而发光，辐射出波长为589nm和589.6nm的接近于黄色的单色光，与人眼视觉最灵敏的辐射波长非常接近。放电时大部分辐射能量都集中在共振线上，所以光效极高，可达450lm/W。低压钠灯一般采用高阻抗的漏磁变压器提供触发所需的电压，触发电压在400V以上。漏磁变压器的体积大，其自身功耗也大，使全电路的效率降低。低压钠灯从启动到稳定需要8～10min才能达到全部光输出。

2. 低压钠灯的结构

低压钠灯由玻璃壳、放电管、电极和灯头构成，如图2-12所示。

为了缩小灯泡尺寸，并且减少放电管的散热，将放电管弯曲成U形。U形放电管两端各封接一只三螺旋钨丝氧化物电极，U形管的弯曲处接排气管用以抽真空与充入钠和惰性气体。低压钠灯充入的气体为氖气和氩气，选用氖气是因为放电时氖气的体积损耗正

图 2-12 低压钠灯的结构

1—固定弹簧；2—外玻璃壳；3—放电管；4—电极；5—灯头

好达到钠蒸气所需要的管壁温度。在纯氖气中加入1%氩气，两种气体混合可以降低灯泡启动电压。

3. 低压钠灯的主要技术参数

低压钠灯的主要技术数据见表2-7。

常用低压钠灯典型数据　　　　　　　　　表 2-7

功率（W）	启动电压（V）	灯电压（V）	灯电流（A）	光通量（lm）	外形尺寸（最大直径×最大全长，mm）	灯头型号
35	390	70	0.6	4800	54×311	
55	410	109	0.59	8000	54×425	
90	420	112	0.94	12500	68×528	BY 22d
135	540	164	0.95	21500	68×775	
180	575	240	0.91	31500	68×1120	

注：额定电压为220V。启动电压较高，多采用漏磁变压器或电子镇流器。

4. 低压钠灯的特点及应用

低压钠灯具有发光效率高、视觉敏感度高、寿命长、耗电少、穿透云雾能力强等优点，常用于海岸、码头、公路、隧道以及广场、景观等场所的照明。同时低压钠灯也是一种科学仪器光源。低压钠灯的缺点是显色性差，几乎不能分辨颜色。应水平方向安装，如果灯泡垂直或倾斜太大，会使光色变红，光效下降。

2.5　金属卤化物灯

20世纪60年代后期开发成功的金属卤化物灯逐步替代了高压汞灯，扩大了高强度气体放电灯的使用范围。光谱学原理证明，不同金属蒸气放电时产生波长不同的特征光谱谱线。因此人们在高压汞灯放电管中加入某些金属元素，利用它们的蒸气放电时产生的谱线填补汞谱线的空白区域，使显色指数大大提高，从而改善高压汞灯的光色。与高压汞灯类似，金属卤化物灯的放电管中除充有汞和氩气以外还充有金属卤化物，如碘化钠、碘化铊、碘化铟、碘化钪和碘化镝等。

1. 金属卤化物灯工作原理与分类

金属卤化物灯工作原理同高压汞灯，电路中需要有镇流器和触发器，工作线路图如图2-13所示。

当放电管工作时，管壁温度可达700～1000℃，管内金属卤化物被气化，并向电弧中心扩散，在接近电弧中心高温处被分解成金属和卤素原子。因金属原子的激发电位和电离电位比汞原子的激发电位低得

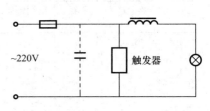

图 2-13 金属卤化物灯工作线路图

多，所以金属原子被激发并辐射出特征谱线远远超过汞的谱线，因此可大大提高光效，光谱能量分布也大为改进。金属原子和卤素原子向温度较低的管壁扩散时，又重新化合成金属卤化物。在这种光源内，虽然汞也提供部分光，但光主要由这些添加金属产生。金属卤化物灯的工作原理与前面提到的卤钨灯的卤钨循环过程有着本质区别，卤钨灯中发光的是白炽化的钨丝，而在金属卤化物灯中，则是金属原子放电发光。

使用不同金属卤化物和利用金属共振辐射谱线，还可以获得纯度很高的各种颜色灯，以在某些特殊场所使用。如碘化铊汞灯发出的光为绿色，钠铊铟灯发出的光为白色，镝灯为日光型光源，铟灯发出蓝色光等。

金属卤化物灯按结构可分为带外壳和不带外壳两类；按充填物质可分为钪钠系列、钠铊烟系列、镝铊系列、锡系列等。

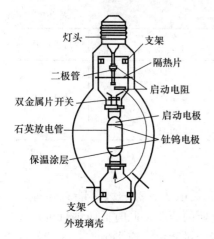

图 2-14 金属卤化物灯结构图

2. 金属卤化物灯结构

金属卤化物灯外形结构同高压汞灯，主要由石英放电管、电极、外玻璃壳和灯头组成，如图 2-14 所示。

（1）石英放电管

金属卤化物灯的放电管用熔融石英管制成，与相同功率的高压汞灯放电管相似，但几何尺寸略小。放电管内充入氩、汞和金属卤化物（一般为金属碘化物）。为了减少放电管端头部位的热损失，维持端部温度，两端涂覆白色保温涂层。

（2）电极

与高压汞灯一样放电管两端封接有工作电极和启动电极。金属卤化物灯的电极处在化学性质活泼的金属和碘蒸气之中，常采用钍-钨或氧化钍-钨阴极。

（3）外玻璃壳

金属卤化物灯外玻璃壳由硼硅硬质玻璃吹制而成。为进一步改善灯泡的显色性，可以在外玻璃壳内壁涂覆适当荧光粉。

（4）灯头

照明用金属卤化物灯配用标准螺口灯头。因为金属卤化物灯工作温度高，寿命长，灯头与外玻璃壳联结不能采用胶粘剂而使用机械紧固式灯头。

3. 金属卤化物灯主要技术参数

金属卤化物灯主要技术数据见表 2-8。

金属卤化物灯主要技术数据 表 2-8

型号	额定功率(W)	管径(mm)	管长(mm)	电源电压(V)	工作电压(V)	工作电流(A)	色温(K)	光通量(lm)	寿命(h)	灯头型号
ZJD150	150	80	90	220	115	1.50	4300	11500	10000	E27
ZJD175	175	90	222		130	1.50	4300	14000	10000	E40
ZJD250	250	90	222		135	2.15	4300	20500	10000	E40
ZJD400	400	120	290		135	3.25	4000	30000	10000	E40
ZJD1000	1000	180	296		265	4.10	3900	110000	10000	E40
ZJD1500	1500	180	296		270	6.20	3600	155000	3000	E40

4. 金属卤化物灯的特点及应用

（1）金属卤化物灯尺寸小、功率大，发光效率高，光色好。这种灯的发光效率约为 65～106lm/W。

（2）金属卤化物灯是弧光灯，需要镇流器才能稳定工作，它的启动电压比较高，启动电流较低，启动时间长。如国产 400W 钠铊铟灯启动电流为额定电流的 1.7 倍，1000W 的约为 1.4 倍。较高的启动电压可以借助变压器或谐振电路取得，也可用能产生高频高压脉冲的电路取得，在 4～8min 启动时间过程中，灯的各个光电参数均发生变化，完全达到稳定需 15min。金属卤化物灯在关闭或熄灭后，须等待约 10min 左右才能再次启动。这是由于灯管的工作温度很高，放电管气压很高，启动电压升高，只有待灯管冷却到一定程度后才能再启动。采用特殊的高频引燃设备可以使灯管迅速再启动，但灯的接入电路却因此而复杂。

（3）环境温度降低，使金属卤化物灯的启动电压升高，灯泡启动困难。

（4）灯泡工作时外壳温度不应超过 400℃，灯头温度不应超过 210℃。无玻璃外壳的金属卤化物灯，由于紫外线辐射较强，灯具应加玻璃罩。无玻璃罩时，悬挂高度不宜低于 14m。

（5）金属卤化物灯的寿命与启动频繁程度关系密切，频繁启动将显著缩短灯泡寿命。

金属卤化物灯由于尺寸小、功率大、光效高、光色好、所需启动电流小、抗电压波动稳定性比较高，因而是一种比较理想的光源，常用于体育馆、高大厂房、繁华街道及车站、码头、立交桥的高杆照明。要求高照度、显色性好的室内照明，如美术馆、展览馆、饭店等也常采用金属卤化物灯。该灯还可以满足拍摄彩色电视的要求。

在使用金属卤化物灯时应注意将电源电压波动限制在±5%；在安装或设计造型时应注意该灯有向上、向下和水平安装方式，要参考使用说明书的要求；应注意这类灯的安装高度一般都比较高，如 NTY 型灯的安装高度最低要求为 10m，最高要求为 25m。

2.6 LED 光源

发光二极管简称为 LED，是一种半导体光源，是由镓（Ga）与砷（As）、磷（P）的化合物制成的二极管，当电子与空穴复合时能辐射出可见光，因而可以用作电路及仪器中的指示灯，或者用 LED 组成矩阵显示文字或数字。

2.6.1 LED 发光原理与分类

1. LED 的发光原理

LED 是由 III-V 族化合物，如砷化镓（GaAs）、磷化镓（GaP）、磷砷化镓（GaAsP）等半导体制成的，其核心是 PN 结。因此它具有一般 PN 结的单向导电性，并具有击穿特性。此外，在一定条件下，它还具有发光特性。当加上正向电压后，从 P 区注入 N 区的空穴和由 N 区注入 P 区的电子，在 PN 结附近数微米内分别与 N 区的电子和 P 区的空穴复合，产生自发辐射的荧光，如图 2-15 所示。

LED 的发光过程包括三部分：正向偏压下的载流子

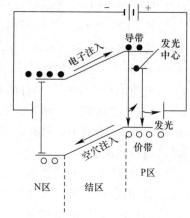

图 2-15 LED 发光原理

注入、复合辐射和光能传输。微小半导体芯片被封装在洁净的环氧树脂中，当电子经过该芯片时，带负电的电子移动到带正电的空穴域并与之复合，电子和空穴消失的同时产生光子。电子和空穴之间的能量（带隙）越大，产生的光子的能量就越高。光子的能量反过来与光的颜色对应，在可见光的频谱范围内，蓝色光、紫色光携带的能量最多，桔色光、红色光携带的能量最少。由于不同的材料具有不同的带隙，从而能够发出不同颜色的光。

不同的半导体材料中电子和空穴所处的能量状态不同，当电子和空穴复合时释放出的能量多少也不同，释放出的能量越多，则发出光的波长越短。常用的是发红光、绿光或黄光的LED，它们的材料和主要特性见表2-9。

常见发光二极管的材料和特性　　　　　　表2-9

材料	颜色	色坐标（x, y）	峰值波长（nm）	半宽度（nm）	光效（lm/W）
InGaN/YAG	白（6500K）	0.31, 0.32	460/555	—	10
InGaN	蓝	0.13, 0.08	465	30	5
InGaN	蓝~绿	0.08, 0.40	495	35	11
InGaN	绿	0.10, 0.55	505	35	14
InGaN	绿	0.17, 0.70	520	40	17
GaP-N	黄~绿	0.45, 0.55	565	30	2.4
AlInGaP	黄~绿	0.46, 0.54	570	12	6
AlInGaP	黄	0.57, 0.43	590	15	20
AlInGaP	红	0.70, 0.30	635	18	20
GaAlAs	红	0.72, 0.28	655	25	6.6

发光二极管的电性能和一般的检波二极管相似，在10mA工作电流时，典型的正向偏置电压为2V。为防止元件在工作时温升过高，应对正向电流加以限制，通常需要串联限流电阻或使用电流源供电。它的寿命可超过10万小时。

2. LED的分类

（1）按LED发光颜色分

按LED发光颜色分，可分成红色、橙色、绿色（又细分黄绿、标准绿和纯绿）、蓝色等。另外，有的LED中包含两种或三种颜色的芯片。

根据LED出光处掺或不掺散射剂、有色还是无色，上述各种颜色的LED还可分成有色透明、无色透明、有色散射和无色散射四种类型。散射型LED适合作指示灯用。

（2）按LED出光面特征分

按LED出光面特征分圆灯、方灯、矩形、面发光管、侧向管、表面安装用微型管等。圆形灯按直径分为ϕ2mm、ϕ4.4mm、ϕ5mm、ϕ8mm、ϕ10mm及ϕ20mm等。国外通常把ϕ3mm的发光二极管记作T-1；把ϕ5mm的记作T-1（3/4）；把ϕ4.4mm的记作T-1（1/4）。

由半值角大小可以估计圆形发光强度角分布情况。从发光强度角分布图来分有三类：

1) 高指向性。一般为尖头环氧封装，或是带金属反射腔封装，且不加散射剂。半值角为5°~20°或更小，具有很高的指向性，可作局部照明光源用或与光检出器联用以组成自动检测系统。

2) 标准型。通常作指示灯用，其半值角为20°~45°。

3) 散射型。这是视角较大的指示灯，半值角为45°~90°或更大，散射剂的量较大。

（3）按LED的结构分

按LED的结构分有环氧包封、金属底座环氧封装、陶瓷底座环氧封装及玻璃封装等结构。

(4) 按发光强度和工作电流分

按发光强度和工作电流分有普通亮度的 LED 和高亮度的 LED。

一般 LED 的工作电流在十几毫安至几十毫安，而低电流 LED 的工作电流在 2mA 以下（亮度与普通发光管相同）。

除上述分类方法外，还有按芯片材料分类及按功能分类的方法。

2.6.2 LED 的结构

50 年前人们已经了解半导体材料可产生光的基本知识，第一个商用二极管生产于 1960 年。LED 是英文 Light Emitting Diode（发光二极管）的缩写，它的基本结构是一块电致发光的半导体材料，置于一个有引线的架子上，然后四周用环氧树脂密封，起到保护内部芯线的作用，所以 LED 的抗振性能好。

LED 结构如图 2-16 所示。主要由电极、P-N 结芯片和封装树脂组成，P-N 结芯片安装在管座上，P 型、N 型材料分别由引线接至正负电极，然后封装在环氧树脂帽中。环氧树脂可以是白色、红色、绿色、黄色等彩色树脂，主要取决于发光二极管的光色。环氧树脂帽的几何形状可以控制光线，类似于灯具的反射器和透镜。此外封装环氧树脂可以保护芯片，延长其使用寿命。大功率 LED 是指功率在 1W 以上的 LED，常用的大功率 LED 一般为 1W、3W、5W。

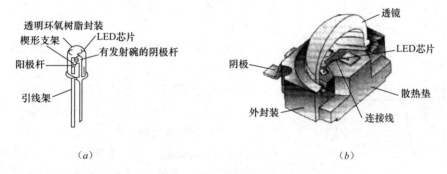

图 2-16 发光二极管的结构

(a) 5mmLED 结构图；(b) 大功率 LED 结构图

2.6.3 LED 的特性与主要参数

LED 是利用化合物材料制成 PN 结的光电器件。它具备二极管 PN 结的电学特性（伏安特性、C-U 特性）和光学特性（光谱响应特性、发光光强指向特性、时间特性）以及热学特性。

1. LED 电学特性

(1) 伏安特性

表征 LED 芯片 PN 结制备性能的主要参数。LED 的伏安特性具有非线性、整流性质（单向导电性），即外加正偏压表现低接触电阻，反之为高接触电阻，如图 2-17 所示。

(2) C-U 特性

鉴于 LED 芯片规格不同，故 PN 结面积大小不一。$C-U$ 特性呈二次函数关系，如图 2-18 所示。

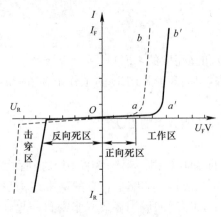
图 2-17 LED 的伏安特性

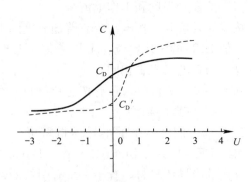
图 2-18 LED 的 C-U 特性曲线

(3) 最大允许耗散功率 P_{FM}

当流过 LED 的电流为 I_F、LED 压降为 U_F，则功率消耗为 $P=U_F \times I_F$。LED 工作时，外加偏压、偏流一定促使载流子复合发出光，还有一部分变为热，使结温升高。所以最大允许耗散功率 P_{FM} 要同时考虑结温和外部环境温度。

(4) 响应时间

1) 响应时间从使用角度来看，就是 LED 点亮与熄灭所延迟的时间，即图 2-19 中 t_r、t_f。图中 t_0 值很小，可忽略。

2) 响应时间主要取决于载流子寿命、器件的结电容及电路阻抗。

LED 的点亮时间（上升时间）t_r 是指接通电源时发光亮度达到正常的 10% 开始，到发光亮度达到正常值的 90% 所经历的时间。

LED 的熄灭时间（下降时间）t_f 是指接通电源使发光亮度达到正常的 90% 开始，到发光减弱至原来的 10% 所经历的时间。

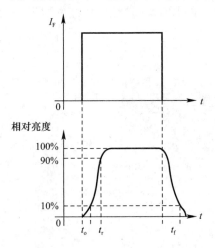
图 2-19 LED 的响应时间特性图

不同材料制得的 LED 的响应时间各不相同，如 GaAs、GaAsP、GaAlAs 其响应时间 $<10^{-9}$ s，GaP 为 10^{-7} s。因此它们可用在 10～100MHz 高频系统。

2. LED 光学特性

发光二极管有红外（非可见）与可见光两个系列，其光学特性如下所示。

(1) 发光法向光强及其角分布 I_θ

LED 大量应用要求是圆柱、圆球封装，由于凸透镜的作用，故都具有很强的指向性：位于法向方向光强最大，其与水平面交角为 90°。光强也随之变化。

发光强度的角分布 I_θ 是描述 LED 发光在空间各个方向上的光强分布。它主要取决于封装的工艺（包括支架、模粒头、环氧树脂中是否添加散射剂）。

高指向性的角分布如图 2-20 所示。为获得高指向性的角分布，应实施以下措施：LED 管芯位置离模粒头远些；使用圆锥状（子弹头）的模粒头；封装的环氧树脂中勿加散射剂。采取这些措施可大大提高指向性。

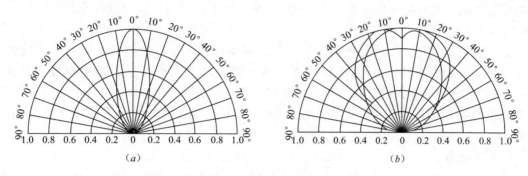

图 2-20　高指向性的角分布

(a) 指向性强（$2\theta_{1/2}$小）；(b) 指向性强（$2\theta_{1/2}$大）

(2) 发光峰值波长及其光谱分布

LED 发光强度或光功率输出随着波长变化而不同，绘成一条分布曲线——光谱分布曲线。当此曲线确定之后，器件的有关主波长、纯度等相关色度学参数也随之而定。LED 的光谱分布与制备所用化合物半导体种类、性质及 PN 结的结构（外延层厚度、掺杂杂质）等有关，而与器件的几何形状、封装形式无关。

图 2-21 绘出了几种由不同化合物半导体及掺杂杂质所制得的 LED 光谱响应曲线，图中横坐标为峰值波长 λ_P（nm），纵坐标为相对亮度。

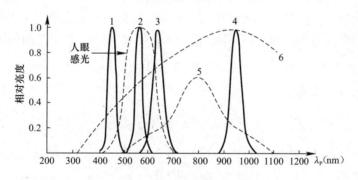

图 2-21　LED 光谱响应曲线

图 2-21 中各曲线含义如下：

1——蓝色 InGaN/GaN 发光二极管的光谱响应曲线，发光谱峰 $\lambda_P=460\sim465$nm。

2——绿色 GaP：N 的 LED 光谱响应曲线，发光谱峰 $\lambda_P=550$nm。

3——红色 GaP：Zn-O 的 LED 光谱响应曲线，发光谱峰 $\lambda_P=680\sim700$nm。

4——红外 LED 使用 GaAs 材料的光谱响应曲线，发光谱峰 $\lambda_P=910$nm。

5——Si 光电二极管的光谱响应曲线，通常作光电接收用。

6——标准钨丝灯。

由图 2-21 可见，无论什么材料制成的 LED，都有一个相对光强度最强处（光输出最大），与之相对应有一个波长，此波长叫峰值波长，用 λ_P 表示。只有单色光才有 λ_P 波长。

1) 谱线宽度：在 LED 谱线的峰值两侧 $\pm\Delta\lambda$ 处，存在两个光强等于峰值（最大光强度）一半的点，此两点分别对应（$\lambda_P - \Delta\lambda$）和（$\lambda_P + \Delta\lambda$）之间宽度，叫谱线宽度，也称半功率宽度或半高宽度。半高宽度反映谱线宽窄，即 LED 单色性的参数，LED 半宽小于 40nm。

2) 主波长：有的 LED 发光不是单一色，即不仅有一个峰值波长，而有多个峰值，并非单色光。为此描述 LED 色度特性而引入主波长。主波长就是人眼所能观察到的，由 LED 发出主要单色光的波长。单色性好的，则 λ_P 也就是主波长。如 GaP 材料可发出多个峰值波长，而主波长只有一个，它会随着 LED 长期工作，结温升高而主波长偏向长波。

(3) 光通量

光通量 Φ 是表征 LED 总光输出的辐射能量，它标志器件的性能优劣。Φ 为 LED 向各个方向发光的能量之和，它与工作电流直接有关。随着电流增加，LED 光通量随之增大。可见光 LED 的光通量单位为流明（lm）。

LED 向外辐射的功率主要与光通量、芯片材料、封装工艺水平及外加恒流源大小有关。目前单色 LED 的光通量最大约 1lm，白光 LED 的光通量为 1.5～1.8lm（小芯片），对于 1mm×1mm 纯功率级芯片制成白光 LED 的光通量为 18lm。

(4) 发光效率和视觉灵敏度

1) LED 效率有内部效率（PN 结附近由电能转换成光能的效率）与外部效率（辐射到外部的效率），前者只是用来分析和评价芯片优劣的特性。LED 最重要的特性是辐射出光能量（发光量）与输入电能之比，即发光效率。

2) 视觉灵敏度。人的视觉灵敏度在 $\lambda = 555$nm 处有一个最大值（680lm/W）。若视觉灵敏度记为 K_λ，辐射功率记为 P_λ，则发光能量 P 与可见光通量 Φ 之间的关系为：

$$P = \Phi = \int P_\lambda \mathrm{d}\lambda = \int K_\lambda P_\lambda \mathrm{d}\lambda \tag{2-1}$$

3) 发光效率（量子效率）：

$$\eta = \text{发射的光子数} / \text{PN 结载流子数} = \frac{e}{hcI}\int \lambda P_\lambda \mathrm{d}\lambda \tag{2-2}$$

设 I 为电子束流，U 为阳极电压，若输入能量为 $W = U \times I$，则发光能量效率：

$$\eta_P = P/W \tag{2-3}$$

若光子能量 $hc = ev$，则：

$$\eta \approx \eta_P \tag{2-4}$$

总光通：

$$\Phi_\text{总} = (\Phi/P)P = K\eta PW \tag{2-5}$$

式中，$K = \Phi/P$。

4) 流明效率：

$$\eta_L = \frac{\text{LED 的光通量 } \Phi_\text{总}}{\text{外加耗电功率 } W} = K\eta P \tag{2-6}$$

流明效率是评价具有外封装 LED 特性的主要参数，LED 流明效率高，指在同样外加电流下辐射可见光的能量较大，故也叫可见光发光效率。下面列出几种常见 LED 流明效率（可见光发光效率），如表 2-10 所示。

第 2 章 照明电光源

常见 LED 流明效率（可见光发光效率） 表 2-10

LED 发光颜色	λ_P (nm)	材料	可见光发光效率 (lm/W)	外量子效率	
				最高值	平均值
红光	700 660 650	GaP：Zn-O GaAlAs GaAsP	2.4 0.27 0.38	12 0.5 0.5	1～3 0.3 0.2
黄光	590	GaP：N-N	0.45	0.1	—
绿光	555	GaP：N	4.2	0.7	0.015～0.15
蓝光	465	GaN	—	10	
白光	谱带	GaN + YAG	小芯片 1.6，大芯片 18	—	—

（5）发光亮度

发光亮度是评价 LED 性能的又一个重要参数，其具有很强的方向性。指定某方向上发光体表面亮度等于发光体表面上单位投射面积在单位立体角内所辐射的光通量，单位为 cd/m^2，如图 2-22 所示。若光源表面是理想漫反射面，亮度 L_0 与方向无关为常数。晴朗的蓝天和荧光灯的表面亮度约为 7000cd/m^2，从地面看太阳表面亮度约为 14×10^8 cd/m^2。

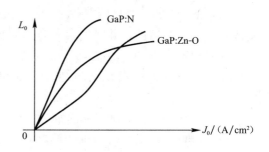

图 2-22 LED 的发光性能曲线

LED 亮度与外加电流密度有关，一般的 LED，电流密度增加，L_0 也近似增大。另外，亮度还与环境温度有关，环境温度升高，复合效率 η_c 下降，L_0 减小。当环境温度不变，电流增大足以引起 PN 结结温升高，温升后，亮度呈饱和状态。

（6）寿命

LED 发光亮度随着长时间工作而出现光强或光亮度衰减现象。器件老化程度与外加恒流源的大小有关，可描述为：

$$L_t = L_0 e^{-t/\tau} \tag{2-7}$$

式中，L_t 为 t 时间后的亮度；L_0 为初始亮度。

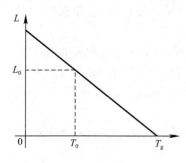

图 2-23 光亮度衰减曲线

通常把亮度降到 $L_t = \frac{1}{2} L_0$ 所经历的时间 t 称为二极管的寿命。测定 t 要花很长的时间，通常以推算法求得寿命，如图 2-23 所示。

3. LED 热学特性

LED 的光学参数与 PN 结结温有很大关系。一般工作在小电流 I_F＜10mA，或者 10～20mA 长时间连续点亮，LED 温升不明显。若环境温度较高，LED 的主波长就会向长波长漂移，L_0 也会下降，尤其是点阵、大显示屏的温升对 LED 的可靠性、稳定性有影响，应专门设计散射通风装置。

LED 的主波长随温度关系可表示为：

$$\lambda_P(T') = \lambda_0(T_0) + \Delta T_g \times 0.1 \text{nm}/\text{℃} \tag{2-8}$$

由式（2-8）可知，每当结温升高 10℃，则波长向长波漂移 1nm，且发光的均匀性、一致性变差。这对于作为照明用的灯具光源要求小型化、密集排列以提高单位面积上的光强、光亮度的设计尤其应注意，应用散热好的灯具外壳或专门通用设备，确保 LED 长期工作。

2.6.4 LED 光源的特点及应用

1. LED 光源的特点

LED 光源作为新兴的第四代照明光源，具有以下特点。

（1）电压。LED 使用直流电源，供电电压为 DC6～24V，根据产品不同而异，所以它是一个比使用高压电源更安全的电源，特别适用于公共场所。

（2）效能。消耗能量较同光效的白炽灯减少 80%。

（3）适用性。LED 体积很小，每个单元 LED 小片是 3～5mm 的正方形，所以可以制备成各种形状的器件，并且适合于易变的环境。

（4）稳定性。10 万小时，光衰为初始的 50%。

（5）响应时间。白炽灯的响应时间为毫秒（ms）级，LED 灯的响应时间为纳秒（ns）级。

（6）对环境污染。无有害金属汞。

（7）颜色。改变电流可以变色，实现红、黄、绿、蓝、橙多色发光。如小电流时为红色的 LED，随着电流的增加，可以依次变为橙色、黄色、绿色。

（8）价格。LED 的价格比较昂贵，几只 LED 的价格就可以与一只白炽灯的价格相当。

2. LED 应用领域

根据现有产品的应用范围，可以分为九类：

（1）室外景观照明

主要有 LED 护栏灯、LED 投射灯、LED 灯带、LED 异形灯、LED 数码灯管、LED 地理灯、LED 草坪灯、LED 水底灯等。

景观照明市场主要以街道、广场等公共场所装饰照明为主，推动力量主要来自于政府。由于 LED 功耗低，在用电量巨大的景观照明市场中具有很强的市场竞争力。

（2）室内装饰照明

主要有壁灯、吊灯、嵌入式灯、射灯、墙角灯、平面发光板（面板灯）、格栅灯、日光灯、筒灯、变幻灯等。

室内装饰灯市场是 LED 的另一新兴市场。通过电流的控制，LED 可以实现几百种甚至上千种颜色的变化。在现阶段讲究个性化的时代中，LED 颜色多样化有助于 LED 装饰灯市场的发展。LED 已经开始做成小型装饰灯、装饰幕墙应用在酒店、居室中。

（3）专用照明

主要有便携式照明（手电筒、头灯）、低照度灯（廊灯、门牌灯、庭院灯）、阅读灯、显微镜灯、投影灯、照相机闪光灯、台灯、路灯等。

（4）安全照明

主要有矿灯、防爆灯、应急灯、安全指示灯等。

（5）特种照明

主要有军用照明灯、医用无热辐射照明灯、治疗灯、杀菌灯、农作物及花卉专用照明灯、生物专用灯、与太阳能光伏电池结合的专用 LED 灯等。

(6) 普通照明

主要有办公室、商店、酒店、家庭用的普通照明灯等。随着 LED 技术的不断进步和成本的不断下降，预计近几年内将会逐步进入普通照明领域，其潜在市场是最大的。

(7) 显示屏市场

LED 显示屏采用了低电压扫描驱动，具有耗电省、使用寿命长、成本低、亮度高、视角大、可视距离远、防水、规格品种多等优点，可以满足各种不同应用场景的需求，发展前景非常广阔，被公认为最具有增长潜力、也是发展最快的 LED 应用市场。LED 显示屏市场主要为体育场馆、机场、车站、银行、医院、公共广场、商业场所、居民社区的大面积应用。随着人们生活水平的提高，户外 LED 显示屏将逐渐应用于各个行业。

(8) 车灯市场

汽车工业上的应用汽车用灯包含汽车内部的仪表板、音响指示灯、开关的背光源、阅读灯和外部的刹车灯、尾灯、侧灯以及头灯等。

汽车用白炽灯不耐震动、易损坏、寿命短，需要经常更换。由于 LED 响应速度快，可以及早提醒司机刹车，减少汽车追尾事故，在发达国家，使用 LED 制造的中央后置高位刹车灯已成为汽车的标准配件。1987 年，我国开始在汽车上安装高位刹车灯。1996 年美国 HP 公司 LED 灯推出可以随意组合的各种 LED 汽车尾灯。此外，在汽车仪表板及其他各种照明部分的光源，都可用超高亮度 LED 灯来担当，所以均在逐步采用 LED 显示。我国汽车工业正处于大发展时期，是推广超高亮度 LED 灯的极好时机。

(9) LED 背光源市场

LED 背光源以高效侧发光的背光源最为引人注目，LED 作为 LCD 背光源应用，具有寿命长、发光效率高、无干扰和性价比高等特点，已广泛应用于电子手表、手机、电子计算器和刷卡机上。随着便携电子产品日趋小型化，LED 背光源更具优势，因此背光源制造技术将向更薄型、低功耗及均匀一致方面发展。LED 是手机关键器件，一部普通手机约需使用 10 只 LED 器件，而一部彩屏和带有照相功能的手机则需要使用约 20 只 LED 器件。现阶段手机背光源用量非常大，一年要用 35 亿只 LED 芯片。目前我国手机生产量很大，而且大部分 LED 背光源还是进口的，对于国产 LED 产品来说，这是个极好的市场机会。

2.6.5 白光 LED 的实现方法

1. 白光 LED 的概念

随着 ZnSe 和 GaN 等宽带隙材料及其发光器件技术的发展，于 20 世纪 90 年代中期推出了一种白光 LED。由于白光 LED 具有低驱动电压、快速开关响应时间、无频闪、高发光效率、小体积、低能耗、长寿命、强抗震性等特点，有望取代传统的白炽灯、荧光灯和高压气体放电灯，实现环保和绿色照明光源，在军民用领域都有巨大的应用潜力和发展前景。因此白光 LED 被称为爱迪生发明白炽灯之后的又一次灯具技术革命，世界各国正大力支持这种极具社会和经济效益的白光 LED 的发展。

一般人所知的白光是指白天所看到的太阳光，分析后发现其具有 400～700nm 范围的连续光谱，以目视的颜色而言，可分解成红橙黄绿蓝青紫。根据 LED 的发光原理，一般 LED 只能发出单色光，为了让它发白光，工艺上必须混合两种以上互补色的光而成。1998 年白光 LED 研发成功，经过十多年的发展，常用来形成白光 LED 的组合方式有三种：

(1) 蓝光 LED 与黄色荧光粉组合；

(2) 红/绿/蓝三色 LED 组合；

(3) UVLED 与多色荧光粉组合。

目前，掌握白光 LED 关键技术的厂家主要有日亚化工、Cree（科锐）、Lumileds、欧司朗等。

2. 常用的白光 LED 芯片

对于一般照明来说，人们更需要白色的光源。1998 年白光 LED 开发成功。这种 LED 是将 GaN 钇铝石榴石（YAG）封装在一起做成。GaN 芯片发蓝光（$\lambda_P = 465nm$，$W_d = 30nm$），高温烧结制成的含 Ce^{3+} 的 YAG 荧光粉受此蓝光激发后发出黄色光反射，峰值 550nm。蓝光 LED 基片安装在碗形反射腔内，覆盖以混有 YAG 的树脂薄层，约 200～500nm。

LED 基片发出的蓝光部分被荧光粉吸收，另一部分蓝光与荧光粉发出的黄光混合，可以得到白光。现在，对于 InGaN/YAG 白色 LED，通过改变 YAG 荧光粉的化学组成和调节荧光粉层的厚度，可以获得色温 3500～10000K 的各色白光。

LED 灯有单芯和多芯形式，单芯片和多芯片的比较，如表 2-11 所示。

单芯片和多芯片的比较　　　　　　表 2-11

芯片类型	方式	优劣比较	
		优点	缺点
多芯片型	RGB 三色混光	材料来源简单	1. 使用三颗 LED 芯片，成本高 2. 三色混光不易使光色相同，一致性差
	BCW 蓝光+琥珀色黄光	1. 一致性高 2. 可用于高电量产品（如汽车）	1. 专利权属于美商 Gentex 2. 由于电压高，有过热问题
单芯片型	蓝光+YAG 荧光粉	1. 材料来源简单，一致性高 2. 可用于低电量产品（如手机） 3. 低电压，没有过热问题	专利权属于 Nichia
	UV+RGB 荧光粉	亮度较亮，一致性佳，没有过热问题	芯片、荧光粉的来源都不容易，目前量产都有问题
	ZnSe		制作不易，且属活泼性元素，信赖度待提升

3. 白光 LED 的技术指标

照明用白光 LED 不同于传统的 LED 产品，在技术性能指标上有一些特殊要求。

光通量：一个 $\phi 5mm$ 的 LED 的光通量仅为 1lm 左右，而用作照明的白功率 LED 希望 1klm。

发光效率：目前产业化产品已从 15lm/W 提高到 100lm/W，研究水平为 125lm/W，最高水平已达 231lm/W。

色温：在 2500～10000K 之间，最好是 2500～5000K 之间。

显色指数：最好是 100，目前显色可以达到 85。

稳定性：波长和光通量均要求保持稳定，但其稳定性程度根据照明场合的需求而定。

寿命：5 万小时至 10 万小时。

2.7 其他照明光源

2.7.1 场致发光灯（屏）

场致发光灯（屏）是利用场致发光（又称电致发光）现象制成的发光灯（屏）。场致发光屏在电场的作用下，自由电子被加速到具有很高的能量，从而激发发光层，使之发光。场致发光屏的厚度仅几十微米，发光效率为15lm/W，寿命长，而且耗电少。场致发光屏可以通过分割做成各种图案与文字，可用在指示照明、广告、电脑显示屏等照度要求不高的场所。

2.7.2 光纤照明

光纤照明是近年新发展起来的一门新照明技术。它是采用光导纤维（简称光纤，又称光波导），利用全反射原理，通过光导纤维把光传送到需要的部位进行照明的一种新的照明方式。

光纤照明具有其他方式不可替代的优势。一是装饰性强，通过光纤输出的光，不仅明暗可调，而且颜色可变，是动态夜景照明相当理想的方法；二是安全，光纤本身只导光不导电，不怕水、不易破损，而且体积小、柔软可弯曲，是一种十分安全的变色发光塑料条，可以安全地用在高温、低温、高湿度、水下、露天等场所。在博物馆照明中，可以免除光线中的红外线和紫外线对展品的损伤，在具有火险、爆炸性气体和蒸气的场所，它也是一个安全的照明方式。

2.7.3 医疗用光源

1. 无影灯管适用于医院各类手术室，其技术参数见表2-12。

无影灯管技术参数　　　　　　表2-12

型号	额定电压（V）	功率（W）	光通量（lm）	平均寿命（h）	外形尺寸（直径×长度，mm）	灯头型号
WY6-15	6	15	185	60	34×56	E12/22×15
WY24-25	24	25	300	300	41×60	BA15d/19
WY110-100		100	1420			
WY110-150	110	150	2240	1000	66×118	E27/27
WY220-100		100	1250			
WY220-150	220	150	1990			
WY220-100		100	1250	800	81×113	E27/35×30
WY220-150		150	2090		81×125	

2. 紫外线杀菌灯是一种强紫外线光源，对核酸蛋白质作用极强，能使细菌发生变异或死亡，被广泛应用于医疗卫生、细菌研究、制药工业和食品制造工业等场所。表2-13、表2-14为各种紫外线灯技术数据。

双端直管形紫外线杀菌灯主要参数　　　　　　表2-13

型号	管径（mm）	灯长（mm）	功率（W）	灯电流（mA）	1m处紫外线辐射照度（μW/mm²）	寿命（h）	灯头型号
ZW-4	15	150	4	170		8000	G5
ZW-6	15	212	6	160	15	8000	G5

续表

型号	管径（mm）	灯长（mm）	功率（W）	灯电流（mA）	1m处紫外线辐射照度（μW/mm²）	寿命（h）	灯头型号
ZW-8	15	288	8	190	22	8000	G5
ZW-10	15	331	10	220	28	8000	G13
ZW-15	15	437	15	300	40	8000	G13
ZW-18	16		18	370		8000	G13
ZW-20	16	589	20	320	70	8000	G13
ZW-30	16	894	30	300	100	8000	G13
ZW-40	16	1199	40	330	120	8000	G13

注：额定电压为220V。

紫外线灯管技术数据　　　　表 2-14

型号 \ 参数	额定电压（V）	功率（W）	灯电流（A）	UV输出功率（W）	外形尺寸（直径×长度，mm）	灯头型号
HNS7WOFR	220	7	0.17	1.9	13×137	G23*
HNS9WOFR		9	0.17	2.5	13×167	G23*
HNS11WOFR		11	0.15	3.6	13×237	G23*
HNS15WOFR		15	0.34	4.6	26×438	G13
HNS30WOFR		30	0.37	11.2	26×895	G13
HNS55WOFR		55	0.77	16.5		G13

注：＊与电子镇流器配套使用
　　以上数据为欧司朗公司提供。

2.8　照明光源的选择

2.8.1　以实施绿色照明工程为基点选择光源

20世纪 90 年代初，国际上提出了推行旨在节约电能、保护环境的"绿色照明"（Green Lights）工程。美国、日本等主要发达国家和部分发展中国家先后制订了绿色照明工程计划，取得了明显的效果。照明的质量和水平已成为衡量社会现代化程度的一个重要标志，成为人类社会可持续发展的一项重要措施，受到联合国等国际组织机构的关注。

绿色照明是指通过科学的照明设计，采用高效率、长寿命、安全和性能稳定的照明电器产品，最终建成环保、高效、舒适、安全、经济的照明系统。实施绿色照明工程就是通过采用合理的照明设计来提高能源有效利用率，达到节约能源，减少照明费用，减少火电工程建设，减少有害物质的排放，达到保护人类生存环境的目的。

推进绿色照明工程实施过程中，电光源的选择应遵循以下一般原则：

1. 限制白炽灯的应用

白炽灯属于第一代光源，光效低，寿命一般只有 1000 小时，照明设计不应采用普通照明白炽灯，对电磁干扰有严格要求，且其他光源无法满足的特殊场所除外。

2. 采用卤钨灯取代普通白炽灯

卤钨灯是普通白炽灯的升级换代产品，在许多照明场所，如商业橱窗、展览展示厅以及摄影照明等要求高显色性、高档冷光或聚光的场合，可以各种结构形式不同的卤钨灯取代普通白炽灯，来达到节约能源、提高照明质量的目的。

在卤钨灯类产品中，带反射器的组合式紧凑型卤钨灯是应用最广、发展最快的灯种之一。我国在 20 世纪 70 年代初期就开始在 8.75mm 和 16mm 的放映机中采用这种带反射器的组合式紧凑型卤钨灯作为放映光源。这种放映灯是采用石英卤钨灯与以玻璃材料热压成型的具有椭球反射面并镀以多层介质膜的反射器组合形成紧凑型卤钨灯，一般为敞开式，以其取代椭球和球面组成的镀铝普通白炽放映灯或称全反射放映灯。

目前，这种敞开式结构的卤钨灯已广泛应用于商场、展览展示中心以及会议室等场所，并作为取代普通白炽灯的新一代光源。

3. 推荐采用紧凑型荧光灯取代白炽灯

与白炽灯相比，紧凑型荧光灯每瓦产生的光通量是普通照明白炽灯的 3~4 倍以上，其额定寿命是白炽灯的 10 倍。由于荧光粉质量的不断提高和改进，紧凑型荧光灯的显色指数可以达到 80 左右，完全能满足一般照明的要求。紧凑型荧光灯可以和镇流器（电感式或电子式）连接在一起，组合成一体化的整体型灯，采用 E27 灯头，与普通白炽灯直接替换，十分方便。同时也可做成分离的组合式灯，灯管更换三次或四次而不必更换镇流器。

根据紧凑型荧光灯结构形式的不同，其应用场所也各不相同。一般，在对灯管长度没有特殊要求的情况下，可采用双管紧凑型荧光灯，单 U 单 π 型灯可作为建筑物出入口的标志或作为顶栅灯具的光源。小型环型和双 D 型紧凑型荧光灯适合于类似台灯的应用场合，同时也适合作为侧面屏灯和低顶棚照明灯的光源。在家庭照明方面，如台灯、壁灯、吸顶装饰灯、嵌入式下照灯、悬吊式灯等应用普通照明白炽灯的场合均可采用紧凑型荧光灯替代。并且，光的颜色包括冷白、暖白或日光色，可供用户选择。

虽然紧凑型荧光灯的发展很快，推广应用比较成功，但也存在一些实际问题，使其应用受到一定的局限性。

(1) 采用高显色性的荧光粉虽然可以使紧凑型荧光灯的显色指数达到 80 以上，但目前技术仍达不到与白炽灯完全相同的显色指数。

(2) 带螺口灯头的一体化紧凑型荧光灯不能像白炽灯一样进行明暗度的连续调光，现在虽然有了可调光的紧凑型荧光灯系统，但需要通过采用包括可调光的镇流器、四插头紧凑型荧光灯和专用的调光控制器在内的新型照明装置来实现，比较复杂，且成本较高。

(3) 由于紧凑型灯基本仍属线型光源（单 U、单 π）或发光体仍相对较大，因此一般不能与白炽灯或高强度气体放电灯所使用的光学控制器（通常为反射器）通用。经过改型设计的与紧凑型荧光灯配套的反射式灯具一般都达不到与大多数白炽灯相同照度的投射距离。因此，在要求光束具有较大投射距离的应用场所，仍然只能采用反射卤钨灯或短弧高强度气体放电灯。

(4) 灯座向上或水平装置，环境温度在 25℃ 时，紧凑型荧光灯工作时的光效最高。如密封在室内灯具中的紧凑型荧光灯，往往会由于灯具内的环境温度较高而降低光效。紧凑型荧光灯在室外较低的环境温度下工作，光效较低，并且还可能出现不能启动的现象。

(5) 一体化的紧凑型荧光灯多配用电子镇流器。当紧凑型荧光灯只占有小部分电力负荷时，不会对电网质量构成影响，但一旦占有很大比例的电力负荷，电子镇流器的谐波将产生失真，需要加以限制，以免影响电网的正常供电。

勿庸置疑，紧凑型荧光灯光效高、颜色好、寿命长、安装方便，是取代普通白炽灯的最佳光源之一，但也不是任何场合的白炽灯都能用紧凑型荧光灯代替。

4. 推荐采用 $\phi 26mm$、$\phi 16mm$ 细管荧光灯

我国制造技术落后的 T12（40W、$\phi 38$）直管荧光灯，在过去的几十年中一贯制地使用。20世纪80年代末引进 T8（36W、$\phi 26$）直管荧光灯，它以其光效高（提高 27%～44%）、寿命长（延长 60%）、耗费材料少（$\phi 26$ 取代 $\phi 38$）而成为节能的环保新一代产品，20世纪90年代得到较快的推广。更令人振奋的是，T5（32W、$\phi 16$）荧光灯从提出至今已趋于成熟，前几年 T5 均为直管，现在 T5 环形管（单环、双环）增多，特别是汞和荧光灯粉的用量大大减少，不但有利于保护环境，而且带来可观的经济效益，被称为真正的绿色照明光源。业内人士一致认为，其发光效率高、节能效果好、显色性好、无频闪、无噪声、寿命长、光衰低，已成为国家重点推荐的节能光源之一。

5. 推荐采用钠灯和金属卤化物灯

高压钠灯和金属卤化物灯同属高强度气体放电灯。由于我国不断从国外引进先进的设备和技术，使这两类灯的技术性能指标几乎达到或接近与国外同类产品的水平。各种规格的高压钠灯和金属卤化物灯由于具备高光效和长寿命的特点，广泛应用于各种环境条件的照明，如机场、港口、码头、道路、城市街道、体育场馆、大型工业车间、庭院、展览展示大厅、地铁等场所的照明。

高压钠灯和金属卤化物灯是取代荧光高压汞灯的最佳选择。

低压钠灯的光效属各灯种之首。但其显色性极差，可以应用于隧道及对显色指数要求不高的照明场所。

6. 混光照明

近20年来，混光照明灯具发展迅速，先后出现了高压汞灯、高压钠灯、高显钠灯、金属卤化物灯。尽管这些光源各具特点，但仍不能满足工程设计的广泛需求，因此出现了混光照明技术。混光光源是国际上20世纪70年代开始的一项新兴照明技术，它将两种及以上不同光源安装在同一个灯具内，发挥不同光源的各自优势，从而达到提高光效、改善光色的作用。混光照明方式有两种：一种为场所内混光，一种为灯具内混光，后者又包括双灯混光和单灯混光。双灯混光照明已广泛应用于各种场所，并取得了较好的效果。其中以高压钠灯与高压汞灯（或金属卤化物灯）混光的光效较高、节电较显著。但在使用中还存在着诸多问题，两种光源混光不均匀，分别接入镇流器、触发器，且安装接线复杂，平均寿命也不同，当一种光源损坏，维护更换不及时，另一种还在运行，会降低显色指数和光效。单灯混光照明恰恰能弥补以上的不足。表2-15为两种混光方式的性能比较。

受到光源制造水平限制，既具有光效高、光色好、显色性好，又具有长寿命的光源很难制造出来。例如：高压钠灯光效很高、寿命长，但光色和显色性却很差；镝灯的光效高、显色性很好，而寿命却较短；高显色高压钠灯的光色较好、显色性好，但光效低很多。使用混光照明则可兼顾节能和改善光色及显色性。混光照明有下列优点：使用高压钠灯混光能发挥钠灯高光效、长寿命的特点，节能效果显著，运行费用低；混光光色一般均为中间色，比冷色、暖色更易被人们接受，调整方便，照明环境舒适性好；混光光源光谱丰富，显色性得到了改善，适用于显色性要求较高的场所（目前单光源尚无法满足需求）。

各类混光的节能效果详见表 2-16。

此外，还有前面提到的场致发光灯和 LED 发光二极管。

单灯与双灯混光照明技术参数　　　　　　　表 2-15

名　称	双灯混光	单灯混光	名　称	双灯混光	单灯混光
光效（lm/W）	61	77	体积百分比（%）	100	50
显色指数 R_a	50	58	造价百分比（%）	100	80~90
色温（K）	3000	3100	节能效率（%）	100	120
混光效果	较差	好	安装复杂系数	1	0.5
配光效果	差	好	灯具效率（%）	70	80.6

混光照明节能技术参数　　　　　　　表 2-16

混光种类	为白炽灯耗电的比率（%）	节能率（%）	较单独使用高强气体放电灯节能率（%）
荧光高压汞灯 高压钠灯	20	80	NGX 型灯比混光节能 6，混光比 ZJD 型灯节能 3
金属卤化物灯 高压钠灯	16	83	混光比 NGX 型灯节能 11，混光比 ZJD 型灯节能 19.5
金属卤化物灯 中显钠灯	18.5	81	NGX 型灯比混光节能 6，混光比 ZJD 型灯节能 3

2.8.2　以光源的光色特性选择光源

实施绿色照明工程的同时，往往还要根据地区的气候、室内环境氛围要求而选择光源。这时，首先要考虑合适的光源色温，再按照光源色温选择相应的光源，以便创造出舒适和谐的室内环境。光源色温分类及适用场合如表 2-17 所示。

光源色温分类及适用场合　　　　　　　表 2-17

光源类别	冷暖类别	色温（K）	适用场合
白炽灯，卤钨灯，暖白色荧光灯，高压钠灯，低压钠灯	暖色	<3300	客房、卧室等
冷白色荧光灯，金属卤化物灯	中间色	3300~5300	办公室、图书馆等
日光色荧光灯，荧光高压汞灯，金属卤化物灯，氙灯	冷色	>5300	高照度水平或白天需补充自然光的房间

2.8.3　以光源的显色指数选择光源

光源的显色指数反映了同一物体在不同光源下，呈现出的颜色不一致的程度。因此，在不同的场合下，可以根据要求选择不同显色指数的光源，既可达到规定的辨色要求，又可达到舒适的要求。光源的显色指数及其适用场合见表 2-18。由表中可知钠灯、汞灯显色指数较低，显色性较差，常常用于要求辨色不高的场合，如道路照明，库房照明等；而暖白色、日光色荧光灯显色指数一般，显色性一般，常用于辨色要求较高的场合，如办公室和休息室，在教室等学习场合通常也选择日光色荧光灯和冷白色荧光灯（$R_a=91$）；在辨色要求很高的场合，如非常重视显色性的美术馆、博物馆陈列室应当选择光色和显色性接近于日光的电光源，如显色性很好的白炽灯，卤钨灯等。实际照明大多采用色温低而又有温度感的光色，即大多采用普通荧光灯的照明，而 $R_a>80$ 的电光源常常用于局部照明。

光源的显色指数及其适用场合　　　　　　　　　表 2-18

光源类别	显色指数	适用场合
白炽灯，卤钨灯，冷白色荧光灯，疝灯，金属卤化物灯	$R_a>80$	客房、绘图室等辨色要求很高的场合
暖白色荧光灯，日光色荧光灯	$60<R_a<80$	配电室、普通电梯前厅等辨色要求较高的场合
低压钠灯	$40<R_a<60$	锅炉房等辨色要求一般的场所
高压钠灯，荧光高压汞灯	$R_a<40$	变压器室等辨色要求不高的场所

2.8.4 以光源的光效以及总光通量选择光源

有的地区认为现在电力供应不那么紧张了，照明节电不重要了，这就是没有从环保的高度去认识节能。虽然设计人员已经具有诸多的工程实践经验，还应及时按照国际间共识修正个人的见解。譬如，我国目前的光源产品结构不合理，高光效气体放电灯仅占总产量的 12%～15%，比美国、日本等国低得多，而光效低的白炽灯占领着市场。这里有主管部门调控政策力度不够的问题，更重要的是设计人员等使用者的内在因素。首先从光源的七大要素（光效、显色性、色温、使用寿命、启动性能、装饰性、单位比价）出发，在满足头两条的前提下，兼顾其余因素进行选择。各种光源的光效与它的输出光通的关系如图 2-24 所示。

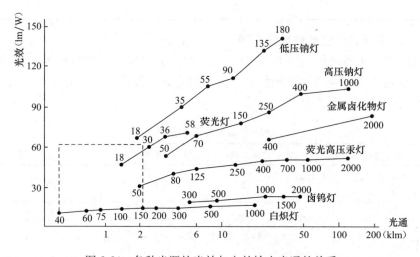

图 2-24　各种光源的光效与它的输出光通的关系

图 2-24 中曲线上数字的单位为瓦特（W）。从图可知，提高同一光源的光效则必需提高它的输出光通（提高功率）。特别是图中虚线框表明，在小空间适用的光通范围（400～2200lm），而在这个范围只有白炽灯和荧光灯，即家居民用范围广泛采用白炽灯和荧光灯。

光源效率在工程选型中是至关重要的，和照明节能数量直接发生关系。除白炽灯、卤钨灯以外，气体放电灯还要考虑镇流器的电损耗，求出光源的总效率。常用的光源效率列在表 2-19、表 2-20 中，气体放电灯效率为包括镇流器的总效率。为了说明光效的高低，表中将气体放电灯与 200W 白炽灯作比较。从表里可看出光源功率越大比值越高，即越是节能。其节能值的多少又因光源而异。

光源效率与比值技术参数

表 2-19

名　称	功率（W）	发光效率（lm/W）	比　值	备　注
白炽灯	40 60 100 200	8.45 10.5 12.5 14.6	0.6 0.72 0.86 1	
荧光灯	30 40	35 50	4 5.7	
荧光高压汞灯	50 80 125 250 400 1000	27 32.7 34.4 39.7 48.7 50	1.84 2.2 2.4 2.7 3.3 3.4	
高压钠灯	35 50 70 100 150 250 400 100	54.9 66.7 72.3 77.6 91.4 97.2 104.8 117.1	3.8 4.6 5 5.3 6.3 6.7 7.2 8	
中显钠灯	100 150 250 400	62.1 74.3 78.1 83	4.3 5.1 5.3 5.7	
高效金属卤素灯	175 250 400 1000	66.7 70.7 78.3 102.8	4.6 4.8 5.4 5.7	
钪钠灯	125 250 400 1000	51.7 72.1 74.2 66.7	3.5 4.9 5.1 4.6	
紧凑型荧光灯	7 9 11 13 18 24 36	40 41.7 59.2 62.7 48 54.8 55.8	4.57 4.77 6.8 7.2 5.5 6.3 6.4	H 型灯
	13 18	40.63 38.64	4.64 4.42	SL 型灯
	16 28	50 50	5.71 5.71	2D 型灯

注：1. 光源功率越大光效越高，使用瓦数高的灯泡比较节能。
2. 本表以 200W 白炽灯作为 1，而计算出各类光源的对比值。40W 白炽灯作为和荧光灯、紧凑型荧光灯的对比值。

光源节能技术参数　　　　　　　　　　　　　　表 2-20

各类光源	电力消耗与白炽灯比率（%）	节能率（%）	各类光源	电力消耗与白炽灯比率（%）	节能率（%）
高压钠灯	25～12.5	75～87	荧光灯	25～16	75～83
改进型高压钠灯	25～16	75～83	紧凑型荧光灯	22～14.3	77～86
金属卤化物灯	20～14.3	80～86			

当采用高效光源时，所需灯数虽减少，但对低天棚的房间会使照度不均匀，因此在设计时还应综合考虑其他条件。为了节能，在设计中应采用节能光源，以节能为目标的光源选择见表 2-21。对于室外照明来分析，若选用低压卤钨灯作为投光照明光源比传统投光灯要节能约 66%，对应瓦数是低压卤钨灯的 20、35、50 和 78W，相当于传统投光灯的 60、100、150 和 250W。

光源选择节能技术参数　　　　　　　　　　　　　　表 2-21

原始光源	推荐光源	节能效果（%）		应用场所
		对比率	节电率	
白炽灯	荧光灯及紧凑型荧光灯	耗电为白炽灯的 22～14.3	27～86	办公室、商业、科技、餐馆、旅馆等
白炽灯 荧光高压钠灯	功率较大的灯泡采用高强气体放电灯	耗电为白炽灯的 25～14.3	75～86	各类车间、体育馆、厅堂等耗电为荧光高压汞灯的 50%
白炽灯 荧光高压汞灯	金属卤化物灯与中显钠灯混光照明	耗电为白炽灯的 18.5	81	对光色、显色性要求较高的各类车间或体育设施
荧光灯	小于 150W 小功率高强气体放电灯	耗电为荧光灯的 75～66	25～33	高度不小于 4m 的场所
上型白炽投光灯	冷光定向照明低压卤钨灯		66	展示橱窗、旅馆、家庭等

注：白炽灯、荧光高压汞灯采用推荐光源后，节电 50%。

随着光源、微电子器件技术和生产工艺的不断提高和飞速发展，采用高效新光源（细管径荧光灯、紧凑型荧光灯、高强度气体放电灯等）和节能电器产品、高性能电子镇流器等将产生巨大的社会、经济效益。据专家测算，1 只 11W 电子紧凑型荧光灯较同样照度的 60W 白炽灯节电约 48W，按每天平均使用 4h 计算，年节电约 71kW·h。若全国替换 2 亿只，则年节电可达 142 亿 kW·h。另据有关部门统计，全国现有家庭 2.76 亿户，其中 2 亿户农村家庭的照明目前仍以普通白炽灯为主体，加上企、事业、公共场地所用白炽灯，白炽灯总数极为可观。若将上述白炽灯管都改用电子紧凑型荧光灯，一年就可节省电力 938 亿 kW·h，是国家投资几十亿元，历时建设十几年的长江葛洲坝水利枢纽工程 1994 年年发电量 157.5 亿 kW·h 的 5 倍，就连举世瞩目的三峡工程的设计年发电量与其相比也还尚有差距。因此，照明节电工作是当务之急，否则灯头下跑掉的不只是一个三峡工程。所以，用紧凑型荧光灯、细管径荧光灯代替白炽灯可以极大地节省电能。

2.8.5　依据光源的各种参数以及使用条件综合地选择光源

不同光源在光谱特性、发光效率、色温、显色指数、使用条件和造价等方面都有自己的特点，我们应根据不同场所的具体情况，综合各方面的因素而确定光源的类型。为了便

第 2 章 照明电光源

于比较，下面将各种光源的适用场所归纳于表 2-22 中。

各种光源的适用场所　　　　　表 2-22

使用场合	要求光源特性		钨丝白炽灯	卤钨白炽灯	荧光灯				荧光高压汞灯		金属卤化物灯		高压汞灯		低压钠灯
	光输出(klm)	显色性 R_a			标准型	高显色	三基色	紧凑型	透明型	一般型	标准型	高显色	标准型	改进型 高显色	
家用照明	<3	80～98	好	—	√	—	好	好	—	—	—	—	—	—	—
办公、学术照明	3～10	80～90	—	—	好	√	好	√	√	√	√	√	—	—	—
商店照明（普通）	>3	80～90	√	√	—	好	√	好	—	—	—	好	—	好	—
商店照明（橱窗）	<3	80～98	好	好	—	√	好	—	—	—	—	好	—	—	—
餐厅和旅馆	<10	80～98	好	好	—	—	—	—	—	—	—	好	—	—	—
音乐厅	<10	80～98	√	好	—	√	好	—	—	—	—	—	—	—	—
医院照明（普通）	<10	60～90	√	—	√	—	好	—	—	—	—	—	—	—	—
医院照明（检验）	<10	80～98	√	—	—	好	—	—	—	—	—	—	—	—	—
工业照明（高天花板）	>10	<60	—	—	√	—	—	—	√	√	√	—	—	—	—
工业照明（低天花板）	3～10	40～80	—	—	好	—	—	—	√	√	√	—	好	—	—
体育场照明（室外）	>3	<60	—	—	—	—	—	—	√	好	好	—	√	—	—
体育场照明（室内）	3～10	65～80	—	—	—	—	—	—	好	好	√	—	—	—	—
剧场和电视照明	<10	80～90	好	√	—	—	好	√	—	—	—	√	—	—	—
电影照明	>3	80～98	—	好	—	—	—	—	—	—	√	—	√	—	—
公园和广场住宅区	>3	<80	—	—	—	—	—	—	—	—	好	—	好	—	—
住宅区和休息区	<3	<80	√	—	√	—	√	√	—	—	—	—	√	—	√
港口船坞码头	>3	—	—	—	—	—	—	—	—	—	—	—	√	—	√
汽车道路照明	>3	—	—	—	—	—	—	—	—	—	√	—	√	—	好
普通道路照明	<6	—	—	—	—	—	—	—	√	√	√	—	√	—	好
街道照明	<6	—	—	—	—	—	—	—	—	—	—	—	好	—	√

注：表中的"好"表示选用该光源比较理想；表中的"√"表示可以选用该光源；表中的"—"表示一般不选用该光源。

总之，选择光源时，应在满足显色性、启动时间等要求条件下，根据光源、灯具及镇流器等的效率、寿命和价格在进行综合技术经济分析比较后确定。

2.8.6 照明设计时光源的选择

照明设计时可按下列条件选择光源。

1. 高度较低房间，如办公室、教室、会议室及仪表、电子等生产车间宜采用细管径直管形荧光灯。

如前所述，T8 管荧光灯应广泛推广。一般房间及场所优先采用荧光灯。以 36W 为例，根据色温、显色性和光效，选择下面的三种型式灯：

（1）TLD-36W/33 型：色温 4100K，$R_a=63$，光效 79.21lm/W。对于办公、教室等生产场所，其照度多为中等水平，配以中等色温，且光效较高，只是显色性能差一点。

（2）TLD-36W/29 型：色温 2900K，$R_a=51$，光效 79.21lm/W。对于宾馆、饭店、餐厅、家庭比较适合，虽然显色性差一点，但光效较高。

（3）TLD-36W/840、TLD-36W/835 型：$R_a=85$，光效 93lm/W。对于商店（特别是服装、纺织品销售部）、展览馆等显色性要求高的场所，非常适宜用超级 T8 管。虽然价位高昂，但单位比价仍低于普通 T8 管，它能获得显色好、光效高、比价低三方面的效益。根据目前照明国标要求，办公、教室、车库等场所均可全面采用此种光源。

2. 商店营业厅宜采用细管径直管形荧光灯、紧凑型荧光灯或小功率的金属卤化物灯。

荧光灯光效较高，寿命长，获得普遍应用，目前重点推广细管径（26mm）的荧光灯和各种形状的紧凑型荧光灯以代替粗管径（38mm）荧光灯和白炽灯。美国 1992 年已禁止销售 40W 粗管径荧光灯。当然，新型光源质量参差不齐以及品种不全，也是一个问题。如 T8 型灯性能较好，仅有 18W 和 36W 两个型号，且多数是 6200K、69.4lm/W。

通常进行光源选择时，层高小于 4.5m 适于低压气体放电荧光灯，可通过对直管形和紧凑型的光效、显色性、使用寿命、装饰性和费用进行比较后，择优选取。

（1）光效：36W 直管形灯为 70～90lm/W，15～36W 紧凑型灯为 55～80lm/W。前者高效、显色性、使用寿命、装饰性和费用进行比较后，择优选取。

（2）显色性：直管形灯 $R_a=60\sim85$，紧凑型灯多数 R_a 为 82，少数 R_a 为 75～80。后者优于前者。

（3）使用寿命：T8 直管形灯 8000h，紧凑型灯多为 5000h（飞利浦 8000～10000h）。前者优于后者。

（4）装饰性：紧凑型灯尺寸小，在公共建筑中优于直管形灯。

（5）费用：按单位比价，直管形灯明显优于紧凑型灯。

3. 高度较高的工业厂房，应按照生产使用要求，采用金属卤化物灯或高压钠灯，亦可采用大功率细管径荧光灯。

钠灯光效大于 120lm/W，寿命 12000h。金属卤化物灯光效可达 90lm/W，寿命 10000h。高强气体放电灯（HID）适于层高不小于 4.5m 的建筑，它的三个品种可因地制宜：广场、道路等无显色性要求的选用高压钠灯；有较高显色性要求的场所，宜用金属卤化物灯和高显钠灯；至于荧光高压汞灯无多少优点，停止使用。

4. 一般照明场所不宜采用荧光高压汞灯，不应采用自镇流荧光高压汞灯。

5. 应急照明应选用能快速点燃的光源。

6. 应根据识别颜色要求和场所特点，选用相应显色指数的光源。

2.8.7 绿色照明经济效益

在设计中，采用节能光源，提倡"绿色照明"可大大提高经济效益。在照度相同的条件下，用紧凑型荧光灯取代白炽灯的效益见表 2-23（未计镇流器功耗）。

紧凑型荧光灯取代白炽灯的效益　　　　　　　　　表 2-23

普通照明白炽灯（W）	紧凑型荧光灯（W）	节电效果 [W，（节电率，%）]	节省电费（%）
100	25	75（75）	75
60	16	44（73）	73
40	10	30（75）	75

直管形荧光灯升级换代的效益见表 2-24（未计镇流器功耗）。

第2章 照明电光源

直管型荧光灯升级换代的效益　　　　　表 2-24

灯种	功率（W）	光通量（lm）	光效（lm/W）	替换方式	照度提高（%）	节电率（%）
T12（38mm）	40	2400	60	—	—	—
T8（26mm）	36	3350	93	T12→T8	39.58	10
T5（16mm）	28	2600	93	T12→T5	8.33	30

高强度气体放电灯的相互替换的效益见表 2-25（未计镇流器功耗）。

高强度气体放电灯的相互替换的效益　　　　　表 2-25

序号	灯种	功率（W）	光通量（lm）	光效（lm/W）	寿命（h）	显色指数 R_a	替换方式	照度提高（%）	节电率（%）
1	荧光高压汞灯	400	22000	55	15000	40	—	—	—
2	高压钠灯	250	22000	88	24000	65	1→2	0	37.5
3	金属卤化物灯	250	19000	76	20000	69	1→3	−13.6	37.5
4	金属卤化物灯	400	35000	87.5	20000	69	1→4	37.1	0

2.9　光源主要附件

2.9.1　镇流器

1. 镇流器的分类

气体放电灯的镇流器主要分两大类：电子镇流器和电感镇流器。电感镇流器包括普通型和节能型。荧光灯用交流电子镇流器包括可控式电子镇流器和应急照明用交流/直流电子镇流器。

2. 镇流器的能效值

镇流器的主要标准包括安全要求、性能要求、特殊要求和能效标准。镇流器是一个高耗能器件，规定有效值是镇流器节能的重要因素。能效值（包括能效限定值和节能评价值）用镇流器能效因数（BFF）表示。能效限定值是必须达到的最低限值，属强制性标准。

能效因数（BFF）按下式计算

$$BFF = \frac{\mu}{P} \times 100 \qquad (2-9)$$

式中　BFF——镇流器能效因数；
　　　μ——镇流器流明系数值；
　　　P——线路功率，W。

（1）金属卤化物灯用镇流器的能效等级分为 3 级，其中 1 级最高，为未来实质的节能评价值，2 级为现行节能评价值，3 级为能效限定值。各级能效因数不应低于表 2-26 的规定。

金属卤化物灯用镇流器的能效等级　　　　　表 2-26

	额定功率（W）	175	250	400	1000	1500
BFF	1级	0.514	0.362	0.233	0.0958	0.0638
	2级	0.488	0.344	0.220	0.0910	0.0606
	3级	0.463	0.326	0.209	0.0862	0.0574

(2) 高压钠灯用镇流器的能效限定值和节能评价值不应低于表 2-27 的规定。

高压钠灯用镇流器的能效限定值和节能评价值　　　　表 2-27

额定功率（W）		70	100	150	250	400	1000
BFF	能效限定值	1.16	0.83	0.57	0.340	0.214	0.089
	目标能效限定值*	1.21	0.87	0.59	0.354	0.223	0.092
	节能评价值	1.26	0.91	0.61	0.367	0.231	0.095

注：* 为将来实质的能效限定值。

(3) 管型荧光灯用镇流器的能效限定值不应低于表 2-28 的规定，表 2-29 为管型荧光灯镇流器节能评价值。

管型荧光灯镇流器的能效限定值　　　　表 2-28

额定功率（W）		18	20	22	30	32	36	40
BFF	电感型	3.154	2.952	2.770	2.232	2.146	2.030	1.992
	电子型	4.778	4.370	3.998	2.870	2.678	2.402	2.270

管型荧光灯镇流器节能评价值　　　　表 2-29

额定功率（W）		18	20	22	30	32	36	40
BFF	电感型	3.686	3.458	3.248	2.583	2.461	2.271	2.152
	电子型	5.518	5.049	4.619	3.281	3.043	2.681	2.473

2.9.2 补偿电容器

气体放电灯电流和电压之间有相位差，加之串接的镇流器为电感性的，所以照明线路的功率因数较低（一般为 0.35～0.55）。为提高线路的功率因数，减少线路损耗，利用单灯补偿更为有效，措施是在镇流器的输入端接入一适当容量的电容器，可将单灯功率因数提高到 0.85～0.9。气体放电灯补偿电容器选用见表 2-30。

气体放电灯补偿电容器选用表　　　　表 2-30

光源种类及规格		补偿电容量（μF）	工作电流（A）		补偿后功率因数
			无电容补偿	有电容补偿	
普通高压钠灯	50W	10	0.76	0.3	≥0.90
	70W	12	0.98	0.42	
	100W	15	1.24	0.59	
	150W	22	1.8	0.88	
	250W	35	3.1	1.40	
	400W	55	4.6	2.00	
	1000W	122	10.3	4.80	
金属卤化物灯	150W	13		0.76	≥0.90
	175W	13		0.90	
	250W	18		1.26	
	400W	26		2.0	
	1000W	30		5.0	
	1500W	38		7.5	

续表

光源种类及规格		补偿电容量（μF）	工作电流（A）		补偿后功率因数
			无电容补偿	有电容补偿	
荧光灯	18W	2.8	0.164	0.091	≥0.90
	30W	3.75	0.273	0.152	
	36W	4.75	0.327	0.182	

2.9.3 镇流器的比较与选择

1. 荧光灯节能型电感镇流器和电子镇流器的比较（见表 2-31）

荧光灯节能型电感镇流器和电子镇流器的优缺点比较　　表 2-31

比较 类型	优　点	缺点及应注意的问题
节能型 电感镇流器	①节能。通过优化铁芯材料和改进工艺措施降低自身功耗，一般可降低 20%～50%，使灯的总输入功率（灯管与镇流器功率和）下降 5%～10%。 ②可靠	①使用工频点灯，存在频闪效应的固有缺点。 ②自然功率因数低（也有功率因数高的产品，如谐振式电感镇流器）。 ③消耗金属材料多，质量大
电子镇流器	①节能。荧光灯的电子镇流器，多使用 20～60kHz 频率供给灯管，使灯管光效比工频提高 10%，且自身功耗低，使灯的总输入功率下降约 20%。 ②无频闪，发光稳定，起点可靠。 ③功率因数高，能达到 0.95 及以上。 ④噪声低，高品质电子镇流器的噪声应不超过 35dB（A 声级） ⑤可调光	①有的谐波含量高，特别是功率不大于 25W 的产品。 ②注重产品质量和水平。当前市场上的电子镇流器很多，质量和水平不大相同，有一些低质量产品，主要表现为谐波含量大、流明系数低、可靠性不高、使用寿命短

美国产品同样输出的电感镇流器（节能型）、关断式镇流器和电子镇流器的输入定功率（W）和价格比较见表 2-32。

节能型电感镇流器、关断式镇流器与电子镇流器的比较　　表 2-32

F40T12 镇流器（双灯）	输入功率（W）	流明系数①（%）	近似价格比
节能型	86	95	x
关断式②	80	95	$1.3x$
电子快速式	72	88	$2x$

①商品镇流器输出光通量与同一支灯管在试验室基准镇流器操作产生 100% 输出光通量之比。
②灯管启动后就断开阴极加热电源，以减少灯丝上的功率损耗。

2. 自镇流荧光灯应配用电子镇流器

采用电子镇流器，使灯管在高频条件下工作，可提高灯具光效和降低镇流器的自身功耗，有利于节能，并且发光稳定，消除了频闪和噪声，有利于提高灯管的寿命。目前我国的自镇流荧光灯大部分采用电子镇流器。

3. 直管荧光灯镇流器的选用

直管形荧光灯应配用电子镇流器或节能型电感镇流器，不应选用电感镇流器。在《建筑照明设计标准》GB 50034—2013 中明确规定："直管荧光灯应配用电子镇流器或节能型电感镇流器"。

电子镇流器的应用应注意以下几点。

（1）电子镇流器对提高照明系统能效和质量有明显优势，建议以下场所选用：

1）连续紧张的视觉作业场所和视觉条件要求高的场所（如设计、绘图、打字等）；

2）要求特别安静的场所（病房、诊室等），青少年视看作业场所（教室、阅览室等）；

3）在需要调光的场所，可用三基色荧光灯配有可调光数字式镇流器，取代白炽灯或卤钨灯。

（2）应选用高品质、低谐波的产品，满足使用的技术要求，考虑运行维护效果，并作综合比较。

（3）应采取有效措施限制小于25W荧光灯镇流器的谐波含量。25W以下灯管的谐波限值非常宽松，在建筑物内大量应用，将导致严重的波形畸变，中性线电流过大以及功率因数降低的不良后果。

（4）选用的产品，不仅要考察其总输入功率，还应了解其输出光通量。保证流明系数不低于0.95。

4. 节能型电感镇流器的选用

节能型电感镇流器的主要优势是可靠性高，使用寿命长，谐波含量较小，价格较便宜。选用时应注意以下几点：

（1）选用自身功耗小的产品。T8直管荧光灯可参照欧盟能效分级，选用B1级或B2级的镇流器。

（2）流明系数不应低于0.95。

（3）应考虑功率因数补偿，包括单灯补偿或线路集中补偿等方式。

T8直管形荧光灯应配用电子镇流器或节能型电感镇流器，不宜配用功耗大的传统电感镇流器，以提高光效；T5直管形荧光灯（大于14W）应采用电子镇流器，因电感镇流器不能可靠启动T5灯管。

5. 镇流器对实施照明功率密度（LPD）限值的影响

《建筑照明设计标准》GB 50034—2013第6章规定了照明功率密度（LPD）最高限值指标，并作为强制性条文发布。要实施这项指标，应合理选用光源、灯具及镇流器。镇流器对LPD值的影响，以T8荧光灯（36W）为例，如用高品质低损耗电子镇流器（相当欧标的A2级）和普通的电感镇流器（相当于欧标的C级）相比，系统超低损耗电感镇流器（相当欧标B1级）和普通电感镇流器相比，照明安装功率可降低8.9%，即实际LPD值可下降8.9%。

思 考 题

2-1 常用的照明电光源分几类？各类有哪几种灯？

2-2 常用的电光源有哪些光电参数？它们如何反映光源的特性？

2-3 试说明卤钨灯的工作原理？

2-4 简述荧光灯的发光原理和它的发光颜色由什么决定？并说明荧光灯各种分类。

2-5 高压钠灯的最大优点是什么？常用于哪些场合？

2-6 简述金属卤化物灯的特点？

2-7　霓虹灯的工作电压是多少？其产生的颜色与什么有关？

2-8　简述 LED 发光二极管工作原理和特点。目前 LED 发光二极管灯具主要用于何种场合？

2-9　LED 光源的主要参数有哪些？其特性有哪些？

2-10　选用电光源时，应遵循哪些原则？

2-11　照明设计时，应遵循哪些条件选择电光源？

2-12　什么是绿色照明？

2-13　照明节能原则是什么？

2-14　哪些光源是节能的电光源？各有什么特点？

2-15　何为混光照明，它有什么优点？

第 3 章 照明灯具及布置

3.1 照明灯具及其特性

灯具是透光、分配和改变光源光分布的器具,包括除光源外所有用于固定和保护光源的全部零、部件以及与电源连接所必须的线路附件。照明灯具对节约能源、保护环境和提高照明质量具有重要的作用。

3.1.1 灯具的作用

1. 控光作用。利用灯具如反射罩、透光棱镜、格栅或散光罩等,将光源所发出的光重新分配,照射到被照面上,满足各种照明场所的光分布,达到照明的控光作用。

2. 保护光源的作用。保护光源免受机械损伤和外界污染;将灯具中光源产生的热量尽快散发出去,避免灯具内部温度过高而使光源和导线过早老化和损坏。

3. 安全作用。采用符合使用环境条件(如能够防尘、防水,确保适当的绝缘和耐压性)的电气零件和材料,避免触电与短路。

4. 美化环境作用。灯具分功能性照明器具和装饰性照明器具。功能性主要考虑保护光源、提高光效、降低眩光,而装饰性就要达到美化环境和装饰的效果,所以要考虑灯具的造型和光线的色泽。

3.1.2 灯具的光学特性

灯具的光学特性主要有三项:发光强度的空间分布、灯具效率和灯具的保护角。

1. 发光强度的空间分布

灯具可以使电光源的光强在空间各个方向上重新分配,不同灯具的光强分布也不同,通常将空间各方向上光强的分配称为配光,用来表示这种配光的曲线称为灯具配光曲线。由于各种灯具引发的空间光强分布不同,所以其配光曲线也是不同的。利用灯具的配光曲线可以进行照度、亮度、利用系数、眩光等照明计算。配光曲线常用极坐标法、直角坐标法和等光强曲线图三种方法表示。

(1) 极坐标配光曲线

极坐标配光曲线定义为以光源中心(灯具中心)为极坐标原点,测出灯具在位于测光平面上不同角度的光强值;从某一给定方向起,把灯具在各个方向的发光强度用矢量表示,连接矢量顶端得到的曲线,即为灯具配光的极坐标曲线。若灯具相对光轴旋转对称,并在与光轴垂直的测光平面上各方向的光强值相等,这时只要取与光轴平行(纵向)面的光强分布,就可得到该灯具的配光曲线。如图 3-1 为旋转轴对称灯具的配光曲线,将画有光强分布的测光平面绕光轴旋转一周,就可以得到该灯具的空间光强分布。大多数灯具都是轴对称的旋转体(点光源),其光强分布为轴对称。

为了便于对各种照明灯具的光分布特性进行比较,统一规定以光通量为 1000lm 的假

第 3 章 照明灯具及布置

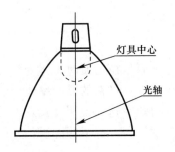 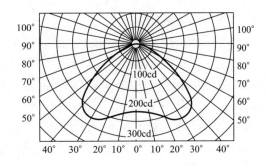

图 3-1 旋转轴对称灯具的配光曲线

想光源来提供光强分布数据。因此,实际发光强度应当是该灯具测光参数提供的光强值乘以光源实际光通量与 1000 之比。计算方法见式(3-1)。

$$I = \frac{\Phi \times I_\Phi}{1000} \tag{3-1}$$

式中　I_Φ——光源光通量为 1000 时 θ 方向的光强(cd),光源为 1000lm 配光曲线上的数值;
　　　I——灯具在 θ 方向上的实际光强(cd);
　　　Φ——光源的实际光通量。

室内照明灯具一般采用极坐标配光曲线来表示其光强的空间分布。

(2)直角坐标配光曲线

投光型的灯具所发出的光束集中在狭小的立体角内,用极坐标难以表示清楚时,常用直角坐标来表示配光曲线,直角坐标的纵轴表示光强大小,横轴表示投光角的大小。用这种方法绘制的曲线称为直角坐标配光曲线,如图 3-2 所示。

(3)等光强曲线图

为了正确表示发光体空间的光分布,假想发光体放在一球体内并发光射向球体表面,将球体表面上光强相同的各点连接起来形成封闭的等光强曲线图。它可以表示该发光体光强在空间各方向的分布情况,如图 3-3 所示。

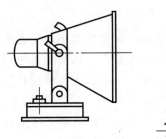 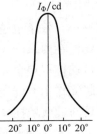 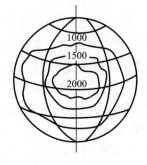

图 3-2　直角坐标配光曲线　　　　　　图 3-3　等光强曲线图

2. 灯具的效率

照明灯具效率定义为在规定条件下,测得的灯具发出的光通量占灯具内所有光源发出的总光通量的百分比,称为灯具效率。其定义式如下:

$$\eta = \frac{\Phi_2}{\Phi_1} \times 100\% \tag{3-2}$$

式中　　η——照明灯具的效率；
　　　　Φ_2——灯具发出的光通量，单位是流明（lm）；
　　　　Φ_1——光源发出的总光通量，单位是流明（lm）。

由于灯具的形状不同，所使用的材料不同，光源的光通量在出射时，将受到灯具如灯罩的折射与反射，使得实际光通量下降，因此效率与选用灯具材料的反射率或透射率以及灯具的形状有关。灯具效率永远是小于1的数值，灯具的效率越高说明灯具发出的光通量越多，入射到被照面上的光通量也越多，被照面上的照度越高，越节约能源。

3. 灯具的保护角

在视野内由于亮度的分布或范围不适宜，在空间上存在着极端的亮度对比，以致引起不舒适和降低目标可见度的视觉状况称为眩光。

眩光对视力有很大的危害，严重的可使人晕眩。长时间的轻微眩光，也会使视力逐渐降低。当被视物体与背景亮度对比超过1：100时，就容易引起眩光。眩光可由光源的高亮度直接照射到眼睛而造成，也可由镜面的强烈反射所造成，限制眩光的方法一般是使灯具有一定的保护角（又叫遮光角），或改变安装位置和悬挂高度，或限制灯具的表面亮度。

所谓保护角是指投光边界线与灯罩开口平面的夹角，用符号 γ 表示。几种灯具的保护角示意见图3-4所示。

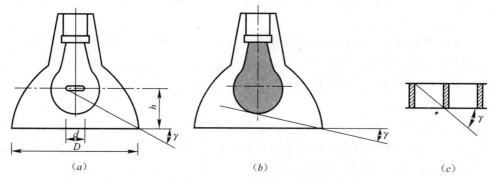

图3-4　几种灯具的保护角示意图
(a) 可见灯丝的光源；(b) 不可见灯丝的光源；(c) 有栅格的光源

一般灯具的保护角越大，则配光曲线越狭小，效率也越低；保护角越小，配光曲线越宽，效率越高，但防止眩光的作用也随之减弱。在要求配光分布宽广，且又要避免直接眩光时，应该在灯具开口处用能够透射光线的玻璃灯罩包合光源，也可以用各种形状的栅格罩住光源。照明灯具的保护角的大小是根据眩光作用的强弱来确定的，一般说来，灯具的保护角范围应在10°～30°范围内。在规定灯具的最低悬挂高度下，保护角把光源在强眩光视线角度区内隐藏起来，从而避免了直接眩光，它是评价照明质量和视觉舒适感的一个重要参数。室内一般照明灯具的遮光角和最低悬挂高度见表3-1。

室内一般照明灯具的最低悬挂高度　　表3-1

光源种类	灯具型式	灯具遮光角	光源功率/W	最低悬挂高度/m
白炽灯	有反射罩	10°～30°	≤100	2.5
			150～200	3.0
			300～500	3.5

续表

光源种类	灯具型式	灯具遮光角	光源功率/W	最低悬挂高度/m
白炽灯	乳白玻璃漫射罩	—	≤100	2.0
			150～200	2.5
			300～500	3.0
荧光灯	无反射罩	—	≤40	2.0
			>40	3.0
	有反射罩		≤40	2.0
			>40	2.0
荧光高压汞灯	有反射罩	10°～30°	<125	3.5
			125～250	5.0
			≥400	6.0
	有反射罩带格栅	>30°	<125	3.0
			125～250	4.0
			≥400	6.0
金属卤化物灯、高压钠灯、混光光源	有反射罩	10°～30°	<150	4.5
			125～250	5.5
			250～400	6.5
			>400	7.5
	有反射罩带格栅	>30°	<150	4.0
			150～250	4.5
			250～400	5.5
			>400	6.5

3.1.3 灯具的分类

照明灯具的分类通常以灯具的光通量在空间上下部分的分配比例分类；或者按灯具的结构特点分类；或者按灯具的安装方式来分类等。

1. 按光通在空间分配特性分类

以照明灯具光通量在上下空间的分配比例进行分类，可分为直接型、半直接型、漫射型、半间接型和间接型5种，它们分别如表3-2所示。

按光通在空间上下部分的分配比例分类　　　　表3-2

类型	直接型	半直接型	漫射型	半间接型	间接型
配光曲线					
光通分布	上半球：0%～10% 下半球：100%～90%	上半球：10%～40% 下半球：90%～60%	上半球：40%～60% 下半球：60%～40%	上半球：60%～90% 下半球：40%～10%	上半球：90%～100% 下半球：10%～0%
灯罩材料	不透光材料	半透光材料	漫射透光材料	半透光材料	不透光材料

（1）直接型灯具

直接型灯具的用途最广泛，它的大部分光通量向下照射，所以灯具的光通量利用率最高，其特点是光线集中，方向性很强。这种灯具适用于工作环境照明，并且应当优先采用。另一方面由于灯具的上下部分光通量分配比例较为悬殊和光线的集中，容易产生对比眩光和较重阴影。

直接型灯具又可按其配光曲线的形状分为：特深照型、深照型、广照型、配照型和均匀配照型 5 种，它们的配光曲线见图 3-5（a）。直接型灯具的外形图见图 3-5（b）。

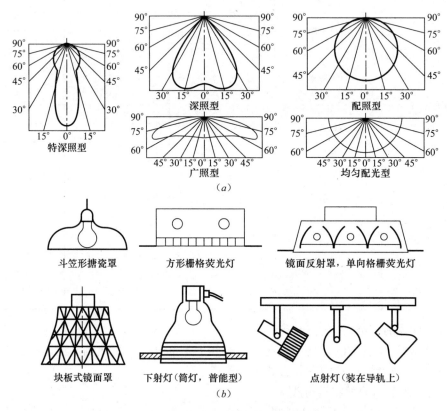

图 3-5 直接型灯具配光曲线及外形图
(a) 直接型灯具的几种配光曲线；(b) 几种直接型灯具外形

深照型灯具和特深照型灯具的光线集中，适应于高大厂房或要求工作面上有高照度的场所。这种灯具配备镜面反射罩并以大功率的高压钠灯、金属卤化物灯作光源，能将光控制在狭窄的范围内，获得很高的轴线光强。在这种灯具照射下，水平照度高，阴影很浓，适用于一般厂房和仓库等地方。

广照型灯具一般作路灯照明，它的主要优点有：直接眩光区亮度低，直接眩光小；灯具间距大，有均匀的水平照度，这便于使用光通输出高的高效光源，减少灯具数量，产生光幕反射的机率亦相应减小；有适当的垂直照明分量。

敞口式直接型荧光灯具纵向几乎没有遮光角，在照明舒适要求高的情况下，常要设遮光栅格来遮蔽光源，减小灯具的直接眩光。

点射灯和嵌装在顶棚内的下射灯也属直接型灯具，光源为白炽灯、节能荧光灯和卤钨灯，见图 3-5（b）。

(2) 半直接型灯具

半直接型灯具也有较高的光通利用率,它能将较多的光线照射到工作面上,又能发出少量的光线照射顶棚,减小了灯具与顶棚间的强烈对比,使室内环境亮度更舒适,常用于办公室、书房等场所。其外形如图 3-6 所示。

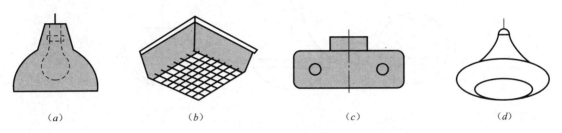

图 3-6 半直接型灯具

(a) 碗形灯;(b) 吸顶灯;(c) 荧光灯;(d) 吊灯

(3) 均匀漫射型灯具

均匀漫射型灯具将光线均匀地投向四面八方,对工作面而言,光通利用率较低。这类灯具是用漫射透光材料制成封闭式的灯罩,造型美观,光线柔和均匀。适用于起居室、会议室和厅堂照明,其外形如图 3-7 所示。

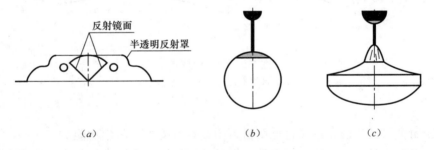

图 3-7 均匀漫射型灯具

(a) 组合荧光灯;(b) 乳白玻璃灯具;(c) 乳白玻璃灯具

(4) 半间接型灯具

半间接型灯具大部分光线投向顶棚和上部墙面,增加了室内的间接光,光线更为柔和宜人。这类灯具上半部用透光材料制成,下半部用漫射透光材料制成,在使用过程中上半部容易积灰尘,会影响灯具的效率。其外形如图 3-8 所示。

(5) 间接型灯具

这类灯具将光线全部投向顶棚,使顶棚成为二次光源。因此,室内光线扩散性极好,光线均匀柔和,几乎没有阴影和光幕反射,也不会产生直接眩光。但光通损失较大,不经济,常用于起居室和卧室。其外形如图 3-9 所示。

2. 按灯具的结构分类

按灯具的结构分类可以分为以下几种:

(1) 开启型灯具。无灯罩,光源直接照射周围环境。

(2) 闭合型灯具。具有闭合的透光罩,但罩内外仍能自然通气,不防尘。

(3) 封闭型灯具。透光罩接合处作一般封闭,与外界隔绝比较可靠,罩内外空气可有

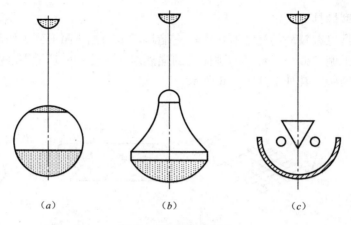

图 3-8 半间接型灯具
(a)、(b) 点光源；(c) 线光源

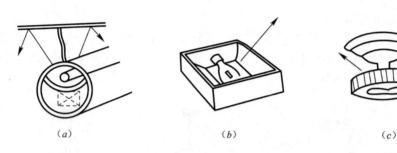

图 3-9 间接型灯具
(a) 线光源；(b)、(c) 点光源

限流通。

（4）密闭型灯具。透光罩接合处严密封闭，具有防水、防尘功能。

（5）防爆型灯具。透光罩及接合处，灯具外壳均能承受要求的压力，能安全使用在有爆炸危险的场所。

（6）隔爆型灯具。灯具结构特别坚实，即使发生爆炸也不会破裂，适用于有可能发生爆炸的场所。

（7）防震型灯具。这种灯采取了防震措施，可安装在有震动的设施上，如行车、吊车，或有震动的车间、码头等场所。

（8）防腐型灯具。灯具外壳采用防腐材料，且密封性好，适用于具有腐蚀性气体的场合。

3. 按安装方式分类

根据安装方式的不同，灯具大致可分为如下几类：壁灯、吸顶灯、嵌入式灯、吊灯、地脚灯、移动式灯、应急灯等。

4. 按防触电保护分类

为了保证电气安全，照明灯具所有带电部分必须采用绝缘材料等加以隔离，这种保护人身安全的措施称为防触电保护，它可以分为 0、Ⅰ、Ⅱ 和 Ⅲ 四类，每一类灯具的主要性能及其应用情况见表 3-3。

第3章 照明灯具及布置

灯具的防触电保护分类 表 3-3

灯具等级	灯具主要性能	应用说明
0 类	保护依赖基本绝缘是在易触及外壳和带电体间的绝缘	适用环境好的场合，且灯具安装、维护方便，如空气干燥、尘埃少、木地板等条件下的吊灯等
Ⅰ 类	除基本绝缘外，易触及的部分及外壳有接地装置，一旦基本绝缘失效时，不致有危险	用于金属外壳灯具，如投光灯、路灯、庭院灯等，提高了安全程度
Ⅱ 类	采用双重绝缘或加强绝缘作为安全防护、无需安装接地装置	绝缘性好，安全程度高，适用于环境差、人经常触摸的灯具，如台灯、手提灯等
Ⅲ 类	采用特低安全电压交流有效值<50V，且灯内不会产生高于此值的电压	灯具安全程度最高，用于恶劣环境，如机床工作台灯、儿童用灯等

从电气安全角度看，0 类灯具的安全保护程度最低，目前有些国家从安全的角度出发，已不允许生产 0 类照明器具；Ⅰ、Ⅱ类安全保护程度较高，一般情况下可采用Ⅰ类或Ⅱ类灯具；Ⅲ类安全保护程度最高，在使用条件或使用方法恶劣的场所应使用Ⅲ类灯具。总之在照明设计时，应综合考虑使用场所的环境、操作对象、安装和使用位置等因素，选用合适类别的灯具。

各种灯具的光度参数见附录。

3.1.4 LED 灯具

LED 灯具是 LED 照明灯具的简称。随着 LED 技术的进一步成熟，LED 将会在居室照明灯具设计开发领域取得更多更好的发展。LED 照明灯具分类如下：

1. LED 射灯

LED 射灯就是用 LED 作为光源的射灯。传统射灯多采用卤素灯，发光效率较低、耗电量较大、被照射环境温度上升、使用寿命短。LED 在发光原理、节能、环保等方面都远远优于传统照明产品，而且 LED 发光的单向性形成了对射灯配光的完美支持。按灯脚区分，目前市场上常见的 LED 射灯包括 MR16、E27、GU10 等。

(1) MR16 射灯

目前市场上销售量较大的主要有 MR16 1×1W、MR16 3×1W、MR16 1×3W、MR16 15×1W、MR16 1×5W 等，如图 3-10 所示。

(2) E27/GU10 射灯

目前市场上销量最大的主要有 E27 1×1W、E27 3×1W、E27 5×1W、E27 7×1W、E27 9×1W、E27 12×1W 等。E27 射灯在市场上常见的类型，如图 3-11 所示。

(3) PAR 灯

PAR 灯指采用大功率 LED（单颗 LED 的功率分为 1W、3W、5W 等）光源的灯具，需要PAR 灯专用的 PAR 灯透镜。PAR 灯系列主要有 PAR16、PAR20、PAR30、PAR38、PAR64 等。

(a) (b)

图 3-10 部分常用的 MR16 灯杯

(a) MR16 1×1W；(b) MR16 3×1W

注：MR（Multiface Reflect）即多面反射（灯杯），后面数字表示灯杯口径（单位是 1/8in），MR16 的口径 = 16×1/8in = 2in ≈ 50mm。MR16 是一种命名编号，其中"MR"代表直插式的射灯，接口是 GU5.3，即是 PIN 脚处的中心距，工作电压 12V。16 代表灯具的直径，后面数字表示灯杯口径（单位是 1/8in），MR16 的外形尺寸：φ50mm×46mm。

(a)   (b)   (c)   (d)

图 3-11 部分常用的 E27 射灯

(a) E27 1×1W；(b) E27 3×1W；(c) E27 12×1W；(d) GU10 灯头

PAR38（Paraboloid Aluminium Reflector）：PAR 表示灯头为抛物面反射形，38 表示最大外径尺寸，即 (1/8)×38×25.4≈120mm。PAR16、PAR30 等类似，接口类型统一为 E27 灯头，工作电压 220V，16、30 表示最大外径尺寸。

现在市面上 PAR 灯灯杯使用 6063 铝型材模，即 AA6063。导热系数为 200～300（W/m·K），与常见的铝合金压铸模导热系数 175（W/m·K）相比较，导热系数增大 40%～50% 左右。利用这种导热材料，可以加快 LED 的散热速度，减少光衰，延长 LED 的使用寿命。表面处理工艺为氧化处理（导热系数 10W/mK），导热系数增大 100 倍，大幅度增加了散热速度。PAR 灯还能够根据不同需求氧化成不同颜色，金色、银色、蓝色等，且颜色稳定，不会随着长时间使用而变黑。散热面积采用蜂窝结构设计，增加了更多对流孔和辐射面积，散热面积增加 40%，加快热量散发的速度。市面上的部分 PAR 灯如图 3-12 所示。

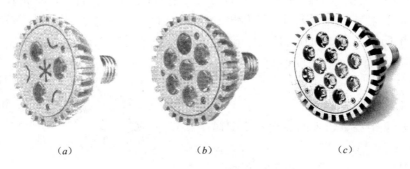

(a)   (b)   (c)

图 3-12 市面上部分 PAR 灯

(a) 3WPAR30 灯；(b) 7WPAR30 灯；(c) 12WPAR38（6063 铝型材模）

(4) LED 球泡灯

LED 球泡灯又名 LED 球泡。LED 球泡灯采用了现有的接口方式，即螺口（E26\E27\E14 等）、插口方式（B22）。为了符合人们的使用习惯，LED 球泡灯模仿了白炽灯泡的外形。基于 LED 单向性的发光原理，设计人员在灯具结构上做了更改，使得 LED 球泡灯的配光曲线基本与白炽灯的点光源相同。基于 LED 的发光特性，LED 球泡灯的结构要比白炽灯复杂，基本分为光源、驱动电路、散热装置几部分，这些部分共同配合才能组成低能耗、长寿命、高光效和环保的 LED 球泡灯产品。所以说 LED 照明产品在目前来讲，仍然是技术含量较高的照明产品。市场上常见的 LED 球泡灯如图 3-13 所示。

第3章 照明灯具及布置

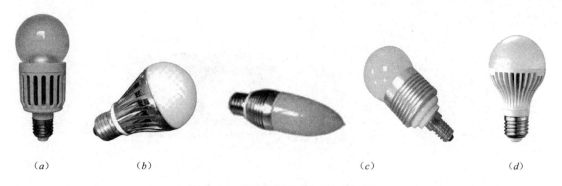

图 3-13　市场上常见的 LED 球泡灯
(*a*) 圆形球泡灯；(*b*) 半球形球泡灯；(*c*) 3W 球泡灯；(*d*) 7W 球泡灯

2. LED 筒灯

LED 筒灯是一种嵌入到天花板内光线下射式的照明灯具。LED 筒灯属于定向式照明灯具，只有它的对立面才能受光，光束角属于聚光，光线较集中，明暗对比强烈。使用 LED 筒灯，能够更加突出被照物体，流明度较高，更衬托出安静的环境气氛。LED 筒灯特点：保持建筑装饰的整体统一与完美，不破坏灯具的设置，光源隐藏在建筑装饰内部，光源不外露，无眩光，人的视觉效果柔和、均匀。市场上常见的 LED 筒灯如图 3-14 所示。也有一部分 LED 筒灯只是将原来传统灯具更换为 LED 灯具。

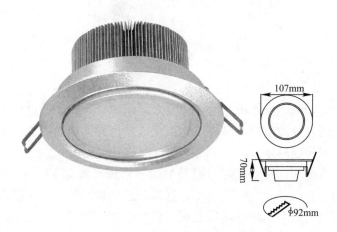

图 3-14　市场上常见的 LED 筒灯

3. LED 天花灯

LED 天花灯是采用热导性极高的铝合金及相关结构技术设计生产的新型天花灯。LED 天花灯一律采用低光衰 LED 作为光源，以确保其长寿命、节能、高效、环保等特点。防触电等级达到Ⅱ级，电源放置在灯体外部（一般都是外接电源，即外置电源。外置电源一般都要配置外壳，但不防水），有窄光（15°、30°）、宽光（45°、60°），配光可选，有光面透镜（强光）、网纹透镜（半强光）、珠面透镜（柔光）等配光方式。端子接线、安装在室内。主要适用于汽车展示、珠宝首饰、高档服饰、专业橱窗、柜台等重点照明场所，是替代传统卤钨灯和金卤灯的理想光源。市场上常见的 LED 天花灯如图 3-15 所示。

图 3-15　市场上常见的 LED 天花灯

4. LED 日光灯

LED 日光灯采用超高亮白光 LED 作为发光光源，外壳为亚克力/铝合金。外罩可用 PC 或 PVC 制作，耐高温达 135℃。LED 日光灯与传统的日光灯在外形、尺寸、口径上都一样，长度有 60cm、90cm 和 120cm 三种。市场上常见的 LED 日光灯如图 3-16 所示。

图 3-16　市场上常见的 LED 日光灯

5. LED 光纤灯

光纤照明系统由光源、反光镜、滤色片及光纤组成。当光源通过反光镜后，形成一束近似平行光。由于滤色片的作用，又将该光束变成彩色光。当光束进入光纤后，彩色光就随着光纤的路径送到预定的地方。

由于光在途中的损耗，所以光源一般都很强。常用光源为 150～250W 左右。而且为了获得近似平行的光束，发光点应尽量小，近似于点光源。反光镜是能否获得近似平行光束的重要因素。所以一般采用非球面反光镜。滤色片是改变光束颜色的零件。根据需要，可以调换不同颜色滤色片的方法获得相应的彩色光源。

光纤是光纤照明系统的主体，光纤的作用是将光传送到预定的地方。光纤分为端发光和体发光两种。前者是光束传导端点后，通过尾灯进行照明，而后者本身就是发光体，形成一根柔性光柱。体发光广泛应用于建筑物装饰照明、景观装饰照明、文物工艺品照明、特殊场合照明、广告牌、娱乐场所等各种装饰亮化工程。光纤类型有普通型实心线光纤、PVC 实心线光纤、热塑型实心点光纤、PVC 实心点光纤等。市场上常见的 LED 光纤灯如图 3-17 所示。

6. LED 台灯

LED 台灯以 LED 为光源，光源采用大功率 LED，能耗低，效率高，无紫外线、红外线和热辐射。采用低压恒流电源，无频闪，无眩光，照射面积广，亮度均匀，视觉效果

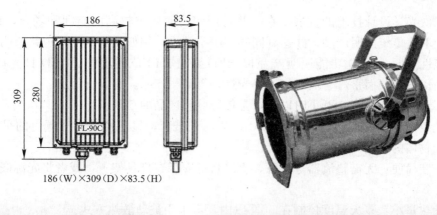

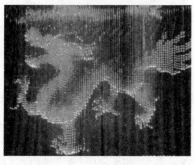 

图 3-17 市场上常见的 LED 光纤灯

好，发光柔和、平稳、连续、接近自然光，是真正的理想光源。LED 灯的寿命长达 50000 小时。LED 台灯采用金属结构，金属质感强，结实耐用。在台灯发光部位距桌面 350～400mm 处，桌面照度可达到 500lx 以上。

7．LED 玉米灯

LED 玉米灯因形状如同玉米棒而得名。考虑到发光均匀，LED 玉米灯设计成 360°发光。LED 光源采用直流驱动的超低功耗器件，具有耐冲击、无热辐射、安全稳定、无需考虑散热、长寿命、灯体小巧、安装简便等优点。

8．LED 吸顶灯

LED 吸顶灯安装在房间内部，选择 LED 为光源。由于灯具上部较平，紧靠屋顶安装，像是吸附在屋顶上，所以称为 LED 吸顶灯。这种灯具有光效高、耗电少、寿命长、易控制、免维护、安全环保等优点，是新一代冷光源。和管形节能灯相比，这种灯省电、亮度高、投光远、投光性能好，使用电压范围宽。

3.1.5 LED 照明灯具的特点

LED 技术的迅猛发展。2004 年底，LED 白光的发光效率只有 60lm/W 左右，而到了 2006 年年底，LED 白光的发光效率超过了 80lm/W。到目前为止，LED 白光的发光效率已超过 100lm/W，最先进的白光 LED 甚至可达到 130lm/W。由于 LED 光源具有发光效率及光利用率高的特点，在同样照明效果的情况下，LED 照明产品耗电量是白炽灯的 1/8、HID 灯和荧光灯的 1/2。

随着 LED 光源发光效率的提升、热阻和一系列材料与工艺等技术的突破，以及 LED

照明系统二次光学设计技术的发展，在一些对照明功能要求较高的空间和场合，LED照明产品完全取代传统照明产品，并达到同样的照明效果，例如隧道照明、道路照明、室内照明等功能性照明。LED功能照明产品以LED路灯、LED隧道灯、LED日光灯为例，相比传统高压钠灯、卤素灯、荧光灯（日光灯）等照明产品，有以下优势：

（1）寿命长：能使用3万小时以上，是传统照明产品的5倍。

（2）光效高、显色好：发光效率100lm/W，光谱窄，显色性好，对颜色的呈现更加真实，便于物体的识别。

（3）安装简便：无需整流器等配件，直接将灯安装在灯具架上，或者将光源嵌套原有的灯壳内。

（4）发热量小：夏天温度控制在50℃以内，可采用被动散热方式。

（5）维护成本低：相对于传统照明产品，LED照明产品维护成本极低，可采用模块化一体设计，局部故障不影响整个灯具的正常工作。

（6）节能效果好：相对于传统照明产品能节能50%以上。

（7）安全性高：安全电压（低压）驱动，发光稳定、无频闪及紫外线伤害。

（8）快速响应：LED发光管响应时间很短，能按要求保证多个光源之间或一个光源不同区域之间的动作切换，采用专用电源给LED光源供电时，达到最大照度的时间小于10ms。

（9）无光污染：由于LED光源具有定向发光的特性，所以便于控制光的分布（配光设计），保证理想的照明效果，同时消除了LED的眩光并极大提升LED光能利用率，消除光污染。

（10）光损低：灯具一体化设计，避免了光的重复浪费。

（11）色温可调：能满足不同应用对色温的需求，使观察者感觉舒适。

（12）绿色环保：不含铅、汞等污染元素，对环境没有任何污染。

LED照明产品越来越得到发达国家政府和企业的重视，其应用和普及的范围正在不断扩大。

各种LED灯具的光度参数及其应用情况见网络下载资料。

3.1.6 灯具的选择

灯具的选择应首先满足使用功能和照明质量的要求，同时便于安装与维护，并且长期运行费用低。基于这些要求，应优先采用高效节能电光源和高效灯具。对于灯具的具体选择应考虑如下原则。

1. 根据灯具的特性选择

（1）根据灯具的配光曲线合理选择灯具

选择灯具应使其出射光通量最大限度地落到工作面上，最大限度地实现节能，即有较高的利用系数。利用系数值取决于灯具效率、灯具配光、室内装修等因素。

（2）尽量选择不带附件的一体化灯具

灯具带的格栅、棱镜、有机玻璃板、各种装饰罩等附件，其作用是改变光线的方向，减少眩光，增加美感和装饰效果。同时，这些附件引起灯具的效率下降，灯泡温度上升，灯具、灯泡的寿命降低。因此，尽量选择不带附件的一体化灯具，如大型公共建筑物内多采用直接型、半直接型的天棚筒灯照明。

第3章 照明灯具及布置

(3) 尽量选择具有高保持率的灯具

高保持率指在运行期间光通量降低较少。光通量降低包括光源光通量下降，灯具老化污染引起灯具输出光通量的下降。

1) 常用的照明光源中，在寿命期间内高压钠灯光通量降低最少，约为17%；金属卤化物灯光通量降低较大，约降低30%；白炽灯的光通量降低最多。

2) 灯具的表面易老化受污染，其反射罩的表面通常要进行特殊处理，目的是提高耐热冲击性能，增强罩的抗弯强度，提高表面光洁度，使其不易积灰，易于清洗和耐腐蚀等（如：灯具宜采用石英玻璃涂层降低氧化腐蚀率；环境污染较大的场所宜采用活性碳过滤器提高灯具使用效率）。

2. 根据灯具的效率和经济性选择

选择灯具时，在保证满足使用功能和照明质量的前提下，应重点考虑灯具的效率和经济性，并进行初始投资费、年运行费和维修费的综合计算。其中初始投资费包括灯具费、安装费等；年运行费包括每年的电费和管理费；维修费包括灯具检修和更换费用等。

在满足眩光限制和配光要求条件下，应选用效率高的灯具，并应符合下列规定：

(1) 直管形荧光灯灯具的效率不应低于表3-4的规定。不得采用镜面不透光钢板制作格栅和反射器。

直管形荧光灯灯具的效率（%）　　　　　表3-4

灯具出光口形式	开敞式	保护罩（玻璃或塑料）		格栅
		透明	棱镜	
灯具效率	75	70	55	65

(2) 紧凑型荧光灯筒灯灯具的效率不应低于表3-5的规定。

紧凑型荧光灯筒灯灯具的效率（%）　　　　　表3-5

灯具出光口形式	开敞式	保护罩	格栅
灯具效率	55	50	45

(3) 小功率金属卤化物灯筒灯灯具的效率不应低于表3-6的规定。

小功率金属卤化物灯筒灯灯具的效率（%）　　　　　表3-6

灯具出光口形式	开敞式	保护罩	格栅
灯具效率	60	55	50

(4) 高强度气体放电灯灯具的效率不应低于表3-7的规定。

高强度气体放电灯灯具的效率（%）　　　　　表3-7

灯具出光口形式	开敞式	格栅或透光罩
灯具效率	75	60

(5) 发光二极管筒灯灯具的效能不应低于表3-8的规定。

发光二极管筒灯灯具的效率（％）　　　　　　　　表 3-8

色温	2700K		3000K		4000K	
灯具出光口形式	格栅	保护罩	格栅	保护罩	格栅	保护罩
灯具效能	55	60	60	65	65	70

（6）发光二极管平面灯灯具的效能不应低于表 3-9 的规定。

发光二极管筒灯灯具的效率（％）　　　　　　　　表 3-9

色温	2700K		3000K		4000K	
灯具出光口形式	反射式	直射式	反射式	直射式	反射式	直射式
灯具效能	60	65	65	70	70	75

3. 根据环境条件选择灯具

（1）在正常环境中，宜选用开启型灯具。

（2）在有蒸气场所，当灯泡点燃时，由于温度升高，在灯具内产生正压，而灯泡熄灭后，由于灯具冷却，灯具内产生负压，将潮气吸入，容易使灯具内积水。因此，规定在潮湿场所应采用相应防护等级的防水灯具，至少也应该采用带防水灯头的开敞式灯具。

（3）有腐蚀性气体要求或蒸气的场所，因各种介质的危害程度不同，所以对灯具的要求也不同。若采用密封式灯具，应采用耐腐蚀材料制作；或采用带防水灯头的开敞式灯具，各部件应有防腐蚀或防水措施。

（4）在高温场所，宜采用带散热构造和措施的灯具，或带散热孔的开敞式灯具。

（5）有尘埃场所，应按防尘等级选择适宜的灯具。

（6）有震动和摆动较大的场所，由于震动对光源寿命影响较大，甚至可能使灯泡自动松脱掉下，既不安全，又增加了维修工作量和费用。因此，在此种场所应采用防震型软性连接的灯具或防震的安装措施，并在灯具上加保护网，以防止灯泡掉下。

（7）光源可能受到机械损伤或自行脱落的场所，有可能造成人员伤害和财产损失，应采用有保护网的灯具。如在生产高精密贵重产品的高大工业厂房等场所。

（8）有爆炸和火灾危险的场所，其所使用的灯具，应符合国家现行相关标准和规范等的有关规定，如《爆炸和火灾危险环境电力设计规范》。

（9）有洁净要求的场所，应安装不易积尘和易于擦拭的洁净灯具，以有利于保持场所的洁净度，并减少维护的工作量和费用。

（10）需防止紫外线作用的场所，如在博物馆的展室或陈列柜，对于需防止紫外线作用的彩绘、织品等展品，需采用能隔紫外线的灯具和无紫光源。

总之，应根据不同工作环境条件，灵活、实用、安全地选用开启式、防尘式、封闭式、防爆式、防水式以及直接和半直接照明型等多种形式的灯具。

4. 灯具形状应与建筑物风格相协调

建筑物按建筑艺术风格可分为古典式和现代式、中式和欧式等。若建筑物为现代式建筑风格，其灯具应采用流线型、具有现代艺术的造型灯具。灯具外形应与建筑物相协调，不要破坏建筑物的艺术风格。

按建筑物的结构形式又有直线形、曲线形、圆形等。选择灯具时根据建筑结构的特征合理地选择和布置灯具,如在直线形结构的建筑物内,宜采用直管日光灯组成的直线光带或矩形布置,突出建筑物的直线形结构特征。

按建筑物的功能又分为民用建筑物、工业建筑物和其他用途建筑物等。在民用建筑物照明中,可采用照明与装饰相结合的照明方式。而在工业建筑物照明中,则以照明为主。

5. 符合防触电保护要求。

6. 当灯具发热部件紧贴在可燃材料表面时,必须用带有▽标志的灯具。以免采用一般灯具,导致可燃材料的燃烧,发生火灾事故。

3.2 室内灯具的布置

3.2.1 概述

灯具的布置即确定灯具在房间内的空间位置。它与光的投射方向、工作面的照度、照度的均匀性、眩光的限制以及阴影等都有直接的影响。灯具的布置是否合理还关系到照明安装容量和投资费用,以及维护检修方便与安全。正确地选择布灯方式应着重考虑以下几方面:

(1) 灯具布置必须以满足生产工作、活动方式的需要为前提,充分考虑被照面照度分布是否均匀,有无挡光阴影及引起的光的程度;

(2) 灯具布置的艺术效果与建筑物是否协调,产生的心理效果及造成的环境气氛是否恰当;

(3) 灯具安装是否符合电气技术规范和电气安全的要求,并且便于安装、检修与维护。

3.2.2 一般照明方式典型布灯法

1. 点光源布灯

点光源布灯是将灯具在顶棚上均匀地按行列布置,如图 3-18 所示。灯具与墙的间距取灯间距离的 1/2 倍,如果靠墙区域有工作桌或设备,灯距墙也可取 1/3~1/4 的灯间距。

2. 线状光源布灯

如图 3-19 所示,布置线状光源时希望光带与窗子平行,光线从侧面投向工作桌,灯管的长度方向与工作桌长度方向垂直,这样可以减少光幕反射引起的视觉功能下降。靠墙光带与墙之间的距离一般取 $S/2$,若靠墙有工作台可取 $S/3 \sim S/4$,光带端部与墙的距离不大于 500mm。

线状布灯方式下,房间内光带最少排数

$$N = \frac{房间宽度}{最大允许间距} \quad (3-3)$$

线光源纵向灯具的个数

$$N_1 = \frac{房间长度}{光源长度} - 1 \text{(个)} \quad (3-4)$$

式中,房间长度和光源长度的单位是 m。

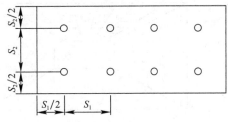

图 3-18 点光源布灯

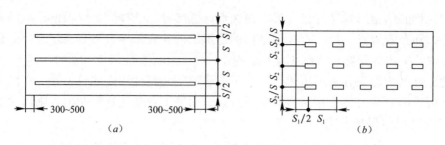

图 3-19 线状光源布灯法
(a) 为光带布灯方式；(b) 为间隔布灯方式

3.2.3 装饰布灯

1. 天棚装饰布灯法

建筑物内装修标准很高时，布灯也应采用高标准，以便与建筑物的富丽堂皇相协调。布灯时常按一定几何图案布置，如直线形、角形、梅花形、葵花形、圆弧形、渐开形、满天星形或它们的组合方案，如图3-20～图3-22所示。

采用线状光源时也可布置成线状横向、线状纵向、光带或线状格子等布灯方案，如图3-23～图3-25所示。

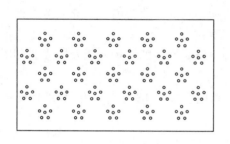

图 3-20 梅花形布灯

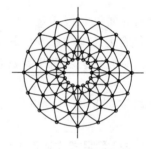

图 3-21 渐开形布灯

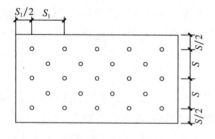

图 3-22 组合布灯

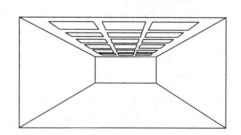

图 3-23 线状光源横向布灯

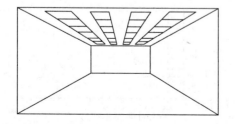

图 3-24 线状光源纵向布灯

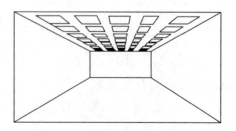

图 3-25 线状光源格子布灯

第 3 章 照明灯具及布置

线状光源横向布灯的特点是工作面照度分布均匀,并造成一种热烈气氛,且舒适感良好。

线状光源纵向布灯的特点是诱导性好,工作面照度均匀,舒适感良好。

线状光源格子布灯的特点是从各个方向进入室内时有相同的感觉,适应性好,有排列整齐感,照度分布均匀,舒适性好。

2. 室内装修配合布灯法

现代照明不仅提供一定照度水平,许多场合还用光作装饰,以使环境更加优美,并创造出丰富多彩的光环境,使场景气氛更加诱人。下面列举五种布置方式,如图3-26~图3-30所示。

3. 组合天棚式和成套装置式照明

将天棚和灯具结合在一起,构成天棚式照明,如图3-31所示。这种照明方式的优点是造型美观、照度均匀、便于施工。

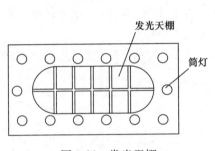

图 3-26 发光天棚

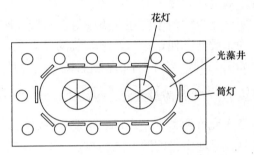

图 3-27 光藻井

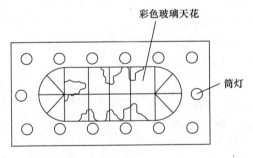

图 3-28 彩色玻璃天棚

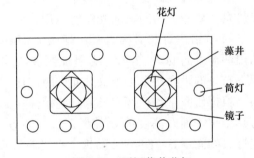

图 3-29 顶极藻井花灯

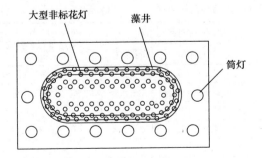

图 3-30 天花藻井装大型花灯

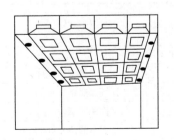

图 3-31 组合天棚式照明

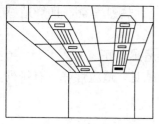

图 3-32 成套装置式照明

将照明器、空调器以及消除噪声装置和防火报警装置等统一安排，综合排列在顶棚上，形成成套装置式照明。这种布局的特点是美观合理、结构紧凑、具有现代化特色。成套装置式照明如图 3-32 所示。

3.2.4 灯具的悬挂高度

为了达到良好的照明效果，避免眩光的影响，保证人们活动的空间、防止碰撞产生，避免发生触电，保证用电安全，灯具要具有一定的悬挂高度，对于室内照明而言，通常最低悬挂高度为 2.4m。

3.2.5 满足照度分布均匀的合理性

与局部照明、重点照明、加强照明不同，大部分建筑物都会按均匀的布灯方式布灯，如前所述将同类型灯具按照不同的几何图形，如矩形、菱形、角形、满天星形等布置在灯棚上，如车间、商店、大厅等场所，以满足照度分布均匀的基本条件，一般在这些场所设计要求照度均匀度不低于 0.7。

照度是否均匀主要还取决于灯具布置间距和灯具本身光分布特性（配光曲线）两个条件。为了设计方便，常常给出灯具的最大允许距高比值 S/H。

如图 3-33，当灯下面的照度 E_0 等于相邻灯具中点处的照度 E_1 时，此两灯的间距 S 与高度 H 之比称为最大允许距高比，此时，$E_1=\dfrac{E_0}{2}+\dfrac{E_0}{2}=E_0$。

最大允许距高比 S/H 还有另一种定义方法，即四个相邻灯具在场地中央的照度之和与一个灯具在垂直地面下方的照度相等时，布灯的 S/H 值称为最大允许距高比。

最大允许距高比利用照明器直射光计算得出。对漫射配光灯具，要考虑房间内的光反射作用，所以应将距高比提高 1.1~1.2 倍；对非对称灯具，如荧光灯具、混光灯具等应给出两个方向的 S/H 值。为保证照度的均匀性，在任何情况下布灯的距高比要小于最大允许距高比。

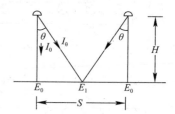

图 3-33 最大允许距高比示意图

I_0—灯具投射角为 0°时的光强（cd）；I_θ—灯具投射角为 θ 时的光强（cd）；H—灯具安装高度（m）；S—两灯的间距（m）

根据研究，各种灯距最有利的距高比见表 3-10。在已知灯具至工作面的高度 H，并根据表中的 S/H 值，就可以确定灯具的间距 S。图 3-34 给出了点光源灯具的几种布置和 S 的计算。

灯具最有利的距高比 S/H　　　　　表 3-10

灯具形式	相对距离 S/H		宜采用单行布置的房间高度
	多行布置	单行布置	
乳白玻璃圆球灯、散照型防水、防尘灯、天棚灯	2.3~3.2	1.9~2.5	1.3H
无漫透射罩的配照型灯	1.8~2.5	1.8~2.0	1.2H
搪瓷深照型灯	1.6~1.8	1.5~1.8	1.0H
镜面深照型灯	1.2~1.4	1.2~1.4	0.75H
有反射罩的荧光灯	1.4~1.5	—	—
有反射罩的荧光灯，带栅格	1.2~1.4	—	—

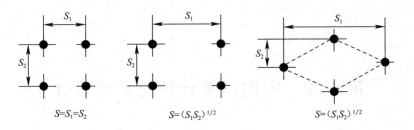

图 3-34 点光源灯具的几种布置方式及 S 的计算

思 考 题

3-1 灯具具有哪些作用?

3-2 灯具配光曲线的用途是什么?

3-3 直接型灯具的配光曲线为什么要设计成宽、中、窄各种类型?

3-4 什么是灯具的保护角? 灯具保护角的作用是什么? 保护角的范围一般是多少?

3-5 灯具如何进行分类?

3-6 LED 灯具的主要特点有哪些? 主要应用于哪些场合?

3-7 灯具按外壳等级分为哪几类? 如何选用?

3-8 灯具按防触电保护分几类? 如何选用?

3-9 选择灯具时应考虑哪几个方面?

3-10 什么是灯具的效率? 如何提高灯具的效率?

3-11 镇流器的选择原则是什么?

3-12 室内灯具的布置设计前, 应考虑哪几个问题?

3-13 何为照度均匀度? 照度是否均匀取决于什么条件? 设计时其值应如何考虑?

3-14 何为最大允许距高比, 设计时应如何考虑?

第4章 室内照度计算与照明设计

4.1 室内照度计算

当灯具的形式和布置方案确定之后,就可以根据室内的照度标准要求,确定每盏灯的灯功率及装设总功率。反之,亦可根据已知的灯功率,计算出工作面的照度,以检验其是否符合照度标准要求。

照度计算的方法通常有利用系数法、单位功率法和逐点计算法三种。利用系数法、单位功率法主要用来计算工作面上的平均照度;逐点计算法主要用来计算工作面任意点的照度。任何一种计算方法都只能做到基本准确。计算结果的误差范围在 $-10\% \sim +10\%$。

4.1.1 利用系数法

利用系数法是计算工作面上平均照度常用的一种计算方法。它是根据光源的光通量、房间的几何形状、灯具的数量和类型确定工作面平均照度的计算方法,又称流明计算法。工作面上的光通量通常是直接照射和经过室内表面反射后间接照射的光通量之和,因此在计算光通量时,要进行直接光通量与间接光通量的计算,增加了计算的难度。因此在实际设计时,引入利用系数的概念,使问题简化。

1. 计算平均照度的基本公式

$$E_{av} = \frac{\Phi NUK}{A} \tag{4-1}$$

式中 E_{av}——工作面上的平均照度,lx;
Φ——光源光通量,lm;
N——光源数量;
U——利用系数;
K——灯具的维护系数,维护系数见表 1-25。

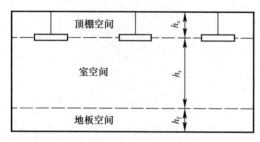

图 4-1 室内空间的划分

2. 室内空间的表示方法

为了方便计算,将一矩形房间 ($l \times w$) 从空间高度 h 上分成三部分,灯具出光口平面到顶棚之间的空间叫顶棚空间 h_c;工作面到地面之间的空间叫地板空间 h_f;灯具出光口平面到工作面之间的空间叫室空间 h_r,如图 4-1 所示。灯具利用系数法中描述室形空间状况有两种形式:室形指数 RI 和室空间比 RCR。

室空间比

$$RCR = \frac{5h_r(l+w)}{l \times w} \tag{4-2}$$

第 4 章 室内照度计算与照明设计

室形指数 $$RI = \frac{l \times w}{h_r(l \times w)} \tag{4-3}$$

顶棚空间比 $$CCR = \frac{5h_c(l+w)}{l \times w} = \frac{h_c}{h_r} \times RCR \tag{4-4}$$

地板空间比 $$FCR = \frac{5h_f(l+w)}{l \times w} = \frac{h_f}{h_r} \times RCR \tag{4-5}$$

式中　l——室长，m；

　　　w——室宽，m；

　　　h_c——顶棚空间高，即灯具的垂度，m；

　　　h_r——室空间高，即灯具的计算高度，m；

　　　h_f——地板空间高，即工作面的高度，m。

3. 有效空间反射比

为使计算简化，将顶棚空间视为位于灯具平面上，且具有有效反射比 ρ_{cc} 的假想平面。同样，将地板空间视为位于工作面上，且具有有效反射比 ρ_{fc} 的假想平面。光在假想平面上的反射效果同实际效果一样。有效空间反射比由公式（4-6）计算

$$\rho_{ef} = \frac{\rho A_0}{A_s - \rho A_s + \rho A_0} \tag{4-6}$$

式中　ρ_{ef}——有效空间反射比；

　　　ρ——空间表面的平均反射比；

　　　A_0——顶棚或地板平面面积，m²；

　　　A_s——顶棚或地板空间内所有表面积的总面积，m²。

一个面或多个面内各部分的实际反射比各不相同时，其平均反射比的计算公式是

$$\rho = \frac{\sum \rho_i A_i}{\sum A_i} \tag{4-7}$$

式中　A_i——第 i 块表面的面积，m²；

　　　ρ_i——该表面的实际反射比。

长期连续作业（超过 7 个小时）受照房间的反射比可按表 4-1 确定，实际建筑表面（含墙面、顶棚和地板）的反射比近似值可按表 4-2 确定。

房间表面的反射比　　　　　　　　　　　　　　表 4-1

表面名称	顶棚	墙面	地面	作业面
反射比	0.6～0.9	0.3～0.8	0.1～0.5	0.2～0.6

建筑表面的反射比近似值　　　　　　　　　　　表 4-2

建筑表面情况	反射比（%）
刷白的墙壁、顶棚、窗子装有白色窗帘	70
刷白的墙壁，但窗子未装窗帘，或挂有深色窗帘；刷白的顶棚，但房间潮湿；虽未刷白，但墙壁和顶棚干净光亮	50
有窗子的水泥墙壁、水泥顶棚、木墙壁、木顶棚；糊有浅色纸的墙壁、顶棚；水泥地面	30
有大量深色灰尘的墙壁、顶棚；无窗帘遮蔽的玻璃窗；未粉刷的砖墙；糊有深色纸的墙壁、顶棚；较脏污的水泥地面、油漆、沥青等地面	10

4. 利用系数 U

利用系数是灯具光强分布、灯具效率、房间形状、室内表面反射比的函数，其计算比较复杂。为此常按一定条件编制灯具利用系数表，以供设计人员使用。

表 4-3 是 YG1-1 型 40W 荧光灯具的利用系数表，该表在使用时允许采用内插法计算。表上所列的利用系数是地板空间反射比为 0.2 时的数值，若地板空间反射比不是 0.2 时，则应用适当的修正系数进行修正，如表 4-4 所示。如计算精度要求不高，也可不作修正。

YG1-1 型 40W 荧光灯具的利用系数表　　表 4-3

有效顶棚反射系数 ρ_{cc}（%）	70				50				30				10				0
墙反射系数 ρ_w（%）	70	50	30	10	70	50	30	10	70	50	30	10	70	50	30	10	0
室空间系数																	
1	0.75	0.71	0.67	0.63	0.67	0.63	0.60	0.57	0.59	0.56	0.54	0.52	0.52	0.50	0.48	0.46	0.43
2	0.68	0.61	0.55	0.50	0.60	0.54	0.50	0.46	0.53	0.48	0.45	0.41	0.46	0.43	0.40	0.37	0.34
3	0.61	0.53	0.46	0.41	0.54	0.47	0.42	0.38	0.47	0.42	0.38	0.34	0.41	0.37	0.34	0.31	0.28
4	0.56	0.46	0.39	0.34	0.49	0.41	0.36	0.31	0.43	0.37	0.32	0.28	0.37	0.33	0.29	0.26	0.23
5	0.51	0.41	0.34	0.29	0.45	0.37	0.31	0.26	0.39	0.33	0.28	0.24	0.34	0.29	0.25	0.22	0.20
6	0.47	0.37	0.30	0.25	0.41	0.33	0.27	0.23	0.36	0.29	0.25	0.21	0.32	0.26	0.22	0.19	0.17
7	0.43	0.33	0.26	0.21	0.38	0.30	0.24	0.20	0.33	0.26	0.22	0.18	0.29	0.24	0.20	0.16	0.14
8	0.40	0.29	0.23	0.18	0.35	0.27	0.21	0.17	0.31	0.24	0.19	0.16	0.27	0.21	0.17	0.14	0.12
9	0.37	0.27	0.20	0.16	0.33	0.24	0.19	0.15	0.29	0.22	0.17	0.14	0.25	0.19	0.15	0.12	0.11
10	0.34	0.24	0.17	0.13	0.30	0.21	0.16	0.12	0.26	0.19	0.15	0.11	0.23	0.17	0.13	0.10	0.09

$\rho_{fc} \neq 20\%$ 时的修正系数　　表 4-4

有效顶棚空间反射率 ρ_{cc}（%）	80				70				50			30		
墙壁反射率 ρ_w（%）	70	50	30	10	70	50	30	10	50	30	10	50	30	10
有效地板空间反射率 $\rho_{fc}=30\%$ 时														
室空间系数														
1	1.092	1.082	1.075	1.068	1.077	1.070	1.064	1.059	1.049	1.044	1.040	1.028	1.026	1.023
2	1.079	1.066	1.055	1.047	1.068	1.057	1.048	1.039	1.041	1.033	1.027	1.026	1.021	1.017
3	1.070	1.054	1.042	1.033	1.061	1.048	1.037	1.028	1.034	1.027	1.020	1.024	1.017	1.012
4	1.062	1.045	1.033	1.024	1.055	1.040	1.029	1.021	1.030	1.022	1.015	1.022	1.015	1.010
5	1.056	1.038	1.026	1.018	1.050	1.034	1.024	1.015	1.027	1.018	1.012	1.020	1.013	1.008
6	1.052	1.033	1.021	1.014	1.047	1.030	1.020	1.012	1.024	1.015	1.009	1.019	1.012	1.006
7	1.047	1.029	1.018	1.011	1.043	1.026	1.017	1.009	1.022	1.013	1.007	1.018	1.010	1.005
8	1.044	1.026	1.015	1.009	1.040	1.024	1.015	1.007	1.020	1.012	1.006	1.017	1.009	1.004
9	1.040	1.024	1.014	1.007	1.037	1.022	1.014	1.006	1.019	1.011	1.005	1.016	1.009	1.004
10	1.037	1.022	1.012	1.006	1.034	1.020	1.012	1.005	1.017	1.010	1.004	1.015	1.009	1.003

续表

有效顶棚空间反射率 ρ_{cc}（%）	80				70				50			30		
墙壁反射率 ρ_w（%）	70	50	30	10	70	50	30	10	50	30	10	50	30	10
有效地板空间反射率 $\rho_{fc}=10\%$ 时														
室空间系数														
1	0.923	0.929	0.935	0.940	0.933	0.939	0.943	0.948	0.956	0.960	0.963	0.973	0.976	0.979
2	0.931	0.942	0.950	0.958	0.940	0.949	0.957	0.963	0.962	0.968	0.974	0.976	0.980	0.985
3	0.939	0.951	0.961	0.969	0.945	0.957	0.966	0.973	0.967	0.975	0.981	0.978	0.983	0.988
4	0.944	0.958	0.969	0.978	0.950	0.963	0.973	0.980	0.972	0.980	0.986	0.980	0.986	0.991
5	0.949	0.964	0.976	0.983	0.954	0.968	0.978	0.985	0.975	0.983	0.989	0.981	0.988	0.993
6	0.953	0.969	0.980	0.986	0.958	0.972	0.982	0.989	0.977	0.985	0.992	0.982	0.989	0.995
7	0.957	0.973	0.983	0.991	0.961	0.975	0.985	0.991	0.979	0.987	0.994	0.983	0.990	0.996
8	0.960	0.976	0.986	0.993	0.963	0.977	0.987	0.993	0.981	0.988	0.995	0.984	0.991	0.997
9	0.963	0.978	0.987	0.994	0.965	0.979	0.989	0.994	0.983	0.990	0.996	0.985	0.992	0.998
10	0.965	0.980	0.989	0.995	0.967	0.981	0.990	0.995	0.984	0.991	0.997	0.986	0.993	0.998
有效地板空间反射率 $\rho_{fc}=0\%$ 时														
室空间系数														
1	0.859	0.870	0.879	0.886	0.873	0.884	0.893	0.901	0.916	0.923	0.929	0.948	0.954	0.960
2	0.871	0.887	0.903	0.919	0.886	0.902	0.916	0.928	0.926	0.938	0.949	0.954	0.963	0.971
3	0.882	0.904	0.915	0.942	0.898	0.918	0.934	0.947	0.936	0.950	0.964	0.958	0.969	0.979
4	0.893	0.919	0.941	0.958	0.908	0.930	0.948	0.961	0.945	0.961	0.974	0.961	0.974	0.984
5	0.903	0.931	0.953	0.969	0.914	0.939	0.958	0.970	0.951	0.967	0.980	0.964	0.977	0.988
6	0.911	0.940	0.961	0.976	0.920	0.945	0.965	0.977	0.955	0.972	0.985	0.966	0.979	0.991
7	0.917	0.947	0.967	0.981	0.924	0.950	0.970	0.982	0.959	0.975	0.988	0.968	0.981	0.993
8	0.922	0.953	0.971	0.985	0.929	0.955	0.975	0.986	0.963	0.978	0.991	0.970	0.983	0.995
9	0.928	0.958	0.975	0.988	0.933	0.959	0.980	0.989	0.966	0.980	0.993	0.971	0.985	0.996
10	0.933	0.962	0.979	0.991	0.937	0.963	0.983	0.992	0.969	0.982	0.995	0.973	0.987	0.997

5. 应用利用系数法计算平均照度的步骤

（1）计算室空间比 RCR、顶棚空间比 CCR、地板空间比 FCR。

（2）计算顶棚空间的有效反射比。按公式（4-6）求出顶棚空间有效反射系数 ρ_{cc}，当顶棚空间各面反射比不等时，应求出各面的平均反射比，然后代入公式（4-6）求出。

（3）计算墙面平均反射比。由于房间开窗或装饰物遮挡等原因引起的墙面反射比的变化，求利用系数时，墙面反射比应采用加权平均值，可利用公式（4-7）求得。

（4）计算地板空间有效反射比。地板空间同顶棚空间一样，可利用同样的方法求出有效反射比。应注意的是，利用系数表中的数值是按照 $\rho_{fc}=20\%$ 算出。当 ρ_{fc} 不是该值时，若要求较精确的结果，则应修正利用系数，修正系数见表 4-4。如计算精度要求不高，也可不做修正。

（5）查灯具维护系数。见表 1-26。

（6）确定利用系数。根据已求出的室空间系数 RCR，顶棚有效反射比 ρ_{cc}，墙面平均

反射比 ρ_w，从计算图表中即可查得所选用灯具的利用系数 U。当 RCR、ρ_{cc}、ρ_w 不是图表中的整数分级时，可用内插法求出对应值。

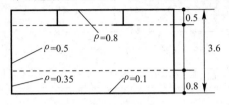

图 4-2 室内各面反射比

[例 4-1] 已知某教室长 11.3m、宽 6.4m、高 3.6m，在离顶棚 0.5m 的高度内安装 YG1-1 型 40W 荧光灯 10 只，光源的光通量为 2400lm，课桌高度为 0.8m，室内空间及各表面的反射比如图 4-2 所示。试计算课桌面上的平均照度。

解：使用利用系数法计算平均照度。

（1）求室内空间比

$$RCR = \frac{5h_r(l+w)}{l \times w} = \frac{5 \times (3.6-0.5-0.8) \times (11.3+6.4)}{11.3 \times 6.4} = 2.8$$

（2）求顶棚的有效反射比 ρ_{cc}

$$\rho = \frac{\sum \rho_i A_i}{\sum A_i} = \frac{0.5 \times (0.5 \times 11.3) \times 2 + 0.5 \times (0.5 \times 6.4) \times 2 + 0.8 \times (11.3 \times 6.4)}{(0.5 \times 11.3) \times 2 + (0.5 \times 6.4) \times 2 + (11.3 \times 6.4)}$$

$$\approx 0.741$$

将 ρ 值代入公式（4-6），得

$$\rho_{cc} = \frac{\rho A_0}{A_s - \rho A_s + \rho A_0}$$

$$= \frac{0.741 \times (11.3 \times 6.4)}{(11.3 \times 6.4 + (0.5 \times 11.3) \times 2 + (0.5 \times 6.4) \times 2) - 0.741 \times 90.02 + 0.741 \times 72.32}$$

$$\approx 0.697$$

（3）求地板空间的有效反射比 ρ_{fc}

$$\rho = \frac{\sum \rho_i A_i}{\sum A_i} = \frac{0.35 \times (0.8 \times 11.3) \times 2 + 0.35 \times (0.8 \times 6.4) \times 2 + 0.1 \times (11.3 \times 6.4)}{0.8 \times 11.3 \times 2 + 0.8 \times 6.4 \times 2 + (11.3 \times 6.4)}$$

$$= 0.17$$

将 ρ 值代入公式（4-6），得

$$\rho_{fc} = \frac{\rho A_0}{A_s - \rho A_s + \rho A_0}$$

$$= \frac{0.17 \times 72.32}{(72.32 + 0.8 \times 11.32 \times 2 + 0.8 \times 0.64 \times 2) - 0.17 \times 100.64 + 0.17 \times 72.32}$$

$$= 0.128$$

（4）求墙面的有效反射比 ρ_w

因为墙面反射比均为 0.5，所以 $\rho_w = 50\%$。

（5）确定利用系数

查表 4-3：

若取 $RCR=2$，$\rho_w=50\%$，$\rho_{cc}=70\%$，得 $U=0.61$；

若取 $RCR=3$，$\rho_w=50\%$，$\rho_{cc}=70\%$，得 $U=0.53$。

用内插法可得当 $RCR=2.8$ 时：

$$U = 0.53 + (3-2.8) \times \frac{0.61-0.53}{3-2} = 0.546$$

因表 4-3 是对应 $\rho_{fc}=20\%$ 时的标准值，而本题 $\rho_{fc}=12\%$，所以必须进行修正，查表 4-4 对应 $\rho_{fc}=10\%$ 的修正系数，仍用内插法，可得到当 $RCR=2.8$ 时，$U_{修}=0.955$，修正后的利用系数为

$$U = 0.955 \times 0.546 = 0.521$$

（6）查灯具维护系数

查表 1-26，维护系数 $K=0.8$。

（7）求平均照度

由公式（4-1），求平均照度得

$$E_{av} = \frac{\Phi N U K}{A} = \frac{2400 \times 10 \times 0.521 \times 0.8}{11.3 \times 6.4} = 138.32 (\text{lx})$$

通过以上计算，说明室内桌面上的平均照度为 138.32lx。更详细的计算应考虑窗户面积。在求墙面的平均反射比时，应计入玻璃反射比较低的影响，玻璃的反射系数大约在 8%～10%，此时室内桌面的平均照度将降低。

4.1.2 单位功率法

单位功率法的实质是单位面积的安装功率，用每单位被照水平面上所需要灯的安装功率（W/m^2）来表示。为了简化计算，可根据不同的照明器类型、不同的计算高度、不同的房间面积和不同的平均照度要求，应用利用系数法计算出单位面积安装功率，并列成表格，供设计时查用。该方法通常称为单位功率法。单位功率法计算非常简单，但计算结果不精确，一般适用于生产及生活用房平均照度的照明设计方案或初步设计的近似计算。初步设计时，还可以按单位建筑面积照明用电指标来估算照明功率。表 4-5～表 4-9 列出了不同灯具和光源单位容量表。

1. 计算公式

每单位被照面积所需的灯泡安装功率：

$$P_0 = \frac{P_{\Sigma}}{A} = \frac{nP_L}{A} \qquad (4-8)$$

式中　P_{Σ}——房间安装光源的总功率，W；

　　　A——房间的总面积，m^2；

　　　n——房间灯的总盏数；

　　　P_L——每盏灯的功率，W；

　　　P_0——单位功率，即房间每平方米应装光源的功率，W/m^2。

2. 使用单位容量法求照明灯具的安装容量或灯数

单位功率 P_0 取决于下列各种因素：灯具类型，最小照度，计算高度及房间面积，顶棚、墙壁、地面的反射系数和照度补偿系数 K 等，此外还与照明的布置和所选用的灯泡效率有关。

根据已知的面积及所选的灯具类型、最小照度、计算高度，从表 4-5～表 4-9 中查出单位面积的安装容量 P_0，再使用公式（4-8）算出全部灯泡的总安装功率 P_{Σ}，然后除以

从较佳布置灯具方法所得出的灯具数量,即得灯泡功率。

圆球型灯单位面积安装功率（W/m²） 表 4-5

计算高度（m）	房间面积（m²）	白炽灯照度（lx）					
		5	10	15	20	30	40
2～3	10～15	4.9	8.8	11.6	15.2	20.9	27.6
	15～20	4.1	7.5	10.1	12.9	17.7	23.1
	25～50	3.6	6.4	8.8	10.7	14.8	19.3
	50～150	2.9	5.1	7.0	8.8	11.8	15.7
	150～300	2.4	4.3	5.7	6.9	9.9	12.9
	300 以上	2.2	3.9	5.2	6.2	8.9	11.5
3～4	10～15	6.2	10.4	13.8	17.1	24.7	30.9
	15～20	5.1	8.7	11.2	14.3	21.4	26.9
	20～30	4.3	7.3	9.9	12.5	18.4	23.5
	30～50	3.7	6.2	8.8	10.7	15.2	19.5
	50～120	3.0	5.3	7.2	9.0	12.4	16.2
	120～300	2.3	4.1	5.7	7.3	9.7	12.6
	300 以上	2.0	3.5	4.7	5.9	8.5	10.8
4～6	10～17	7.8	12.4	17.1	21.9	30.4	40.0
	17～25	6.0	9.7	13.3	17.1	24.7	31.8
	25～35	4.9	8.3	11.0	14.5	20.4	26.4
	35～50	4.0	7.0	9.4	12.3	16.9	22.2
	50～80	3.3	5.8	8.2	10.6	14.0	18.4
	80～150	2.9	4.9	7.0	8.8	11.9	15.9
	150～400	2.3	4.0	5.7	7.1	9.9	12.9

荧光灯均匀照明近似单位面积安装功率（W/m²） 表 4-6

计算高度 h (m)	S(m²) 单位容量 (W/m²) E(lx)	30W、40W 带罩						30W、40W 不带罩					
		30	50	75	100	150	200	30	50	75	100	150	200
2～3	10～15	2.5	4.2	6.2	8.3	12.5	16.7	2.8	4.7	7.1	9.5	14.3	19.0
	15～25	2.1	3.6	5.4	7.2	10.9	14.5	2.5	4.2	6.3	8.3	12.5	16.7
	25～50	1.8	3.1	4.8	6.4	9.5	12.7	2.1	3.5	5.4	7.2	10.9	14.5
	50～150	1.7	2.8	4.3	5.7	8.6	11.5	1.9	3.1	4.7	6.3	9.5	12.7
	150～300	1.6	2.6	3.9	5.2	7.8	10.4	1.7	2.9	4.3	5.7	8.6	11.5
	>300	1.5	2.4	3.2	4.9	7.3	9.7	1.6	2.8	4.2	5.6	8.4	11.2
3～4	10～15	3.7	6.2	9.3	12.3	18.5	24.7	4.3	7.1	10.6	14.2	21.2	28.2
	15～20	3.0	5.0	7.5	10.0	15.0	20.0	3.4	5.7	8.6	11.5	17.1	22.9
	20～30	2.5	4.2	6.2	8.3	12.5	16.7	2.8	4.7	7.1	9.5	14.3	19.0
	30～50	2.1	3.6	5.4	7.2	10.9	14.5	2.5	4.2	6.3	8.3	12.5	16.7
	50～120	1.8	3.1	4.8	6.4	9.5	12.7	2.1	3.5	5.4	7.2	10.9	14.5
	120～300	1.7	2.8	4.3	5.7	8.6	11.5	1.9	3.1	4.7	6.3	9.5	12.7
	>300	1.6	2.7	3.9	5.3	7.8	10.5	1.7	2.9	4.3	5.7	8.6	11.5

第4章 室内照度计算与照明设计

续表

计算高度 h(m)	S(m²) \ 单位容量 (W/m²) \ E(lx)	30W、40W 带罩						30W、40W 不带罩					
		30	50	75	100	150	200	30	50	75	100	150	200
4~6	10~17	5.5	9.2	13.4	18.3	27.5	36.6	6.3	10.5	15.7	20.9	31.4	41.9
	17~25	4.0	6.7	9.9	13.3	19.9	26.5	4.6	7.6	11.4	15.2	22.9	30.4
	25~35	3.3	5.5	8.2	11.0	16.5	22.0	3.8	6.4	9.5	12.7	19.0	25.4
	35~50	2.6	4.5	6.6	8.8	13.3	17.7	3.1	5.1	7.6	10.1	15.2	20.2
	50~80	2.3	3.9	5.7	7.7	11.5	15.5	2.6	4.4	6.6	8.8	13.3	17.7
	80~150	2.0	3.4	5.1	6.9	10.1	13.5	2.3	3.9	5.7	7.7	11.5	15.5
	150~400	1.8	3.0	4.4	6.0	9	11.9	2.0	3.4	5.1	6.9	10.1	13.5
	>400	1.6	2.7	4.0	5.4	8	11.0	1.8	3.0	4.5	6.0	9.0	12.0

广照型灯一般均匀照明单位容量值(W/m²) 表 4-7

计算高度 h(m)	A(m²) \ E(lx)	白炽灯			白炽灯/荧光高压汞灯		
		5	10	20	30	50	75
2~3	10~15	3.3	6.2	11	15/5	22/7.3	30/10
	15~25	2.7	5	9	12/4	18/6	25 8.3
	25~50	2.3	4.3	7.5	10/3.3	15/5	21/7
	50~150	2	3.8	6.7	9/3	13./4.3	18/6
	150~300	1.8	3.4	6	8/2.7	12/4	17/5.7
	300 以上	1.7	3.2	5.8	7.5/2.5	11/3.7	16/5.3
3~4	10~15	4.3	7.5	12.7	17/5.7	26/8.7	36/12
	15~20	3.7	6.4	11	14/4.7	22/7.3	31/10.3
	20~30	3.1	5.5	9.3	13/4.3	19/6.3	27/9
	30~50	2.5	4.5	7.5	10.5/3.5	15/5	22/7.3
	50~120	2.1	3.8	6.3	8.5/2.8	13/4.3	18/6
	120~300	1.8	3.3	5.5	7.5/2.5	12/4	16/5.3
	300 以上	1.7	2.9	5	7/2.3	11/3.7	15/5
4~6	10~17	5.2	8.9	16	21/7	33/11	48/15
	17~25	4.1	7	12	16/5.3	27/9	37/12.3
	25~35	3.4	5.8	10	14/4.7	22/7.3	32/10.7
	35~50	3	5	8.5	12/4	19/6.3	27/9
	50~80	2.4	4.1	7	10/3.3	15/5	22/7.3
	80~150	2	3.3	5.0	8.5/2.8	12/4	17/5.7
	150~400	1.7	2.8	5	7/2.3	11/3.7	15/5
	400 以上	1.5	2.5	4.5	6.3/2.1	10/3.3	14/4.7

配照型灯一般均匀照明单位容量值(W/m²) 表 4-8

计算高度 h(m)	A(m²) \ E(lx)	白炽灯			白炽灯/荧光高压汞灯		
		5	10	20	30	50	75
3~4	10~15	4.3	7.3	12.1	16.2/	25.2/8.4	35.2/11.7
	15~25	3.7	6.4	10.5	13.8/	21.8/7.3	30.8/10.3
	25~30	3.1	5.5	8.9	12.4/4.1	18.4/6.1	26.4/8.8
	30~50	2.5	4.5	7.3	10/3.3	14.5/4.8	21.5/7.2
	50~120	2.1	3.8	6.3	8.3/2.8	12.8/4.3	17.8/5.9
	120~300	1.7	3.3	5.5	7.3/2.4	11.8/3.9	15.8/5.3
	300 以上	1.3	2.9	5.0	6.8/2.3	10.8/3.6	14.8/4.9

续表

计算高度 h(m)	E(lx) A(m²)	白炽灯			白炽灯/荧光高压汞灯		
		5	10	20	30	50	75
4~6	10~17	5.2	8.6	14.3	20/6.7	32/10.7	47/15.7
	17~25	4.1	6.8	11.4	15.7/5.2	26.7/8.9	36.7/12.3
	25~35	3.4	5.8	9.5	13.3/4.4	21.3/7.1	31.3/10.4
	35~50	3.0	5.0	8.3	11.4/3.8	18.4/6.1	26.4/8.8
	50~80	2.4	4.1	6.8	9.5/3.2	14.5/4.8	21.5/7.2
	80~150	2.0	3.3	5.8	8.3/2.8	11.8/3.9	16.8/5.6
	150~400	1.7	2.8	5.0	6.8/2.3	10.8/3.6	14.8/4.9
	400以上	1.5	2.5	4.5	6.3/2.1	10/3.3	14/4.6
6~8	25~35	4.2	6.9	11.7	16.6/5.5	27.6/9.2	37.6/12.6
	35~50	3.4	5.7	10.0	14.7/4.9	22.7/7.6	31.7/10.5
	50~65	2.9	4.9	8.7	12.4/4.1	18.4/6.1	26.4/8.8
	65~90	2.5	4.3	7.8	10.9/3.6	16.4/5.1	22.4/7.5
	90~135	2.2	3.7	6.5	8.6/2.9	12.1/4	17.1/5.7
	135~250	1.8	3.0	5.4	7.3/2.4	11.8/3.9	15.8/5.3
	250~500	1.5	2.6	4.6	6.5/2.2	10.2/3.4	14.2/4.7
	500以上	1.4	2.4	4.0	5.5/1.6	9.8/3.1	13.8/4.6

深照型灯一般均匀照明单位容量值（W/m²）　　　　表 4-9

计算高度 h(m)	E(lx) A(m²)	白炽灯			白炽灯/荧光高压汞灯		
		5	10	20	30	50	75
6~8	25~35	4.2	7.2	12.8	18/6	28/9.3	40/13.3
	35~50	3.5	6	10.8	15/5	23/7.7	34/11.3
	50~65	3	5	9.1	13/4.3	20/6.7	29/9.7
	65~90	2.6	4.4	8	11.5/3.8	18/6	25/8.3
	90~135	2.2	3.8	6.8	10/3.3	15/5	21/7
	135~250	1.9	3.3	5.8	8.2/2.7	12.5/4.2	17/5.7
	250~500	1.7	2.8	5.1	7.2/2.4	11/3.7	15/5
	500以上	1.4	2.5	4.4	6.2/2.1	9.5/3.2	13/4.3
8~12	50~70	3.7	6.3	11.5	17/5.7	27/9	40/13.3
	70~100	3	5.3	9.7	15/5	23/7.7	34/11.3
	100~130	2.5	4.4	8	12/4	19/6.3	28/9.3
	130~200	2.1	3.8	6.9	10/3.3	16/5.3	23/7.7
	200~300	1.8	3.2	5.8	8.2/2.7	13/4.3	19/6.3
	300~600	1.6	2.8	5	7/2.3	11/3.7	17/5.7
	600~1500	1.4	2.4	4.3	6/2	9.5/3.2	15/5
	1500以上	1.2	2.2	3.8	5.2/1.7	8.5/2.8	12.5/4.2

[例 4-2] 某实验室面积为 $12 \times 5 m^2$，桌面高 0.8m，灯具吊高 3.8m，吸顶安装。拟采用 YG6-2 型双管 $2 \times 40W$ 吸顶式荧光灯照明，灯具效率为 86%。若规定照度为 150lx，试确定房间内满足最低照度时的灯具数。

解：已知 $A=60m^2$，$h=3m$，照度为 150lx，查表 4-6，得 $P_0=8.6W/m^2$，查表 6-10，

$Z=1.29$,因此,按公式(4-8)一般照明总的安装容量应为:

$$P_{\Sigma} = \frac{P_0}{Z}A = \frac{8.6}{1.29} \times 60 = 400\text{W}$$

查表 6-19,YG6-2 型装荧光灯的功率为 $P_L=80\text{W}$,则应安装荧光灯的灯数为:

$$N = \frac{P_{\Sigma}}{P_L} = \frac{400}{80} = 5(盏)$$

4.1.3 点光源逐点法计算直射照度

逐点计算法是指逐一计算附近各个点光源对照度计算点的照度,然后进行叠加,得到总照度的方法。当光源尺寸与光源到计算点之间的距离相比小得多时,可将光源视为点光源。一般圆盘形发光体的直径不大于照射距离的 1/5,线状发光体的长度不大于照射距离的 1/4 时,按点光源进行照度计算误差均小于 5%。

1. 点光源逐点照度的基本计算公式

点光源 S 照射在水平面 H 上产生的照度 E_h 与光源的光强 I_θ 及被照面法线与入射光线的夹角 θ 的余弦成正比,与光源至被照面计算点的距离 R 平方成反比,又称为平方反比法。见图 4-3 点光源的点照度示意图。计算公式由式(4-9)表示。

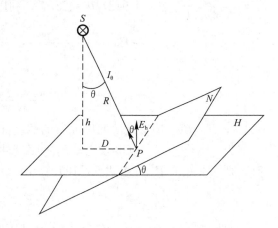

图 4-3 点光源的点照度

$$E_h = \frac{I_\theta \cos\theta}{R^2} = \frac{I_\theta \cos^3\theta}{h^2} \tag{4-9}$$

式中 E_h——点光源照射在水平面上 P 点产生的照度(lx);

I_θ——照射方向的光强(cd);

R——点光源至被照面计算点的距离(m);

h——计算高度,m;

$\cos\theta$——被照面的法线与入射光线的夹角的余弦。

[例 4-3] 某车间装有 8 只 GC39 型深照型灯具,灯具的平面布置如图 4-4 所示,内装 400W 荧光高压汞灯,灯具的计算高度 $h=10\text{m}$,光源光通量 $\Phi=20000\text{lm}$,光源光强分布(1000lm)如下:

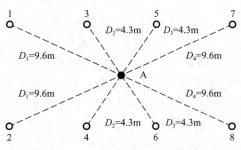

图 4-4 车间灯具平面布置

$\theta(°)$	0	5	10	15	20	25	30	35	40	45	50	55	60	65	70	75	80	85	90
I_θ(cd)	234	232	232	234	234	214	202	192	182	169	141	105	75	35	24	16	9	4	0

灯具维护系数 $K=0.7$,试求 A 点的水平面照度值。

解:如图中可见 $E_{h1}=E_{h2}=E_{h7}=E_{h8}$

由于
$$R_1 = \sqrt{h^2 + D_1^2} = \sqrt{10^2 + 9.6^2} = 13.86 \text{(m)}$$

$$\cos\theta_1 = \frac{h}{R_1} = \frac{10}{13.86} = 0.72, \quad \theta_1 = 43.8°,\text{ 利用插值法可求得 } I_{\theta 1} = 172 \text{ (cd)}$$

可得
$$E_{h1} = \frac{I_{\theta 1} \cdot \cos\theta}{R_1^2} = \frac{172 \times 0.72}{13.86^2} = 0.64 \text{(lx)}$$

$$E_{h3} = E_{h4} = E_{h5} = E_{h6}$$

$$R_2 = \sqrt{h^2 + D_2^2} = \sqrt{10^2 + 4.3^2} = 10.89 \text{(m)}$$

$$\cos\theta_2 = \frac{h}{R_2} = \frac{10}{10.89} = 0.918, \quad \theta_2 = 23.3°,\text{ 利用插值法可求得 } I_{\theta 2} = 220 \text{ (cd)}$$

$$E_{h3} = \frac{I_{\theta 2} \cdot \cos\theta_2}{R_2^2} = \frac{220 \times 0.918}{10.89^2} = 1.71 \text{(lx)}$$

$$E_{h\Sigma} = 4 \times (0.64 + 1.71) = 9.4 \text{(lx)}$$

$$E_{Ah} = \frac{20000 \times 9.4 \times 0.7}{1000} = 131.6 \text{(lx)}$$

2. 点光源应用空间等照度曲线的照度计算

为了简化计算，也可以用空间等照度曲线求出计算点的照度。I_θ 为光源的光强分布值，则水平照度 E_h 可由式（4-10）算出

$$E_h = \frac{I_\theta \cos^3\theta}{h^2} \tag{4-10}$$

根据 $E_h = f(h, D)$ 相互对应关系即可制成空间等照度曲线。已知灯的计算高度 h 和计算点至灯具轴线的水平距离 D，应用等照度曲线可直接查出光源 1000lm 时的水平照度值。由于曲线是按照光源的光通量为 1000lm 绘制的，所以图中给出的照度只是相对值，还必须按实际光通量进行换算。计算结果还应乘以灯具维护系数 K。

当有多个相同灯具投射到同一点时，其实际水平面照度可按公式（4-11）计算。

$$E_h = \frac{\Phi \Sigma e K}{1000} \tag{4-11}$$

式中　Φ——光源的光通量，lm；

　　　Σe——各灯（1000lm）对计算点产生的水平照度之和，lx；

　　　K——灯具的维护系数。

[例 4-4]　某车间采用 GC—39 深照型灯具照明，该灯具的空间等照度曲线见图 4-5，光源使用 400W 荧光高压汞灯，其光通量为 20000lm，维护系数 $K=0.7$，灯具的出口平面至工作面高度为 12m，布灯方案如图 4-6 所示，试求 A 点的水平照度。

解：由布灯方案可知，灯 1 和灯 3 对 A 点的照度是一样的，灯 2 和灯 4 对 A 点的照度也相同。下面分别计算、查找曲线。

(1) 对灯 1 和灯 3，有
$$D = \sqrt{4^2 + 6^2} = 7.2 \text{(m)} \quad h = 12\text{m}$$

由图 4-5 查得 $E_1 = E_3 = 0.9$。

(2) 对灯 2 和灯 4，有
$$D = \sqrt{(14+4)^2 + 6^2} = 19 \text{(m)} \quad h = 12\text{m}$$

由图上曲线查得 $E_2 = E_4 = 0.1$。

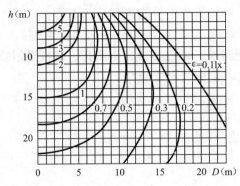

图 4-5 深照型灯具的空间等照度曲线

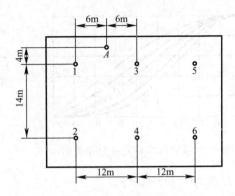

图 4-6 深照型灯具的布灯图

（3）对灯 5，有

$$D = \sqrt{4^2 + (12+6)^2} = 18.4(\text{m}) \quad h = 12\text{m}$$

由图上曲线查得 $E_5 = 0.12$。

（4）对灯 6，有

$$D = \sqrt{(14+4)^2 + (12+6)^2} = 25.4(\text{m}) \quad h = 12\text{m}$$

由图上曲线查得 $E_6 = 0.05$。

（5）根据公式（4-11）计算点 A 的总照度为

$$E_\text{h} = \frac{\Phi K \Sigma e}{1000} = \frac{20000 \times 0.7}{1000}(2 \times 0.9 + 2 \times 0.1 + 0.12 + 0.05) = 30.38(\text{lx})$$

通过以上计算，A 点的水平照度值为 30.38lx。

4.1.4 线光源逐点法计算直射照度

带状光源的宽度与长度相比很小时，可以认为它是线光源。无限长的线光源产生的照度与距离成反比。线光源的照度计算方法有多种，这里仅介绍方位系数法。

方位系数法的特点是根据计算点与线光源所形成的方位角 β（见图 4-7）以及灯具纵轴光强 I_γ（见图 4-8）的分布形状（见图 4-9）的分类，确定方位系数（见表 4-10、表 4-11）。

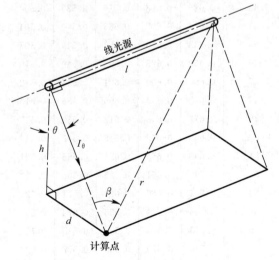

图 4-7 线光源与计算点间的方位角

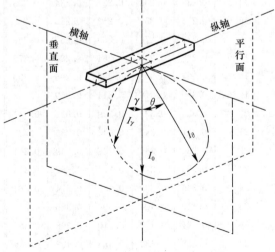

图 4-8 灯具纵轴与横轴光强分布示意

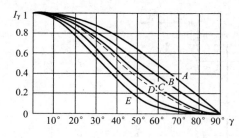

图 4-9 线光源纵轴光强分布类型

纵轴光强的分布形状分为五类：

A 类为 $I_\gamma = I_0 \cos\gamma$ 的均匀扩散型。一般带控照器或不带控照器、下部开启或带漫射罩的荧光灯具的配光与之近似。

B 类为 $I_\gamma = I_0 \dfrac{1}{2}(\cos\gamma + \cos^2\gamma)$。

C 类为 $I_\gamma = I_0 \cos^2\gamma$。

D 类为 $I_\gamma = I_0 \cos^3\gamma$。

E 类为 $I_\gamma = I_0 \cos^4\gamma$。

浅格栅的荧光灯具配光接近于 B、C 类，深格栅荧光灯具的配光与 D、E 类近似。

被照面与线光源平行时的方位系数　　表 4-10

方位角 β	照明器类别					方位角 β	照明器类别				
	A	B	C	D	E		A	B	C	D	E
0	0.000	0.000	0.000	0.000	0.000	29	0.465	0.456	0.447	0.430	0.414
1	0.017	0.017	0.017	0.018	0.018	30	0.478	0.473	0.458	0.440	0.423
2	0.035	0.035	0.035	0.035	0.035	31	0.491	0.480	0.469	0.450	0.431
3	0.052	0.052	0.052	0.052	0.052	32	0.504	0.492	0.480	0.459	0.439
4	0.070	0.070	0.070	0.070	0.070	33	0.517	0.504	0.491	0.468	0.447
5	0.087	0.087	0.087	0.087	0.087	34	0.529	0.515	0.501	0.476	0.454
6	0.105	0.104	0.104	0.104	0.104	35	0.541	0.526	0.511	0.484	0.460
7	0.122	0.121	0.121	0.121	0.121	36	0.552	0.537	0.520	0.492	0.466
8	0.139	0.138	0.138	0.138	0.137	37	0.564	0.546	0.528	0.499	0.472
9	0.156	0.155	0.155	0.155	0.154	38	0.574	0.556	0.538	0.506	0.478
10	0.173	0.172	0.172	0.171	0.170	39	0.585	0.565	0.546	0.513	0.483
11	0.190	0.189	0.189	0.187	0.186	40	0.596	0.575	0.554	0.519	0.488
12	0.206	0.205	0.205	0.204	0.202	41	0.606	0.584	0.562	0.525	0.492
13	0.223	0.222	0.221	0.219	0.218	42	0.615	0.591	0.569	0.530	0.496
14	0.239	0.238	0.237	0.234	0.233	43	0.625	0.598	0.576	0.535	0.500
15	0.256	0.254	0.253	0.250	0.248	44	0.634	0.608	0.583	0.540	0.504
16	0.272	0.270	0.269	0.265	0.262	45	0.643	0.616	0.589	0.545	0.507
17	0.288	0.286	0.284	0.280	0.276	46	0.652	0.623	0.595	0.549	0.510
18	0.304	0.301	0.299	0.295	0.290	47	0.660	0.630	0.601	0.553	0.512
19	0.320	0.316	0.314	0.309	0.303	48	0.668	0.637	0.606	0.556	0.515
20	0.335	0.332	0.329	0.322	0.316	49	0.675	0.643	0.612	0.560	0.517
21	0.351	0.347	0.343	0.336	0.329	50	0.683	0.649	0.616	0.563	0.519
22	0.366	0.361	0.357	0.349	0.341	51	0.690	0.655	0.621	0.566	0.521
23	0.380	0.375	0.371	0.362	0.353	52	0.697	0.661	0.625	0.568	0.523
24	0.396	0.390	0.385	0.374	0.364	53	0.703	0.666	0.629	0.571	0.524
25	0.410	0.404	0.398	0.386	0.375	54	0.709	0.671	0.633	0.573	0.255
26	0.424	0.417	0.410	0.398	0.386	55	0.715	0.675	0.636	0.575	0.527
27	0.438	0.430	0.423	0.409	0.396	56	0.720	0.679	0.639	0.577	0.528
28	0.452	0.443	0.435	0.420	0.405	57	0.726	0.684	0.642	0.578	0.528

第4章 室内照度计算与照明设计

续表

方位角 β	照明器类别					方位角 β	照明器类别				
	A	B	C	D	E		A	B	C	D	E
58	0.731	0.688	0.645	0.580	0.529	75	0.780	0.723	0.666	0.589	0.533
59	0.736	0.691	0.647	0.581	0.530	76	0.781	0.723	0.666	0.589	0.533
60	0.740	0.695	0.650	0.582	0.530	77	0.782	0.724	0.666	0.589	0.533
61	0.744	0.698	0.652	0.583	0.531	78	0.782	0.724	0.666	0.589	0.533
62	0.748	0.701	0.651	0.584	0.531	79	0.783	0.424	0.666	0.589	0.533
63	0.752	0.703	0.655	0.585	0.532	80	0.784	0.725	0.666	0.589	0.533
64	0.756	0.706	0.657	0.586	0.532	81	0.784	0.725	0.667	0.589	0.533
65	0.759	0.708	0.658	0.586	0.532	82	0.785	0.725	0.667	0.589	0.533
66	0.762	0.710	0.659	0.587	0.533	83	0.785	0.725	0.667	0.589	0.533
67	0.764	0.712	0.660	0.587	0.533	84	0.785	0.725	0.667	0.589	0.533
68	0.767	0.714	0.661	0.588	0.533	85	0.786	0.725	0.667	0.589	0.533
69	0.769	0.716	0.662	0.588	0.533	86					
70	0.772	0.718	0.663	0.588	0.533	87					
71	0.774	0.719	0.664	0.588	0.533	88	与85°值相同				
72	0.776	0.720	0.664	0.589	0.533	89					
73	0.778	0.721	0.665	0.589	0.533	90					
74	0.779	0.722	0.665	0.589	0.533						

被照面与线光源垂直时的方位系数　　　　　　　　　　　　　　　表 4-11

方位角 β	照明器类别					方位角 β	照明器类别				
	A	B	C	D	E		A	B	C	D	E
0	0.000	0.000	0.000	0.000	0.000	19	0.053	0.052	0.051	0.040	0.049
1	0.000	0.000	0.000	0.000	0.000	20	0.059	0.057	0.056	0.055	0.054
2	0.001	0.001	0.001	0.001	0.001	21	0.064	0.063	0.062	0.060	0.058
3	0.001	0.001	0.001	0.001	0.001	22	0.070	0.068	0.067	0.065	0.063
4	0.002	0.002	0.002	0.002	0.002	23	0.076	0.074	0.073	0.071	0.068
5	0.004	0.003	0.003	0.004	0.004	24	0.083	0.081	0.079	0.076	0.073
6	0.005	0.005	0.005	0.005	0.005	25	0.089	0.087	0.085	0.081	0.078
7	0.007	0.007	0.007	0.007	0.007	26	0.096	0.093	0.091	0.087	0.083
8	0.010	0.009	0.009	0.010	0.010	27	0.103	0.100	0.097	0.092	0.088
9	0.012	0.012	0.012	0.012	0.012	28	0.110	0.107	0.104	0.098	0.093
10	0.015	0.015	0.015	0.015	0.015	29	0.118	0.113	0.119	0.104	0.098
11	0.018	0.018	0.018	0.018	0.018	30	0.125	0.120	0.116	0.109	0.103
12	0.022	0.021	0.021	0.021	0.021	31	0.132	0.127	0.123	0.115	0.108
13	0.025	0.025	0.025	0.025	0.024	32	0.140	0.135	0.130	0.121	0.112
14	0.029	0.029	0.029	0.028	0.028	33	0.148	0.142	0.136	0.126	0.117
15	0.033	0.033	0.033	0.032	0.032	34	0.156	0.149	0.143	0.132	0.122
16	0.038	0.037	0.037	0.037	0.036	35	0.165	0.157	0.150	0.137	0.126
17	0.043	0.042	0.041	0.041	0.040	36	0.173	0.164	0.156	0.143	0.131
18	0.048	0.047	0.046	0.046	0.044	37	0.181	0.172	0.163	0.148	0.135

续表

方位角 β	照明器类别					方位角 β	照明器类别				
	A	B	C	D	E		A	B	C	D	E
38	0.190	0.180	0.170	0.154	0.130	65	0.410	0.359	0.308	0.242	0.197
39	0.198	0.187	0.177	0.159	0.143	66	0.417	0.364	0.311	0.243	0.198
40	0.207	0.195	0.183	0.164	0.147	67	0.424	0.368	0.313	0.244	0.198
41	0.216	0.203	0.190	0.169	0.151	68	0.430	0.372	0.315	0.245	0.199
42	0.224	0.210	0.196	0.174	0.155	69	0.436	0.377	0.318	0.246	0.199
43	0.233	0.218	0.203	0.179	0.158	70	0.442	0.381	0.320	0.247	0.199
44	0.242	0.224	0.209	0.183	0.162	71	0.447	0.384	0.322	0.247	0.199
45	0.250	0.232	0.215	0.188	0.165	72	0.452	0.387	0.323	0.248	0.199
46	0.259	0.240	0.221	0.192	0.168	73	0.457	0.391	0.323	0.248	0.200
47	0.267	0.247	0.227	0.196	0.171	74	0.462	0.394	0.326	0.249	0.200
48	0.276	0.254	0.233	0.200	0.173	75	0.466	0.396	0.327	0.249	0.200
49	0.285	0.262	0.239	0.204	0.176	76	0.470	0.399	0.328	0.249	0.200
50	0.293	0.268	0.244	0.207	0.178	77	0.474	0.401	0.329	0.249	0.200
51	0.302	0.276	0.250	0.211	0.180	78	0.478	0.404	0.330	0.250	0.200
52	0.310	0.282	0.255	0.214	0.182	79	0.482	0.406	0.331	0.250	0.200
53	0.319	0.289	0.260	0.217	0.184	80	0.485	0.408	0.331	0.250	0.200
54	0.327	0.296	0.265	0.220	0.186	81	0.488	0.410	0.332	0.250	0.200
55	0.335	0.302	0.270	0.223	0.188	82	0.490	0.411	0.332	0.250	0.200
56	0.344	0.309	0.275	0.226	0.189	83	0.492	0.412	0.332	0.250	0.200
57	0.352	0.315	0.279	0.228	0.190	84	0.494	0.413	0.333	0.250	0.200
58	0.360	0.321	0.283	0.230	0.192	85	0.496	0.414	0.333	0.250	0.200
59	0.367	0.327	0.287	0.232	0.193	86	0.498	0.415	0.333	0.250	0.200
60	0.375	0.333	0.291	0.234	0.194	87	0.499	0.416	0.333	0.250	0.200
61	0.383	0.339	0.295	0.236	0.195	88	0.499	0.416	0.333	0.250	0.200
62	0.390	0.344	0.299	0.238	0.195	89	0.500	0.416	0.333	0.250	0.200
63	0.397	0.349	0.302	0.239	0.196	90	0.500	0.416	0.333	0.250	0.200
64	0.404	0.354	0.305	0.241	0.197						

方位系数计算照度的公式：

（1）被照面为水平面（见图 4-10）

$$E_{\text{ph}} = \frac{I_\theta K}{1000h}\left(\frac{F}{l}\right)\cos^2\theta \cdot f_{\text{xh}} \tag{4-12}$$

（2）被照面与光源平行且垂直于水平面（见图 4-11）

$$E_{\text{p//v}} = \frac{I_\theta K}{1000h}\left(\frac{F}{l}\right)\cos\theta \cdot \sin\theta \cdot f_{\text{xh}} \tag{4-13}$$

（3）被照面与光源垂直且垂直于水平面（见图 4-12）

$$E_{\text{p}\perp\text{v}} = \frac{I_\theta K}{1000h}\left(\frac{F}{l}\right)\cos\theta \cdot f_{\text{xv}} \tag{4-14}$$

式中　E_{ph}——水平面上 P 点照度（lx）；

$E_{\text{p//v}}$——被照面平行于光源且垂直于水平面时，该面上 P 点的照度（lx）；

$E_{\text{p}\perp\text{v}}$——被照面与光源垂直且垂直于水平面时，该面上 P 点的照度（lx）；

I_θ——灯具的横轴光强曲线中与 θ 角对应方向的光强值（cd）见图 4-8；

F/l——线光源单位长度的光通量（lm/m）；

h——灯具的计算高度（m）；

θ——见图 4-7，它等于 $\mathrm{tg}^{-1}\dfrac{d}{h}$；

f_{xh}——被照面与线光源平行时的方位系数（用于计算水平面或垂直面的照度），见表 4-10；

f_{xv}——被照面与线光源垂直时的方位系数（用于计算在线光源端头的垂直面的照度），见表 4-11。

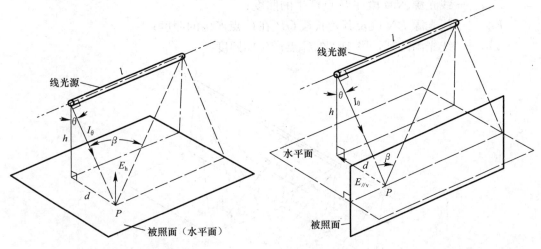

图 4-10　被照面为水平面　　　　图 4-11　被照面与光源平行且垂直于水平面

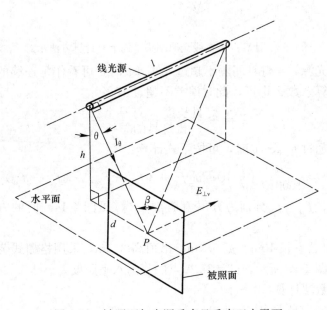

图 4-12　被照面与光源垂直且垂直于水平面

上述三式为计算一条发光带对计算点的照度，若有数条发光带时，其总和即为室内该点的照度。同时，上述三式只适用于计算点处在通过线光源端头的垂直平面上，若计算点在任意位置时，则可采用将线光源分段或延长的方法，按图 4-13 所示分别为计算各段在该点产生的照度，然后求各段在该点照度的代数和：

$$E_A = E_{PM}（计算点在线光源 PM 端头平面上）；$$
$$E_B = E_{PN} + E_{NM}（计算点不在线光源 PM 端头平面上）；$$
$$E_C = E_{QM} - E_{QP}（计算点不在线光源 PM 端头平面上）；$$

式中 E_{PM}——线光源 PM 段在 A 点产生的照度；

E_{PN}——线光源 PN 段在 B 点产生的照度；

E_{NM}——线光源 NM 段在 B 点产生的照度；

E_{QM}——线光源 PN 段及其延长段 QP 在 C 点产生的照度；

E_{QP}——线光源的延长段 QP 在 C 点产生的照度。

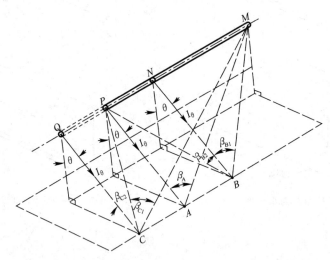

图 4-13　计算点不在线光源端头平面上时计算方法示意

对于非连续线光源，当灯具间隔不超过 $h/4\cos\theta$ 时，可看作是连续的线光源，计算时只要相应地乘以折算系数 Z 即可，此时误差不超过 10%，

$$Z = \frac{灯具长度 \times 灯具个数}{一排灯具的总长}$$

当灯具的间隔超过 $h/4\cos\theta$ 时，可按下式计算：

$$E_h = \frac{I_\theta}{1000Kh}\left(\frac{F}{l}\right)\cos^2\theta[f_{\beta 1} + (f_{\beta 3} - f_{\beta 2}) + (f_{\beta 5} - f_{\beta 4})] \tag{4-15}$$

式中 $f_{\beta 1}$、$f_{\beta 2}$、$f_{\beta 3}$、$f_{\beta 4}$、$f_{\beta 5}$ 分别为方位角是 $\beta_1 \sim \beta_5$（见图 4-14）时的方位系数值，此值可按表 4-10 查取。

[例 4-5]　某办公室长 10m、宽 5.4m、吊顶高 3.5m，采用格栅式荧光灯嵌入顶棚布置成两条光带，如图 4-15 所示，试计算 A 点的直射水平照度。

解：用方位系数法计算

（1）确定灯具的配光类型

灯具的平行面光强 I_θ（见表 4-12）除以零度光强 I_0（见图 4-8），其值如表 4-13。

第 4 章 室内照度计算与照明设计

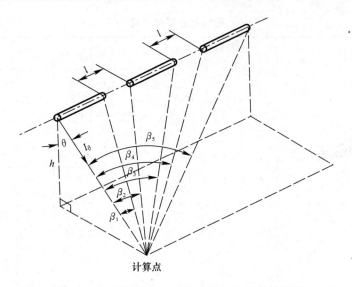

图 4-14 灯具间隔 $l>h/4\cos\theta$ 时，方位角的示意

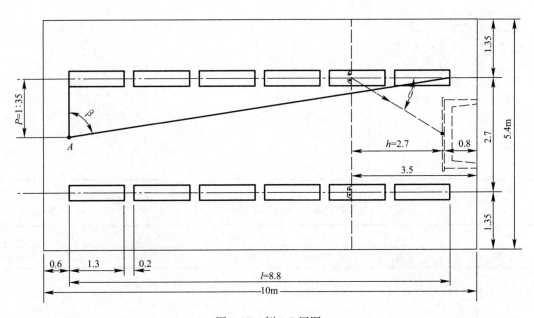

图 4-15 例 4-5 用图

将表中数据绘成曲线如图 4-9 中虚线所示，因此可近似地认为所用灯具的配光属于 C 类。

(2) 求 θ 及 I_θ

$$\theta = \mathrm{tg}^{-1}\frac{d}{h} = \mathrm{tg}^{-1}\frac{1.35}{2.7} = 26.6°(见图 4-7)$$

$$I_\theta = 189\mathrm{cd}$$

(3) 求 β 及 f_{xh}

把光带当作连续光源时

$$\beta = \mathrm{tg}^{-1}\frac{1}{\sqrt{h^2+d^2}} = \mathrm{tg}^{-1}\frac{8.8}{\sqrt{2.7^2+1.35^2}} = 71.2°$$

带格栅多管荧光灯　　　　　　　　　　　表 4-12

灯型示意	发光强度值（cd）(光源为100lm)		顶棚反射系数	0.30		0.50		0.70	
	$\theta°$	I_r（纵轴） I_o（横轴）	墙面反射系数	0.30	0.30	0.50	0.30	0.50	
	0	228　238	地面发射系数	0.10	0.10	0.30	0.10	0.30	
	5	224　236	室形指数 i	利用系数 u					
	10	217　230							
	15	205　224	0.6	0.19	0.20	0.23	0.21	0.24	
	20	192　209	0.7	0.21	0.23	0.25	0.24	0.26	
配光曲线示意	25	177　191	0.8	0.23	0.25	0.28	0.26	0.29	
	30	159　176	0.9	0.25	0.27	0.30	0.28	0.31	
	35	145　159	1.0	0.26	0.28	0.31	0.29	0.32	
	40	127　130	1.1	0.27	0.29	0.32	0.30	0.34	
	45	107　108	1.25	0.29	0.31	0.34	0.32	0.36	
	50	88　85	1.5	0.31	0.33	0.36	0.34	0.38	
	55	67　62	1.75	0.33	0.35	0.38	0.36	0.40	
	60	51　48	2	0.35	0.37	0.40	0.38	0.41	
	65	39　37	2.25	0.36	0.39	0.41	0.40	0.42	
	70	29　28	2.5	0.37	0.40	0.42	0.41	0.43	
	75	20　19	3	0.38	0.41	0.43	0.42	0.45	
	80	12　11	3.5	0.39	0.42	0.44	0.43	0.46	
	85	5.5　5	4	0.40	0.43	0.45	0.44	0.47	
	90	0.4　0.6	5	0.42	0.45	0.46	0.47	0.48	
	95	0　0							

灯具平行光强与零度光强之比　　　　　　　表 4-13

$\theta(°)$	0	10	20	30	40	50	60	70	80	90
I_θ/I_o	1	0.966	0.878	0.739	0.546	0.375	0.201	0.117	0.046	0.002

查表 4-10，当 $\beta=71.2°$ 时，$f_{xh}=0.664$

（4）求 Z

这两列灯具虽是不连续的，但其灯间距离为 0.2m，小于 $h/4\cos\theta=2.7/(4\times0.894)=0.755$m，故可看作是连续光源，计算照度时乘以 Z 予以折算。

$$Z = \frac{1.3\times6}{8.8} = 0.866$$

（5）求一条光带在 A 点产生的照度

$$E_h = \frac{ZI_\theta K}{1000h}\left(\frac{F}{l}\right)\cos^2\theta f_{xh} = \frac{0.866\times189\times0.8}{1000\times2.7}\left(\frac{3\times2200}{1.3}\right)\times0.894^2\times0.664 = 130.7\text{lx}$$

（6）求 A 点的总照度

$$E_A = 2\times130.7 = 261.4\text{lx}$$

考虑到墙壁等反射光的作用，视其反射条件，A 点的照度将提高 10%～20%。

4.2 眩光计算

眩光可分为失能眩光和不舒适眩光两种，前者是由于光源的位置靠近视线，使视网膜像的边缘出现模糊，从而妨碍了对附近物体的观察，同时侧向抑制还会使这些物体的可见度变得更差。现在人们对失能眩光已有充分了解，Stiles-Holladay 公式可以说明它的物理意义，并且在有关的标准、规范中使用阈值增量（TI）来控制。

4.2.1 不舒适眩光的评价

不舒适眩光仅有不舒适感觉，短时间内对可见度并无影响，但会造成分散注意力的效果。不舒适眩光值不能直接测量，并且对它的产生还不能彻底知其所以然。因此，人们采用统一眩光值 UGR 来描述，并建立一套（从小光源到发光顶棚）完整的眩光评价体系，解决一切室内照明的眩光问题。根据《建筑照明设计标准》GB 50034—2013 对统一眩光值（UGR）的计算与应用进行介绍。

UGR 的基本公式为

$$UGR = 8\lg\left(\frac{0.25}{L_b}\sum\frac{L_s^2\omega}{P^2}\right) \tag{4-16}$$

式中 L_s——眩光源亮度，cd/m^2；
  ω——眩光源的立体角，sr；
  L_b——背景亮度，cd/m^2；
  P——位置系数。

UGR 有一个附加的好处就是，因为 ω 和 L_b 采用相同的幂次，在一个给定的设施内，眩光与灯具数量无关。

1. 小光源的眩光

小光源的定义为：投影面积 $A_P<0.005m^2$，相当于一个直径为 80mm 的圆片的面积。实际上任何裸露的白炽灯泡（透明的和乳白的）均为小光源，而半透明的灯具和漫反射器则为一般光源而非小光源。研究表明，当小光源位于偏离视线 5°时所产生的眩光可用其光强（I）来确定，即 $L=200I(cd/m^2)$。因此，小光源的统一眩光评价（UGR）公式为

$$UGR = 8\lg\left(\frac{0.25}{L_b}\sum\frac{200I^2}{r^2P^2}\right) \tag{4-17}$$

式中 I——光源在眼睛方向的光强，cd；
  r——光源离眼睛的距离，m；
  L_b——背景亮度，cd/m^2；
  P——位置系数。

2. 大光源（发光顶棚、均匀的间接照明）的眩光

所谓的大光源专指发光顶棚和均匀的间接照明。CIE TC3.01 提出：一个漫射发光顶棚或均匀的间接照明，在某一要求的 UGR 值下提供的照度，不能超过下列值：

当 UGR=13 时，不能超过 300lx；

当 UGR=16 时，不能超过 600lx；

当 $UGR=19$ 时，不能超过 1000lx；

当 $UGR=22$ 时，不能超过 1600lx。

如果需要较高的照度但较低的 UGR 时，可以用遮蔽很好的局部照明，亦可用适当控制亮度的发光顶棚（如格栅顶棚）来解决。

3. 一般光源（介于小光源和大光源之间）的眩光

小光源和大光源是两个极端，但绝大多数灯具是介于这两者之间的一般光源。对于这类光源的眩光评价不能直接应用 UGR 公式，需要加以修改。将修改后的眩光评价法称之为 GGR，即"大光源评价法"，其公式为

$$GGR = 8\lg\left[1-8\left(1+\frac{E_d}{250}\right) \Big/ (E_i+E_d)\sum\left(\frac{L^2}{P^2}\right)\right] \quad (4\text{-}18)$$

式中　E_d——眼睛处由该光源产生的直射照度，lx；

　　　E_i——眼睛处的间接照度，为 $\rho_i \times L_b$；

　　　L——光源的亮度，cd/m²；

　　　P——位置系数。

　　　ρ_i——室内表面的平均反射比；

　　　L_b——背景亮度，cd/m²。

GGR 与 UGR 的值是相同的。位置系数 P 可按网络下载资料中附录 7 的附图 7-1 生成的 H/R 和 T/R 的比值并由附表 7-1 确定。

4. 不均匀的间接照明的眩光

近年来各种上射照明灯具发展很快，上射照明的顶棚亮度是不均匀的，很难用迄今为止的所有不舒适眩光评价方法来评价。CIE TC3.01 提出用下列公式作为不均匀间接照明的极限照度：

$$E_{av} = 1500 - \left(2.1 - \frac{1.5}{RI} - 1.4R_W\right)L_s \quad (4\text{-}19)$$

式中　RI——室型指数；

　　　R_W——墙面反射比；

　　　L_s——光源的亮度，cd/m²；

　　　E_{av}——平均照度，lx。

上述公式适用于要求 $UGR=19$ 的情况，对于其他 UGR 值，E_{av} 需要乘以下列系数：

$UGR=13$ 时，乘以 0.3；

$UGR=16$ 时，乘以 0.6；

$UGR=22$ 时，乘以 1.6。

5. 复杂光源的眩光

包括大量使用的带格栅的低亮度镜面灯和蝙蝠翼配光的灯具，可将此类灯具分为两种：

第一种是漫射光源。其亮度虽然随着方向而改变，但在整个面上其亮度可近似地作为在所看到的投影面积上是均匀不变的。统一眩光评价基本公式中的主要一项 $L^2\omega$ 可写成：

$$L^2\omega = \frac{LI}{R^2} \quad (4\text{-}20)$$

对于此类灯具

$$L = \frac{I}{A_0 \cos\gamma}$$

故

$$L^2\omega = \frac{I^2}{R^2 A_0 \cos\gamma} \tag{4-21}$$

式中　R——光源至眼睛的距离，m；

　　　I——光源在眼睛方向的光强，cd；

　　　γ——从铅垂线至眼睛方向的角度；

　　　A_0——光源发光面在铅垂线方向的投影面积，m^2。

第二种是镜面光源。使用镜面反射器和镜面格栅时，其亮度在实际投影面上有相当变化，对此类灯具我们需要确定其有效亮度 L，比较合理的定义可以建立在假设最大光强（I_{max}）的 γ_{max} 方向上全部闪亮。

$$L = \frac{I_{max}}{A_0 \cos\gamma_{max}} \tag{4-22}$$

将式（4-22）代入式（4-20）得：

$$L^2\omega = \frac{I \cdot I_{max}}{R^2 A_0 \cos\gamma} \tag{4-23}$$

式中　γ_{max}——从铅垂线至最大光强的角度，°；

　　　I_{max}——光源的最大光强，cd；

　　　L——光源的亮度，cd/m^2；

　　　ω——光源的立体角，sr。

其他符号的意义同式（4-21）。

对于许多灯具来说，$\gamma_{max}=0$ 以及 $I_{max}=I_0$；对于蝙蝠翼配光灯具，γ_{max} 在 15°～45°之间。对于一个平面光源来讲，镜面光源常常比漫射光源更易产生眩光，它们的 UGR 差为：

$$\Delta UGR = 8\lg[I_{max}\cos\gamma / I\cos\gamma_{max}] \tag{4-24}$$

假如有一只低亮度的蝙蝠翼配光灯具，其 $A_0=0.4m^2$，$\gamma_{max}=30°$ 处 $I_{max}=3600cd$，$\gamma=30°$ 处 $I=1200cd$。如果 $H=1.8m$，$R=2.8m$，$P=5.3m$，$L_b=30cd/m^2$。

如按漫射类计算，其 $UGR=18.6$；

按镜面类计算，其 $UGR=21.4$。

以后者较为现实。对于半镜面反射器的计算结果，将介于上述二者之间，取其平均值为佳。

4.2.2　室外体育场地的眩光指数法

CIE 典型的室外眩光评价方法为眩光指数（GR）法。

GR 按下式计算得：

$$GR = 27 + 24\lg(L_{Vl}/L_{Ve}^{0.9}) \tag{4-25}$$

式中　L_{Vl}——由灯具产生、直接入射到眼睛内的光线产生的等效光幕亮度；

　　　$L_{Ve}^{0.9}$——由观察者前面环境反射到眼睛的光线产生的等效光幕亮度。

等效光幕亮度定义为

$$L_{Vl} = 10\sum_{i=1}^{n}(E_{eye}/Q_i^2) \tag{4-26}$$

式中 E_{eye}——对观察者眼睛的照度（在垂直于视线平面上）；

Q_i——观察者视线和第 i 个光源在视网膜上产生的入射光的方向夹角；

n——总的灯具数。

对 L_{V1} 定义时，可认为被照面（环境）是由无限多个小的光源组成。如果只考虑观察方向为眼睛的水平面下大于 1°时，在计算 L_{V1} 中，Q 大于 1°会自动得到满足，而对 L_{V1} 大于 1°条件时，意味着与视觉中心区域（2×1°）相吻合的照明区域不予以考虑。

眩光等级：

$$GF = 10 - GR/10 \tag{4-27}$$

眩光指数（GR）、眩光等级（GF）与眩光程度（主观感受）之间的关系列于表 4-14。

眩光指数（GR）、眩光等级（GF）与眩光程度（主观感受）之间的关系　　表 4-14

GF（眩光等级）	眩光程度	GR（眩光指数）
1	不可忍受	90
2	不可忍受	80
3	有所感觉	70
4	有所感觉	60
5	仅可接受或容许	50
6	仅可接受或容许	40
7	可明显察觉	30
8	可明显察觉	20
9	不可明显察觉	10

借助于 GR，我们可以评价出眩光涉及的范围内各个小区域眩光控制的好坏。

当背景是被照区域时，可用一个简化公式计算：

$$L_{Ve} = 0.035 L_{AV} \tag{4-28}$$

$$\text{平均亮度 } L_{AV} = \frac{E_{hAV} \cdot \rho}{\pi} \tag{4-29}$$

其中 E_{hAV}——区域的平均水平照度；

ρ——区域假定为漫反射时的反射比。

靠近视线的垂直被照面，其出射光通到人眼产生的等效光幕亮度的实际值大于由近似计算得到的值。可见，实际的眩光评价要好于近似计算值，亦即近似计算值是保守的。

CIE 推荐的五个标准观察者位置，共计 40 个评价观测方向，如图 4-16 所示。理论上希望在任何场所、任何正常的视看方向的眩光指数都小于推荐的该方向上的眩光指数。训练场地的推荐值为 55，比赛场地的推荐值为 50。

对于室内体育馆，由于投光灯集中于场地上空，周边观众席上的空间亮度较低，因此，在控制眩光时，应适当提高眩光等级的标准。如乒乓球比赛时眩光指数可不大于 20，其他球类以不大于 30 为宜。

室内体育馆环境光幕亮度的计算可以参照室外时的公式，同时，考虑室内环境的特点，可将顶棚亮度与观众席亮度加权平均，作为室内环境的光幕亮度。

4.2.3 统一眩光值（UGR）的应用条件

1. UGR 适用于简单的立方体形房间的一般照明装置设计，不适用于采用间接照明和

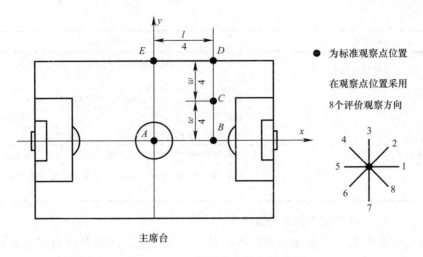

图 4-16 CIE 推荐的评价观测方向

发光天棚的房间;

2. 适用于灯具发光部分对眼睛所形成的立体角为 $0.1sr > w > 0.0003sr$ 的情况;

3. 同一类灯具为均匀等间距布置;

4. 灯具为双对称配光;

5. 坐姿观测者眼睛的高度通常取 1.2m,站姿观测者眼睛的高度通常取 1.5m;

6. 观测位置一般在纵向和横向两面墙的中点,视线水平朝前观测;

7. 房间表面为大约高出地面 0.75m 的工作面、灯具安装表面以及此两个表面之间的墙面。

4.3 室内照明设计概述

建筑环境分室内和室外两部分。建筑物内部空间环境一般仅指建筑物本身,灯光的作用侧重于使用功能,配合内部空间处理、室内陈设、室内装修,利用灯具造型及其光色的协调,使室内环境具有某种气氛和意境,增加建筑艺术的美感。现代建筑照明设计,除了满足工作面必须达到规定的水平照度外,更多融入了装饰照明的艺术风格和手法。

4.3.1 室内光照设计的要求与步骤

照明光照设计包括照度的选择、光源选用、灯具选择和布置、照明控制策略与方式的确定、照明计算等方面。

对以工作面上的视看对象为照明对象的照明技术称为明视照明,主要涉及照明生理学。对以周围环境为照明对象的照明技术称为环境照明,主要涉及照明心理学。不同照明设计需要考虑的主要问题列于表 4-15。

明视照明和环境照明设计的要求对照　　　表 4-15

明视照明	环境照明
1. 工作面上要有充分的亮度	1. 亮或暗要根据需要进行设计
2. 亮度应当均匀	2. 照度要有差别,不可均一,采用变化的照明可造成不同的感觉

续表

明视照明	环境照明
3. 不应有眩光，要尽量减少乃至消除眩光	3. 可以应用金属、玻璃或其他光泽的物体，以小面积眩光造成魅力感
4. 阴影要适当	4. 需将阴影夸大，从而起到强调突出的作用
5. 光源的显色性好	5. 宜用特殊颜色的光作为色彩照明，或用夸张手法进行色彩调节
6. 灯具布置与建筑协调	6. 可采用特殊的装饰照明手段（灯具及其设备）
7. 要考虑照明心理效果	7. 有时与明视照明要求相反，却能获得很好的气氛效果
8. 照明方案应当经济	8. 从全局来看是经济的，而从局部看可能是不经济的或过分豪华的

照明光照设计一般可按下列步骤进行：

（1）收集原始资料。工作场所的设备布置、工作流程、环境条件及对光环境的要求；已设计完成的建筑平剖面图、土建结构图，已进行室内设计的工程应提供室内设计图。

（2）确定照明方式和种类，并选择合理的照度。

（3）确定合适的光源。

（4）选择灯具的形式，并确定型号。

（5）合理布置灯具。

（6）进行照度计算，并确定光源的安装功率。

（7）根据需要计算室内各面亮度和眩光评价。

（8）确定照明控制的策略与方式。

4.3.2 室内照明方式和种类

1. 照明方式

照明方式是指照明设备按其安装部位或使用功能而构成的基本制式。按照国家制定的设计标准区分，有工业企业照明和民用建筑照明。按照明设备安装部位区分，有建筑物外照明和建筑物内照明。

建筑物外照明，可根据实际使用功能分为建筑物泛光照明、道路照明、区街照明、公园和广场照明、溶洞照明、水景照明等，每种照明方式都有其特殊的要求。

建筑物内照明，按使用功能分为一般照明、分区一般照明、局部照明和混合照明。

（1）一般照明。不考虑特殊部位的需要，为照亮整个场地而设置的照明方式称为一般照明。它可使整个场地都能获得均匀的照度，适用于对光照方向无特殊要求或不适合安装局部照明和混合照明的场所。如仓库、某些生产车间、办公室、会议室、教室、候车室、营业大厅等。

（2）分区一般照明。根据需要，提高特定区域照度的一般照明方式称为分区一般照明。对照度要求比较高的工作区域，灯具可以集中均匀布置，提高其照度值，其他区域仍采用一般照明的布置方式，如工厂车间的组装线、运输带、检验场地等。

（3）局部照明。为满足某些部位的特殊需要而设置的照明方式。如在很小范围的工作面上，通常采用辅助照明设施来满足这些特殊工作的需要。像车间内机床灯、商店橱窗的射灯、办公桌上的台灯等。在需要局部照明的场所，应采用混合照明方式，不应只装配局部照明而无一般照明，因为这样会形成亮度分布不均匀而影响视觉。

(4) 混合照明。由一般照明与局部照明组成的照明方式。即在一般照明的基础上再增加局部照明，这样有利于提高照度和节约电能。

2. 照明种类

(1) 按光照形式的不同分类

1) 直接照明。将灯具发射的 90%～100% 的光通量直接投射到工作面上的照明。常用于对光照无特殊要求的整体环境照明，裸露装设的白炽灯、荧光灯均属此类。

2) 半直接照明。将灯具发射的 60%～90% 的光通量直接投射到工作面上的照明。

3) 均匀漫射照明。将灯具发射的 40%～60% 的光通量直接投射到工作面上的照明。

4) 半间接照明。将灯具发射的 10%～40% 的光通量直接投射到工作面上的照明。

5) 间接照明。将灯具发射的 10% 以下的部分光通量直接投射到工作面上的照明。

6) 定向照明。光线主要从某一特定方向投射到工作面和目标上的照明。

7) 重点照明。为突出特定的目标或引起对视野中某一部分的注意而设的定向照明。

8) 漫射照明。投射在工作面或物体上的光在任何方向上均无明显差别的照明。

9) 泛光照明。通常由投光灯来照射某一情景或目标，且照度比其周围照度明显高的照明。

(2) 按照明用途的不同分类

1) 正常照明。正常工作时使用的永久安装照明。

2) 应急照明。在正常照明电源因故障失效的情况下，供人员疏散、保障安全或继续工作用的照明。应急照明必须采用能快速点亮的可靠光源，可细分为：

① 疏散照明。正常照明因故障熄灭后，以确保有效地辨认和应用安全出口通道，使人员安全撤离建筑物。

② 安全照明。正常照明因故障熄灭后，为确保处于潜在危险之中人员安全而提供的照明。

③ 备用照明。正常照明因故障熄灭后，用以确保正常工作或活动继续进行。

暂时继续工作用的备用照明，照度不低于一般照明的 10%；安全照明的照度不低于一般照明的 5%；保证人员疏散用的照明，主要通道上的照度不应低于 0.5lx。

3) 值班照明。供值班人员使用的照明。值班照明可利用正常照明中能单独控制的一部分，设置专用控制开关。大面积场所宜设置值班照明。

4) 警卫照明。根据警卫任务需要而设置的照明。

5) 障碍照明。装设在障碍物上或附近，作为障碍标志用的照明称为障碍照明。如高层建筑物的障碍标志灯、道路局部施工、管道人井施工、航标灯等。

6) 此外还可有：

① 装饰照明。为美化、烘托、装饰某一特定空间环境而设置的照明。如建筑物轮廓照明，广场、绿地照明等。

② 广告照明。以商品的品牌或商标为主，配以广告词和其他图案的照明。该照明方式用内照式广告牌、霓虹灯广告牌、电视墙等灯光形式渲染广告的主题思想，同时又为夜幕下的街景增添了情趣。

③ 艺术照明。通过运用不同的光源、不同的灯具、不同的投光角度、不同的灯光颜色，营造出一种特定的空间气氛的照明。

4.3.3 设计时如何确定照明方式和种类

1. 按下列要求确定照明方式

（1）工作场所通常应设置一般照明；

（2）同一场所内的不同区域有不同照度要求时，应采用分区一般照明；

（3）对于部分作业面照度要求较高，只采用一般照明不合理的场所，宜采用混合照明；

（4）在一个工作场所内不应只采用局部照明。

2. 按下列要求确定照明种类

（1）工作场所均应设置正常照明。

（2）工作场所下列情况应设置应急照明：

① 正常照明因故障熄灭后，需确保正常工作或活动继续进行的场所，应设置备用照明；

② 正常照明因故障熄灭后，需确保处于潜在危险之中的人员安全的场所，应设置安全照明；

③ 正常照明因故障熄灭后，需确保人员安全疏散的出口和通道，应设置疏散照明。

（3）大面积场所宜设置值班照明。

（4）有警戒任务的场所，应根据警戒范围的要求设置警卫照明。

（5）有危及航行安全的建筑物、构筑物上，应根据航行要求设置障碍照明。

4.4 住宅照明设计

随着人们生活水平的不断提高，居室装修的档次也不断提升，照明除了本身的实用意义，更多地担负起装饰和观感上的功能。灯饰、家具和其他陈设协调配合，使人们的生活空间表现出华丽、宁静、温馨、舒适的情趣和气氛。

4.4.1 住宅照明设计要考虑的因素

光线是衡量住宅的一个重要因素，高照度照明能令人兴奋，低照度的照明则有亲切的气氛。光的颜色也是构成环境气氛的首要因素之一。人的大部分时间要在住宅里度过，住宅照明直接关系到人们的日常生活，还与人们的年龄、心理和要求有关。所以，住宅照明设计应考虑以下因素：

（1）居住者的年龄和人数；

（2）视觉活动形式；

（3）工作面的位置和尺寸；

（4）应用的频率和周期；

（5）空间和家具的形式；

（6）结构限制；

（7）建筑和电气规范的有关规定要求；

（8）节能考虑。

4.4.2 住宅照明的基本要求

住宅照明的基本要求考虑以下几个方面。

1. 合适的照度

住宅的各个部分由于功能不同，对照度的要求也不一样，为了满足使用功能，一般住宅可以参照表 1-12 选择相应的照度值。

2. 平衡的亮度

住宅房间不仅功能不同，面积差别也大。要创造一个舒适的环境，住宅里各处的照度不能过明或过暗，要注意主要部分与附属部分亮度的平衡。一般较小的房间可采用均匀照度，而对于较大的房间，可以在墙壁上加上壁灯。壁灯的安装高度应在视线高度的范围内，不能超过 1.8m，这样能起到增大生活空间的效果。

3. 电气设施留有余度

随着人们生活水平的不断提高，家电数量会日益增多，电源线的截面积和瓦时计的容量应适当留有一定的余度，确保用电安全。

4. 利用灯光创造氛围

灯光照明设计时，既要考虑创造良好的学习、生活环境，又要创造舒适的视觉环境，让灯光照明在家庭装饰中真正达到赏心悦目的效果。通过光源和灯具的合理选配，创造出完美的光影世界。

4.4.3 照明设计的主要内容

1. 确定照度值

（1）根据实测调研，绝大多数起居室在灯全开时，照度在 100～200lx 之间，平均照度可达 152lx。根据我国实际情况，起居室照明标准值定为 100lx，而起居室的书写、阅读定为 300lx。这可用增加局部照明灯形成的混合照明来达到。

（2）绝大多数卧室的照度在 100lx 以下，平均为 71lx。根据我国实际情况，卧室的一般活动照度略低于起居室，取 75lx 为宜。床头阅读比起居室的书写阅读对照度要求低，取 150lx。一般活动照明由一般照明来达到，床头阅读照明可由混合照明来达到。

（3）餐厅照度多数在 100lx 左右，我国定为 150lx。

（4）目前我国的厨房照明较暗，大多数只设一般照明，操作台未设局部照明。根据实际调研，一般活动多数在 100lx 以下，平均照度为 93lx（国外多在 100～300lx）。根据我国实际情况，定为 100lx。而国外在操作台上照度均较高，在 200～500lx 之间，这是为了操作安全和便于识别。根据我国实际情况，定为 150lx，可由混合照明来达到。

（5）卫生间照明多数为 100lx 左右，平均照度为 121lx，故定为 100lx。至于洗脸、化妆、刮脸，可用镜前灯照明，照度可在 200～500lx 之间。

2. 合理布灯

正确的布灯方式应根据人们的活动范围和家具的位置合理安排。比如，看书读报的灯具位置应该考虑与桌面保持适当的距离，具有合适的角度，并使光线不刺眼。直接照射绘画、雕塑的灯具，应使绘画色彩真实，便于欣赏，使雕塑明暗适度，立体感强。

3. 投光范围

所谓投光范围就是达到照度标准的范围有多大，它取决于人们的活动范围和被照物的体积或面积。投光范围的调整主要靠灯罩的形状和大小以及灯具数量和悬挂高度的调整。

4. 选择灯具

灯具的种类很多，合理地选择灯具，首先要使灯具适合室内空间的体量与形状，要符合房间的用途和特性。最后要体现民族风格和地区特点，反映人们的情趣和爱好。

4.5 学校照明设计

学校是学生读书学习的地方，学校照明的目的就是为教师和学生创造一个良好的光照环境，满足学生和教师的视觉作业要求，保护视力，提高教学与学习效率。

4.5.1 学校照明的一般要求

学校设施有教室、实验室、报告厅、阶梯教室、图书阅览室以及操场等，这里主要介绍教室照明。教室的面积一般不大，学生在此需长时间阅读和写字，远距离看黑板。依据以上这些特点，对教室照明的要求如下。

1. 应有足够的照度

教室内的视觉作业主要有：学生看书、写字，看黑板上的字与图，注视教师的演示；教师看教案、观察学生、在黑板上书写等。学校以白天教学为主，也应考虑晚间上课、自习等活动。教室内除自然采光外，还必须设置人工照明。在阴、雨天或冬季的下午，人工照明应能灵活地、有效地补充自然采光的不足。所以，教室照明应有足够的照度来满足教学需要。

我国目前教室实测照度多为200~300lx之间，平均照度为232lx，实际照度和设计照度均较低，而CIE标准规定普通教室为300lx，夜间使用的教室，如成人教育教室等，照度为500lx。我国参照CIE标准，将教室定为300lx，包括夜间使用的教室。

实验室的实测照度大多在200~300lx之间，平均照度为294lx，我国定为300lx。

美术教室实测照度也大多在200~300lx之间，国外标准多为500lx，因美术教室视觉工作精细，我国定为500lx。

多媒体教室的实测照度也大多在200~300lx之间，国外标准为400~530lx之间，考虑因有视屏视觉作业，照度不宜太高，定为300lx。

黑板的垂直面的照度至少应与桌面照度相同，为保护学生视力，照度标准定为500lx。

2. 亮度要合理分布

当眼睛注视一个目标时，便确立了一种适应水平。当眼睛从一个区域转向另一个区域时，就要适应新的水平。如果两个区域亮度水平相差很大，瞳孔则会急骤变化，从而会引起视觉疲劳。舒适的照明环境亮度分布如表4-16所示。

室内亮度比推荐值　　　　　　　　　　　表4-16

相邻场所类别	环境类别		
	A	B	C
作业对象和邻近的暗处	3∶1	3∶1	5∶1
作业对象和邻近的亮处	1∶3	1∶3	1∶5
作业对象和远处暗场所	10∶1	20∶1	—
作业对象和远处亮场所	1∶10	1∶20	—
照明灯具（窗、天窗）和其相邻场所	20∶1	—	—
整个视野范围之内	40∶1	—	—

视看对象的亮度与环境亮度差别越小,舒适感越好。教室亮度分布最佳的条件如下:

(1) 物件的亮度应该等于或稍大于整个视觉环境的亮度;

(2) 环境视场中较大面积的亮度不应与工作面亮度差别过大,两者越接近,舒适感越好;

(3) 高亮度不宜超过工作面亮度的 5 倍,低亮度时最低不得低于 1/32;

(4) 工作物件邻近的那些表面亮度不应超过工作物件本身的亮度,也不应低于工作物件亮度的 1/3;

(5) 不存在有害的直射眩光和反射眩光。

3. 应防止直射眩光、减少光幕反射

有的被视看物体表面存在漫反射,也有的存在镜面反射。当视看方向恰好与光源入射光线的镜面反射方向重合时,视看对象亮度显著增高,使原有的对比大为减弱,造成被视物体模糊不清,如同笼罩一层光幕,这种现象称为光幕反射。光幕反射损害作业的对比度,使可见度下降,同时造成视觉干扰,破坏视觉舒适感。

运用减少光幕反射的方法时应注意下列几点:

(1) 在干扰区不应布灯,因为干扰区的灯光会加重光幕反射;

(2) 灯具布置在教室课桌的侧面,使大部分投到桌面上的光来自非干扰区,以增加有效照明;

(3) 灯具选用蝠翼式照明器,它从中间向下发射的光很少,大部分从侧面投向工作桌,因此光幕反射也就最小;

(4) 如果环境的几何关系不变,可以通过提高照度补偿对比损失,但不应使经济代价较高;

(5) 应注意减少失能眩光与瞬时适应对视功能的影响。

在照明设计时应注意不允许在教室内使用露明荧光灯,如盒式荧光灯,因为它会造成严重的失能眩光。由于眼睛经常扫视周围环境,为降低瞬时适应造成的视觉疲劳,应减少周围环境亮度与工作面亮度的差别。二者亮度越一致,瞬时适应造成的影响越小。

学校照明除应满足视觉作业要求外,还应做到安全、可靠,方便维护与检修,并与环境协调。

4.5.2 光源与灯具选择

1. 光源选择

教室照明推荐使用荧光灯,因为荧光灯光效高、光色好、亮度低、节约电能,易于满足照度均匀的要求。普通教室可采用 36W 细管径直管荧光灯,如 T8 荧光灯管。

2. 灯具的选择

(1) 普通教室宜选用有一定保护角、效率不低于 75% 的开启式配照型灯具,不宜采用裸灯及盒式荧光灯具。

(2) 有要求或有条件的教室可采用带格栅或带漫射罩型灯具,其灯具效率不宜低于 60%。

(3) 具有蝙蝠翼式光强分布特性的灯具,一般都有较大的保护角,其光输出扩散性好,布灯间距大,照度均匀,能有效地限制眩光和光幕反射,有利于改善教室照明质量和节能。蝙蝠翼式光强分布特性灯具的光强分布见图 4-17。

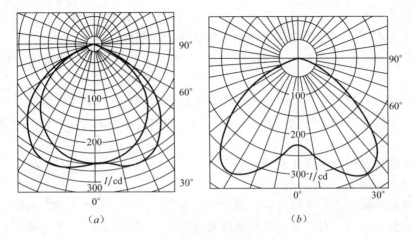

图 4-17 蝙蝠翼式光强分布特性灯具的光强分布
(a) 中宽光强分布；(b) 宽光强分布

(4) 普通教室面积不大，为使其照度分布均匀和节能，宜采用单管荧光灯具。

4.5.3 灯具布置

1. 普通教室课桌呈规律性排列，宜采用顶棚上均匀布灯的一般照明方式。为减少眩光区和光幕反射区，荧光灯具应纵向布置，即灯具的长轴平行于学生的主视线，并与黑板垂直，如图 4-18 所示布灯方案。

2. 教室照明灯具如能布置在垂直黑板的通道上空，使课桌面形成侧面或两侧面来光，照明效果更好。

3. 为保证照度均匀度，应使距高比（L/h）不大于所选用灯具的最大允许距高比。如果满足不了上述条件，可调整布灯间距 L 与灯具挂高 h，增加灯具、重新布灯或更改灯具来满足要求。

4. 灯具挂高对照明效果有一定影响。当灯具挂高增加，照度下降；挂高降低，眩光影响增加，均匀度下降。

普通教室灯具距地面挂高宜为 2.5～2.9m，距课桌面宜为 1.75～2.15m。

4.5.4 黑板照明

1. 教室内如果仅设置一般照明灯具，黑板上的垂直照度很低，均匀度差。因此对黑板应设专用灯具照明，其照明要求如下：

(1) 宜采用具有非对称光强分布特性的专用灯具，灯具在学生侧保护角宜大于 40°，使学生不感到直接眩光。

(2) 黑板照明不应对教师产生直接眩光，也不应对学生产生反射眩光。在设计时，应合理确定灯具的挂高及与黑板墙面的距离。

2. 其布灯原则如下：

(1) 为避免对学生产生反射眩光，黑板灯具的布灯区为：第一排学生看黑板顶部，并以此视线反射至顶棚求出映像点距离 L，以 P 点与黑板顶部作虚线连接，见图 4-19，灯具应布置在该连接虚线以上区域内。

(2) 教师站在讲台上，其水平视线 45°仰角以内位置不宜布置灯具，否则会对教师产生较大的直接眩光。黑板照明灯具位置可参考表 4-17。

第4章 室内照度计算与照明设计

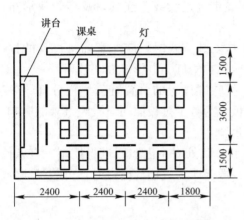

图4-18 普通教室照明平面布置图

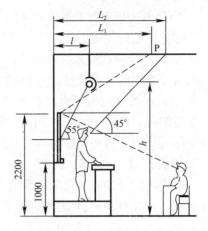

图4-19 教室、学生、黑板与灯具之间的关系

黑板照明灯具位置　　　　　　　　　　　　　　　表4-17

地面至光源的距离 h(m)	2.6	2.7	2.8	3.0	3.2	3.4	3.6
光源距装黑板的墙距离 l(m)	0.6	0.7	0.8	0.9	1.1	1.2	1.3

（3）黑板照明灯具数量，可参考表4-18。

黑板照明灯具数量　　　　　　　　　　　　　　　表4-18

黑板宽度（m）	36W 单管专用荧光灯（套）
3～3.6	2
4～5	3

4.5.5 阶梯教室照明

对阶梯教室照明的要求如下。

1. 阶梯教室内灯具数量多，眩光干扰增大，宜选用限制眩光性能较好的灯具，如带格栅或带漫反射板（罩）型灯具、保护角较大的开启式灯具。有条件时，还可结合顶棚建筑装修，对眩光较大的照明灯具做隐蔽处理。如图4-20所示，把教室顶棚分块做成尖劈形。灯具被下突部分隐蔽，并使其出光投向前方，向后散射的灯光被截去并通过灯具反射器也向前方投射。学生几乎感觉不到直接眩光。

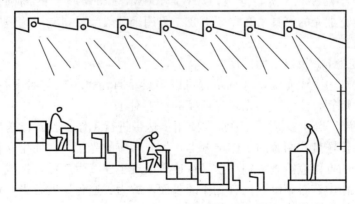

图4-20 阶梯教室照明灯具布置图

2. 为降低光幕反射及眩光影响，推荐采用光带（连续或不连续）及多管块形布灯方案，不推荐单管灯具方案。

3. 灯具宜吸顶或嵌入方式安装。当采用吊挂安装方式时，应注意前排灯具的挂高不应遮挡后排学生的视线及产生直接眩光，也不应影响幻灯、电影等放映效果。

4. 当阶梯教室内的黑板设有专用照明时，投映屏设置的位置宜与黑板分开。一般可置于黑板侧旁，放映时，也可同时开灯照明黑板。为减少黑板照明对投映效果的影响，投映屏应尽量远离黑板照明区并应向地面有一倾角。

5. 考虑幻灯和电影的放映方便，宜在讲台和放映处对室内照明进行控制。有条件时，可对一般照明的局部或全部实现调光控制。当一般照明为气体放电灯时，可装设部分白炽顶灯或壁灯，并对其进行调光控制。

4.6 工厂照明设计

工厂包括的范围很广，从基础工业的巨大厂房到精细的显微电子工业的超净车间，它们对于照明的要求是迥然不同的，但对于容易看、不疲劳的要求则是相同的。

工厂的照明必须满足生产和检验的需要，这两项工作的要求在某些情况下是相似的，在另外一些情况下，特别是生产工序自动化的情况下，检验工作则需要单独的照明设备。

《建筑照明设计标准》GB 50034—2013 规定工作区域一般照明均匀度不应小于 0.7，而作业面与临近周围的照度均匀度不应小于 0.5。

非工作区的照度与工作区照度之比宜小于 1/3。根据近年来对工作环境的研究发现，均匀无变化的环境影响人的觉醒程度，而觉醒程度又影响到工作效率。一般难度较高的工作，要求觉醒程度低一些，环境应以均匀少变化为主，而难度低的工作则要求环境多一些变化，但觉醒程度太高后，又要分散注意力而降低工作效率，故均匀度的问题尚待深入研究。

4.6.1 一般照明

1. 高大厂房（高度一般大于 15m）

其一般照明采用高强度气体放电灯作光源，采用较窄光束的灯具吊在屋架下弦，并与装在墙上或柱上的灯具相结合，以保证工作面上所需要的照度，如图 4-21 所示。

2. 中等高度的厂房（高度为 5~15m）

原则上采用小功率（35W、50W、70W、100W、125W 等）的高强度气体放电灯，采用宽配光或较宽配光的灯具吊在屋架下弦。采用聚碳酸酯材料制成棱镜罩，配光较宽的工厂灯具就很适宜。

3. 一般高度为 5m 及以下的厂房

可采用荧光灯为主要光源，灯具布置可以与梁垂直，也可以与梁平行，如图 4-22 所示。最好不用裸灯管，注意减小光源与顶棚的亮度对比。

在成片的单层厂房和多层厂房中常常使用传送带进行工作。若有传送带时可如图 4-23 所示的布置，在传送带和两旁的工作位置上，均有相应的光带。在使用这种装得较低的光带时，灯具亮边的方位应给予特别注意。在连续或近乎连续生产时，视线的主要方向应与灯管平行。在工作中有时难以避免有光泽的表面，故为了避免反射眩光，灯具下口应适当考虑遮挡，例如使用格栅或棱镜面板等。

第4章 室内照度计算与照明设计

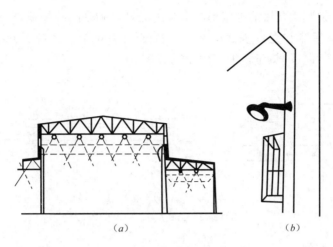

图 4-21 高大厂房灯具布置
(a) 顶灯；(b) 柱上安装照明器

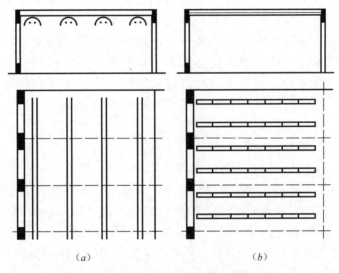

图 4-22 一般厂房灯具布置
(a) 灯具与梁垂直；(b) 灯具与梁平行

4. 灯具热量的处理

灯具的热量被排除后，显然有利于荧光灯和镇流器的运行，使灯管光效提高，镇流器故障减少，寿命延长，同时又可节能。

灯具的发热量主要由光源产生，输入 1W 的电能每小时将产生 0.86W 的热量，通过对流、传导和辐射方式散发出来。这些散发的能量大部分消散在室内。嵌入式灯具散发出来的热量的分配与灯具的结构、所用材料以及室内与顶棚间的温差有关。

图 4-23 灯具与传送带

利用空调灯具，使空气按一定流向强制通过光源及其发热部件，带走它们产生的热量或引入空调系统加以利用。目前常用的蝙蝠翼配光灯具和密闭式棱镜灯具的气路见图 4-24。前者借空气洗刷反射器和光源表面的灰尘，减少灰尘积聚，并带走 65%～75% 的热量；后者可收集 80%～85% 的热量，但气路不易控制。

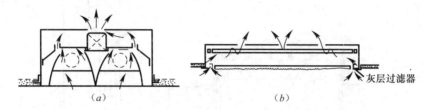

图 4-24　两种空调灯具
(a) 有格栅反射器式；(b) 密封棱镜板式

4.6.2　控制室照明

工业控制室中主要装设直立的控制盘和有斜面或水平面的控制台，值班人员的视力工作是持续的且比较紧张的，所有控制室的照明要求较高的照度，室内一般照明的照度为 300～500lx。应有较好的亮度分布和色彩分布，并应无直射眩光和反射眩光。同时，应与声、热等其他环境因素综合考虑，以创造一个良好的室内环境。控制室照明应有很高的可靠性和稳定性。要求垂直面上有足够的照度，同时要注意水平面与垂直面不要有过大的亮度差别。一般采用荧光灯。照明装置普遍采用低亮度漫射照明装置或方向照明装置，即利用倾斜安装的或带有方向性配光的灯具组成发光顶棚，嵌入式或半嵌入式光带。

4.6.3　检验工作照明

对于一般的检验工作，检验人员的视力及其适应性、熟练程度是最重要的，其次是被检验物的性质以及照明方式。检验对象中，对于视觉工作最困难的情况是：(1) 被检验对象非常小；(2) 被检验对象与背景亮度和颜色的对比都很小；(3) 被检验物体高速运动着；(4) 要辨别微小的颜色差异。对于上述这四种最困难的情况，采用合适的照明方式能使眼睛的辨别工作变得容易起来。取决于检验对象的性质的工作照明基本方式列于表 4-19。要观察物体有无光泽及明暗程度时，照明方式的影响很大。恰当地采用集中照明或漫射照明，调整照明与观察的方向和角度，都可以使观察的东西更加容易引人注目。

检查工作照明的基本形式　　表 4-19

	(a)	(b)	(c)	(d)	(e)
基本形式					
光源	置于被检物上方	置于被检物前方	置于被检物前下方	漫射性面光源	漫透射面光源

续表

	(a)	(b)	(c)	(d)	(e)
漫射型灯具	光泽平面上的凹凸、弯曲（金属、塑料板等）	半光泽面上的亮斑、凹凸（铅字、活板等）	强调平面上的凹凸（布、丝织物的纺织不匀、斑点、起毛等）	光泽面上的一致性、瑕疵（金属、玻璃等），光泽面的翘曲、凹凸由反射像的变形来观察光源面上的条纹、格子的直线样子	透明体内的异物、裂痕、气泡（玻璃、液体等），半透明体的异物、不均匀（布、棉、塑料等），但是，对于带有白色的异物，要用黑色背景，以聚光性灯具照射
集光型灯具	光泽面的瑕疵、划线、冲孔、雕刻等	粗面上的光泽部分（金属磨损部、涂料的剥落等）	强调平面上的凹凸（板材、铅字、纸板等的翘曲、凹凸）		

4.6.4 特殊场所照明

工厂内的特殊场所一般指周围环境条件与一般常温干燥房间不同的场所，如多尘、潮湿、有腐蚀性气体、有火灾或爆炸危险的场所等。这些场所的照明要着重考虑安全、可靠性、便于维护和有较好的照明效果。下面分别说明各种环境不同时对灯具的防护要求。

1. 多尘场所

多尘场所的环境有下列三方面的特征：

（1）生产过程中，空间常有大量尘埃飞扬并沉积在灯具上，造成光损伤，效率下降（指普通粉尘场所，不包括可燃的火灾或有爆炸危险的粉尘场所）；

（2）导电、半导电粉尘聚积在电气绝缘装置上，受潮时，绝缘强度下降，易发生短路；

（3）当粉尘积累到一定程度，并伴有高温热源时，也可能引起火灾或爆炸。因此防护的目的是减少光源及反射器上灰尘造成的灯具效率下降。

灯具选用如下：

（1）采用整体密闭式防尘灯。将全部光源及反射器都密闭在灯具之内，这样被污染的机会少，灯具的效率高；

（2）灰尘不太多的场所用开启灯具；

（3）采用反射型灯泡，不易污染，维护工作少。

2. 潮湿场所

特别潮湿的环境是指相对湿度在95%以上，充满潮气或常有凝结水出现的场所。它使灯具绝缘水平下降，易造成漏电或短路。人体电阻也因水分多而下降，增加触电危险，且灯具易锈蚀。为此，灯具的引入线处应严格密封，以保证安全。在选择灯具时应注意其外部防护等级要符合防潮气进入的要求（防潮型）。当地下室中灯具悬挂高度低于2.4m而无防触电措施时，应采用36V安全电压。

3. 腐蚀性气体场所

当生产过程中溢出大量腐蚀性介质气体或在大气中有大量盐雾、二氧化硫等气体时，对于灯具或其他金属构件会造成侵蚀作用。如铸铁、铸铝厂房溢出氟气和氯气；电镀车间溢出酸性气体；化学工业厂房中溢出各种有腐蚀性气体的场所。

因此，选用灯具时应注意下列几点：（1）腐蚀场所密闭防腐灯，选择抗腐蚀性强的材料制成灯具。常用材料的性能是：钢板耐碱性好而耐酸性差；铝材耐酸性好而耐碱性差；塑料、玻璃、陶瓷抗酸、碱腐蚀性均好；(2) 对内部易受腐蚀的部件实行密闭隔离；(3) 对腐蚀性不强烈的场所可用半开启式防腐灯。

4. 火灾危险场所

在生产过程中，产生、使用、加工、贮存可燃液（21区）或有悬浮状堆积状可燃性粉尘纤维（22区）以及固体可燃性物质（23区）时，若有火源或高温热点，其数量或配置上能引起火灾危险的场所称为火灾危险的场所。（21区：地下油泵间、贮油槽、油泵间、油料再生间、变压器拆装修理间、变压器油存放间等；22区：煤粉制造间、木工锯料间；23区：裁纸房、图书资料档案库、纺织品库、原棉库等）。

为防止灯泡火花或热点成为火源而引起火灾，灯具在22区场所应采用将光源隔离密闭的灯具，如IP-5X灯具（IP代表灯具外壳的防护等级）；在21区场所使用的固定式安装灯具，宜为IP-X5，移动式或便携式灯具，宜为IP-55；在23区场所使用的灯具，宜为IP-4X。

5. 有爆炸危险的场所

空间具有爆炸性气体、蒸汽（0区、1区、2区）、粉尘、纤维（10区、11区），且介质达到适当浓度，形成爆炸性混合物，在有燃烧源或热点温升达到闪点的情况下能引起爆炸的场所称为有爆炸危险的场所。这些场所的灯具防爆结构的选用见表4-20和表4-21。

气体或蒸汽爆炸危险环境的灯具防爆结构的选型 表4-20

灯具及附件名称 \ 爆炸危险环境 防爆结构	1区		2区	
	隔爆 d	增安 e	隔爆 d	增安 e
固定式灯	○	×	○	○
移动式灯	△	—	○	○
携带式电池灯	○	—	○	—
指示灯类	○	×	○	○
镇流器	○	△	○	○

注：○—适用；△—尽量避免；×—不适用；— 结构上不现实。

粉尘爆炸危险环境的灯具防爆结构的选型 表4-21

爆炸危险环境防爆结构	10区	11区
	隔爆（粉尘）	防尘
灯具	○	○

注：○—适用。

4.7 医院照明设计

医院的建筑包括病房、门诊、医技及各种医疗服务设施，对照明的要求也各异。因此，医院照明设计不仅要满足医疗技术的要求，充分发挥医院医疗设备的功能，有效地为医疗服务，而且也要考虑为病员创造一个宁静和谐的照明环境，有益病员的治疗和康复。

医院照明灯具有极高的功能性、清洁性和精密性。照明设计时应了解其工作性质和照明要求，采用各种措施来满足各医疗部门的要求。

4.7.1 光源的选择及照度标准

1. 光源的选择

色彩对于病员起着重要的心理治疗作用，光源与建筑装饰巧妙地配合，合理利用自然光，将有助于创造一种促使病人康复的气氛和环境。而色彩对于医护人员更为重要，光源应能真实地反映病人的肤色，也应满足手术及治疗的要求。不同功能的医疗部门对照明有着不同的要求，对于诊疗室、仪器检查室、手术室、ICU（监护中心）等部门必须考虑光源的显色性，应该选用显色性高的光源。

不同地区的医院环境照明、对光源色温的要求也有所区别，气候较寒冷地区的医院宜采用暖白色（低色温）光源，可给环境带来温暖的感觉。而热带地区的医院则应采用冷白色（高色温）光源，可给环境带来凉爽的感觉。因此，视觉环境既是生理的也是心理的要求，必须经过判断之后才能进行正确的照明设计。

照明光源应选择高效节能、光效高、显色性好的光源。医院大多数房间及应用场所应选用细管径直管荧光灯，配高品质的电子镇流器或节能电感镇流器。

2. 照度标准

照度标准值和单位功率密度值参见《建筑照明设计标准》GB 50034—2013 有关部分。

3. 照明负荷等级

医院各部门的照明负荷等级，见表 4-22。

医院各部门照明负荷等级　　　　　　　　　　表 4-22

负荷等级	部门名称
一级	手术室、产房、血库、监护病房、CT 诊断室、核磁共振诊室、血液病房的净化室、血液透析室、急诊室、疏散照明及疏散标志等
二级	普通病房、门诊诊室、X 线放射科、治疗室、婴儿室等 辅助用房：营养部、供应室、解剖室、太平间及洗衣房等 附属用房：变配电室、热力站、锅炉房、集中供氧站等
三级	一、二级以外的建筑

4.7.2 门诊部照明设计

门诊部是医院的中枢，门诊部的照明设计，一般应以诊疗科室为单位来选择照明的方式和确定照度标准。门诊部的使用时间绝大部分是在白天，所以设计时要考虑与自然光的结合。

1. 大厅

大厅包括门厅、挂号厅、取药厅、候诊厅等场所。此类场所是人员较集中的地方，病员从挂号开始到候诊、治疗、交费、取药需要等待一个较长的时间。因此，照明设计要给病员创造一个安静的气氛，不宜选择豪华的装饰灯具，应以简洁明快的灯具为主。大面积的功能性照明，当采用荧光灯且灯具数量较多时，应采用三相配电或电子镇流器，克服荧光灯的频闪现象和噪声。有条件的场所应尽可能充分利用自然光，并设计照明节能控制。例如，采用间隔和分区控制方式或者采用照度传感器，根据厅内亮度的变化，自动控制灯的点灭。

当大厅部分采用自然采光时，要注意照度分布和克服眩光等问题。同时，应考虑到日落后整个大厅照度的均匀性，厅内不应有太大的照度差异。例如，采用顶棚自然采光的大厅，在采光顶棚应均匀布置照明灯具。层高较高的大厅，由于维护较困难，应采用寿命长的光源，如无极荧光灯、陶瓷金属卤化物灯等。此外，大厅四周的宣传栏内可设置内照式荧光灯具，灯具的设置不应产生眩光。图4-25是大厅平面灯具布置的两种形式，有吊顶的大厅应采用嵌入式灯具。

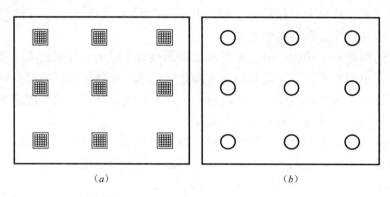

图4-25　大厅灯具布置平面
(a) 组合灯具均布方式；(b) 高大空间灯具布置方式

2. 取药房、挂号室及病案室

取药房的药品储存柜，旋转取药架的照度为500lx，取药窗口内及天平秤等部位应设置局部照明工作灯，工作照明灯宜采用下反射型壁灯或顶灯方式，避免使用妨碍工作的台灯。药房照明的灯具布置如图4-26。

挂号室的照明方式与药房大致相同，可参照图4-26的方式进行照明设计。病案室的照明灯具应与病案架排列的同方向布置。

3. 放射室

放射室的设备容易给病员造成一种压抑感。因此，在照明设计时应尽量创造一种舒畅、轻松的气氛。除工作照明外，还应附加一些装饰性照明，如设置壁灯等。X光检查室照明应满足机器维修、调试时所需要的照度，建议照度值为200lx左右。透视检查时室内不需要太高的照度，可根据需要进行有级或无级调光控制，使病员的视觉有一个明暗适应的过程。X线诊断室、加速器治疗室、核医学科扫描室和γ照相机室等房间，应该设置防止误进入的LED红色信号灯标志，其电源信号应与机组连通，开机工作时红色信号灯标志亮。

放射线室的灯具一般在设备的四周均匀布置，并注意避免给病员造成的眩光，灯具不应布置在机器的正上方。图4-27是放射线治疗室内灯具布置参考平面图。

放射线室的暗室（洗片室）除了设置顶灯外，还应设置暗室红色工作灯。红色工作灯一般设在冲片池的上部，一般采取壁装方式，安装高度距地面1.6～1.8m，灯具的金属外壳应可靠接地。暗室的门外上部还应设置LED红色信号灯。

4. 眼科诊室

眼科诊室分为明室和暗室。明室照度一般低于其他诊室，建议照度值为200lx左右，

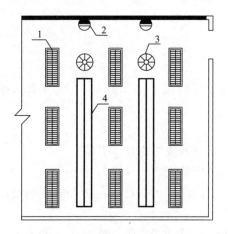
图 4-26 药房灯具布置平面
1—高效荧光灯；2—工作壁灯；
3—旋转药品架；4—药品柜

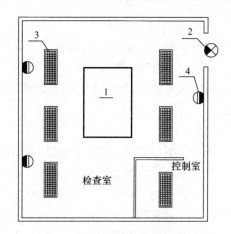
图 4-27 放射式灯具布置平面
1—放射线机；2—门信号灯；
3—荧光灯；4—工作壁灯

明室视力测试表及检查仪器设备均配备照明光源或照明灯具，在检查仪器设备位置预留 2～3 个电源插座。暗室一般需要连续调光照明，使病员的视觉有一个明暗适应的过程，调光应是连续平滑的，避免出现频闪现象。

5. 耳鼻喉科诊室

耳鼻喉科除听力检查室外，对照明没有特殊要求。听力检查室内建议照度值为 100lx 左右，听力检查室内绝对不能有噪声。因此，一般采用白炽灯，如采用荧光灯时，应将节能电感镇流器安装在室外或采用电子镇流器。

诊室的检查治疗设备一般均配备照明工作灯，因此，诊室内每个诊位处，应设置 2～3 个供检查治疗仪器使用的插座。

6. 急诊室

急诊室是对各种疾病患者施行紧急诊断处置和进行简单手术的综合诊室。因此，需要设置施行小手术的照明设备及各种检查急救用的应急照明设备。急诊室实际上是一个综合性的诊室。不同规模的医院对门诊急救的处理方法亦有所不同，设计时应充分征求医院有关部门的意见。

7. 核磁共振检查室

核磁共振检查室是强磁场室。为了防止电磁感应影响仪器的图像和片子质量，照明灯具一般应采用卤钨灯，灯体为非磁性材料，如铜、铝、工程塑料等。

核磁共振检查室的照明电源一般应采用直流电源，如果采用交流电源供电方式，金属外壳应集中一点接地。灯具应采取屏蔽措施，可采用直径为 0.8mm、网眼为 5～10mm 的磷青铜丝网将灯具罩上，并将铜网接到等电位的接地母线上。

在检查机器位于病人头部一侧的上方，距地面 1.2～1.4m 处，一般都设有闭路电视摄像机，在摄像机的两侧设置照明灯具，照度应满足摄像机的要求。摄像机及灯具的金属外壳应采用大于 2.5mm² 的软铜线可靠接地。

室内照度值建议为 150lx 左右。

控制室的灯光应连续可调，机器在病检时，控制室内灯光需要有级的或无级的连续调光，照度为 100～300lx。

核磁共振检查室的灯具布置平面如图 4-28 所示。

4.7.3 病房的照明设计

病房楼是病员进行诊治康复的场所，主要由各类病室、病房走廊及护理站三部分组成。

1. 病室

病室照明应满足治疗、护理及病员康复的要求，一般应考虑如下几点：

（1）设置治疗和护理用的照明灯光不应对病员产生眩光。

（2）设置地脚夜灯，一般距地面 0.3～0.5m，供夜间医护人员查房护理时或病员夜间使用，光源应采用白光 LED。

（3）设置局部照明灯，应采用一床一灯的方式，灯具一般安装在病员床头的上方，距地面 1.4～1.6m 的高度。电源宜为低压电源，如果采用交流 220V 电源时，接地应可靠，配电线路应设置漏电保护装置。

病员床头灯具分固定式和活动式两种，亦可将灯具与医疗服务设备组合在一起，如监测器、呼唤信号装置、医用气体装置及电源插座等。但不宜与给氧管道组装在一起，如果组装在一起，应采取隔离防火措施。病员床头固定式综合装置剖面图，如图 4-29 所示。病人及医护人员可根据需要选择照明方式。

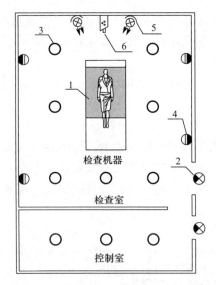
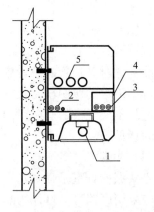

图 4-28　核磁共振检查室灯具布置平面
1—检查机器；2—门信号灯；3—顶灯；
4—工作壁灯；5—射灯；6—摄像机

图 4-29　病员床头综合装置剖面图
1—床头灯；2—弱电线路；3—强电线路；
4—电源插座；5—医用气体管道

活动式灯具，一般采用伸缩式或摇臂式壁灯，一般应用在重症监护病房。

（4）病室的顶灯不宜安装在病床的正上方，以免对病员产生眩光。病床单侧排列的病室，在护理通道上设置顶灯，病床双侧排列的病室，在中央通道设置顶灯。病室灯具布置平面图如图 4-30 所示。

（5）设有滑动式围帘的病室，除了设置床头灯外，通道及病床的上方应分别设置顶灯，其灯具布置如图 4-31 所示。如果采用荧光灯照明，灯具应采用吊链安装。吸顶安装时，灯具底板可垫 4～6mm 厚的橡皮垫圈，以减少镇流器的振动噪声，或采用电子镇流器，克服噪声对病员的影响。

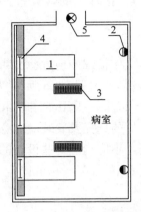 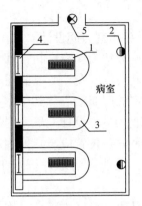

图 4-30　病室灯具布置平面图
1—病床；2—地脚夜灯；3—顶棚荧光灯；
4—床头壁灯；5—门信号灯

图 4-31　设有围帘病室灯具布置平面图
1—病床；2—地脚夜灯；3—顶棚荧光灯；
4—床头壁灯；5—门信号灯

（6）重症监护室还应在病床的一侧设置活动臂检查灯，灯的臂长 1～1.5m。当设置闭路电视监视系统时，灯光照度应满足闭路电视摄像要求。

（7）儿科病房的灯具应选择适合儿童心理特征的灯具，且照度应适当高一些。

2. 病室走廊

走廊照明应与其相邻房间的照明相协调，使人们通过走廊进入房间时不会感到太大的照度差异，因此走廊的照度不应低于病房照度的 70%。同时还应注意夜间灯光不能射入病室内，影响病员的休息。灯具应布置在两病室门之间，不应布置在正对门和门上方的位置。夜间使用走廊地脚夜灯，光源应采用白光 LED 或使用不影响病房的顶灯。走廊内的灯具宜布置在走廊的侧面，以避免对躺在病员推车上的病员通过走廊时产生眩光的烦躁感。较宽的走廊可采用双侧布灯的方式。走廊灯具单侧布置的形式，如图 4-32 所示。

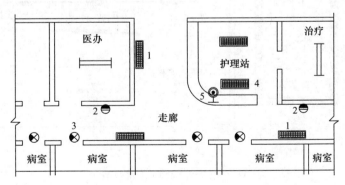

图 4-32　走廊、护理站灯具布置平面图
1—走廊顶灯；2—地脚夜灯；3—门信号灯；4—顶棚荧光灯；5—工作灯

3. 护理站

护理站是诊断、治疗、护理准备和处理日常医疗事物的场所，也是护理人员与病员联系的枢纽，照明应给人一种明亮清洁的光环境。有吊顶的护理站应采用嵌入式的荧光灯。此外，还应在护理工作台上方或侧墙上设置夜间工作灯。护理站的灯具布置平面图，如图 4-32 所示。

4.7.4 手术室照明设计

手术室一般均为无窗房间，且为工作持续时间长，操作精细的地方。照明必须考虑减轻医护人员疲劳的问题，所以照明质量及照度要求比较高，一般照明的照度为 750lx。手术台是手术室的照明核心，其手术部位的照度为 2000lx 以上，采用专用手术无影灯，一般由医务专业人员与设计人员共同研究确定。手术无影灯的选择及安装应注意如下几点。

（1）灯具安装位置应与其他固定安装的设备相协调，不应影响这些设备的使用功能。

（2）灯具应能灵活地进行水平和垂直调节，且可旋转 360°，并可固定在任何需要位置。

（3）灯具安装应坚固牢靠，施工时在灯位上应预埋好固定螺栓。

（4）手术室的一般照明灯具在手术台四周布置，应采用不积灰尘的洁净型灯具，有吊顶的手术室，灯具应嵌入顶棚安装，每个灯具内至少有两根以上灯管，也可与通风口组合在一起设置。手术室的门口上方应设置"正在手术"字样的标志灯，光源可采用 LED 红色信号灯。

（5）手术室一般照明光源的色温应与手术无影灯光源的色温相接近，一般应选用色温 4500K 左右，显色指数 R_a 应大于 95 的直管荧光灯。

（6）高净化级别的手术室设有空气净化设备，灯具的设置不应对净化空气的层流产生影响。灯具位置的确定和选型应与空调、建筑专业的设计密切配合。

（7）对于观摩教学的手术室、观摩室所设置的灯具不应在手术台的位置直接看见。设有闭路电视教学系统的，照明应满足电视摄像机的照度要求。图 4-33 为手术室照明灯具布置图。

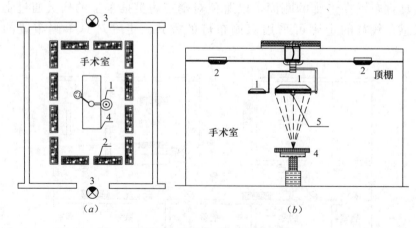

图 4-33　手术室灯具布置图
(a) 手术室灯具布置平面图；(b) 手术室灯具布置剖面图
1—无影灯；2—顶棚洁净荧光灯；3—门信号灯；4—手术台；5—摄像头

(8) 手术区内除了具有良好的照明设计外，还应有协调的建筑装修，这对于高等级的手术室是很重要的。室内装修的颜色不应影响光源的效果，墙面不宜采用深蓝、深绿等沉重颜色，以免反射光改变病人的肤色及组织颜色。但也不宜采用白色、黄色等高反射比的涂料。四周墙面宜采用浅绿、淡蓝等反射比为 0.5~0.6 的颜色，顶棚宜用乳白色或其他浅颜色的饰面。

4.7.5 紫外杀菌灯及看片灯

1. 紫外杀菌灯

紫外杀菌灯分固定式和移动式两种，在医院内各诊疗科室应用比较普遍，对空气中杀菌最为有效、方便。灯具应安装在空气容易对流循环的位置，同时还应注意紫外光线不能直接射到病人的视野内，避免强烈的紫外线射伤人的眼睛。

人员正在活动的场所，亮灯时间应采用时间控制，亮灯延时开关的时间整定为 10min 左右。

传染病的诊室及活动场所在无人时可进行杀菌灯的直接照射，照射时间由人工根据需要控制。

按照一般卫生要求，房间灯具安装高度不高于 2.7m，灯具上部的空气消毒率达到 99% 时，灯具的安装功率可参考表 4-23 确定。

安装功率参考值　　　　　　　　　　表 4-23

房间面积（m²）	安装功率（W）
10~20	30
21~30	60
31~40	90
41~50	120
51~60	150
>60	2.5W/m²

2. 看片灯

看片灯在医院中应用比较广泛，均为定型产品。选择看片灯箱时应注意两个问题：

（1）灯箱发光面亮度要均匀，光源色温应大于 5600K；

（2）灯箱光源不能有频闪现象，箱内的荧光灯应采用电子镇流器。

4.8　旅馆照明设计

4.8.1 照明设计要点

旅馆照明应通过不同的亮度对比努力创造出引人入胜的环境气氛，避免单调的均匀照明。一味追求均匀照明，会导致被照物体没有立体感。照明与人的情感密切相关，较高照度有助于人的活动，并增强紧迫感；而较低照度容易产生轻松、沉静和浪漫的感觉，有助于放松。旅馆照明按下列原则进行设计。

1. 旅馆照明宜选用显色性较好、光效较高的暖色光源

旅馆照明既有视觉作业要求高的，如总服务台、收款台等场所，又有要求不高的场

所。要把不同视觉作业的照明方案结合在一起，使其在美学和情调方面和谐一致。常用光源的光效、显色指数、色温和平均寿命等技术指标参见本书第1章。

2. 门厅照明

门厅是旅馆的"窗口"，特点分明的门厅将给旅客留下深刻的印象。门厅的照度标准不低于300lx。照明灯具的型式应结合吊顶层次的变化使照明效果更加丰富协调，并应特别突出总服务台的功能形象。层高较高的门厅可以采用吊灯，突显门厅富丽堂皇；较低的门厅可采用筒灯、灯槽、吸顶灯等。

门厅入口照明的照度选择幅度应当大些，并采用可调光方式以适应白天和傍晚对门厅入口照明照度的不同要求。照明控制部分详见本书第6章。

3. 大宴会厅或多功能厅照明

大宴会厅照明应采用豪华的照明，以提高旅馆的等级。目前高大空间的宴会大厅照明多采用显色性好、光效高的金属卤化物灯配合卤钨灯和荧光灯。据有关资料介绍，我国旅馆多功能厅重点实测照度多数在100～250lx之间，平均照度为149lx。CIE标准、德国、俄罗斯均为200lx，而美国为500lx，日本为200～500lx，因此，在设计宴会厅、多功能厅照明时，应满足《建筑照明设计标准》GB 50034—2013的要求，平均照度标准为300lx。宴会厅可以采用吊灯，也可以采用吸顶灯、筒灯、槽灯等，这要取决于宴会厅的高度、装修的风格。

当宴会厅作多用途、多功能使用，如设有红外线同声传译系统时，应少用热辐射光源，因为热辐射光源的波长靠近红外线区，光热辐射对红外线同声传译系统产生干扰而影响传送效果。当采用热辐射光源时，照度水平允许值不宜大于500lx。

大宴会厅照明应采用调光方式，设计照度需考虑满足彩色电视转播的要求。宜设置小型演出用的可自由升降的灯光吊杆，灯光控制应可在厅内和灯光控制室两地操作。宴会厅实为多功能厅，可以举行大型宴会、大型学术报告、文艺演出等。照明设计应满足这些功能的要求。要对灯进行调光，可选择的光源要少得多，有白炽灯、卤素灯、小功率金卤灯、荧光灯等，荧光灯要配有可调光的电子镇流器。

4. 客房照明

客房是旅馆的核心，对于远道而来的客人而言，客房是他（她）临时的家，这个"家"具有多功能：卧室、书房、起居室，客房照明应充分考虑到这些因素。客房床头灯可用于临时性的阅读，也可作为看电视时的背景照明，因此床头灯一般需要调光。写字台台面上应有重点照明，可以采用台灯，也可采用壁灯，灯具亮度不应大于$510cd/m^2$。客房穿衣镜要有局部照明，其灯具应安装在视野立体角60°以外（即水平视线与镜面相交一点为中心，半径大于300mm），灯具亮度不宜大于$2100cd/m^2$。沙发即会客区域，一般采用落地灯。

建议客房内尽量不设壁灯，壁灯虽然可点缀房间、活跃气氛，但不利于设备更新，不利于调整家具，特别是壁灯位置安装不够准确、灯具选型不当时，更显得与室内装修设计不甚协调。

临时"家"中还有另一类功能特别的地方——卫生间，卫生间一般采用筒灯，嵌入式安装；还有卫生间化妆镜照明，其要求同穿衣镜照明相同，化妆镜照明可采用直管荧光灯，也可采用射灯，邻近化妆镜的墙面反射系数不宜低于50%。卫生间内灯具应防水防潮，卫生间照明的控制宜设在卫生间门外。

应该指出，高档次的旅馆客房照明宜采用暖色调，色温在3300K以下，以营造温馨、安逸的环境，易于客人休息。

客房床头宜设置集中控制面板。客房的进门处宜设有切断除冰柜、充电专用插座、通道灯以外的全部电源的节能控制器；高级客房内的盘管风机宜随节能控制器转为低速运行。

5. 公共场所照明

这里所说的公共场所指的是旅馆的休息厅、电梯厅、公共走廊、客房层走廊以及室外庭园等场所的照明。这些场所的照明宜采用智能照明控制系统进行控制，并在服务台（总服务台或相应层服务台）处进行集中遥控，但客房层走廊照明亦可就地控制。

这些场所通常采用嵌入式筒灯、吸顶灯、荧光灯槽灯等形式，楼梯也可采用壁灯，庭院可采用庭院灯，但要按室外环境选择灯具，IP等级不低于54，同时还要考虑温湿度的影响。公共场所经常会布置些艺术品、展品、名画等，起到装饰作用，它们的照明可采用商业照明中重点照明的手法加以突出。

6. 餐厅、茶室、咖啡厅、快餐厅等处的照明

餐厅、茶室、咖啡厅、快餐厅具有典型的文化色彩，这种文化可以是民族文化，也可以是企业文化，因此，不同国家、不同民族、不同品牌，甚至不同地区餐厅、茶室、咖啡厅、快餐厅有着不同的装修特点，照明的表现手法也不尽相同。灯具的式样、光源的颜色特征也与装修关系甚密，因此灯具常被称为灯饰，而光源色温又是营造环境的主要手段。

自助餐厅或快餐厅的照度宜选用较高一些，因为明亮的环境有助于快捷服务，加快顾客周转，提高餐厅使用效率。同时餐厅应选用显色指数较高的光源，即显色指数不低于80。还要特别注意选用高效灯具，灯具效率应符合《建筑照明设计标准》GB 50034—2013的要求。因为高级餐厅只要是营业时间，不管用餐客人的数量多少而必须点亮照明。餐厅、茶室、咖啡厅、快餐厅等宜设有地面插座及灯光广告用插座。

7. 其他

旅馆建筑照明设计还包括其他一些内容：室外网球场或游泳池，宜设有正常照明，同时应设置杀虫灯（或杀虫器）；地下车库停车处按75lx设计，修理间按200lx设计。注意，地下车库出入口处应设有适应区照明，以便明亮的室外与相对较暗的车库之间有一个缓冲、过渡空间，让司机顺利适应室内外照度的巨大差异；旅馆的疏散楼梯间应采用应急照明，可与楼层标志灯结合设计，这部分内容参见第7章相关内容。

4.8.2 照度要求

本书第1章介绍了我国各类建筑的照明标准，其中包括旅馆建筑照明标准，表4-24将我国旅馆照明标准与其他国家照明标准作一比较，以供参考。

旅馆建筑国内外照度标准值对比　　　　　表4-24

房间或场所		CIE S008/E—2001	美国 IESNA—2000	日本 JIS Z9110—1979	德国 DIN 5034—1990	俄罗斯 CH23—04—95	中国 GB 50034—2004
客房	一般活动区	—	100	100~150		100	75
	床头			—		—	150
	写字台		300	300~750		—	300
	卫生间		300	100~200			150

续表

房间或场所	CIE S008/E—2001	美国 IESNA—2000	日本 JIS Z9110—1979	德国 DIN 5034—1990	俄罗斯 CH23—04—95	中国 GB 50034—2004
中餐厅	200	—	200~300	200	—	200
西餐厅、酒吧间	—	—	—	—	—	100
多功能厅	200	500	200~500	200	200	300
门厅、总服务台	300	100 300（阅读处）	100~200	—	—	300
休息厅						200
客房层走廊	100	50	75~100	—	—	50
厨房	—	200~500	—	500	—	200
洗衣房	—	—	100~200	—	—	200

从表 4-24 中可知，我国旅馆照明标准总体上与国际水平相当，这一标准便于我国星级旅馆与国际标准接轨。综合起来有以下特点：

（1）我国标准将客房照明分成一般活动区、床头、写字台、卫生间四个区，一般活动区照明标准低于美、日、俄三国，但我国对床头区域照明提出 150lx 的要求，其他国家对此没有提出要求。根据实测调查，我国现有旅馆客房床头的实测照度多数为 100lx 左右，平均照度为 110lx，标准值还是比较合理的。目前绝大多数宾馆客房无一般照明，即没有设置顶灯。

许多客人是商务旅行，出差在外还要办公，因此，写字台上的照度应特别要求，目前我国现有旅馆写字台上的实际照度多在 100~200lx 之间，离办公要求有差距，日本标准相对较高，为 300~750lx，这大概与日本工作节奏快有关。

卫生间的功能不言而喻，我国标准稍微低于国外标准，美国为 300lx，日本为 100~200lx，而我国为 150lx。

（2）中餐厅要稍微明亮一些，中国人喜欢明亮、富丽堂皇，因此中餐厅照度比西餐厅要高。而西餐厅、酒吧间、咖啡厅照度，不宜太高，它追求宁静、优雅的气氛。在酒吧，伴随着特有的音乐，灯光"昏暗"更有情调，有时用烛光渲染这种氛围。

（3）门厅、总服务台、休息厅是旅馆的重要枢纽，是人流集中分散的场所，我国标准不低于国外标准。

（4）多功能厅由于功能的多样性，照明应有多种选择，以满足不同功能的需要，我国标准取各国标准的中间值，定为 300lx。

（5）我国客房层走道照明标准为 50lx，而国外多为 50~100lx 之间，我国相对较低，但已经满足需要。

（6）旅馆餐厅很多用筒灯，光源为节能灯以替代白炽灯，客房用暖色的节能灯替代白炽灯，节能效果显著。

4.8.3 公共部分的照明设计

现代旅馆建筑要求给人提供一个舒适、安逸和优美的休息环境，通常应具备齐全的服务设施和完美的娱乐场所。因而旅馆照明设计，除满足功能要求外，还应满足装饰要求，对于四星级及以上等级的旅馆，还要满足酒店管理集团的要求，这也是旅馆照明设计的主要特点。

1. 入口照明

（1）入口处常用以下照明装置：

1）一般照明常采用吸顶灯、嵌入式筒灯、槽灯，或建筑师要求的其他类型的灯具；

2）入口处应设有店徽照明灯光；

3）入口处车道照明以引导车辆安全到达入口；

4）入口处应留有节日照明电源，便于节日期间悬挂彩灯等。

（2）为了达到安全舒适的照明效果，常采用如下措施：

1）四星级以上的旅馆常采用调光设备，根据室内外亮度差别进行调节，以避免宾客受光线突然变化造成的不舒适感；

2）入口处的色彩很重要，宜选用色温低、色彩丰富、显色性好的光源，给人以温暖、和谐、亲切的感觉，同时还要考虑入口与门厅照明的协调、统一。

2. 接待大厅照明

（1）接待大厅照明设计。接待大厅照明设计应注意以下几点：

1）根据装饰要求，一般都设有大型吊灯、花灯等个性化灯具，以显示旅馆的风格；

2）接待大厅照度要求较高，以显示宾客的高贵，同时大厅还要进行登记和其他阅读、书写活动，其照度值应不低于300lx，四星级以上的旅馆建议采用调光设备；

3）一般照明可采用嵌入式筒灯作满天星布置；

4）柱子四周及墙边常设有暗槽灯，以形成将顶棚托空的效果；

5）三星级以上宾馆应设路标灯，以引导顾客要去的地方。

（2）总服务台照明设计。总服务台区是汇聚客人的主要区域，入住、结账、问询、换汇等均在此完成，其照度要求较高，300lx是最低要求，以突出其显要位置，有时还要辅以局部照明。总服务台一般可选择如下照明方式：

1）顶棚上可用筒灯作行列布置；

2）柜台上方设吊杆式筒灯；

3）每个服务项目的柜台上方设有灯光标牌，如登记处、询问处、货币兑换处等标牌；

4）服务台内设有台灯或安装在柜台上的荧光灯；

5）在服务柜台的外侧底部常设有小型暗槽灯；

6）采用分区照明，将总服务台区域在视觉上从大厅中分离出来。

（3）接待厅休息区照度要求。接待厅休息区主要是给来访者及顾客提供一个交谈及休息的场所，其照度为200lx，宜设调光，晚间通过调光达到节能的目的。一般接待厅、休息区设如下灯光：

1）吸顶灯、吊灯或筒灯，可以与整个大厅统一布置。当休息区的顶棚装修与大厅分隔时，则应根据装修要求单独布置。

2）有时在沙发后面安装台灯或柱灯。

3）当设有花池时，常设置照射花草的灯。

3. 餐厅照明

餐厅照明设计应针对风味特点、地域要求，并满足灵活多变的功能，中餐厅（200lx）照度高于西餐厅（100lx）。不同就餐时间和顾客的情绪特点，也将影响着灯光及照度。

一般早餐时，照度不宜太高，100lx 以下为宜，但广式早茶是个例外，照度可适当提高；午餐时要求明亮而热烈，照度选择在 75～150lx 的范围内；晚餐时人数较多，有时为大型宴会，要求照明灯光能充分体现气氛，要选用色温低、显色指数高的光源；要求 $R_a \geqslant 80$，中餐厅照度要求达到 200lx 以上。一般餐厅常设有如下灯光：

(1) 均匀布置的顶光，采用吸顶灯或嵌入式筒灯作行列布置或满天星布置，也可采用吊杆灯与双吸顶灯配合；

(2) 烘托气氛的槽灯，一般有周边槽灯或分块暗槽灯等形式；

(3) 有的设置一些壁灯；

(4) 餐厅铭牌灯光，如用 LED、霓虹灯组成"中餐厅"和"西餐厅"等字样；

(5) 橱窗灯光，能烘托展示食品的鲜美；

(6) 设有壁画、花草、雕塑等饰物的，可设必要的射灯；

(7) 小卖部应设柜台照明灯光。

4. 多功能厅照明

(1) 功能厅的功能。多功能厅的功能决定了其照明的设计，多功能厅主要考虑以下活动的需要：

1) 大小规模不同的宴会；

2) 文娱演出；

3) 会议及学术交流活动；

4) 展览活动；

5) 时装表演等。

由于用途广泛，功能经常变化，照度应可调，最高一档照度要求不低于 300lx，还要预留供展览、文艺演出等临时照明电源。

(2) 多功能厅的灯具。多功能厅常设有如下灯具：

1) 大型组合灯具；

2) 嵌入式筒灯；

3) 周边或分层式槽灯；

4) 壁灯；

5) 轨道灯；

6) 讲台射灯；

7) 豪华吸顶灯；

8) 演出灯光和摄影灯光（通常要预留电源）。

(3) 多功能厅灯光控制。多功能厅灯光控制要考虑如下几点：

1) 多功能厅灯光应能集中控制又能分区（分厅）控制，以满足分隔为几个小厅的活动需要。大型多功能厅可设灯光控制室。

2) 设有调光设备，应能满足各种活动对灯光的不同要求。

3) 灯光变换控制，槽灯可以装设不同颜色的光源，设自动变光控制。

4) 当有电影放映设备时，还应在电影放映室内控制灯光。

(4) 舞厅照明。舞厅灯光设计应以舞台或舞池为中心，周边为衬托，突出"动、色、悦、节"的效果。舞厅内的灯光都是在旋转、闪烁、摇摆，灯光五颜六色，有强有弱，充满舞厅空间。所有声、光、色都随音乐而有节奏的变化,舞者身临其境,产生一种行云流水、虚无缥缈的感觉。

舞厅灯具分为动态和静态两种。动态灯具能在舞厅空间产生运动,有滚动、转动、平移等,也有产生空间幻境的灯具。动态灯具包括球面反射灯、扫描灯、飞碟幻彩灯、激光束灯、转灯、宇宙灯、太阳灯等;静态灯具为灯具本体保持不动,只是灯光变化,包括频闪灯、雨灯、歌星灯、聚光灯、紫光管等。

舞厅除设一般照明外,主要是上述舞厅灯具。有的装饰要求设有 LED、霓虹灯组成各种图案或字形,以增加欢乐气氛。

舞厅灯光应根据舞曲的需要来控制和调整。常用控制装置有下列几种:

1) 程序效果器。这种调光器可以控制和调整舞厅照明。
2) 音频调光器。音乐经过音频放大,触发可控硅,使灯光随着音乐频率而变化。
3) 声响效果器。使灯光随着声音的强度而变化,声音越响,灯光越亮,反之灯光减弱。

舞厅的照明设计参考标准见表 4-25。

舞厅的照明设计参考标准　　　　表 4-25

规模	建筑面积 (m^2)	设备容量 (kW)	灯具类型设置
小型	100~200	10	静态灯具为主
中型	200~350 350~500	15 25	动、静态灯具均设,增加霓虹灯设施
大型	500 以上	30~50	除以上动、静态灯具外,可增加激光、霓虹灯设施

舞厅的灯光要同舞蹈、音乐交融一体,不能过分明亮,也不宜太暗淡,一般照度在 10~50lx 范围内可调,舞蹈时在 10~20lx 之间,休场时调到 50lx 较好。

4.8.4　客房部分的照明设计

1. 客房

三星级以上的旅馆都设有标准双床间、标准单床间、双套间、三套间,以至总统豪华套间等。客房对照明灯光的要求是控制方便,就近开、关灯,亮度可调。图 4-34 为(客房照明平面标准的双床间客房布灯)示例,对照该图,对灯具要求列于表 4-26 中。

(1) 客房灯光控制应满足方便、灵活的原则,采用不同的控制方式。具体控制方式如下:

1) 进门小过道顶灯采用双控,分别安装在进门侧和床头柜上。
2) 卫生间灯的开关安装在卫生间的门外墙上。
3) 床头灯的调光开关及地脚夜灯开关安装在床头柜上。
4) 梳妆台灯开关可安装在梳妆台上。
5) 落地灯使用自带的开关和在床头柜上双控。
6) 窗帘盒灯在窗帘附近墙上设开关,也可在床头柜上双控。

(2) 现代旅馆客房还设有节能控制开关,控制冰箱之外的所有灯光、电器,以达到人走灯灭,安全节电的目的。其节电开关有如下几种:

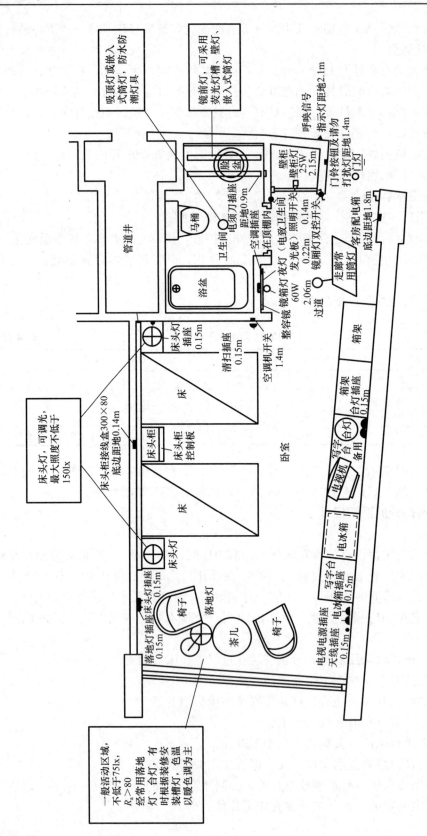

图 4-34 客房照明平面示例

客房灯具要求 表 4-26

部　位	灯具类型	要　　求
过道	嵌入式筒灯或吸顶灯	
床头	台灯、壁灯、导轨灯、射灯、筒灯	
梳妆台	壁灯、筒灯	灯应安装在镜子上方并与梳妆台配套制作
写字台	台灯、壁灯	
会客区	落地灯	设在沙发、茶几处，由插座供电
窗帘盒灯	荧光灯	模仿自然光的效果，夜晚从远处看，起到泛光照明的作用
壁柜灯		设在壁柜内，将灯开关（微动限位开关）装设在门上，开门则灯亮，关门则灯灭，应有防火措施
地脚夜灯		安装在床头柜的下部或进口小过道墙面底部，供夜间活动用
顶灯		通常不设顶灯
卫生间顶灯	吸顶灯和嵌入式筒灯	防水防潮灯具
卫生间镜箱灯	荧光灯或筒灯	安装在化妆镜的上方，三星级旅馆，显色指数要大于80。设防水防潮灯具

1) 在进门处安装一个总控开关，出门关灯，进门开灯。优点是系统简单，造价低，但是要靠顾客操作。

2) 与门钥匙联动方式，即开门进房后需将钥匙牌插入或挂到门口的钥匙盒内或挂钩上，带动微动开关接通房间电源。人走时取出钥匙牌，微动开关动作，经10~30s延时使电源断开。这种称为继电器式节能开关的优点是控制容量大，客人通过取钥匙就自动断电。

3) 直接式节能钥匙开关，是通过钥匙牌上的插塞直接动作插孔内的开关，通断电源，亦有30s的延时功能，但控制功率较小。

4) 智能总线控制，通过移动传感器，探测到有人时接通电源，灯亮。当没有人在房间里，延时关断电源。

2. 走廊

走廊照明设计应考虑有无采光窗、走廊长度、高度及拐弯情况等。有些大型旅馆走廊多处弯折并无采光窗，全天亮灯，因而走廊照明不仅应满足照度要求，而且要有较高的可靠性及控制的灵活性。其照明方式常见有以下几种：

（1）普通盒式荧光灯吸顶安装，优点是成本低、光效高、安装维修方便，用于低档旅馆。

（2）嵌入式荧光灯，用铝合金反光器，效率较高，但成本有所提高，用于中低档旅馆。

（3）吸顶灯，各种档次的旅馆都可采用。

（4）嵌入式筒灯，内装低色温紧凑型荧光灯或其他低色温光源，有反射器，灯具效率较高，适用于中高档星级旅馆。

（5）壁灯，适合各种档次旅馆。

当无天然采光的走廊，建议应将照度提高一级。走廊灯的控制应考虑清扫及夜间值班巡视使用要求。

3. 电梯厅

高档旅馆电梯厅照度为150lx，装饰比较华丽，可采用壁灯、筒灯、荧光灯槽、高档吸顶灯、组合式顶灯等，色温以暖色为宜，显色指数不低于80。

低档旅馆电梯厅照明可按75lx设计，可采用吸顶灯、筒灯等，显色指数不低于60。电梯厅照明可以就地控制，也可以在服务台集中控制，中高档旅馆建议采用智能照明控制系统进行控制。

4. 楼层服务台

楼层服务台的照度为 100～150lx。在柜台上部设局部照明，筒灯、射灯、吸顶灯经常被采用，有时柜台内侧设台灯。现代中高档旅馆越来越多的不设楼层服务台。

4.8.5 康乐部分的照明设计

康乐设施主要包括球类（如保龄球、台球、乒乓球、网球等）、健身器械、游泳、洗浴、设施、牌类、棋类及电子游戏等。

1. 保龄球馆的照明设计

（1）球道上应有均匀的照度。

（2）球道表面光洁度较高，应控制光幕反射。

（3）应限制光源的眩光。通常采用荧光灯，且将顶棚做成锯齿形，其灯具安装在锯齿形的垂直面上，如图 4-35 所示。

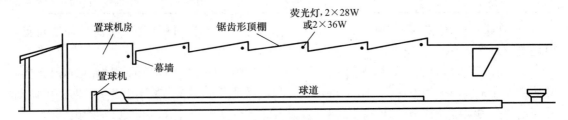

图 4-35 保龄球照明示例

（4）餐饮及休息区可采用筒灯做行列或满天星布置。

（5）服务台可采用嵌入式筒灯、吊杆式筒灯。

保龄球场的灯光可在配电箱内集中控制，配电箱位置可以放在服务站或其他控制方便且不影响装饰效果的地方，也可以采用智能照明控制系统进行控制。保龄球场灯光布置图实例，如图 4-36 所示。

2. 室内游泳池

室内游泳池照明设计分为两类：一类按照标准泳池或标准短池设置；另一类为戏水池，以娱乐、健身为目的。旅馆的室内游泳池大多属于后者。因此，室内游泳池灯光设置有以下几种做法：

（1）游泳池顶棚照明，有的建筑采用钢屋架，而且不作吊顶可采用广照型或深照型灯具，视吊挂高度而定；对于顶棚反射系数较高的游泳馆，采用间接、半间接照明更为舒适。光源最好是选用光效高、显色性能好、长寿命的新型光源，如高效金属卤化物灯、无极灯等。

（2）应根据建筑物本身的特点，采用合适的照明方法。

（3）岸边休息区可用嵌入式筒灯满天星布置，以加强华丽的气氛。

（4）休息区设有小卖部的应加强照明，并设柜台灯。

（5）如装水下照明灯的，其电源应为 12V，泳池及其相关区域做好等电位联结。

3. 健身浴室

健身浴室内设有桑拿浴、涡流浴、热水浴、冷水浴及人工气候等设施。照明不要求过分华丽，以照明均匀、形式活泼为目的，常以筒灯、荧光灯为主，灯具要求防水防潮，IP不低于 54，并耐热、防腐。可用普通照明开关就地安装，开关应设置在危险区域以外。浴室照明如图 4-37 所示。

第 4 章 室内照度计算与照明设计

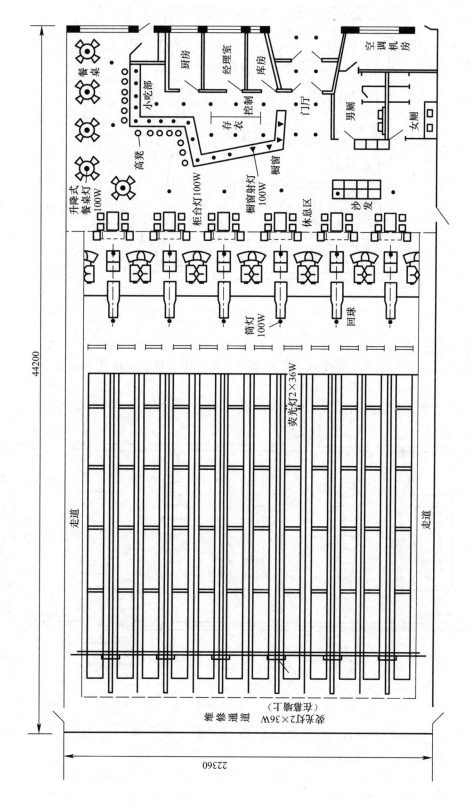

图 4-36 保龄球场灯光布置图实例

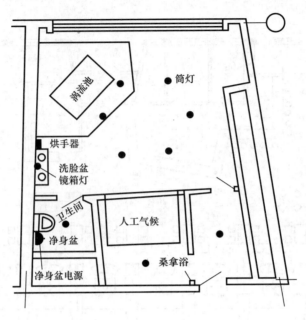

图 4-37 浴室照明

4. 台球房及健身房

台球房内的设施有球台、球杆架、记分牌等。另外还有更衣及休息场所。灯光主要有以下两种。

（1）一般照明。一般照明大多采用点光源均匀布置，如图 4-38 采用的是嵌入式筒灯。

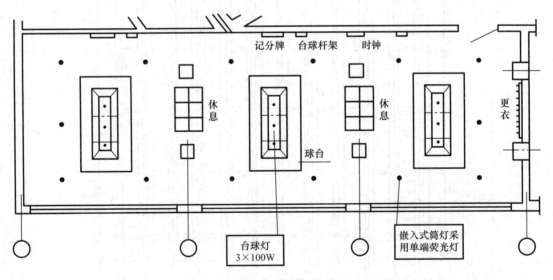

图 4-38 台球厅照明

（2）球台灯。由于球台面的照度要求较高，一般为 150~300lx，故采用大型灯罩，内装 3 只 100W 灯泡，灯具距室内地面 1.5m 左右。

健身房内有各种健身器械，如跑步器、自行车模拟器及大型综合锻炼器等。照明设施可以采用荧光灯、筒灯，色温可以偏冷点，模拟阳光色温，给人愉悦、充满活力的感觉。

思 考 题

4-1 什么是室形指数、室空间比？

4-2 什么是利用系数？

4-3 照度计算的方法如何选定？

4-4 平均照度如何计算？

4-5 某教室长 11.3m，宽 6.4m，高 3.6m，在离顶棚 0.5m 的高度内安装 YG1-1 型 40W 荧光灯，光源的光通量为 2200lm，课桌高度为 0.8m，室内空间及各表面的反射比如图 4-39 所示。若要求课桌面的照度为 150lx，试确定所需灯具数。

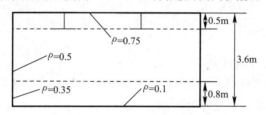

图 4-39 室内空间及各表面的反射比

4-6 有一教室长 6m，宽 6.6m，灯至工作面高为 2.3m，若采用带反射罩荧光灯照明，每盏灯 40W，规定照度为 150lx，需要安装多少盏荧光灯？若采用 YG1-1 型 40W 荧光灯，光源的光通量为 2200lm，室内空间及各表面的反射比如图 4-39 所示，需要安装多少盏荧光灯？

4-7 什么是逐点计算法？在什么情况下使用合适？

4-8 单位容量法与光源电功率的选择应注意什么？

4-9 利用方位系数法求室内平均照度应如何进行？

4-10 什么是"统一眩光评价系统（UGR）"？它是如何评价不舒适眩光的？

4-11 什么是"室外场地的眩光指数（GR）"？它是如何评价不舒适眩光的？

4-12 室内光照设计的要求是什么？其方法步骤如何？

4-13 设计时，如何确定照明方式和照明种类？

4-14 住宅照明设计时宜注意哪些问题？

4-15 办公室、教室照明效果好坏的主要评价指标有哪些？在照明设计中如何达到这些指标？

4-16 教室照明设计要点包括哪些？试设计你所使用的教室的黑板照明？

4-17 图书馆照明设计要点包括哪些？

4-18 特殊场所的照明装置与一般照明场所有何区别？设计时应如何考虑？

4-19 从节能角度出发，如何解决好空调风口与灯具安装位置的矛盾？

4-20 旅馆照明设计要点包括哪些？

4-21 医院病房和手术室照明设计要点包括哪些？

4-22 特殊场所的照明装置与一般照明场所有何区别？设计时应如何考虑？

4-23 从节能角度出发，如何解决好空调风口与灯具安装位置的矛盾？

4-24 哪些场所的照明应避免频闪效应的产生？应采取哪些措施来达到？

第5章　照明电气设计

目前在照明装置中采用的都是电光源，为保证电光源正常、安全、可靠地工作，同时便于管理维护，又利于节约电能，就必须有合理的供配电系统和控制方式。为此，照明电气设计就成了照明设计中不可缺少的一部分。

5.1　概　　述

5.1.1　照明电气设计的任务

1. 满足光照设计确定的各种光源对电压大小、电能质量的要求，使它们能工作在额定状态，以保证照明质量和电光源的寿命。
2. 选择合理、方便的控制方式，以便照明系统的管理、维护和节能。
3. 保证人身安全和照明装置的电气安全。
4. 尽量减少电气部分的投资和年运行费用。

5.1.2　照明电气设计步骤

1. 收集原始资料：电源情况、照明负荷对供电连续性的要求，各房间的具体功能。
2. 确定照明供电系统：电源、电压的选择；网络接线方式的确定；保护设备、控制方式的确定；电气安全措施的确定。
3. 线路计算：负荷计算、电压损失计算、保护装置整定计算，照明功率密度（LPD）计算。
4. 确定导线参数：确定导线型号、规格及其敷设方式，并选择供电、控制设备及其安装位置。
5. 绘制照明设计施工图：绘制照明供电系统图和照明平面布置图。列出主要设备、材料清单，编制概算、预算（在没有专职概预算人员的情况下）。

5.2　照明供配电系统

5.2.1　照明线路电压与负荷等级的划分

1. 照明线路电压

（1）供电电压

照明线路的供电电压，直接影响到配电方式和线路敷设的投资费用。当负荷相同时，若采用较高的电压等级，线路负荷电流便相应减小，因而就可以选用较小的导线截面。我国的配电网络电压，在低压范围内的标准等级为500V、380V、220V、127V、110V、36V、24V、12V等。而一般照明用的白炽灯电压等级主要有220V、110V、36V、24V、12V等。所谓光源的电压是指对光源供电的网络电压，不是指灯泡（灯管）两端的电压降。供电电压必须符合标准的网络电压等级和光源的电压等级。

从安全方面考虑,照明的电源电压一般按下列原则选择。

1) 在正常环境中,一般照明光源的电源电压应采用 220V。1500W 及以上的高强度气体放电灯的电源电压宜采用 380V。

2) 在有触电危险的场所,例如,地面潮湿或周围有许多易触及金属结构的房间,当灯具的安装高度距离地面小于 2.4m 时,无防止触及措施的固定式或移动式照明的供电电压不宜超过 36V。

3) 移动式和手提式灯具应采用Ⅲ类灯具(Ⅰ类灯具:灯具的防触电保护不仅靠基本绝缘,还包括附加安全措施,即把外露可导电部件连接到保护线上。Ⅱ类灯具:防触电保护不仅依靠基本绝缘,且具有附加安全措施,如双重绝缘或加强绝缘。Ⅲ类灯具:防触电保护依靠电源电压为安全特低电压 SELV),用安全特低电压供电,其电压在干燥场所不大于 50V,在潮湿场所不大于 25V。

4) 由专用蓄电池供电的照明电压,可根据容量的大小和使用要求,分别采用 220V、24V 或 12V 等。

(2) 允许的电压偏移

电压偏移 δ_u 是指光源两端实际电压 U 偏离光源额定电压 U_n 的程度。电压偏移计算公式为:

$$\delta_u = \frac{U - U_n}{U_n} \times 100\% \tag{5-1}$$

照明光源只有在额定电压下工作才有最好的照明效果。如照明设备所承受的实际电压与其额定电压有偏移时,其运行特性将恶化。例如,白炽灯在低于额定值 10% 电压下运行,其使用寿命大大增长,但其光通量却较额定电压时降低 30% 左右。反之,升高电压 10%,则其光通量增加 30% 左右,但使用期限便迅速缩短。

在供电网络的所有运行方式中,维持用电设备的端电压始终等于额定值是很困难的。因此,在网络设计和运行时,必须规定用电设备端电压的容许偏移值。一般来说,各类灯泡(管)的端电压偏移,不宜高于其额定电压的 105%,亦不宜低于其额定电压的下列数值:

1) 一般工作场所的室内照明为 95%;

2) 远离变电所的小面积工作场所难于满足 95% 时,可降低到 90%;

3) 应急照明和用安全特低电压供电的照明为 90%。

(3) 电压波动

电压波动是指电压的快速变化。当系统中具有冲击性负载在工作时(炼钢电弧炉、轧机、电焊机等),会引起配电网络电压时高时低(或周期性变动),电压在变化过程中所出现的电压有效值的最大值 U_{max} 与最小值 U_{min} 之差称为电压波动,通常用相对值表示:

$$\Delta u_f = \frac{U_{max} - U_{min}}{U_n} \times 100\% \tag{5-2}$$

电压变化速度不低于每秒 0.2% 的称为电压波动。

电压波动会引起电光源光通量的波动,光通量的波动使物体被照面的照度、亮度都随时间而波动,会使人眼有一种闪烁感。轻者使眼睛感到不舒适,严重者会造成眼睛受损,甚至影响工作,所以必须对电压波动进行限制。

(4) 供照明用的配电变压器设置要求

1) 照明负荷宜与带有冲击性负荷（如大功率接触焊机、大型吊车的电动机等）的变压器分开供电；

2) 无窗厂房或工艺设备对电压质量要求较高的场所，宜采用有载自动调压变压器；

3) 在照明负荷容量较大的场所，在技术经济合理的情况下，宜采用照明专用变压器；

4) 采用共用变压器的场所，正常照明线路宜与电力线路分开；

5) 合理减少系统阻抗，如尽量缩短线路长度，适当加大导线和电缆的截面等。

2. 负荷等级的划分

按照供电的可靠性、中断供电所造成的损失或影响程度，将照明负荷分为三级，即一级负荷、二级负荷、三级负荷。符合下述情况之一即为一级负荷：

（1）中断供电将造成人身伤亡；

（2）中断供电将在政治、经济上造成重大损失；

（3）中断供电将影响有重大政治、经济意义的用电单位的正常工作。

在一级负荷中，当中断供电将发生中毒、爆炸和火灾等情况的负荷，以及特别重要场所的不允许中断供电的负荷，应视为特别重要的负荷。

符合下述情况之一即为二级负荷：

（1）中断供电将在政治、经济上造成较大损失；

（2）中断供电将影响重要用电单位的正常工作。

不属于一级负荷和二级负荷者为三级负荷。民用建筑常用照明负荷分级见表5-1。

夜景照明负荷分级：具有重大社会影响区域的用电负荷应为二级负荷，经常举办大型夜间游园、娱乐、集会等活动的人员密集场所的用电负荷为二级负荷，其余为三级负荷。

对城市中的重要道路、交通枢纽及人流集中的广场等区段的照明应采用双电源供电。每个电源均应能承受100%的负荷。

民用建筑常用照明负荷的分级 表5-1

序号	建筑物名称	用电负荷名称	负荷等级
1	国家级大会堂、国宾馆、国家级国际会议中心	主会场、接见厅、宴会厅照明	一级*
		总值班室、会议室、主要办公室、档案馆照明	一级
2	国家及省部级政府办公建筑	主要办公室、会议室、总值班室、档案室及主要道路照明	一级
3	地、市级办公建筑	主要办公室、会议室、总值班室、档案室及主要道路照明	二级
4	地、市级及以上气象台	气象绘图及预报照明	一级
5	电视台、广播电台	直播电视演播厅、中心机房、录像室、微波设备及发射机房用电	一级*
		语音播音室、控制室的电力和照明	一级
		洗印室、电视电影室、审听室、楼梯照明	二级
6	剧场	特甲等剧场的舞台照明、贵宾、演员化妆室照明	一级
		甲等剧场的观众厅照明、空调机房及锅炉房电力和照明、乙等丙等剧场火灾应急照明及疏散指示标志	二级
7	电影院	甲等电影院的照明与放映用电	二级
8	博物馆、展览馆	珍贵展品展示照明	一级*
9	图书馆	藏书超过100万册及重要图书馆照明	二级

续表

序号	建筑物名称	用电负荷名称	负荷等级
10	体育建筑	特级体育场（馆）及游泳馆的比赛场（厅）、主席台、贵宾室、接待室、新闻发布厅、广场及主要通道照明	一级*
		甲级体育场（馆）及游泳馆的比赛场（厅）、主席台、贵宾室、接待室、新闻发布厅、广场及主要通道照明	一级
		特级及甲级体育场（馆）及游泳馆中非比赛用电、乙级以下体育建筑比赛用电	二级
11	商场、超市	大型商场及超市应急照明、门厅及营业厅部分照明	一级
		中型商场及超市营业厅、门厅部分照明	二级
12	银行、金融中心、证交中心	大型银行营业厅及门厅照明、安全照明	一级
		小型银行营业厅及门厅照明	二级
13	民用航空港	助航灯光系统设施和台站用电；为飞行及旅客服务的办公场所用电；旅客活动场所的应急照明	一级*
		候机楼、外航驻机场办事处、机场宾馆及旅客过夜用房、站坪照明、站坪机务用电	一级
		其他用电	
14	铁路旅客站	大型站和国境站的旅客站房、站台、天桥、地道照明	一级
15	水运客运站	港口重要作业区、一级客运站照明	二级
16	汽车客运站	一、二级客运站照明	二级
17	旅游饭店	四星级及以上旅游饭店的宴会厅、餐厅、厨房、康乐设施、门厅及高级客房、主要通道等场所的照明	一级
		三星级旅游饭店的宴会厅、厨房、康乐设施、门厅及高级客房、主要通道等场所的照明用电，除上栏所述之外的四星级及以上旅游饭店的其他用电	二级
18	科研院所、高等院校	四级生物安全实验室等供电连续性要求极高的国家重点实验室用电	一级
		除上栏所述之外的其他重要实验室用电	一级
		主要通道照明用电	二级
19	二级及以上医院	重要手术室、重症监护等涉及患者生命安全的设备（如呼吸机等）及照明	一级*
		急诊部、监护病房、手术室、分娩室、婴儿室、血液病房的净化室、血液透析室、病理切片分析、磁共振、介入治疗用CT及X光机扫描室、血库、高压氧舱、加速器机房、治疗室及配血室的电力照明用电，走道照明	一级
		除上栏所述之外的其他手术室、高级病房、肢体伤残康复病房照明	二级
20	一类高层建筑	走道照明、值班照明、警卫照明、障碍照明	一级
21	二类高层建筑	主要通道及楼梯间照明	二级

注：1. *为一级负荷中特别重要负荷。
　　2. 各类建筑物的分级见现行的有关设计规范。
　　3. 各类建筑物中应急照明负荷等级应为该建筑中最高负荷等级。

5.2.2 照明负荷供电方式与照明配电系统

1. 照明负荷的供电方式

（1）一级负荷电源

一级负荷应由两个电源供电，当一个电源发生故障时，另一个电源可以照常供电。照明一级负荷与电力一级负荷应结合在一起考虑。如果一级负荷功率较大时，应采用两路高压供电；如果一级负荷功率不大，应优先从电力系统或从临近单位取得第二路电源，也可采用应急发电机组。如果一级负荷仅为照明负荷时，宜采用蓄电池组作备用电源。

对一级负荷中的特别重要负荷，除上述两个电源外，还必须增设应急电源，以保证对特别重要负荷的供电。严禁将其他负荷接入应急供电系统。常用的应急电源有：独立于正常电源的发电机组；供电网络中有效独立于正常电源的专门馈电线路；蓄电池。

根据允许中断供电时间，选择应急电源如下：静态交流不间断电源装置适用于允许中断供电时间为毫秒级的供电；带有自动投入装置的独立于正常电源的专门馈电线路，适用于允许中断供电时间为 1.5s 以上的供电；快捷自启动的柴油发电机组适用于允许中断供电时间为 15s 以上的供电。

一级负荷照明电源供电方式如图 5-1～图 5-4 所示。

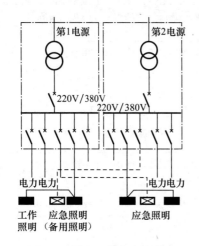

图 5-1　单变压器变电所供电

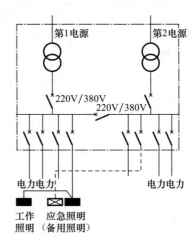

图 5-2　双变压器变电所供电

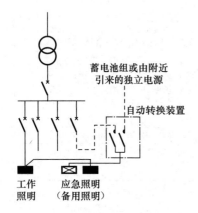

图 5-3　负荷容量小时供电方式

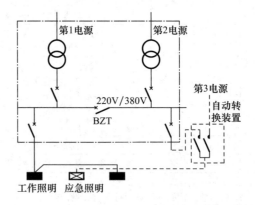

图 5-4　特别重要负荷供电方式

图 5-1 电源来自两个单变压器变电所，并且两个变压器电源是互相独立的高压电源。图 5-2 电源来自双变压器变电所，两台变压器的电源是独立的，设有联络开关。图 5-3 照明负荷为单台变压器供电，应急照明电源引自蓄电池组、柴油发电机组或临近单位的第二路电源。图 5-4 是特别重要负荷的供电方式，它由两个独立电源的变压器供电，低压母线设联络开关并可自动投入，工作照明与应急照明分别接在不同低压母线上，并应设第三独

立电源。此电源可引自备用发电机组、在电网中有效地独立于正常电源的专门馈电线路或蓄电池。应急照明电源应能自动投入。选择何种方式应根据中断供电时间确定。

(2) 二级负荷电源

对二级负荷供电的要求是：当电力变压器或线路发生故障时不致中断供电，或中断后能迅速恢复。与一级负荷供电的差别在于二级负荷的高压电源可以是一个电源，但应做到变压器和线路均有备份。二级照明负荷的供电方式如图 5-5、图 5-6 所示。

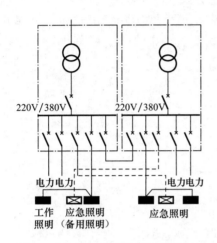

图 5-5　单台变压器变电所供电方式

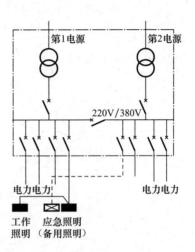

图 5-6　双变压器变电所供电方式

(3) 三级负荷（一般负荷）电源

对照明无特殊要求者可由单电源供电，动力和照明负荷功率较大时应分开供电，功率较小时可合并供电。建筑物内有变电所时，照明与动力由低压屏以放射形式供电；没有变电所的建筑物，动力与照明应在进户线处分开。供电方式如图 5-7～图 5-9 所示。

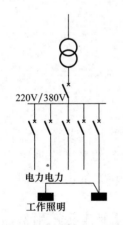

图 5-7　建筑物内有变电所的供电方式

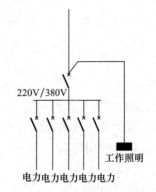

图 5-8　建筑物内没有变电所时动力、照明混合供电

2. 照明配电系统

照明供电网络主要是指照明电源从低压配电屏到用户配电箱之间的接线方式。主要由

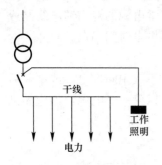

图 5-9 建筑物内动力
采用母干线供电时照明接线

馈电线、干线、分支线及配电盘组成。汇集支线接入干线的配电装置称为分配电箱，汇集干线接入总进户线的配电装置称为总配电箱。馈电线是将电能从变电所低压配电屏送到区域（或用户）总配电柜（箱）的线路；干线是将电能从总配电柜（箱）送至各个分照明配电箱的线路；分支线是将电能从各分配电箱送至各户配电箱的线路。如图 5-10 所示。

(1) 常用的配电方式

配电方式有多种，可根据实际情况选定。而基本的配电方式有放射式、树干式、混合式、链式四种。如图 5-11 所示。

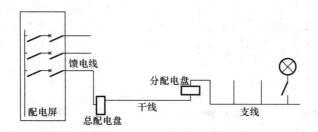

图 5-10 照明供电网络的组成形式

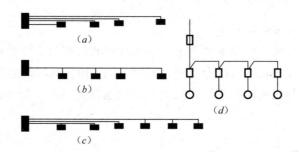

图 5-11 基本的配电方式
(a) 放射式；(b) 树干式；(c) 混合式；(d) 链式

1) 放射式

图 5-11 (a) 是放射式配电系统，其优点是各负荷独立受电，线路发生故障时，不影响其他回路继续供电，故可靠性较高；回路中电动机启动引起的电压波动，对其他回路的影响较小。但建设费用较高，有色金属耗量较大。放射式配电一般用于重要的负荷。

2) 树干式

图 5-11 (b) 是树干式配电系统。与放射式相比，其优点是建设费用低。但干线出现故障时影响范围大，可靠性差。

3) 混合式

图 5-11 (c) 是混合式配电系统。它是放射式和树干式的综合运用，具有两者的优点，所以在实际工程中应用最为广泛。

4) 链式

图 5-11（d）是链式配电系统。它与树干式相似，适用于距离配电所较远，而彼此之间相距又较近的不重要的小容量设备，链接的设备一般不超过 3~4 台。

照明配电宜采用混合式系统。

(2) 典型的配电系统

在实际应用中，各类建筑的照明配电系统都是上述四种基本方式的综合。下面介绍几种典型的照明配电系统。

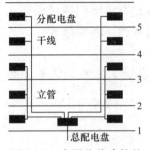

图 5-12 多层公共建筑的照明配电系统

1) 多层公共建筑的照明配电系统

如图 5-12 所示是多层公共建筑（如办公楼、教学楼等）的配电系统。其进户线直接进入大楼的配电间的总配电箱，由总配电箱采取干线立管式向各层分配电箱馈电，再经分配电箱引出支线向各房间的照明器和用电设备供电。

2) 住宅的照明配电系统

如图 5-13 所示是典型的住宅照明配电系统。它以每一楼梯间作为一单元，进户线引至楼的总配电箱，再由干线引至每一单元的配电箱，各单元配电箱采用树干式（或放射式）向各层用户的分配电箱馈电。为了便于管理，住宅楼的总配电箱和单元配电箱一般装在楼梯公共过道的墙面上。分配电箱装设电度表，以便用户单独计算电费。

3) 高层建筑的照明配电系统

如图 5-14 所示是高层建筑照明配电系统常用的三种方案。其中方案（a）、（b）为混合式，它们先将整幢楼按层分为若干供电区，每区的层数为 2~6 层。每路干线向一个供电区配电，故又称为分区树干式配电系统。方案（a）与（b）基本相同，但方案（b）增加了一个分区配电箱，它与方案（a）比较，其可靠性较高。方案（c）采用大树干配电方式，从而大大减少了低压配电屏的数量，安装、维护方便，适用于楼层楼量多，负荷较大的大型建筑物。

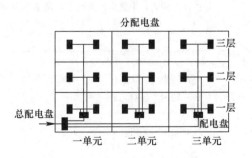

图 5-13 住宅的照明配电系统

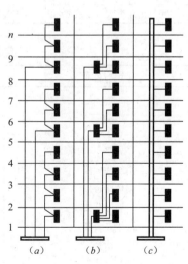

图 5-14 高层建筑的照明配电系统

5.3 照明负荷计算及导线的选择

5.3.1 照明负荷计算

照明用电负荷计算的目的，是为了合理地选择供电导线和开关设备等元件，使电气设备和材料得到充分的利用，同时也是确定电能消耗量的依据。计算结果的准确与否，对选择供电系统的设备、有色金属材料的消耗，以及一次投资费用有着重要的影响。

照明供配电系统的负荷计算，通常采用需要系数法。需要系数是有关部门通过长期实践和调查研究，统计计算得出的。随着技术和经济的发展，需要系数也不断地修改。

1. 按需要系数法计算

按需要系数法计算照明计算负荷 P_j，就是把照明负荷安装总容量 P_Σ 乘以需要系数 K_x，其计算公式为

$$P_j = K_x P_\Sigma \tag{5-3}$$

式中　P_j——计算负荷，W；

　　　P_Σ——照明设备安装容量，包括光源和镇流器所消耗的功率，W；

　　　K_x——需要系数，它表示不同性质的建筑对照明负荷需要的程度（主要反映各照明设备同时点燃的情况）。

照明干线需要系数见表 5-2。民用建筑照明负荷需要系数见表 5-3。照明灯具及照明支线的需要系数为 1。

照明干线需要系数　　　　　　　　　　　　表 5-2

建筑类别	K_x	建筑类别	K_x
住宅区、住宅	0.6～0.8	由小房间组成的车间或厂房	0.85
医院	0.5～0.8	辅助小型车间、商业场所	1.0
办公楼、实验室	0.7～0.9	仓库、变电所	0.5～0.6
科研楼、教学楼	0.8～0.9	应急照明、室外照明	1.0
大型厂房（由几个大跨度组成）	0.8～1.0	厂区照明	0.8

民用建筑照明负荷需要系数　　　　　　　　　　　表 5-3

建筑物名称		需要系数 K_x	备注
一般住宅楼	20 户以下	0.6	单元式住宅，多数为每户两室，两室户内插座为 6～8 个，装户表
	20～50 户	0.5～0.6	
	50～100 户	0.4～0.5	
	100 户以上	0.4	
高级住宅楼		0.6～0.7	
集体宿舍楼		0.6～0.7	一开间内 1～2 盏灯，2～3 个插座
一般办公楼		0.7～0.8	一开间内 2 盏灯，2～3 个插座
高级办公楼		0.6～0.7	
科研楼		0.8～0.9	一开间内 2 盏灯，2～3 个插座
发展与交流中心		0.6～0.7	
教学楼		0.8～0.9	三开间内 6～11 盏灯，1～2 个插座

续表

建筑物名称	需要系数 K_x	备 注
图书馆	0.6～0.7	
托儿所、幼儿园	0.8～0.9	
小型商业、服务业用房	0.85～0.9	
综合商业、服务楼	0.75～0.85	
食堂、餐厅	0.8～0.9	
高级餐厅	0.7～0.8	
一般旅馆、招待所	0.7～0.8	一开间内一盏灯，2～3个插座，集中卫生间
高级旅馆、招待所	0.6～0.7	带独立卫生间
旅游宾馆	0.35～0.45	单间客房4～5盏灯，4～6个插座
电影院、文化馆	0.7～0.8	
剧场	0.6～0.7	
礼堂	0.5～0.7	
体育练习馆	0.7～0.8	
体育馆	0.65～0.75	
展览馆	0.5～0.7	
门诊楼	0.6～0.7	
一般病房楼	0.65～0.75	
高级病房楼	0.5～0.6	
锅炉房	0.9～1	

各种气体放电光源配用的镇流器，其功率损耗通常用功率损耗系数 α（或光源功率的百分数）来表示。气体放电光源镇流器的功率损耗系数见表5-4。

气体放电光源镇流器的功率损耗系数　　　　　　　　　　　　表 5-4

光源种类	损耗系数 α	光源种类	损耗系数 α
荧光灯	0.2	金属卤化物灯	0.14～0.22
荧光高压汞灯	0.07～0.3	涂荧光物质的金属卤化物灯	0.14
自镇流荧光高压汞灯	—	低压钠灯	0.2～0.8
高压钠灯	0.12～0.2		

对于有镇流器的气体放电光源，考虑镇流器的功率损耗，其设备容量计算应为

$$P_e = P_N(1+\alpha) \tag{5-4}$$

式中　P_e——气体放电光源照明设备安装容量，kW；

P_N——气体放电光源的额定功率，kW；

α——镇流器的功率损耗系数。

2. 照明负荷的估算

在初步设计时，为计算用电量和规划用电方案，需估算照明负荷。估算公式为

$$P_j = P_D \times A \tag{5-5}$$

式中　P_D——单位建筑面积照明负荷（W/m²），可参考表5-5所列的单位建筑面积照明负荷指标；

A——被照建筑面积，m²。

单位建筑面积照明负荷　　　　　　表 5-5

建筑物名称	计算负荷/W·m⁻²		建筑物名称	计算负荷/W·m⁻²	
	白炽灯	荧光灯		白炽灯	荧光灯
一般住宅楼	6~12		餐厅	8~16	
单身宿舍		5~7	高级餐厅	15~30	
一般办公楼		8~10	旅馆、招待所	11~18	
高级办公楼		15~23	高级宾馆、招待所	20~35	
科研楼	20~25		文化馆	15~18	
技术交流中心	15~20	20~25	电影院	12~20	
图书馆	15~25		剧场	12~27	
托儿所、幼儿园	6~10		体育练习馆	12~24	
大、中型商场	13~20		门诊楼	12~15	
综合服务楼	10~15		病房楼	12~25	
照相馆	8~10		服装生产车间	20~25	
服装店	5~10		工艺品生产车间	15~20	
书店	6~12		库房	5~7	
理发店	5~10		车房	5~7	
浴室	10~15		锅炉房	5~8	
粮店、副食店、邮政所、洗染店、综合修理店		8~12			

3. 照明线路的电流计算

计算电流是选择导线截面的直接依据,也是计算电压损失的主要参数之一。在进行照明供电设计时,要注意照明设备多数都是单相设备。若采用三相四线 380V/220V 供电,按建筑电气设计技术规范规定:单相负载应逐相均匀分配。当回路中单相负荷的总容量小于该网络三相对称负荷总容量的 15% 时,全部按三相对称负荷计算,超过三相负荷平均值 15% 时应将单相负荷换算为等效三相负荷。等效三相负荷为最大单相负荷的 3 倍。

(1) 当采用一种光源时,线路计算电流可按公式(5-6)、公式(5-7)计算。

三相线路电流计算

$$I_j = \frac{P_j}{\sqrt{3}U_L\cos\varphi} \tag{5-6}$$

式中　P_j——三相照明线路计算负荷,W;
　　　U_L——照明线路的额定线电压,V;
　　　$\cos\varphi$——光源的功率因数。

单相线路电流计算

$$I_j = \frac{P_单}{U_P\cos\varphi} \tag{5-7}$$

式中　$P_单$——单相照明线路计算负荷,W;
　　　U_P——照明线路的额定相电压,V;
　　　$\cos\varphi$——光源的功率因数。

(2) 对于白炽灯、卤钨灯与气体放电灯混合的线路，其计算电流可由公式（5-8）计算

$$I_j = \sqrt{(I_{j1} + I_{j2}\cos\varphi)^2 + (I_{j2}\sin\varphi)^2} \tag{5-8}$$

式中　I_{j1}——混合照明线路中，白炽灯、卤钨灯的计算电流，A；

I_{j2}——混合照明线路中，气体放电灯的计算电流，A；

φ——气体放电灯的功率因数角。

[**例 5-1**] 某厂房的 220V/380V 三相四线制照明供电线路上接有 250W 高压汞灯和白炽灯两种光源，各相负荷的分配情况如下。

A 相：250W 高压汞灯 4 盏，白炽灯 2kW；

B 相：250W 高压汞灯 8 盏，白炽灯 1kW；

C 相：250W 高压汞灯 2 盏，白炽灯 3kW。

试求线路的电流和功率因数。

解：查表 5-4 可知高压汞灯镇流器的损耗系数 $\alpha=0.15$，各相支线的需要系数 $K_x=1$，查表 5-2 可知厂房照明干线的需要系数 $K_x=0.85$，高压汞灯的功率因数取为 0.6，A 相白炽灯组的计算负荷和计算电流为

$$P_{j1} = K_x \times P_\Sigma = 1 \times 2000 = 2000(\text{W})$$

$$I_{j1} = \frac{P_{j1}}{U_p} = \frac{2000}{220} = 9.1(\text{A})$$

A 相高压汞灯的计算负荷及计算电流为

$$P_{j2} = K_x \times P_{\Sigma 2}(1+\alpha) = 1 \times 4 \times 250 \times (1+0.15) = 1150(\text{W})$$

$$I_{j2} = \frac{P_{j2}}{U_p \cos\varphi} = \frac{1150}{220 \times 0.6} = 8.71(\text{A})$$

则 A 相的计算电流为

$$I_{jA} = \sqrt{(I_{j1} + I_{j2}\cos\varphi)^2 + (I_{j2}\sin\varphi)^2}$$
$$= \sqrt{(9.1 + 8.71 \times 0.6)^2 + (8.71 \times 0.8)^2} = 15.93(\text{A})$$

$$\cos\varphi_A = \frac{I_{j1} + I_{j2}\cos\varphi}{I_{jA}} = 0.9$$

同理，可计算出 B 相和 C 相的计算电流和功率因数如下

$$I_{jB} = 20.26(\text{A}), \cos\varphi_B = 0.74; I_{jC} = 16.61(\text{A}), \cos\varphi_C = 0.98;$$

因 B 相的计算电流（负荷）最大，故在干线的计算中以它为基准，则干线的计算电流为

$$I_j = \frac{3K_x P_{jB}}{\sqrt{3} U_L \cos\varphi_B} = \frac{3 \times 0.85 \times [1000 + 250 \times 8 \times (1+0.15)]}{\sqrt{3} \times 380 \times 0.74} = 17.28(\text{A})$$

5.3.2　照明线路导线的选择

照明线路一般具有距离长、负荷相对比较分散的特点，所以配电网络导线和电缆的选择一般按照下列原则进行：按使用环境和敷设方法选择导线和电缆的类型；按线缆敷设的环境条件来选择线缆和绝缘材质；按机械强度选择导线的最小允许截面；按允许载流量选择导线和电缆的截面；按电压损失校验导线和电缆的截面。按上述条件选择的导线和电缆具有几种规格的截面时，应取其中较大的一种。

1. 导线类型的选择

（1）导体材料选择

导线一般可采用铜芯或铝芯的线，照明配电干线和分支线，应采用铜芯绝缘电线或电缆；分支线截面不应小于 2.5mm²。

（2）绝缘及护套的选择

塑料绝缘线的绝缘性能良好，价格较低，无论明设或穿管敷设均可代替橡皮绝缘线。由于不能耐高温，绝缘容易老化，所以塑料绝缘线不宜在室外敷设。

橡皮绝缘线根据玻璃丝或棉纱原料的货源情况选配编织层材料，其型号不再区分而统一用 BX 及 BLX 表示。

氯丁橡皮绝缘线的特点是耐油性能好，不易霉，不延燃，光老化过程缓慢，因此可以在室外敷设。

在各类导线中，氯丁橡皮线耐气候老化性能和不延燃性能良好，并且有一定的耐油、耐腐蚀性能。聚氯乙烯绝缘导线价格较低，但易于老化而变硬；橡皮绝缘线耐老化性能良好，但价格较高。

照明线路常用的导线型号及用途见表 5-6。

照明线路常用的导线型号及用途　　　　　　　　表 5-6

导线型号	名　称	主要用途
BX（BLX）	铜（铝）芯橡皮绝缘线	固定明、暗敷
BXF（BLXF）	铜（铝）芯氯丁橡皮绝缘线	固定明、暗敷，尤其适用于户外
BV（BLV）	铜（铝）芯聚氯乙烯绝缘线	固定明、暗敷
BV-105（BLV-105）	耐热 105℃铜（铝）芯聚氯乙烯绝缘线	用于温度较高的场所
BVV（BLVV）	铜（铝）芯聚氯乙烯绝缘、聚氯乙烯护套线	用于直贴墙壁敷设
BXR	铜芯橡皮绝缘软线	用于 250V 以下的移动电器
RV	铜芯聚氯乙烯软线	用于 250V 以下的移动电器
RVB	铜芯聚氯乙烯绝缘扁平线	用于 250V 以下的移动电器
RVS	铜芯聚氯乙烯绝缘软绞线	用于 250V 以下的移动电器
RVV	铜芯聚氯乙烯绝缘、聚氯乙烯护套软线	用于 250V 以下的移动电器
RVX-105	铜芯耐热聚氯乙烯绝缘软线	同上，耐热 105℃

2. 按机械强度要求选择导线截面

导线截面必须满足机械强度的要求，见表 5-7。

按机械强度要求的导线允许最小截面　　　　　　表 5-7

导线敷设方式	最小截面（mm²）		
	铜芯软线	铜线	铝线
照明用灯头线 （1）室内 （2）室外	0.5 1	0.8 1	2.5 2.5
穿管敷设的绝缘导线	1	1	2.5
塑料扩套线沿墙明敷线		1	2.5

第 5 章 照明电气设计

续表

导线敷设方式	最小截面（mm²）		
	铜芯软线	铜线	铝线
敷设在支持件上的绝缘导线 （1）室内，支持点间距为 2m 及以下 （2）室外，支持点间距为 2m 及以下 （3）室外，支持点间距为 6m 及以下 （4）室外，支持点间距为 12m 及以下		1 1.5 2.5 2.5	2.5 2.5 4 6
电杆架空线路 380V 低压		16	25
架空引入线 380V 低压（绝缘导线长度不大于 25m）		6	10（绞线）
电缆在沟内敷设、埋地敷设、明敷设 380V 低压		2.5	4

3. 按允许载流量选择导线截面

电流在导线中通过时会产生热而使导线温度升高，温度过高会使绝缘老化或损坏。为了使导线具有一定的使用寿命，各种电线根据其绝缘材料特性规定最高允许工作温度。导线在持续电流的作用下，其温升不得超过允许值。

在已知条件下，导线的温升可以通过计算确定，但是这种计算很复杂，所以在照明配电设计中一般使用已经标准化了的计算和试验结果，即所谓载流量数据。导线的载流量是在使用条件下、温度不超过允许值时允许的长期持续电流，表 5-8～表 5-11 列出部分常用导线的载流量。

BV、BLV、BVR 型单芯电线单根敷设载流量（在空气中敷设） 表 5-8

导线截面 （mm²）	长期连续负荷允许载流量 （A）		相应电缆 表面温度 （℃）	导线截面 （mm²）	长期连续负荷允许载流量 （A）		相应电缆 表面温度 （℃）
	铜芯	铝芯			铜芯	铝芯	
0.75	16		60	25	138	105	60
1.0	19		60	35	170	130	60
1.5	24	18	60	50	215	165	60
2.5	32	25	60	70	265	205	60
4	42	32	60	95	325	250	60
6	55	52	60	120	375	285	60
10	75	59	60	150	430	325	60
16	105	80	60	185	490	380	60

RV、RVV、RVB、RVS、RFB、RFS、BVV、BLVV 型塑料软线和护套线单根敷设载流量

表 5-9

导线截面 （mm²）	长期连续负荷允许载流量（A）					
	一芯		二芯		三芯	
	铜芯	铝芯	铜芯	铝芯	铜芯	铝芯
0.12	5		4		3	
0.2	7		5.5		4	
0.3	9		7		5	

续表

导线截面 (mm²)	长期连续负荷允许载流量（A）					
	一芯		二芯		三芯	
	铜芯	铝芯	铜芯	铝芯	铜芯	铝芯
0.4	11		8.5		6	
0.5	12.5		9.5		7	
0.75	16		12.5		9	
1.0	19		15		11	
1.5	24		19		12	
2	28		22		17	
2.5	32	25	26	20	20	16
4	42	34	36	26	26	22
6	55	42	47	33	32	25
10	75	50	65	51	52	40

BV、BLV 型单芯电线穿钢管敷设载流量   表 5-10

导线截面 (mm²)	长期连续负荷允许载流量（A）					
	穿二根		穿三根		穿四根	
	铜芯	铝芯	铜芯	铝芯	铜芯	铝芯
1.0	14		13		11	
1.5	19	15	17	12	16	12
2.5	26	20	24	18	22	15
4	35	27	31	24	28	22
6	47	35	41	32	37	28
10	65	49	57	44	50	38
16	82	63	73	56	65	50
25	107	80	95	70	85	65
35	133	100	115	90	105	80
50	165	125	140	110	130	100
70	205	155	183	143	165	127
95	250	190	225	170	200	152
120	300	220	260	195	230	172
150	350	250	300	225	265	200
185	380	285	340	255	300	230

BV、BLV 型单芯电线穿塑料管敷设载流量   表 5-11

导线截面 (mm²)	长期连续负荷允许载流量（A）					
	穿二根		穿三根		穿四根	
	铜芯	铝芯	铜芯	铝芯	铜芯	铝芯
1.0	12		11		10	
1.5	16	13	15	11.5	13	10
2.5	24	18	21	16	19	14
4	31	24	28	22	25	19

续表

导线截面 (mm²)	长期连续负荷允许载流量（A）					
	穿二根		穿三根		穿四根	
	铜芯	铝芯	铜芯	铝芯	铜芯	铝芯
6	41	31	36	27	32	25
10	56	42	49	38	44	33
16	72	55	65	49	57	44
25	95	73	85	65	75	57
35	120	90	105	80	93	70
50	150	114	132	102	117	90
70	185	145	167	130	148	115
95	230	175	205	158	185	140
120	270	200	240	180	215	160
150	305	230	275	207	250	185
185	355	265	310	235	280	212

以上三个表中导线最高允许工作温度65℃，环境温度25℃。

有了这些载流量数据表，便可按下列关系式根据导线允许温升选择导线截面：

$$I \geqslant I_{js} \tag{5-9}$$

式中 I_{js}——照明配电线路计算电流，A；

I——导线允许载流量，A。

表5-12～表5-14给出了不同环境温度和敷设条件下导体载流量的校正系数，当环境温度和敷设条件不同时，所列载流量均应乘以相应的校正系数。

不同环境温度时载流量的校正系数　　　　　　　　表5-12

线芯最高允许工作温度（℃）	环境温度（℃）								
	5	10	15	20	25	30	35	40	45
90	1.14	1.11	1.08	1.03	1.0	0.960	0.920	0.875	0.830
80	1.17	1.13	1.09	1.04	1.0	0.954	0.905	0.853	0.798
70	1.20	1.15	1.10	1.05	1.0	0.940	0.880	0.815	0.745
65	1.22	1.17	1.12	1.06	1.0	0.935	0.865	0.791	0.707
60	1.25	1.20	1.13	1.07	1.0	0.926	0.845	0.756	0.655
50	1.34	126	1.18	1.08	1.0	0.895	0.775	0.633	0.447

电缆在空气中并列敷设时载流量校正系数　　　　　　　　表5-13

电缆中心距离 s (mm)	根数及排列方式						
	1	2	3	4	4	5	6
	○	○○	○○○	○○○○	○○ ○○	○○○○○	○○○ ○○○
d	1.0	0.9	0.85	0.82	0.8	0.80	0.75
$2d$	1.0	1.0	0.98	0.95	1.0	0.90	0.90
$3d$	1.0	1.0	1.0	0.98	1.0	0.96	0.96

土壤热阻系数不同时的载流量校正系数 表 5-14

电缆线芯截面 (mm²)	土壤热阻系数（℃·cm/W）				
	60	80	120	160	200
2.5～16	1.06	1.0	0.90	0.83	0.77
25～95	1.08	1.0	0.88	0.80	0.73
120～240	1.09	1.0	0.86	0.78	0.71
土壤情况	潮湿地区：沿海、湖、河畔地带、雨量多的地区，如华东地区等		普通土壤：如东北大平原夹杂的黑土或黄土，华北大平原黄土、黄黏土砂土等	干燥土壤：如高原地区，雨量少的地区、丘陵、干燥地带	

(1) 环境温度校正

表 5-13、表 5-14 中所列导线和电缆载流量是按环境温度为 25℃ 和规定的最高允许温度给出的，当环境温度不是 25℃ 时，载流量应按表 5-12 给出的校正系数进行校正。

(2) 并列敷设校正系数

当电缆在空气中多根并列敷设时，由于散热条件不同，允许载流量也将不同。因此当多根电缆并列敷设时，载流量应按表 5-13 所列的校正系数进行校正。

(3) 土壤热阻系数不同的校正系数

"直接埋地"是指电缆在土壤中直埋，埋深>0.7m，并非地下穿管敷设。土壤温度采用一年中最热月份地下 0.8m 的土壤平均温度；土壤热阻系数取 80℃·cm/W。当土壤热阻系数不同时，应乘以表 5-14 所列的土壤热阻系数不同时载流量校正系数。

[例 5-2] 有一个混凝土加工场，环境温度为 25℃，负载总功率为 176kW，平均功率因数 $\cos\varphi=0.8$，需要系数 $K_x=0.5$，电源线电压为 380V，用 BV 线，请用安全载流量求导线的截面。

解： 根据照明负荷的需要系数法，三相线路中每相负载的计算电流

$$I_j = \frac{P_j}{\sqrt{3}U_L\cos\varphi} = \frac{K_x P_\Sigma}{\sqrt{3}U_L\cos\varphi} = \frac{0.5 \times 176 \times 1000}{\sqrt{3} \times 380 \times 0.8} = 166(A)$$

查表 5-8 可知，25℃ 时导线明敷设可得截面为 35mm²，它的安全截流量为 170A，大于实际电流 166A。

4. 按线路电压损失选择

任何导线都存在着阻抗，当导线中有电流通过时，就会在线路上产生电压降，当线路压降较大时，就会使照明设备电压偏离额定电压。为了保证用电设备运行，用电设备的端电压必须在要求的范围内，所以对线路的电压损失也必须限定在允许值内。

(1) 照明线路允许电压损失

电压损失是指线路的始端电压与终端电压有效值的差。即

$$\Delta U = U_1 - U_2 \tag{5-10}$$

式中　U_1——线路始端电压，V；

　　　U_2——线路终端电压，V。

ΔU 是电压损失的绝对值表示法，在实际应用中，常用相对值 $\Delta u\%$ 来表示电压损失，工程上通常用与线路额定电压的百分比来表示电压损失。即

$$\Delta u\% = \frac{\Delta U}{U_L} \times 100\% \tag{5-11}$$

式中 U_L——线路（电网）额定电压（V）。

控制电压损失就是为了使线路末端灯具的电压偏移符合要求。照明线路电压的允许损耗值见表5-15。

照明线路电压的允许损耗值 表5-15

照明线路	允许电压损耗（%）
对视觉作业要求高的场所，白炽灯、卤钨灯及钠灯的线路	2.5
一般作业场所的室内照明，气体放电灯的线路	5
露天照明、道路照明、应急照明、36V及以下照明线路	10

(2) 照明线路电压损失的计算

1) 三相平衡的照明负荷线路

对于三相负荷平衡的三相四线制照明线路，中性线没有电流通过，所以其电压损失计算与无中性线的三相线路相同。考虑线路电抗时其线路电压损失计算公式为

$$\Delta u\% = \frac{\sqrt{3}}{10 U_L}(R\cos\varphi + X\sin\varphi)IL = \Delta u_L\% IL \tag{5-12}$$

不考虑线路电抗，即 $\cos\varphi=1$ 时线路电压损失计算公式为

$$\Delta u\% = \frac{\sqrt{3}}{100 U_L} R \sum IL \tag{5-13}$$

当 $\cos\varphi=1$，且负荷分布均匀时，上述公式可简化为

$$\Delta u\% = \frac{1}{10 U_L^2 \gamma S} \sum PL = \frac{\sum M}{CS} \tag{5-14}$$

式中 $\Delta u_L\%$——三相线路每安培千米的电压损失百分数，%/(A·km)；
　　　I——照明负荷计算电流，A；
　　　R——三相线路单位长度的电阻，Ω/km；
　　　X——三相线路单位长度的电抗，Ω/km；
　　　L——各段线路的长度，km；
　　　U_L——标称额定线电压，kV；
　　　$\cos\varphi$——照明负荷功率因数；
　　　M——总负荷矩为负荷 P 与线路长度 L 的乘积，kW·m；
　　　S——导线截面，mm²；
　　　γ——导线的导电率；
　　　C——功率因数为1时的计算系数，$C=10U_L^2\gamma$，见表5-16。

计算系数C值 表5-16

线路额定电压/V	供电系统	C值计算公式	C值 铜	C值 铝
380/220	三相四线	$10\gamma U_n^2$	77	46.2
380/220	二相三线	$\frac{10\gamma U_n^2}{2.25}$	34.0	20.5

续表

线路额定电压/V	供电系统	C值计算公式	C值 铜	C值 铝
220	单相或直流	$5\gamma U_{n\varphi}^2$	12.8	7.75
110			3.2	1.9
36			0.34	0.21
24			0.153	0.092
12			0.038	0.023

2) 单相负荷线路

在单相线路中，负荷电流流过相线和中性线，中性线上的电阻和电抗也引起电压损失。线路的电压损失等于相线电压损失和中性线电压损失之和。在单相线路中，中性线的材料和截面与相线相同。考虑线路电抗时，单相线路电压损失计算公式为

$$\Delta u\% = \frac{2}{10 U_{L\varphi}}(R\cos\varphi + X\sin\varphi)IL \approx \Delta u_L\% IL \tag{5-15}$$

不考虑线路电抗，即 $\cos\varphi = 1$ 时线路电压损失简化计算公式如下：

$$\Delta u\% = \frac{2}{10 U_{L\varphi}^2 \gamma S} \sum PL = \frac{\sum M}{CS} \tag{5-16}$$

式中 $U_{L\varphi}$——标称额定相电压（kV），其他各个符号意义同上。

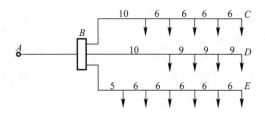

图 5-15 例题电压损失计算图

[例 5-3] 试计算图 5-15 所示照明网络的电压损失。图中 AB 段（三相）长 20m，导线截面为 6mm²，分支线均为单相，导线截面为 4mm²；分支线所接的各个照明灯具负荷为 750W（白炽灯），由各个负荷分成的线段长度如图所示；网络电压为 220V/380V，所有导线均为铜芯导线。

解：AB 段的电压损失。查表 5-16，C=77，由公式（5-14）有

$$\Delta u\% = \frac{\sum M}{CS} = \frac{15 \times 0.75 \times 20}{77 \times 6} = 0.49\%$$

线段 BC、BD、BE 的电压损失，查表 5-15，C=12.8，由公式（5-16）有

$$\Delta u\% = \frac{\sum M}{CS} = \frac{5 \times 0.75 \times (10+12)}{12.8 \times 4} = 1.61\%$$

$$\Delta u\% = \frac{\sum M}{CS} = \frac{4 \times 0.75 \times (10+13.5)}{12.8 \times 4} = 1.38\%$$

$$\Delta u\% = \frac{\sum M}{CS} = \frac{6 \times 0.75 \times (5+15)}{12.8 \times 4} = 1.76\%$$

至线路末段的电压损失等于干线 AB 段上的电压损失与分支线上的电压损失之和。例如支线 BE（电压损失最大）末端的总电压损失为

$$\Delta u_{AE}\% = \Delta u_{AB}\% + \Delta u_{BE}\% = 0.49\% + 1.76\% = 2.25\%$$

3) 当 $\cos\varphi \neq 1$，线路电压损失的计算

由于气体放电灯的大量采用，实际照明负载 $\cos\varphi \neq 1$，照明网络每一段线路的全部电

压损失可用下式计算：

$$\Delta u_f\% = \Delta u\% R_c \tag{5-17}$$

式中　R_c——计入"由无功负荷及电抗引起的电压损失"的修正系数，查表5-17。

计算电压损失的修正系数 R_c 数值表　　　　表 5-17

截面（mm²）	电缆、穿管导线当 $\cos\varphi$					明敷导线当 $\cos\varphi$									
	0.5	0.6	0.7	0.8	0.9	0.5	0.6	0.7	0.8	0.9	0.5	0.6	0.7	0.8	0.9
						室内线间距离 150（mm）					室外线间距离 400（mm）				
铝 芯															
2.5	1.01	1.01	1.01	1.01	1.00	1.04	1.03	1.02	1.02	1.01	—	—	—	—	—
4	1.02	1.01	1.01	1.01	1.01	1.06	1.05	1.04	1.03	1.02	—	—	—	—	—
6	1.03	1.02	1.02	1.01	1.01	1.09	1.07	1.05	1.04	1.03	—	—	—	—	—
10	1.04	1.03	1.02	1.02	1.01	1.14	1.11	1.08	1.06	1.04	1.18	1.14	1.11	1.08	1.05
16	1.05	1.04	1.03	1.02	1.02	1.22	1.17	1.13	1.09	1.06	1.29	1.22	1.17	1.12	1.08
25	1.08	1.06	1.05	1.04	1.02	1.32	1.25	1.19	1.14	1.09	1.43	1.33	1.25	1.19	1.12
35	1.11	1.09	1.07	1.05	1.03	1.43	1.33	1.25	1.19	1.12	1.59	1.45	1.34	1.25	1.16
50	1.16	1.12	1.09	1.07	1.04	1.59	1.45	1.34	1.25	1.16	1.81	1.62	1.48	1.35	1.23
70	1.21	1.16	1.13	1.09	1.06	1.78	1.60	1.46	1.34	1.22	2.10	1.85	1.65	1.48	1.31
95	1.29	1.22	1.17	1.12	1.08	2.02	1.78	1.60	1.44	1.29	2.44	2.11	1.85	1.62	1.40
120	1.36	1.28	1.21	1.16	1.10	2.25	1.90	1.73	1.54	1.35	2.79	2.37	2.10	1.78	1.50
150	1.45	1.34	1.26	1.19	1.12	2.51	2.16	1.89	1.65	1.42	3.18	2.67	2.28	1.94	1.61
185	1.55	1.42	1.32	1.24	1.15	2.79	2.37	2.05	1.77	1.50	3.62	3.01	2.54	2.13	1.73
铜 芯															
1.5	1.01	1.01	1.01	1.01	1.00										
2.5	1.02	1.02	1.01	1.01	1.01	1.07	1.05	1.04	1.03	1.02	—	—	—	—	—
4	1.03	1.02	1.01	1.01	1.01	1.11	1.08	1.06	1.05	1.03	—	—	—	—	—
6	1.05	1.03	1.02	1.02	1.01	1.16	1.12	1.09	1.07	1.04	—	—	—	—	—
10	1.06	1.05	1.04	1.03	1.02	1.24	1.18	1.14	1.10	1.07	1.31	1.24	1.18	1.13	1.09
16	1.09	1.07	1.05	1.04	1.03	1.36	1.28	1.21	1.16	1.10	1.48	1.37	1.28	1.21	1.14
25	1.14	1.11	1.08	1.06	1.04	1.54	1.41	1.32	1.23	1.15	1.73	1.56	1.43	1.32	1.20
35	1.19	1.14	1.11	1.08	1.05	1.72	1.56	1.43	1.31	1.20	1.99	1.76	1.58	1.43	1.28
50	1.26	1.20	1.15	1.11	1.07	1.99	1.76	1.58	1.43	1.28	2.37	2.05	1.80	1.59	1.38
70	1.36	1.28	1.21	1.16	1.10	2.32	2.01	1.78	1.57	1.37	2.85	2.42	2.08	1.80	1.51
95	1.48	1.37	1.28	1.21	1.13	2.72	2.32	2.01	1.74	1.48	3.43	2.87	2.43	2.05	1.68
120	1.61	1.47	1.36	1.26	1.17	3.09	2.61	2.23	1.91	1.59	4.00	3.30	2.76	2.29	1.84
150	1.75	1.58	1.44	1.33	1.21	3.54	2.95	2.49	2.10	1.71	4.65	3.81	3.15	2.58	2.02

5. 中性线（N）截面的选择

中性线截面可按下列条件选定：在单相或二相的线路中，中性线截面应与相线相等；在三相四线制的平衡线路中（如负荷均为白炽灯、卤钨灯），其中性线截面应不小于相线载流量的50%，但当相线截面为10mm² 及以下时，中性线截面宜与相线相同；在荧光灯、荧光高压汞灯、高压钠灯等气体放电灯三相四线供电线路中，即使三相平衡，由于各相电流中存在着三次谐波电流，使正弦波的电压波形发生畸变，中性线中会流过3的倍数的奇次谐波电流，因此截面应按最大一相的电流选择。

5.3.3 照明线路的保护

沿导线流过的电流过大时，由于导线温升过高，会对其绝缘、接头、端子或导体周围的物质造成损害。温升过高时，还可能引起着火，因此照明线路应具有过电流保护装置。过电流的原因主要是短路或过负荷（过载），因此过电流保护又分为短路保护和过载保护两种。

照明线路还应装设能防止人身间接电击及电气火灾、线路损坏等事故的接地故障保护装置。间接电击是指电气设备或线路的外壳，在正常情况下它们是不带电的，在故障情况下由于绝缘损坏导致电气设备外壳带电，当人身触及时，会造成伤亡事故。

短路保护、过载保护和接地故障保护均作用于切断供电电源或发出报警信号。

1. 保护装置的选择

(1) 短路保护

线路的短路保护是在短路电流对导体和连接件产生的热作用和机械作用造成危害前切断短路电流。

所有照明配电线路均应设短路保护，通常用熔断器或低压断路器的瞬时脱扣器作短路保护。

对于持续时间不大于5s的短路，绝缘导线或电缆的热稳定应按下式校验：

$$S \geqslant \frac{I}{K}\sqrt{t} \tag{5-18}$$

式中 S——绝缘导线或电缆的线芯截面，mm^2；

I——短路电流有效值，A；

t——在已达允许最高工作温度的导体内短路电流作用的时间，s；

K——计算系数，不同绝缘材料的 K 值，见表5-18。

不同绝缘材料的计算系数 K 值　　　　表5-18

绝缘材料		聚氯乙烯	普通橡胶	乙丙橡胶	油浸纸
不同线芯材料的 K 值	铜芯	115	131	143	107
	铝芯	76	87	94	71

当短路持续时间小于0.1s时，应考虑短路电流非周期分量的影响。此时按以下条件校验，导线或电缆的 K^2S^2 值应大于保护电器的焦耳积分（I^2t）值（由产品标准或制造厂提供）。

(2) 过载保护

照明配电线路除不可能增加负荷或因电源容量限制而不会导致过载外，均应装过载保护。通常由断路器的长延时过流脱扣器或熔断器作过载保护。

过载保护的保护电器动作特性应满足下列条件

$$I_j \leqslant I_n \leqslant I_Z \tag{5-19}$$

$$I_2 \leqslant 1.45 I_Z \tag{5-20}$$

式中 I_j——线路计算电流，A；

I_n——熔断器熔体额定电流或断路器的长延时过流脱扣器整定电流，A；

I_Z——导线或电缆允许持续载流量，A；

I_2——是保护电器可靠动作的电流。（即保护电器约定时间内的约定熔断电流或约定动作电流），A。

熔断器熔体额定电流或断路器长延时过电流脱扣器整定电流与导体允许持续载流量之比值符合表 5-19 规定时，即满足式（5-19）及式（5-20）要求。

I_n/I_Z 值   表 5-19

保护电器类别	I_n（A）	I_n/I_Z	保护电器类别	I_n（A）	I_n/I_Z	保护电器类别	I_n（A）	I_n/I_Z
熔断器	<16	≤0.85①	熔断器	≥16	≤1.0	断路器		≤1.0

注：对于 I_n≤4A 的刀形触头和圆筒帽形熔断器，要求 I_n/I_Z≤0.75。

（3）接地故障保护

接地故障是指相线对地或与地有联系的导电体之间的短路。它包括相线与大地，及 PE 线、PEN 线、配电设备和照明灯具的金属外壳、敷线管槽、建筑物金属构件、水管、暖气管以及金属屋面等之间的短路。接地故障是短路的一种，仍需要及时切断电路，以保证线路短路时的热稳定。不仅如此，若不切断电路，则会产生更大的危害性。当发生接地短路时在接地故障持续的时间内，与它有联系的配电设备（照明配电箱、插座箱等）和外露可导电部分对地和对装置外导电部分间存在故障电压，此故障电压可使人身遭受电击，也可因对地的电弧或火花引起火灾或爆炸，造成严重的生命财产损失。由于接地故障电流较小，保护方式还因接地形式和故障回路阻抗不同而异，所以接地故障保护比较复杂。

接地保护总的原则是：

1）切断接地故障的时限，应根据系统接地形式和用电设备使用情况确定，但最长不宜超过 5s。

在正常环境下，人身触电时安全电压限值 U_L 为 50V。当接触电压不超过 50V 时，人体可长期承受此电压而不受伤害。允许切断接地故障电路的时间最大值不得超过 5s。

2）应设置总等电位联结，将电气线路的 PE 干线或 PEN 干线与建筑物金属构件和金属管道等导电体联结。

单一的切断故障保护措施因保护电器产品的质量、电器参数的选择和其使用过程中性能变化以及施工质量、维护管理水平等原因，其动作并非完全可靠。采用接地故障保护时，还应采用等电位联结措施，以降低电气装置或建筑物内人身触电时的接触电压，提高电气安全水平。

2. 保护电器的选择

保护电器包括熔断器和断路器两类，其选择的一般原则如下：

（1）按正常工作条件

1）电器的额定电压不应低于网络的标称电压；额定频率应符合网络要求。

2）电器的额定电流不应小于该回路计算电流。

$$I_n \geqslant I_j \tag{5-21}$$

（2）按使用场所环境条件

根据使用场所的温度、湿度、灰尘、冲击、振动、海拔高度、腐蚀性介质、火灾与爆炸危险介质等条件选择电器相应的外壳防护等级。

(3) 按短路工作条件

1) 保护电器是切断短路电流的电器,其分断能力不应小于该电路最大的预期短路电流。

2) 保护电器额定电流或整定电流应满足切断故障电路灵敏度要求,即符合本节"保护装置选择"要求。

(4) 按启动电流选择

考虑光源启动电流的影响,照明线路,特别是分支回路的保护电器,应按下列各式确定其额定电流或整定电流。

对熔断器 $\quad I_n \geq K_m I_j \quad$ (5-22)

对短路器 $\quad I_n \geq K_{kl} I_j \quad$ (5-23)

$\quad I_{n3} \geq K_{k3} I_j \quad$ (5-24)

以上式中 I_{n3}——断路器瞬时过流脱扣器整定电流,A;

K_m——选择熔体的计算系数;

K_{kl}——选择断路器长延时过流脱扣器整定电流的计算系数;

K_{k3}——选择断路器瞬时过流脱扣器整定电流的计算系数。

其余符号含义同上。

K_m、K_{kl}、K_{k3}取决于光源启动性能和保护电器特性,其数值见表5-20。

不同光源的照明线路保护电器选择的计算系数 表 5-20

保护电器类型	计算系数	白炽灯卤钨灯	荧光灯	荧光高压汞灯	高压钠灯	金属卤化物灯
螺旋式熔断器	K_m	1	1	1.3~1.7	1.5	1.5
插入式熔断器	K_m	1	1	1~1.5	1.1	1.1
断路器的长延时过流脱扣器	K_{kl}	1	1	1.1	1	1
断路器的瞬时过流脱扣器	K_{k3}	6	6	6	6	6

注:荧光高压汞灯的计算系数,400W及以上的取上限值,175~250W取中间值,125W及以下时取下限值。

(5) 常用的保护装置

常用的照明线路的保护装置主要是熔断器、自动空气短路器(自动开关)和成套保护装置,如照明配电箱等。

1) 熔断器

熔断器是一种保护电器,它主要由熔体和安装熔体用的绝缘器组成。它在低压电网中主要用于短路保护,有时也用于过载保护。熔断器的保护作用是靠熔体来完成的,一定截面的熔体只能承受一定值的电流,当通过的电流超过规定值时,熔体将熔断,从而起到保护的作用。熔体熔断所需时间与电流的大小有关,当通过熔体的电流越大时,熔断的时间越短。

最常用的低压熔断器的系列产品设备有:RC系列瓷插式熔断器,用于负载较小的照明电路;RL系列螺旋式熔断器,适用于配电线路的过载和短路保护,也常作为电动机的短路保护电器;RM无填料密封管式熔断器;RT系列有填料密封闭管式熔断器,灭弧能力强,分断能力高,并有限流作用。

2) 低压断路器

低压断路器又称自动空气开关,属于一种能自动切断电路故障的控制兼保护的电器,按其用途可分为：配电用断路器、电动机保护用断路器、照明用断路器。按其结构可分为塑料外壳式、框架式、快速式、限流式等。但基本类型主要有万能式和装置式两系列，分别用 W 和 Z 表示。

为了满足保护动作的选择性，过电流脱扣器的保护方式有：过载和短路均瞬时动作；过载具有延时，而短路瞬时动作；过载和短路均为长延时动作；过载和短路均为短延时动作。

目前常用低压断路器的型号主要有 DW16、DW15、DZ5、DZ20、DZ12、DZ6 等系列，近年来一些厂家生产出了一些具有国际先进水平的新产品，如施耐德有限公司生产的 C65N 系列产品，具有体积小、重量轻，工作可靠的特点。C65N 系列断路器的主要技术数据见表 5-21。

C65N 系列断路器的主要技术数据　　　　　　　　　　表 5-21

型号	极数	额定电压/V	脱扣器额定电流/A	分断能力
C65N	单极 双极 三极 四极	230/400	1、2、4、6、10、16、20、25、32、40、50、63	6000
C65A	单极 双极 三极 四极	230/400	6、10、16、20、25、32、40、50、63	4500
C65H	单极 双极 三极 四极	230/400	1、2、4、6、10、16、20、25、32、40、50、63	10000
C65L	单极 双极 三极 四极	230/400	1、2、4、6、10、16、20、25、32、40、50、63	15000

3) 漏电保护装置

在家用电器种类日益增多、使用愈来愈普遍的情况下，在各种保护系统中另加漏电保护装置的优点十分明显。漏电保护器又称配电保护器，主要用来对有致命危险的人身触电进行保护，以及防止因电气设备或线路漏电而引起的火灾。

漏电保护器分类很多，比如按其动作原理可分为电压型、电流型和脉冲型；按其脱扣的形式可分为电磁式和电子式；按其保护功能及结构又可分为漏电继电器、漏电断路器、漏电开关及漏电保护插座。

4) 照明配电箱

标准照明配电箱是按国家标准统一设计的全国通用的定型产品。照明配电箱内主要装有控制各支路的刀闸开关或低压断路器、熔断器，有的还装有漏电保护开关等。近年来推出的照明配电箱种类繁多，如 XM-4 型、XM(R)-7 型、XM(R)-8 型和 GXM(R) 型照明配电箱。

(6) 各级保护的配合

为了使故障限制在一定的范围内，各级保护装置之间必须能够配合，使保护电器动作具有选择性。配合的措施如下：

1) 熔断器与熔断器间的配合

为了保证熔断器动作的选择性，一般要求上一级熔断电流比下一级熔断电流大 2～3 级。

2) 自动开关与自动开关之间的配合

要求上一级自动开关脱扣器的额定电流一定要大于下一级自动开关脱扣器的额定电流；上一级自动开关脱扣器瞬时动作的整定电流一定要大于下一级自动开关脱扣器瞬时动作的整定电流。

3) 熔断器与自动开关之间的配合

当上一级自动开关与下一级熔断器配合时，熔断器的熔断时间一定要小于自动开关脱扣器动作所要求的时间；当下一级自动开关与上一级熔断器配合时，自动开关脱扣器动作时间一定要小于熔断器的最小熔断时间。

(7) 保护线（PE）截面的选择

保护线（PE）截面选择，按规定其电导不得小于相线电导的 50%，且要满足单相接地故障保护的要求。

对于兼有保护线（PE）和中性线（N）双重功能的 PEN 线，其截面选择应同时满足上述保护线和中性线的截面要求，即按它们的最大者选取。采用单芯导线作 PEN 线干线时，铜芯导线不应小于 $10mm^2$，铝芯导线不应小于 $16mm^2$。采用多芯导线或电缆作 PEN 线干线时，其截面不应小于 $4mm^2$。

3. 保护装置的装设位置

保护电器（熔断器和自动空气断路器）是装在照明配电箱或配电屏内的。箱或屏装设在操作维护方便、不易受机械损伤、不靠近可燃物的地方，并避免保护电器运行时意外损坏对周围人员造成伤害，如大楼各层的配电间内等。

保护电器装设在被保护线路与电源线路的连接处，但为了操作与维护方便可设置在离开连接点的地方，并应符合下列规定：

（1）线路长度不超过 3m；

（2）采取将短路危险减至最小的措施；

（3）不靠近可燃物。

当将从高处的干线向下引接分支线路的保护电器装设在连接点的线路长度大于 3m 的地方时，应满足下列要求：

（1）在分支线装设保护电器前的那一段线路发生短路或接地故障时，离短路点最近的上一级保护电器应能保证符合规定的要求动作；

（2）该段分支线应敷设于不燃或难燃材料的管或槽内。

5.4 照明设计施工图

5.4.1 设计总则

按我国目前的设计程序，设计多数采用两阶段设计：初步设计和施工图设计。各阶段

第 5 章 照明电气设计

的设计深度和与有关的设计内容、图纸、说明等要求分述如下。

1. 初步设计

（1）初步设计的深度要满足的要求

1）综合各项原始资料经过比较，确定电源、照度、布灯方案、配电方式等初步设计方案，作为编制施工图设计的依据。

2）确定主要设备及材料规格和数量作为订货的依据。

3）确定工程造价，据此控制工程投资。

4）提出与其他工种的设计及概算有关系的技术要求（简单工程不需要），作为其他有关工种编制施工图设计的依据。

（2）说明书内容

1）照明电源、电压、容量、照度标准（应列出主要类型照度要求）及配电系统形式。

2）光源及灯具的选择：工作照明、装饰照明、应急照明、障碍灯及特种照明的装设及其控制方式。使用日光灯时若用电子镇流器，应予以说明。

3）配电箱等的选择及安装方式。

4）导线的选择及线路敷设方式。

（3）图纸应表达的内容、深度

1）平面布置图：一般工程只绘内部作业草图（不对外出图）。使用功能要求高的复杂工程应出主要平面图，写出工作照明和应急照明等的灯位、配电箱位置等布置原则。

2）复杂工程和大型公用建筑应绘制系统图（只绘至分配电箱）。

（4）计算书

1）大、中型公用建筑主要场所照度计算（该计算书作为内部归档）。

2）负荷计算及导线截面与管径的选择。

3）电缆选择计算。

4）照明节能计算（LPD）。

2. 施工图设计

（1）施工图设计深度的要求

1）据此编制施工图预算。

2）据此安排设备材料和非标准设备的订货或加工。

3）据此进行施工和安装。

（2）图纸应表达的内容与深度

1）照明平面图

① 画出建筑门窗、轴线、主要尺寸、比例、各层标高，底层应有指北针，注明房间名称，主要场所照度标准，绘出配电箱、灯具、开关、插座、线路等平面布置，表明配电箱、干线及分支线回路编号。

② 标注线路走向、引入线规格、敷设方式和标高、灯具容量及安装标高。

③ 复杂工程的照明应画局部平剖面图，多层建筑标准层可用其中一层表示。

④ 图纸说明：电源电压，引入方式；导线选型和敷设方式；设备安装方式及高度；保护接地措施及阻值；注明所采用的标准图或安装图编号、页次。

2) 照明系统图（简单工程可画在平面图上）

用单线图绘制，标出配电箱、开关、熔断器、导线型号规格、保护管径和敷设方法，标明各回路用电设备名称、设备容量、计算电流等。

3) 照明控制图

对照明有特殊控制要求的应给出控制原理图。

4) 设备材料表

应列出主要设备规格和数量。

说明书、图纸的内容、深度等根据各工程的特点和实际情况会有所增减，但一般宜达到上述每个阶段设计深度的要求。

5.4.2 照明施工图

电气照明施工图的主要作用是用来说明建筑电气工程中照明系统的构成和功能，描述系统的工作原理，提供设备的安装技术数据和实用维护数据等。

1. 电气照明施工图的符号及标注

（1）图形符号

照明施工图中常用的图形符号见表 5-22。

（2）文字符号

照明工程中常用导线敷设方式的标注符号见表 5-23；导线敷设部位标注符号见表 5-24；照明灯具安装方式标注符号见表 5-25。

照明施工图中常用的图形符号　　　　表 5-22

图例	名称	图例	名称	图例	名称	图例	名称
○	灯具一般符号	⊙	深照灯		双联单控防水开关		单相三极防水插座
⊖	天棚灯	▼	墙上座灯		双联单控防爆开关		单相三极防爆插座
⊕	四火装饰灯	▬	疏散指示灯		三联单控暗装开关		三相四极暗装插座
✳	六火装饰灯	▬	疏散指示灯		三联单控防水开关		三相四极防水插座
⊖	壁灯	EXIT	出口标志灯		三联单控防爆开关		三相四极防爆插座
⊢	单管荧光灯	⊗⊗	应急照明灯		声光控延时开关		双电源切换箱
⊢	双管荧光灯	Ⓔ	应急照明灯		单联暗装拉线开关		明装配电箱
⊢	三管荧光灯	⊗	换气扇		单联双控暗装开关	■	暗装配电箱
⊗	防水防尘灯	⋈	吊扇		吊扇调速开关		漏电断路器
○	防爆灯		单联单控暗装开关		单相两极暗装插座		低压断路器
	泛光灯		单联单控防水开关		单相两极防水插座		弯灯
	单联单控防爆开关		单相两极防爆插座		广照灯		双联单控暗装开关
	单相三极暗装插座						

导线敷设方式的标注符号　　　　表 5-23

名称	旧代号	新代号
穿焊接（水煤气）钢管敷设	G	SC
穿电线管敷设	DG	TC
穿硬聚氯乙烯管敷设	VG	PC

续表

名　称	旧代号	新代号
穿阻燃半硬聚氯乙烯管敷设	ZVG	FPC
用绝缘子（瓷瓶或瓷柱）敷设	CP	K
用塑料线槽敷设	XC	PR
用钢线槽敷设	CC	SR
用电缆桥架敷设	—	CT
用瓷夹板敷设	CJ	PL
用塑料夹板敷设	VJ	PCL
穿蛇皮管敷设	SPG	CP
穿阻燃塑料管敷设	—	PVC

导线敷设部位标注符号　　　　　　　　　　　　　　　表 5-24

名　称	旧代号	新代号
沿钢索敷设	S	SR
沿屋架或跨屋架敷设	LM	BE
沿柱或跨柱敷设	ZM	CLE
沿墙面敷设	QM	WE
沿天棚面或顶板面敷设	PM	CE
在能进入的吊顶内敷设	PNM	ACE
暗敷设在梁内	LA	BC
暗敷设在柱内	ZA	CLC
暗敷设在墙内	QA	WC
暗敷设在地面或地板内	DA	FC
暗敷设在屋面或顶板内	PA	CC
暗敷设在不能进入的吊顶内	PNA	ACC

照明灯具安装方式标注符号　　　　　　　　　　　　　表 5-25

名　称	旧代号	新代号
线吊式	X	CP
自在器线吊式	X	CP
固定线吊式	X1	CP1
防水线吊式	X2	CP2
吊线器式	X3	CP3
链吊式	L	Ch
管吊式	G	P
吸顶式或直附式	D	S
嵌入式（嵌入不可进人的顶棚）	R	R
顶棚内安装（嵌入可进人的顶棚）	DR	CR
墙壁内安装	BR	WR
台上安装	T	T
支架上安装	J	SP
壁装式	B	W
柱上安装	Z	CL
座装	ZH	HM

(3) 照明配电线路的标注

照明配电线路的标注一般为 $a-b(c\times d)e-f$。若导线截面不同时，应分别标注，如两种芯线截面的配电线路可标注为 $a-b(c\times d+n\times h)e-f$

式中　a——线路的编号（亦可不标）；

　　　b——导线或电缆的型号；

　　　c、n——导线的根数；

　　　d、h——导线或电缆截面，mm^2；

　　　e——敷设方式及管径；

　　　f——严敷设部位。

例如，某照明系统图中标注有 $BLV(3\times 50+2\times 35)SC50\text{-}FC$，表示该线路采用的导线型号是铝芯塑料绝缘导线，三根 $50mm^2$，两根 $35mm^2$，穿管径为 $50mm$ 的焊接钢管沿地面暗装敷设。

(4) 照明灯具的标注

照明灯具的一般标注方法为：

$$a-b\frac{c\times d\times L}{e}f$$

若灯具为吸顶安装，可标注为：

$$a-b\frac{c\times d\times L}{-}f$$

式中　a——灯具数量；

　　　b——灯具型号或编号；

　　　c——每套照明灯具的灯泡（管）数量；

　　　d——每个灯泡（管）容量，W；

　　　e——灯具的安装高度；

　　　f——安装方式；

　　　L——光源种类。

例如，照明灯具标注为：

$$10-YZ40RR\frac{2\times 30}{2.8}P$$

则表示这个房间或某个区域安装 10 套型号为 YZ40RR 的荧光灯（Z—直管型，RR—日光色），每套灯具装有 2 根 30W 灯管，管吊式安装，安装高度 2.8m。

而标注为：

$$6-JXD6\frac{2\times 60}{-}S$$

则表示这个房间装有 6 套型号为 JXD6 的灯具，每套灯具装有 2 个 60W 的白炽灯，吸顶安装。

(5) 开关及熔断器的标注

一般的标注方法为：

$$a\frac{b}{c/i} \text{ 或 } a-b-c/i$$

第5章 照明电气设计

当需标注引入线的规格时为：

$$a\frac{b-c/i}{d(e\times f)-g}$$

式中　a——设备编号；

b——设备型号；

c——额定电流，A；

i——整定电流，A；

d——导线型号；

e——导线根数；

f——导线截面，mm^2；

g——敷设方式。

进行照明工程设计时，若将灯具、开关及熔断器的型号随图例标注在材料表中，则这部分内容可不在图上标出。

2. 电气照明施工图的种类及绘制

（1）电气照明施工图的种类

当工程规模大小不同时，图纸数量相差可能很大，但图纸种类却大致相同。电气照明施工图一般由首页、照明系统图、照明平面图等组成。

（2）各种图纸的内容及绘制

1）首页。一般由以下四部分组成。

图纸目录：注明图纸序号、名称、编号、张数等，以利于图纸的保存和查找。

图例：一般画出本套图纸所使用的图形符号，以便于阅读。

设计说明：对图纸中尚未表达清楚或表达不清楚的问题进行说明。例如：工程设计依据，建筑特点及等级，图纸设计范围，供电电源，接地形式，配电设备及线路的型号规格、安装及敷设方式等。

设备材料表：列出该项工程所需主要设备和材料的型号规格和数量等有关的重要数据。设备材料表一般与图例一同按序号进行编写，并要求与图纸一致，以便于施工单位计算材料、采购电气设备、编制工程概（预）算和编制施工组织计划等。

2）照明系统图。图 5-16 为一照明系统图示例。

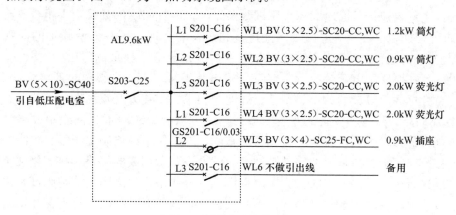

图 5-16　照明系统图示例

照明系统图应在照明平面图的基础上绘制，用图形符号和文字符号表示建筑物照明配电线路的控制关系。系统图只画出各设备之间的连接，并且一般采用单线图。照明配电图一般由配电箱系统图组成，表达的内容主要有以下几项：

① 电源进线回路数、导线或电缆的型号规格、敷设方式及穿管管径。

② 总开关及熔断器、各分支回路开关及熔断器的规格型号，各照明支路分相情况（用A、B、C或L1、L2、L3标注），出线回路数量及编号（用文字符号WL标注），各支路用途及照明设备容量（用kW标注），其中，也包括电风扇、插座和其他用电器具的容量。

③ 系统总的设备容量、需要系数、计算容量、计算电流、配电方式等用电参数。

3) 照明平面图。某楼层照明平面局部图如图5-17所示。

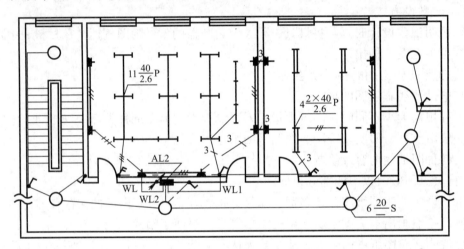

图 5-17 照明平面局部图

照明平面图是表示建筑物照明设备、配电线路平面布置的图样。需要表达的内容主要有：电源进线的位置，导线的根数及敷设方式，灯具及各种用电和配电设备的安装位置、安装方式、规格型号及数量。

照明平面图的一般绘制步骤如下：

① 照明平面图应按建筑物不同标高的楼层分别在其建筑平面轮廓图上进行设计。为了强调设计主题，建筑平面轮廓图采用细线条绘制，电气照明部分采用中粗线条绘制。

② 布置灯具和设备。应遵循既保证灯具和设备的合理使用并方便施工的原则，在建筑平面图的相应位置上，按国家标准图形符号画出配电箱（盘）、灯具、开关、插座及其他用电设备。在照明配电箱旁应用文字符号标出其编号（AL），必要时还应标注其进线；在照明灯具旁标注出灯具的数量、型号、灯泡的功率、安装方式及高度。

③ 绘制线路。灯具和设备的布置完成后，就可以绘制线路了。在绘制线路时，应首先按室内配电的敷设方式，规划出较理想的布局，然后用单线绘制出干线、支线的位置和走向，连接配电箱至各灯具、插座及其他所有用电设备所构成的回路，接着用文字符号对干线和支线进行标注（注：有时，为了减少图面的标注量，提高图面的清晰度，往往把从配电箱到各用电设备的管线在平面图上不直接标注，而是在系统图上进行标注，或另外提供一个用电设备导线、管径选择表）。然后对干线和支线进行编号（照明干线用WLM，

支线用 WL 标注)。最后还要标注导线的根数(注：在平面图上，两根导线一般不标注。3 根及以上导线的标注方式有两种：一是在图线上打上斜线表示，斜线根数与导线根数相同；二是在图线上画一根短斜线，在斜线旁标以与导线根数相同的阿拉伯数字)。

④ 撰写必要的文字说明，交代未尽事宜，便于阅读者识图。

3. 常用照明基本线路的阅读和分析

(1) 阅读顺序

实践中，照明施工图的阅读一般按设计说明、照明系统图、照明平面图与详图、设备材料表和图例并进的程序进行。其中照明系统图、照明平面图的阅读顺序一般又按电流入户方向依次阅读，即：

进户线→配电箱(盘)→支线→支线上的用电设备。

(2) 分析举例

由于照明灯具一般都是单相负荷，其控制方式多种多样，加上施工配线方法的不同，对相线、中性线（N 线）、保护线（PE 线）的连接各有要求，因此其连接关系比较复杂，如相线必须经开关后再接于灯座，中性线可以直接进灯座，保护线则应直接与灯具的金属外壳相连接等。这样就会在灯具之间、灯具与开关之间出现导线根数的变化。对于初学者来说，必须搞清基本照明线路和配线基本要求。

1) 一只开关控制一盏灯。最简单的照明控制线路是在一间房内采用一只开关控制一盏灯，如采用管配线暗敷设，其照明平面图如图 5-18 所示，实际接线图如图 5-19 所示。

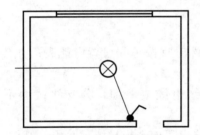 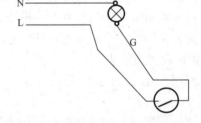

图 5-18　一只开关控制一盏灯的照明平面图　　图 5-19　一只开关控制一盏灯的实际接线图

平面图和实际接线图是有区别的，由图可知，电源与灯座的导线和灯座与开关之间的导线都是两根，但其意义是不同的：电源与灯座的两根导线，一根为直接接灯座的中性线（N），一根为相线（L），中性线直接接灯座，相线必须经开关后再接灯座；所以，灯座与开关的两根导线，一根是相线，一根是受控线（G）。

2) 多只开关控制多盏灯。图 5-20 为两个房间的照明平面图，图中有一个照明配电箱、三盏灯、一个双联单控开关和一个单联单控开关，采用管配线。大房间的两灯之间为三根线，中间一盏灯与双联单控开关之间为三根线，其余都是两根线，因为线管中间一般不许有接头，故接头只能放在灯座盒内或开关盒内。详见与之对应的实际接线图 5-21。

由以上的分析可见，在绘制或阅读照明平面图时，应结合灯具、开关、插座的原理接线图或实际接线图对照平面图进行分析。借助于照明平面图，了解灯具、开关、插座和线路的具体位置及安装方法；借助于原理接线图了解灯具、开关之间的控制关系；借助于实际接线图了解灯具、开关之间的具体接线关系。开关、灯具位置、线路并头位置发生变化时，实际接线图也随之发生变化。只要理解了原理，就不难看懂任何复杂的平面图和系统图，在施工中穿线、并头、接线就不会搞错了。

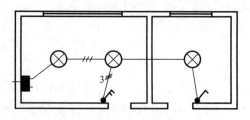

图 5-20　多只开关控制的照明平面图　　图 5-21　多只开关控制的实际接线图

5.4.3　照明电气设计注意事项

搞好照明电气设计应按《建筑照明设计标准》GB 50034—2013 进行，并注意以下几点：

1. 照明配电宜采用放射式和树干式结合的系统。

2. 三相配电干线的各相负荷宜分配平衡，最大相负荷不宜超过三相负荷平均值的 115%，最小相负荷不宜小于三相负荷平均值的 85%。

3. 照明配电箱宜设置在靠近照明负荷中心便于操作维护的位置。

4. 每一照明单相分支回路的电流不宜大于 16A，所接光源数不宜超过 25 个；连接建筑组合灯具时，回路电流不宜大于 25A，光源数不宜超过 60 个；连接高强度气体放电灯的单相分支回路的电流不宜大于 25A。

5. 插座不宜和照明灯接在同一分支回路。

6. 居住建筑应按户设置电能表；工厂在有条件时宜按车间设置电能表；办公楼宜按租户或单位设置电能表。

7. 照明配电干线和分支线，应采用铜芯绝缘电线或电缆，分支线截面不应小于 2.5mm^2。

8. 照明配电线路应按负荷计算电流和灯端允许电压值选择导体截面积。

9. 主要供给气体放电灯的三相配电线路，其中性线截面应满足不平衡电流及谐波电流的要求，且不应小于相线截面。

10. 办公建筑和工业建筑的走廊、楼梯间、门厅等公共场所的照明，宜采用集中控制，并按建筑使用条件和天然采光状况采取分区、分组控制措施。

11. 体育馆、影剧院、候机厅、候车厅等公共场所应采用集中控制，并按需要采取调光或降低照度的控制措施。

12. 旅馆的每间（套）客房应设置节能控制型总开关。

13. 居住建筑有天然采光的楼梯间、走道的照明，除应急照明外，宜采用节能自熄开关。

14. 每个照明开关所控光源数不宜太多。每个房间灯的开关数不宜少于 2 个（只设置 1 只光源的除外）。

15. 房间或场所装设有两列或多列灯具时，宜按下列方式分组控制：

(1) 所控灯列与侧窗平行；

(2) 生产场所按车间、工段或工序分组；

(3) 电化教室、会议厅、多功能厅、报告厅等场所，按靠近或远离讲台分组。

16. 有条件的场所，宜采用下列控制方式：

(1) 天然采光良好的场所，按该场所照度自动开关或调光；

(2) 个人使用的办公室，采用人体感应或动静感应等方式自动开关灯；

(3) 旅馆的门厅、电梯大堂和客房层走廊等场所，采用夜间定时降低照度的自动调光装置；

(4) 大中型建筑，按具体条件采用集中或集散的、多功能或单一功能的自动控制系统。

5.4.4 照明施工图设计案例

案例 1

试为某教学楼作出照明设计。其平面图见图 5-22，每间教室和办公室要求安装单相插座 2 只。

1. 电光源及灯具的选择

教室和卫生间选用 YG2-2 型，每套灯具容量 $P=2\times 36W$ 的管吊式荧光灯；办公室选用 YG2-3 型 $3\times 36W$ 管吊式荧光灯，走道和雨篷初步选用 JXD6-2 型吸顶灯（镇流器选用节能型，估算时功率为 4W）。

2. 确定布置灯具方案和进行照度计算

(1) 选择计算系数。查表 1-19，教师、办公室取平均照度 $E_{av}=300lx$，卫生间取平均照度 $E_{av}=100lx$，走道、雨篷取 $E_{av}=50lx$。

查附录，取最低照度系数 $Z=1.3$，换算成最低照度 E_{min}：

教室、办公室 $\qquad E_{min}=E_{av}/Z=300/1.3=230.8lx$

卫生间 $\qquad\qquad E_{min}=E_{av}/Z=100/1.3=76.9lx$

走道、雨篷 $\qquad E_{min}=E_{av}/Z=50/1.3=38.5lx$

(2) 计算高度。教学楼层高为 3.5m，设荧光灯具吊高 3m，课桌高 0.75m，所以各计算高度为：

教室、办公室、卫生间 $\qquad h=3-0.75=2.25m$

走道、雨篷 $\qquad\qquad h=3.5m$

(3) 面积计算。

教室 $\qquad\qquad A_1=9.9\times 6=59.4m^2$

$\qquad\qquad\qquad A_2=9.9\times 5.4=53.46m^2$

办公室或卫生间 $\qquad A=3.3\times 5.4=17.82m^2$

走道 $\qquad\qquad A=2.2\times 23.1=50.82m^2$

雨篷 $\qquad\qquad A=3.3\times 3.6=11.88m^2$

(4) 照度计算（采用单位容量法）。查相关建筑电气设计手册，得各房间的照明单位安装功率 p_o 为：

教室 $\qquad\qquad p_o=16.8W/m^2$

办公室 $\qquad\qquad p_o=22.2W/m^2$

走道 $\qquad\qquad p_o=16.2W/m^2$

雨篷 $\qquad\qquad p_o=30.9W/m^2$

卫生间 $\qquad\qquad p_o=11.7W/m^2$

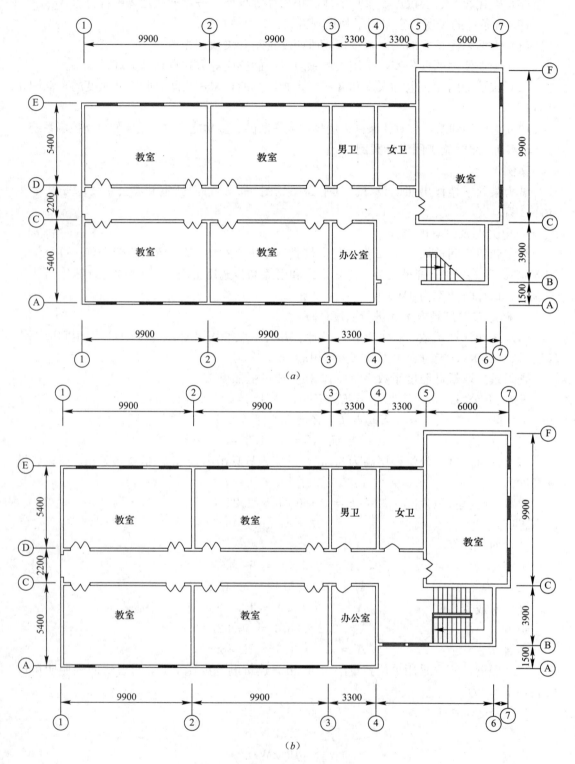

图 5-22 某教学楼平面图
(a) 一层平面图；(b) 二层平面图

(5) 计算总安装容量。

教室 $\qquad P_1 = p_o \times A = 16.8 \times 59.4 = 997.92\text{W}$
$\qquad\qquad\qquad P_2 = 16.8 \times 53.46 = 898.13\text{W}$
办公室 $\qquad P = 22.2 \times 17.82 = 395.6\text{W}$
卫生间 $\qquad P = 11.7 \times 17.82 = 208.49\text{W}$
走道 $\qquad P = 16.2 \times 50.82 = 823.28\text{W}$
雨篷 $\qquad P = 30.9 \times 11.88 = 367.09\text{W}$

(6) 计算灯具数量。

教室 $\qquad N_1 = P_1/p = 997.92/80 = 12.474$ 套，取 12 套
$\qquad\qquad N_2 = P_2/p = 898.13/80 = 11.23$ 套，取 12 套
办公室 $\qquad N = P/p = 395.6/120 = 3.3$ 套，取 3 套
卫生间 $\qquad N = P/p = 208.49/80 = 2.61$ 套，取 3 套

走道初选 JXD6-2 平圆型吸顶灯，$p=100\text{W}$，$N=P/p=823.28/100=8.23$ 套，取 9 套；雨篷也初选用 JXD6-2 平圆型吸顶灯，$N=P/p=367.09/100=3.67$ 套，取 4 套。

考虑消防和节能等因素，在不降低照度的基础上，走道和雨篷都改用 SMX2069-2 型荧光吸顶灯替代，该型号灯具每套功率为 32W＋22W，共 13 套。

(7) 各布灯方式如照明平面图 5-23 所示。

3. 确定照明供电方式和照明线路的布置方式

采用 380/220V 三相四线制供电。电源由一层④轴线地下电缆穿钢管引至一层总配电箱 1AL，再由 1AL 配电箱引线穿钢管于墙内暗敷引至二层 2AL 配电箱。供电方式见配电箱系统图（见图 5-24），由各配电箱引出八条单相支路，供各教室、办公室照明和插座等用电。

4. 计算照明负荷

该教学楼各层照明负荷的计算相同，下面主要以一层为例，阐述照明负荷的计算过程。

一层照明设备容量：

WL1 支路：荧光灯 13 只×54W，荧光灯的损耗系数 $\alpha=0.2$；指向标志灯 3 只×3W，$\alpha=0$；需用系数取 $K_x=1$；按将功率因数提高到 $\cos\varphi=0.9$ 计算。则：

灯具设备容量

$$P_{e1} = \sum P_a(1+\alpha) = 13 \times 54(1+0.2) + 3 \times 3 = 851\text{W}$$

计算负荷 $\qquad P_{j1} = K_x P_{e1} = 1 \times 851 = 851\text{W}$
计算电流 $\qquad I_{j1} = P_{j1}/(U_P \cos\varphi) = 851/(220 \times 0.9) = 4.3\text{A}$

WL2 支路：一般照明荧光灯 18 只×72W，黑板照明 2 只×36W。则

$$P_{e2} = \sum P_a(1+\alpha) = (18 \times 72 + 2 \times 36) \times (1+0.2) = 1641.6\text{W}$$

$$P_{j2} = K_x P_{e2} = 1 \times 1641.6 = 1641.6\text{W}$$

$$I_{j2} = P_{j2}/(U_P \cos\varphi) = 1641.6/(220 \times 0.9) = 8.3\text{A}$$

WL3 支路：一般照明荧光灯 12 只×72W，黑板照明 2 只×36W。

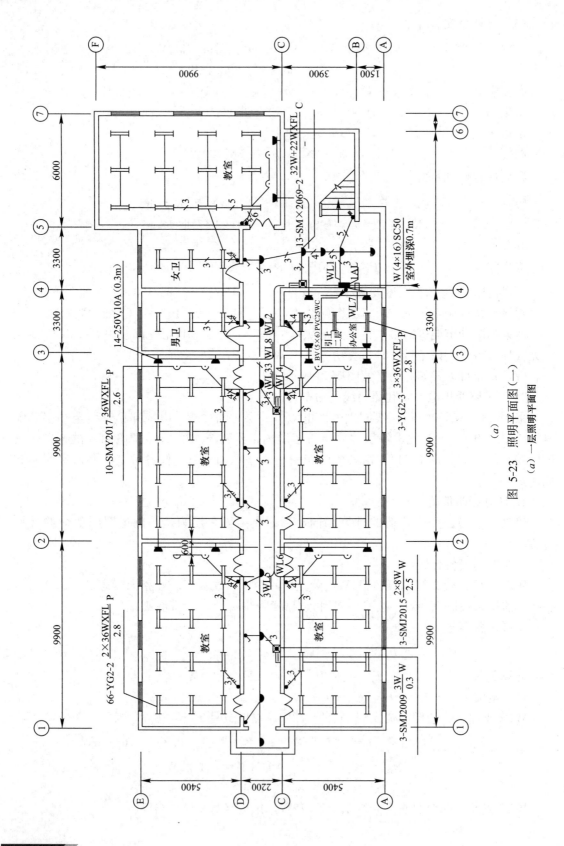

图 5-23 照明平面图（一）
(a) 一层照明平面图

第5章 照明电气设计

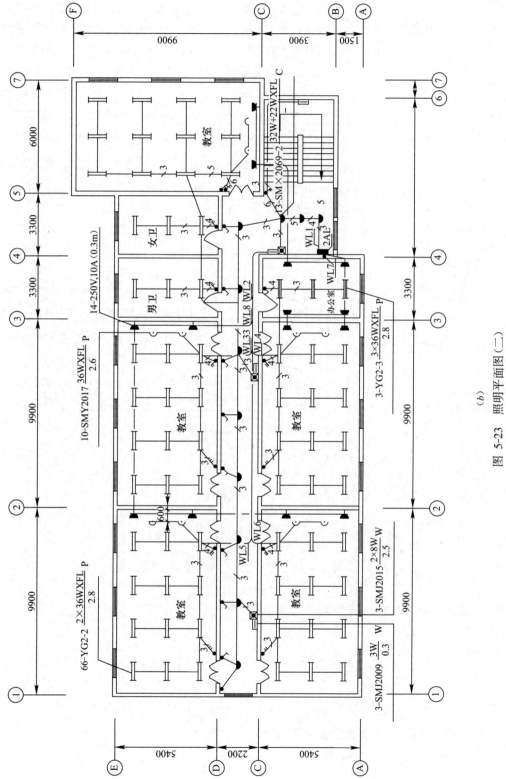

图 5-23 照明平面图（二）
(b) 二层照明平面图

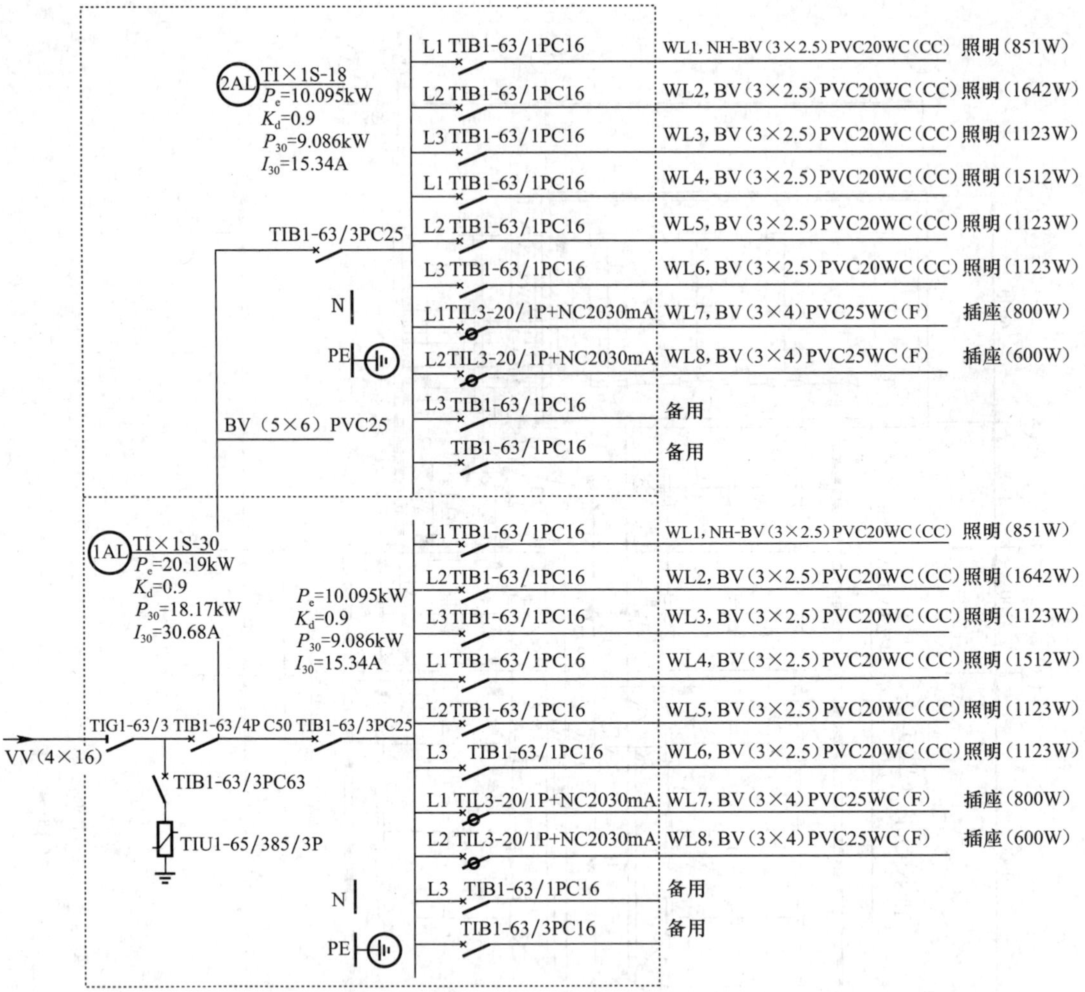

图 5-24　配电箱系统图

$$P_{e3} = \sum P_a(1+\alpha) = (12 \times 72 + 2 \times 36) \times (1+0.2) = 1123.2\text{W}$$

$$P_{j3} = K_x P_{e3} = 1 \times 1123.2 = 1123.2\text{W}$$

$$I_{j3} = P_{j3}/(U_P \cos\varphi) = 1123.2/(220 \times 0.9) = 5.7\text{A}$$

WL4 支路：教室一般照明荧光灯 12 只×72W，黑板照明 2 只×36W；办公室荧光灯 3 只×108W。则

$$P_{e4} = \sum P_a(1+\alpha) = (12 \times 72 + 2 \times 36 + 3 \times 108) \times (1+0.2) = 1512\text{W}$$

$$P_{j4} = K_x P_{e4} = 1 \times 1512 = 1512\text{W}$$

$$I_{j4} = P_{j4}/(U_P \cos\varphi) = 1512/(220 \times 0.9) = 7.6\text{A}$$

WL5、WL6 支路灯具设备容量与 WL3 相同。

WL7 支路：插座 8 只，每只按 100W。则

$$P_{e7} = \sum P_a = 8 \times 100 = 800\text{W}$$

$$P_{j7} = K_x P_{e7} = 1 \times 800 = 800 \text{W}$$
$$I_{j7} = P_{j7}/(U_P \cos\varphi) = 800/(220 \times 0.9) = 4.04 \text{A}$$

WL8 支路：插座 6 只，每只按 100W。则

$$P_{e8} = \sum P_a = 6 \times 100 = 600 \text{W}$$
$$P_{j8} = K_x P_{e8} = 1 \times 600 = 600 \text{W}$$
$$I_{j8} = P_{j8}/(U_P \cos\varphi) = 600/(220 \times 0.9) = 3.03 \text{A}$$

一层配电箱 1AL 照明计算负荷的计算：取需要系数 $K_x = 0.9$，$\cos\varphi = 0.9$。
三相总安装容量按最大负荷相 L2 所接容量的三倍考虑，即等效三相设备容量为

$$P_e = 3P_{em\varphi} = 3P_{L2} = 3(1642 + 1123 + 600) = 10095 \text{W} = 10.095 \text{kW}$$

计算负荷 $\quad P_j = K_x P_e = 0.9 \times 10.095 = 9.086 \text{kW}$

计算电流

$$I_j = P_j/(\sqrt{3} \times U_e \times \cos\varphi) = 9.086/(\sqrt{3} \times 0.38 \times 0.9) = 15.34 \text{A}$$

二层配电箱 2AL 照明计算负荷与一层相同。
电源进线总的计算负荷：

三相总安装容量 $\quad P_{e\sum} = 2P_e = 2 \times 10.095 = 20.19 \text{kW}$

计算负荷 $\quad P_j = K_x P_{e\sum} = 0.9 \times 20.19 = 18.17 \text{kW}$

计算电流

$$I_j = P_j/(\sqrt{3} \times U_e \times \cos\varphi) = 18.17/(\sqrt{3} \times 0.38 \times 0.9) = 30.68 \text{A}$$

5. 选择照明线路的导线和开关

(1) 支路导线的选择：采用 2 根单芯铜线穿硬塑料管。由于线路不长，故可按允许温升条件选择导线截面，一般也能满足导线机械强度和允许电压损失要求。现以最大的支路计算电流，即 WL2 支路的 $I_j = 8.3 \text{A}$ 为依据，查《民用建筑电气设计手册》，选用三根截面 $A = 2.5 \text{mm}^2$ 的 BV 型聚氯乙烯绝缘电线，在 35℃时，$I_N = 20 \text{A} > 8.3 \text{A}$，满足要求。

(2) 二层配电箱 2AL 电源进线导线的选择：采用 BV 型聚氯乙烯绝缘铜线穿钢管暗敷。据负荷计算结果，计算电流 $I_j = 15.34 \text{A}$，查《民用建筑电气设计手册》，选用五根截面 $A = 6 \text{mm}^2$ 的 BV 型聚氯乙烯绝缘电线，在 35℃时，$I_N = 30 \text{A} > 15.34 \text{A}$，满足要求。

(3) 总电源进线导线的选择。电源进线采用 380/220V 三相四线制供电，并采用地下电缆穿保护管（钢管或碳素管）进线，据负荷计算结果，计算电流 $I_j = 30.68 \text{A}$，查《民用建筑电气设计手册》，选用 VV 型截面为 $4 \times 16 \text{mm}^2$ 的电缆，在 35℃时，$I_N = 86 \text{A} > 30.68 \text{A}$，满足要求。

(4) 开关的选择。目前广泛采用小型塑壳式低压断路器（MCCB）作为照明供电的电源开关，它兼有过载、低电压和短路保护的功用。查有关设计手册或产品目录，支线可选用 TIB1-63/1P C16 型，$I_N = 16 \text{A}$ 的自动开关；各层配电箱电源进线可选用 TIB1-63/3P C25 型，$I_N = 25 \text{A}$ 的自动开关，总电源进线可选用 TIB1-63/4P C50 型，$I_N = 50 \text{A}$ 的自动开关。

6. 绘制照明平面布置图

建筑照明平面布置图的绘制方法可参考有关规定绘制，本案例的照明平面布置图如图 5-23 所示。

案例 2

1. 施工说明

(1) 工程概况

本工程为二层建筑物，首层层高为 3.6m，二层为 3.9m，吊顶 0.5m。

(2) 设计范围

本工程包括室内照明、接地以及有线电视、电话的预埋管线设计。本工程仅设计至室内配电箱，具体灯具待装修后确定。

(3) 电源

电源由室外变电站经室外电缆柜直接引入，采用 YJV_{22} 直埋电缆。进户管穿墙处预留套管，埋深室外地坪下 0.7m。进户电缆采用三相四线制，供电电压 380/220V。室外电缆柜具体数量及位置待供电部门确定。

(4) 配电装置

1) 配电箱暗装，下皮距地 0.3m。

2) 配电柜为落地明装，安装于 10♯槽钢上。

(5) 线路敷设

各店铺由电表箱至配电箱均采用 BV-500V 塑料铜线，沿墙及楼板敷设。应急照明线路均采用 BV-500V 型铜芯阻燃导线穿 PVC 阻燃塑料管沿墙及现浇楼板内暗敷设。照明线路均为 BV-2.5mm² 铜芯导线穿 PC 阻燃塑料管，2～3 根线穿 ϕ20 PVC 管。所有插座回路均为 BV-3×4-PC25WC。

配电箱内所有预留回路均引至吊顶高度，以备装修时使用。

(6) 灯具、电门、插座

1) 灯具除需装修部分由甲方确定外，应急照明灯吸顶安装，疏散指示灯距地 0.3m 吊装，各门口出口指示灯在门口上 0.2m 安装，应急照明灯采用带蓄电池灯具。

2) 电门选用白色按键式，距地 1.4m 暗装。插座选用五孔插座，距地 0.3m 暗装。

(7) 安保

1) 本工程接地装置采用联合接地方式，利用结构桩基础，接地电阻小于 1Ω。

2) 进户处设 MEB 等电位联结端子箱，并用 40×4 镀锌扁钢与基础钢筋可靠连接。

3) 入户处各种金属管道做总等电位联结。等电位具体做法参照《等电位联结安装》。

2. 各房间的照度计算

(1) 二层的小办公室

已知：房间长 5.4m，宽 4.2m，窗户高为 2.1m，窗户宽为 1.05m 和 2.1m，窗户总宽度为 3.15m，门的面积忽略不计，二层层高 3.9m，吊顶 0.5m，工作面高 0.75m。此办公室布 T8-2×36W 双管嵌入式荧光灯，每个灯具内有光源 2 个，每管荧光灯为 36W，光通量为 3250lm，镇流器为 4W，办公室的照度要求是 300lx；根据已知：地面反射系数为 0.2，玻璃窗反射系数为 0.1，墙面和顶棚的反射比均为 0.7，照度补偿系数 $K=1.25$。

1) 室空间比：
$$RCR = \frac{5h(L+W)}{LW} = \frac{[5 \times (3.9-0.75-0.5) \times (5.4+4.2)]}{5.4 \times 4.2} = 5.608$$

2) 室形指数：
$$RI = \frac{5}{RCR} = \frac{5}{5.608} = 0.89$$

3) 顶棚有效反射比：$\rho_{cc} = 0.7$

4) 墙面平均反射比：
$$\rho_w = \frac{\rho_w(A_w - A_g) + \rho_g A_g}{A_w}$$
$$= \frac{0.7 \times [(5.4+4.2) \times (3.9-0.75-0.5) \times 2 - 3.15 \times 2.1] + (0.1 \times 3.15 \times 2.1)}{(5.4+4.2) \times (3.9-0.75-0.5) \times 2}$$
$$= 0.62$$

5) 根据 $RI=0.89$，$\rho_w=0.62$，$\rho_{cc}=0.7$，查表 6-9 利用系数表，利用内插法计算，得 $U=0.5018$。

6) $\rho_{fc}=0.2$，所以不用修正 U。

7) 根据规范查得，办公室的照度要求是 300lx。
$$N = \frac{E_{av}AK}{\phi_s U} = \frac{300 \times 5.4 \times 4.2 \times 1.25}{3250 \times 2 \times 0.5018} = 2.61 \text{ 盏，综合考虑各种情况，取 } N=3 \text{ 盏。}$$

8) 根据计算出的灯具数量检验办公室的照度
$$E_{av} = \frac{N\phi_s U}{AK} = \frac{3 \times 3250 \times 2 \times 0.5018}{5.4 \times 4.2 \times 1.25} = 345\text{lx}$$

虽然 345lx 超过了办公室照度标准 300lx 10%，但 10 盏灯以下的房间照度差可适当加大，所以满足照度要求。

9) 校验功率密度
$$LPD = \frac{n_1 n_2 \frac{P}{A}}{\frac{E_2}{E_1}} = \frac{3 \times \frac{(36+4) \times 2}{5.4 \times 4.2}}{\frac{345}{300}} = 9.20 < 11 \quad \text{满足功率密度要求（参照表 6-3）。}$$

（2）二层的大办公室

已知：房间长 8.4m，宽 5.4m，窗户高为 2.1m，窗户宽为 1.05m 和 2.1m，窗户总宽度为 3.15m，门的面积忽略不计，二层层高 3.9m，吊顶 0.5m，工作面高 0.75m。此办公室布 T8-2×36W 双管嵌入式荧光灯，每个灯具内有光源 2 个，每管荧光灯为 36W，光通量为 3250lm，镇流器为功率为 4W，办公室的照度要求是 300lx；根据已知：地面反射系数为 0.2，玻璃窗反射系数为 0.1，照度补偿系数 $K=1.25$。

1) 室空间比：
$$RCR = \frac{5h(L+W)}{LW} = \frac{[5 \times (3.9-0.75-0.5) \times (8.4+5.4)]}{8.4 \times 5.4} = 4.03$$

2) 室形指数：
$$RI = \frac{5}{RCR} = \frac{5}{4.03} = 1.24$$

3) 顶棚有效反射比： $\rho_{cc}=0.7$

4) 墙面平均反射比：

$$\rho_w = \frac{\rho_w(A_w - A_g) + \rho_g A_g}{A_w}$$

$$= \frac{0.7 \times [(8.4+5.4) \times (3.9-0.75-0.5) \times 2 - 2 \times (3.15 \times 2.1)] + (0.1 \times 2 \times 3.15 \times 2.1)}{(8.4+5.4) \times (3.9-0.75-0.5) \times 2}$$

$$=0.59$$

5) 根据 $RI=1.24$，$\rho_w=0.59$，$\rho_{cc}=0.7$，查利用系数表，利用内插法计算，得 $U=0.56068$。

6) $\rho_{fc}=0.2$，所以不用修正 U。

7) 根据规范查得，办公室的照度要求是 300lx。

$$N = \frac{E_{av}AK}{\phi_s U} = \frac{300 \times 8.4 \times 5.4 \times 1.25}{3250 \times 2 \times 0.56068} = 4.667\text{盏，综合考虑各种情况，取 }N=5\text{盏。}$$

8) 根据计算出的灯具数量检验办公室的照度

$$E_{av} = \frac{N\phi_s U}{AK} = \frac{5 \times 3250 \times 2 \times 0.56068}{8.4 \times 5.4 \times 1.25} = 321\text{lx} \quad \text{满足照度要求。}$$

9) 校验功率密度

$$LPD = \frac{n_1 n_2 \dfrac{P}{A}}{\dfrac{E_2}{E_1}} = \frac{5 \times \dfrac{(36+4)\times 2}{8.4 \times 5.4}}{\dfrac{321}{300}} = 8.24 < 11 \quad \text{满足功率密度要求（参照表 6-3）。}$$

3. 回路计算

二层的照明配电箱 AL-2-1 内照明回路的需要系数为 1，插座回路的需要系数为 1，功率因数 $\cos\varphi=0.85$，从 AL-2-1 配电箱引出 6 条支路（计算时，干线需要系数取 0.8）。

(1) 选择导线截面与断路器型号

WL1：照明支路，包括 6 盏 2×36W 的双管荧光灯和 6 盏 18W 的普通灯（镇流器功率为 4W）、1 个安全出口标志灯 0.5W、1 个单向疏散指示灯 0.5W、1 个自带电源事故照明灯 8W。

设备容量 $P_e = 6 \times 2 \times (36+4) + 6 \times (18+4) + 0.5 + 0.5 + 8 = 0.621\text{kW}$

$$P_j = P_e K_x = 0.621 \times 1 = 0.621\text{kW}$$

$$I_j = \frac{P_j}{0.22\cos\varphi} = \frac{0.621}{0.22 \times 0.85} = 3.32\text{A}$$

通过计算电流来选取导线 BV-2×2.5-PVC20，断路器 S261-C10。

WL2、WL3、WL4、WL5、WL6 回路计算方法同上。

按照各相负荷尽可能均匀分配的原则（在 10% 以内均算满足要求）

A 相：(L1) 包括 WL2，WL6 两个支路；

WL2 支路：插座 $P = 4 \times 300 = 1.2\text{kW}, \cos\varphi = 0.85$

WL6 支路：空调 $P = 1 \times 900 = 0.9\text{kW}, \cos\varphi = 0.85$

$$P_A = 1.2 + 0.9 = 2.1 \text{kW}$$

B 相：(L2) 包括 WL1，WL4，WL5 三个支路；

WL1 支路：照明 $\quad P = 0.621 \text{kW}, \cos\varphi = 0.85$

WL4 支路：空调 $\quad P = 1 \times 900 = 0.9 \text{kW}, \cos\varphi = 0.85$

WL5 支路：空调 $\quad P = 1 \times 900 = 0.9 \text{kW}, \cos\varphi = 0.85$

$$P_B = 0.621 + 0.9 + 0.9 = 2.421 \text{kW}$$

C 相：(L3) 包括 WL3 一个支路；

WL3 支路：插座 $\quad P = 8 \times 300 = 2.4 \text{kW}, \cos\varphi = 0.85$

$$P_C = 2.4 \text{kW}$$

$$P_{总} = P_A + P_B + P_C = 2.1 + 2.421 + 2.4 = 6.921 \text{kW}$$

$$P_{平均} = \frac{P_{总}}{3} = 2.307 \text{kW}$$

$$\Delta P_A = \frac{2.307 - 2.1}{2.307} \times 100\% = 8.97\% < 10\%$$

$$\Delta P_B = \frac{2.421 - 2.307}{2.307} \times 100\% = 4.94\% < 10\%$$

$$\Delta P_C = \frac{2.4 - 2.307}{2.307} \times 100\% = 4.03\% < 10\%$$

各相分配均满足要求。

计算配电箱主断路器

$$P'_e = \max(P_A, P_B, P_C) \times 3 = 3P_B = 3 \times 2.421 = 7.263 \text{kW}$$

$$P_{js} = P'_e K_x = 7.263 \times 0.8 = 5.81 \text{kW}$$

$$I_{js} = \frac{P_{js}}{\sqrt{3} \times 0.38 \times \cos\varphi} = \frac{5.81}{1.732 \times 0.38 \times 0.85} = 10.39 \text{A}$$

选取导线 BV-5×6-PVC25，断路器 S263-C20。

(2) 校核

取最长线路（WL1）计算其电压损失，只要最长导线的电压损失符合要求，其他的导线就能符合要求。计算公式：

$$\Delta U\% = \frac{\sum_1^n Pl}{CS}$$

最长一支路长 36m，功率为 0.549kW，导线截面积 2.5mm²，线路系数 C 取 12.8，通过公式计算电压损失为 0.62%。

查表 5-17，$\cos\varphi = 0.85$（表内没有，可按 $\cos\varphi = 0.8$ 考虑），取 $R_c = 1.01$，则 $\Delta u_f\% = \Delta u\% \times R_c = 0.62\% \times 1.01 = 0.63\% < 3\%$，满足要求。

案例 2 的电气照明平面图如图 5-25 所示，电气照明设计系统图如图 5-26 所示，电气照明设计材料表如图 5-27 所示。

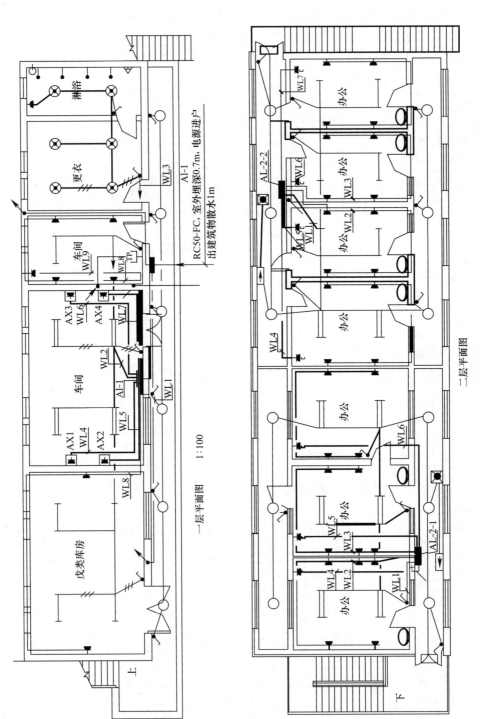

图 5-25 案例2电气照明平面图

第 5 章 照明电气设计

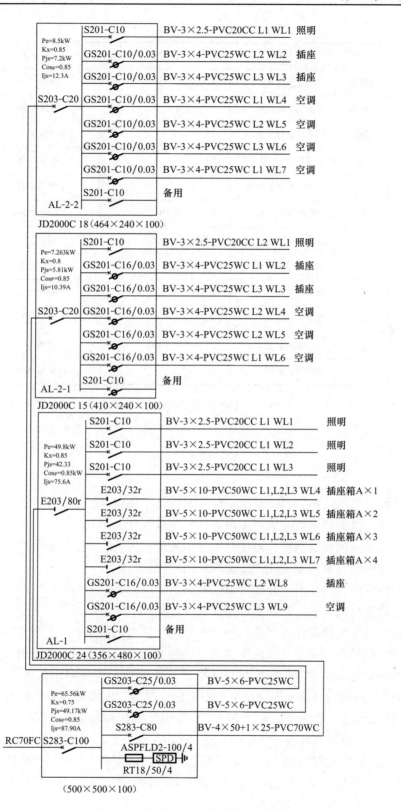

图 5-26 案例 2 电气照明设计系统图

主要设备材料表

序号	图例	名称	规格及型号	单位	备注
1	■	照明配电箱	见系统图	个	距地 1.5m
2	MEB	总等电位联结端子板	见平面图	个	距地 0.5m
3	⊗	防水防尘灯	1×18W	盏	吸顶安装
4	○	普通灯	1×18W	盏	吸顶安装
5	▣	自带电源应急照明灯	1×18W	盏	吸顶安装
6	←	单向疏散指示灯	LED 1×0.5W	个	距地 0.3m
7	E	安全出口标志灯	LED 1×0.5W	个	门口上0.2m 安装
8	 ┠─┨	单管荧光灯	1×36W	盏	吸顶安装
9	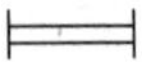 ┠═┨	双管荧光灯	2×36W	盏	吸顶安装
10	⌐	暗装单极开关	250V-10A	个	距地 1.3m
11	⌐	暗装双极开关	250V-10A	个	距地 1.3m
12	⊥	两位五孔插座	250V-10A	个	距地 0.3m

图 5-27 案例 2 电气照明设计材料表

思 考 题

5-1 照明对供电质量有哪些要求？在照明设计中如何考虑这些要求？

5-2 不同等级的照明负荷对供电可靠性的要求有什么不同？

5-3 什么是照明供电网络？简述照明常用的配电方式。

5-4 简述照明线路常用的保护装置和采用的保护措施。

5-5 在照明配电设计时应充分考虑哪些问题。

5-6 导线选择的一般原则和要求是什么？

5-7 什么叫作发热条件选择法？什么叫作电压损失选择法？

5-8 导线型号的选择主要取决于什么？而截面大小的选择又取决于什么？

5-9 为什么低压电力线一般先按发热条件选择截面，再按电压损失条件和机械强度校验？为什么低压照明线路一般先按电压损失选择截面，再按发热条件和机械强度校验？

5-10 民用建筑中常用保护电器有哪些？常用低压开关电器有哪些？常用成套低压电气设备有哪些？各有什么用途？

5-11 有一条三相四线制 380/220V 低压线路，长度为 200m，计算负荷为 100kW，功率因数为 $\cos\varphi=0.9$，线路采用铝芯橡皮线穿钢管暗敷。已知敷设地点的环境温度为 30℃，试按发热条件选择导线截面。

5-12 有一条220V 的单相照明线路，采用绝缘导线架空敷设，线路长度400m，负荷均匀分布在其中的 300m 上，即 3W/m，如图 5-28 所示。全线路截面大小一致，允许电压损失为 3%，环境温度为 30℃。试选择导线截面。（提示：将均匀分布负荷集中在分布线段中点处，然后按电压损失条件进行计算）

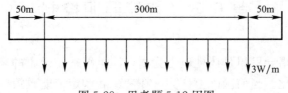

图 5-28　思考题 5-12 用图

5-13　某住宅区按灯泡统计的照明负荷为 27kW，电压 220V，由 300m 处的变压器供电，要求电压损失不超过 5%。试选择导线截面及熔丝规格。

5-14　试为你所在的教室和宿舍重新进行照明设计。

第6章 智能照明控制

照明设计节能的指导思想是体现以人为本，注重舒适、健康的环境，包括个性化、智能化、健康化、艺术化。当前国际上认为，在考虑和制定节能政策、法规和措施时，所遵循的原则必须在保证有足够的照明数量和质量的前提下，尽可能节能，这才是照明节能的唯一正确原则。照明节能主要是通过采用高效节能照明产品，提高质量，优化照明设计等手段，达到受益的目的。

照明节能是一项系统工程，主要是提高系统（光源、灯具、启动设备）的总效率，照明方式、控制，天然光利用以及加强维护管理等方面综合考虑。采用光效高，寿命长的各类气体放电光源，重点推广细管和各种紧凑型荧光灯，尽量减少白炽灯的使用量。逐步减少自镇流式高压汞灯的使用量。大力推广高压钠灯和金属卤化物灯，多将小功率灯用于公共场所和室内照明中。优选高效、配光合理的直接型灯具，尽力推荐电子镇流器和低功耗电感镇流器。

选择合理的照明方式，一般照明、重点照明、装饰照明及混合照明相结合。选用多种控灯方式，如分区控制和适当增加开关点及各类节电开关等管理措施。在公共场所、室外照明中，以集中控制、遥控或自动控光装置，并按不同的工作区域确定适宜的照度。

照明节能是建筑节能的一部分，是一项不断发展的技术。在本章中仅粗略地讨论节能光源、节能灯具、节能照明控制和照明节能计算。

6.1 智能照明控制系统原理

6.1.1 照明控制的发展

照明控制是照明系统的组成部分之一，也是照明设计的主要内容之一。过去，照明控制的内容主要是灯光回路的开关，只是在舞台灯光和多功能宴会厅等的照明中才讲求场景的控制。而现在，照明控制的发展已经趋于智能化，并成为照明设计不可或缺的一部分。通过智能照明控制系统，可以对建筑物中灯光的色彩、明暗分布和发光时间进行控制，并通过其组合创造出不同的意境和效果，提升照明环境的品质，确保在建筑物中工作和生活群体的舒适和健康。同时，采用智能照明控制系统，有助于节能和照明系统管理的智能化、维护操作简单化，以及灵活适应未来照明布局和控制方式变更，提高照明设计的技术和科技含量。智能照明控制系统的灵活运用是照明设计师技术与艺术才能的充分体现。

随着计算机技术、通信技术、自动控制技术、总线技术、信号检测技术和微电子技术的迅速发展和相互渗透，照明控制技术有了很大的发展，照明进入了智能化控制的时代。实现照明控制系统智能化的主要目的有两个：一是可以提高照明系统的控制和管理水平，减少照明系统的维护成本；二是可以节约能源，减少照明系统的运营成本。

照明控制的发展经历了手动控制、自动控制和智能化控制三个阶段。

第6章 智能照明控制

1. 手动控制

最初阶段是手动控制，即利用开关等元器件，以最简单的手动操作来启动和关闭照明电器，从而满足照明的要求，达到控制的目的。此时照明的控制仅停留在让使用者有需要时手动开启照明电器，不能自动开启和关闭它。

室内照明灯具一般用跷板开关设置于门口，是一种常见的手动控制方式。对于大房间内灯具较多时，采用双联、三联、四联开关或多个开关，其接线原理图如图 6-1 所示。若灯具多，功率大，也可采用低压断路器来控制。

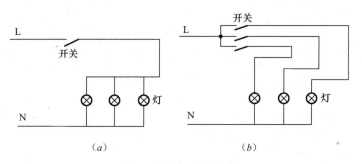

图 6-1 跷板开关控制
（a）单联单控开关控制；（b）三联三控开关控制

对于楼道和楼梯照明，多采用双控方式（有的长楼道采用三地控制），在楼道和楼梯入口安装双控跷板开关，其特点是在任意入口处都可以开闭照明装置，其原理接线图如图 6-2 所示。

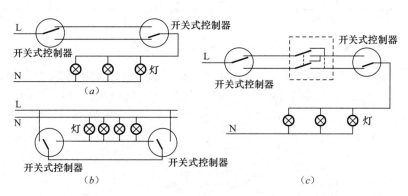

图 6-2 跷板开关双控或三地控制
（a）两地控制；（b）有穿越相线的两地控制；（c）三地控制

2. 自动控制

伴随着电器技术的发展，照明控制进入了自动控制阶段，它的特征是以光、电、声等技术来控制灯具。自动控制方式的缺点是与人的互动较少，局限于单组灯具的控制，难以完成网络化的监控任务。

住宅、公寓楼梯间的照明多采用延时开关和声光控开关控制，其接线原理图如图 6-3、6-4 所示。图 6-3 是一个采用 CD4069 数字集成电路制作而成的触摸式延迟灯，它采用二线制接线方法，可以直接取代普通照明开关，而不必更改室内原有布线。图 6-4 是一个声光开关控制路灯电路原理图。

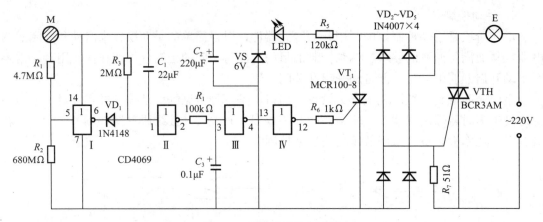

图 6-3 延时开关控制电路

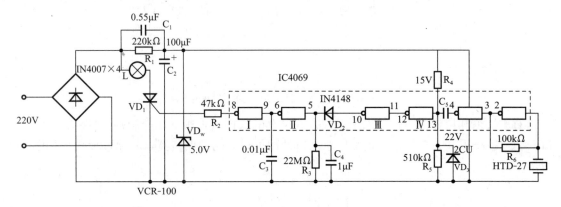

图 6-4 声光控开关控制电路

对于住宅、公寓楼梯照明开关，采用红外移动探测加光控电路较为理想，该电路如图 6-5 所示。它包括红外发射电路、红外接收电路、单稳态定时电路、继电控制电路和交流降压整流电路等。当有人走近该电路时，由于人体对红外光的反射，控制电路启动，照明灯点亮，为行人照明。

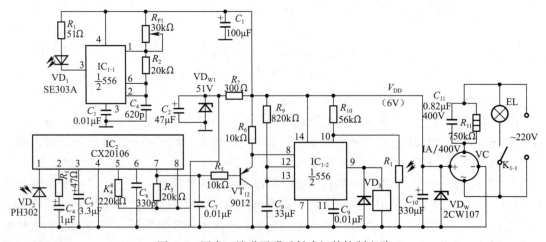

图 6-5 厅堂、楼道照明反射式红外控制电路

3. 智能化控制

智能化照明控制系统以计算机和网络技术为核心，利用微处理器技术和存储技术，将来自传感器的关于建筑物照明状况的信息进行处理后，通过一定的程序指令控制照明电路中的设备，调用不同的程序，执行不同的功能，就可以达到不同的照明水平，营造出不同的氛围和环境。

智能化照明控制系统是全数字、模块化、分布式的控制系统。整个系统由管理模块、调光模块、探测模块、操作模块等各种功能模块组成。每个模块中含有微处理器和存储器，也可仅含存储器，系统的每个功能都储存于某个模块中。而系统网络连接只需通过总线相连，它可以是一般的五类双绞线，或是通过在载波方式调制的电力线上，或是通过无线网络方式进行通信。

智能照明控制技术经历了从模拟到数字化的转变。模拟技术的典型控制方式是1～10V电压调光接口，而数字控制方案的代表是数字可寻址照明接口（Digital Addressable Lighting Interface，DALI）技术。

6.1.2 智能照明控制系统的基本知识

1. 智能照明控制系统的特点

智能照明控制是指用现代电子技术、自动控制技术、计算机技术和通信网络并辅以其他手段（技术或控制策略），对电气照明实行自动控制，在提供合适照明光环境的同时降低照明系统电能消耗和其他使用费用。

智能照明控制系统与手动照明控制系统相比有很多优点，包括创造环境氛围、改善工作环境、提高工作效率、良好的节能效果、延长光源寿命、管理维护方便等。

智能照明控制系统具有以下特点：

（1）系统集成性。智能照明控制系统是集计算机技术、计算机网络通信技术、自动控制技术、微电子技术、数据库技术和系统集成技术于一体的现代控制系统。

（2）智能化。智能照明控制系统具有信息采集、传输、逻辑分析、智能分析推理及反馈控制等智能特征的控制系统。

（3）网络化。传统的照明控制系统大都是独立、本地、局部的系统，不需要利用专门的网络进行连接，而智能照明控制系统可以是大范围的控制系统，需要包括硬件技术和软件技术的计算机网络通信技术支持，以进行必要的控制信息交换和通信。

（4）使用方便。由于各种控制信息可以用图形化的形式显示，所以控制方便，显示直观，并可以利用编程的方法灵活改变照明效果。

2. 智能照明控制系统的基本类型

按照控制系统的控制功能和作用范围，照明控制系统可以分为以下几类：

（1）点（灯）控制型

点（灯）控制就是指可以直接对某盏灯进行控制的系统或设备。早期的照明控制系统，家庭照明控制系统及普通的室内照明控制系统基本上都采用点（灯）控制方式。这种控制方式结构简单，仅使用一些电器开关、导线及组合就可以完成灯的控制功能，是目前使用最为广泛和最基本的照明控制系统，是照明控制系统的基本单元。

（2）区域控制型

区域控制型是指能在某个区域范围内完成照明控制的系统，特点是可以对整个控制区域范围内的所有灯具按不同的功能要求进行直接或间接的控制。由于照明控制系统基本上是按回路容量进行设计的，即按照每回路进行分别控制，所以又称为路（线）控型照明控制系统。

一般而言，区域控制型照明控制系统由控制主机、控制信号输入单元、控制信号输出单元和通信控制单元等组成。主要用于道路照明控制、广场及公共场所照明、大型建筑物、城市标志性建筑物、公共活动场所和桥梁照明控制等应用场合。

（3）网络控制型

网络控制型照明控制系统是通过计算机网络技术将许多局部小区域内的照明设备进行联网，从而由一个控制中心进行统一控制的照明控制系统。在照明控制中心内，由计算机控制系统对控制区域内的照明设备进行统一的控制管理。网络控制型照明系统一般由以下几部分组成。

1）控制系统中心

一般包括由服务器、计算机工作站、网络控制交换设备等组成的计算机硬件控制系统和由数据库、控制应用软件等组成的照明控制软件等两大部分。采用网络型照明控制系统主要有以下优点：

① 便于系统管理，提高系统管理效率；
② 提高系统控制水平；
③ 提高系统维护效率；
④ 减少系统运营、维护成本；
⑤ 可以进行照明设备的编程控制，产生各种需要的照明效果；
⑥ 便于采用各种节能措施，实现照明系统的节能控制。

2）控制信号传输系统

通过空中信号传输系统完成照明网络空中系统中有关控制信号和反馈信号的传输，从而完成对控制区域内的照明设备进行控制。

3）区域照明控制系统

网络照明控制系统实际上是对一定控制区域的若干小区域的照明控制系统（设备）进行联网控制。区域照明控制系统（设备）是整个联网控制系统的一个子系统，它既可以作为一个独立的控制系统使用，也可以作为联网控制系统的终端设备使用。

4）灯控设备

灯控设备安装在每盏灯上，并可以通过远程控制信号传输单元与照明控制中心通信，从而完成对每盏灯的有关控制（如开/关、调光控制），并可以通过照明控制中心对每盏灯的工作状态进行监控，从而完成对每盏灯的控制。

传统的灯光控制只是机械式的直接开关，不存在控制流。网络化的照明控制系统一般由控制总线和供电线路组成。从结构上可分为中央集中控制系统、集散型控制系统和分布式控制系统等。

① 中央集中照明控制系统：系统所有的功能都由中央控制器进行集中控制，如果中央控制器发生故障，则整个系统瘫痪。由于对中控器的依赖过多，系统的信号处理能力有限。中央集中控制系统适用于规模较小、分布区域不大的场合。

② 集散式照明控制系统：拓扑结构呈树状，底层设备向上一层设备输出控制信号，

或接受上一层的命令进行局部控制。主控机具有综合处理功能，控制和协调整个系统。缺点在于子系统仍然是中央式集中式系统，可靠性不高，不够经济。

③ 分布式照明控制系统：将总系统的功能分散，即把信息处理和"智能"由主机分散至各个设备或子系统，使得系统各个节点具有一定的自助管理能力。"功能分布"是分布式系统的主要特征。

智能照明控制系统按网络的拓扑结构，大致可分为以下两种形式：总线型和以星型结构为主的混合式。这两种形式各有特色：总线型灵活性较强，易于扩充，控制相对独立，成本较低；混合式可靠性较高，故障的诊断和排除简单，存取协议简单，传输速率较高。

目前较为成熟的智能照明控制系统可分为两类：一类是依托于楼宇设备监控系统，这类智能照明系统大多借助楼宇自动化现场总线技术如 EIB、LON 等开发而成，功能相对较完善，可实现更为复杂的照明系统控制，如 ABB 公司推出的 iBus 智能总线系统；另一类相对楼宇设备管理系统是独立的系统，在网络控制、数据通信等功能上大多采用 BACnet、DAII、X10 等专有照明控制通信协议（通信接口）或标准，其功能较简单，规模也相对较小，其代表产品有邦奇电子推出的 Dynalire 系统、施耐德公司的 C-Bus 系统，以及德国欧司朗公司、奥地利锐高公司的 DALI 系统等。

（4）节能控制型

照明系统的节能是全球普遍关注的问题。照明节能一般可以通过两条途径实现：一是使用高效的照明装置（例如光源、灯具和镇流器等）；二是在需要照明时使用，不需要照明时关断，尽量减少不必要的开灯时间、开灯数量和过高照明亮度，这些都需要通过照明控制来实现。照明节能主要包含以下方面的内容：

1) 照明灯具的节能

提高电光源的发光效率，实现低能耗、高效率照明是电光源发展的一个重要方向。

2) 照明控制设备的节能

采用适当的照明控制设备也可以很好地提高照明系统的工作效率，例如采用红外线运动检测技术、恒亮（照）度照明技术，在照明环境有人出现、需要照明时，就通过照明控制系统接通照明光源，反之如果照明环境没有人、不需要照明时，就关断照明光源。再如，如果室外自然光较强时，可以适当降低室内照明电光源的发光强度，而当室外自然光源较弱时，可以适当提高室内照明电光源的发光强度，从而实现照明环境的恒亮（照）度照明，达到照明节能的效果。

3) 营造良好的照明环境

人们对照明环境的要求与从事的活动密切相关，以满足不同使用功能的要求。具体体现如下：

① 可以通过控制照明环境来划分照明空间。当照明房间和隔断发生变化时，可以通过相应的控制使之灵活变化。

② 通过采用控制方法可以在同一房间中营造不同的气氛，通过不同的视觉感受，从生理、心理上给人积极的影响。

4) 节约能源

随着社会生产力的发展，人们对生活质量的要求不断提高，照明在整个建筑能耗中所占的比例日益增加。据统计，在楼宇能量消耗中，仅照明就占 33%（空调占 50%，其他占17%），照明节能日显重要。发达国家在20世纪60年代末、70年代初已开始重视这方面的工作，特别是从保护环境的角度出发，世界各国都非常重视推行"绿色照明"计划。

3. 传统照明控制系统与智能照明控制系统的比较

与传统照明控制系统相比，智能照明控制系统在控制方式、照明方式、管理方式以及布线、节能方面等均有不少优点。传统照明控制是能量流和信息流的合一，控制简单、有效、直观，但其一经布线完成后系统就不能再改动；此外，实现复杂的控制要求时，布线量将大大增加，这使得系统的可靠性下降，一旦出错，线路的检查也相当费时费力。随着大量商用办公和复式住宅的推出，办公楼管理人员和用户需要对照明器具的实时工况予以监视，而传统技术对此无能为力。至于提供安全、舒适、便利的生活环境，实现灯具联动，根据环境自动调整或控制灯光亮度等，使用传统技术更是无能为力。简而言之，传统照明控制系统已不能满足现代化的控制要求。

（1）开关方式

传统照明控制采用手动开关，只有开和关，而且只能一路一路地开和关。而智能照明控制采用调光模块，通过对灯光的调节，在不同的场合产生适宜的灯光效果，营造出舒适的视觉氛围。通过对场景的预设置和记忆功能，操作时只需按一下控制面板上某一个键即可启动一个灯光场景，各照明回路随即自动变换到相应的状态。上述功能也可以通过遥控器等实现。

（2）线路系统

传统照明控制系统单控电路的特点是：控制开关直接接在负载回路中，只能实现简单的开关功能，当负载较大时，需相应增大控制开关的容量，当开关离负载较远时，电缆用量会增加。智能照明控制系统单控电路特点是：负载回路连接到输出单元的输出端，控制开关用EIB总线（欧洲一种专用于智能建筑的现场总线标准，最大的特点是用单一多芯电缆代替传统的各自独立的控制电缆和电力电缆）与输出单元相连，负载容量较大时仅考虑加大输出单元容量，开关距离较远时，只需加长控制总线的长度，节省电缆用量，还可以通过软件设置多种功能（开/关、调光、定时等）。

传统照明控制系统双控电路特点是：实现双控时用两个单刀双掷开关，开关之间连接照明电缆；进行多点控制时，开关之间的电缆连线增多，布线变得复杂，施工难度增大。智能照明控制系统双控电路特点是：实现双控时只需简单地在控制总线上并联一个开关，进行多点控制时，依次并联多个开关，开关之间仅用一条总线连接，线路安装简单。

6.1.3 智能照明控制系统的结构

智能照明控制系统采用模块化分布式结构，系统结构如图6-6所示。各模块内置微处理器和存储器，通过一条五类通信电缆将所有照明控制部件连接起来进行信息传递，完成对室内外照明及相关控制。智能照明控制系统一般主要由输入单元、输出单元及系统单元三部分组成，在某些复杂的智能照明控制系统中，还需要有辅助单元和系统软件。

1. 输入单元

输入单元的功能是：将外界的控制信号转换为系统信号，并作为控制依据。输入单元包括控制面板、液晶显示触摸屏、智能传感器、时钟管理器、遥控器。

（1）控制面板

控制面板是供人们直观操作控制灯光场景的部件，相当于传统照明系统中的照明开

第6章 智能照明控制

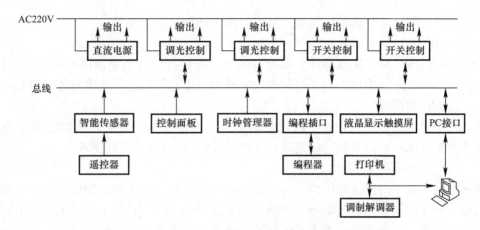

图 6-6 智能照明控制系统结构

关,安装在便于操作的地方,由微处理器进行控制,可以通过编程完成各种不同的控制要求。微处理器识别输入键符,进行处理后通过通信线发出控制信包,以控制相应的调光模块或开关模块,实现对光源的调光控制或开关控制。人们可以通过操作控制面板上的按钮,来启动照明系统中的灯光控制,从而调用某个灯光场景。所谓灯光场景,即系统中由不同的照明回路、不同的亮暗搭配而成的一种灯光效果。这种灯光场景可以预设置和记忆在调光模块和开关模块中,用户可以通过控制面板或液晶显示触摸屏设置相应灯光场景以达到某个照明效果。

(2)液晶显示触摸屏

当需要在控制面板上清晰地表达场景控制状况的图像时,可选液晶触摸显示屏。它是一种较高级的人机界面,具有信息存储记忆功能,能显示多种画面图像及相关信息,实现直观的多功能、多区域控制。

液晶触摸显示屏将强大的功能与小巧的外形结合为一体,一般具有如下特点:

1)具有场景选择、场景编辑和多种状况定时控制的功能,甚至是灯光场景的启动和场景的淡入淡出。

2)带有内置时钟,一般是 365 天的天文时钟,可根据日照的变化来充分利用天然采光。

3)内部具有存储器,比一般的控制面板具有更多的场景记忆功能,并不受外界供电状况的影响。

4)有的甚至可设置密码保护和实现多级用户管理。

(3)智能传感器

智能传感器是系统中实现照明智能管理的自动信息传感元件,具有动静检测(用于识别有无人进入房间)、照度动态检测(用于自动日光补偿)和接收红外线或无线遥控等 3 种功能。传感器接口模块用于连接照度探测、占有探测、移动探测等传感器。

(4)时钟管理器

时间管理模块的时钟能与控制系统总线上的所有设备互相接口,实现自动化事务和实时事件控制。它可以用于一星期或一年内复杂照明事件和任务的时序设定,可对客厅、餐厅、卧室、洗手间、走廊、景观照明等系统具有周期性控制特点的场所实施时序控制。一台时钟管理器可管理多个区域，每个区域可有多个回路、多个场景。

2. 输出单元

输出单元的功能是：接收总线上的控制信号，控制相应的负载回路，实现照明控制。输出单元包括开关控制模块、调光控制模块、开关量控制模块及其他模拟输出单元。

(1) 开关控制模块

开关控制模块的基本原理是由继电器输出节点控制电源的开关，从而控制光源的通断。开关控制模块的输入电源可以是单相交流220V，也可以是三相交流380V。

(2) 调光控制模块

调光控制模块是控制系统中的主要设备，它的基本原理是由微处理器控制可控硅的开启角大小，从而控制输出电压的平均幅值以调节光源的亮度。它的主要功能是对不同功能的灯具进行配电、无级连续调光和开关控制（开关控制器无调光功能）。能适应电源电压、频率的变化，抑制电磁干扰，改善电源电压输出波形，防止高启动电流和热冲击，以及通过软启动特性和软关断技术来保护灯具，延长灯具寿命。

调光控制模块可以储存控制场景，通过调试软件编程后，用户可以很方便地在面板上调出不同组合、不同明暗的灯光效果，以满足实际的照明需求。同时，当系统因外在因素掉电后，恢复通电时将会自动恢复掉电前的场景。

调光控制模块还具有自定义灯光场景控制序列的功能，可以使照明控制和照明效果更加丰富多彩。

(3) LED控制与调光模块

随着半导体光源的发展，发光二极管（LED）灯的实际应用也越来越多，特别是景观亮化、主题公园工程。由于LED灯售价较高，所以现阶段LED灯主要集中用于舞台、景观工程、道路和隧道照明。LED灯的使用涉及控制和调光，因此照明控制系统生产厂商也都纷纷推出LED控制和调光模块。

3. 系统单元

系统部分由供电单元、系统网络、调制解调器、编程插口和PC监控机等具有独立功能的部件组成。在系统控制软件的支持下，通过计算机对照明系统进行全面的实时控制。

(1) 控制总线。控制总线的作用是传输信号，像C-Bus智能照明控制系统的控制总线同时还是电源供电线缆。

(2) 编程插口。采用便携式编程器或计算机插入编程插口与系统网络相连接，就可对系统任何一个调光区域的灯光场景进行预设置、修改或读取，并显示各调光回路预设置值。

(3) 控制计算机。智能照明控制系统是一个数字式控制系统，它能接受控制计算机的管理。可通过控制计算机对照明控制网络进行实时监控、管理和对有关信息的网络远程传输。

(4) 网络配件。包括网关、服务器、交换机等。

4. 辅助单元

(1) 多个房间分割模块。合并或分割多个房间的面板控制，干结点输入设置合并或分割，中转控制目标、场景、序列、通用开关、单回路调节。

(2) 电源模块。对于比较大的系统，负载较多时，可增加电源模块。输入、输出分别有：过压/短路保护，过载/短路保护，电子限流。电源模块可直接并联。

(3) 红外、无线遥控器。便于人们对工作、生活的光环境进行自我控制，红外、无线遥控器有着更多的应用空间。

(4) 可调光功率放大器。在系统线路较长时，需加装功率放大器，并且需外接断路器。调光功率放大器输入控制电压 AC 0～220 V，控制信号输入 DC 0～10 V。

5. 系统软件

(1) 控制软件。多媒体联动控制软件是集灯光控制、音频控制、视频控制、表演控制等为一体的多媒体集中控制软件，提供第三方控制接口，方便照明控制系统的扩展。

(2) 编辑软件。编辑软件能根据用户的效果需求进行节目编程，对音频、视频、图像等媒体进行控制。同时，通过网络可对智能照明控制系统或专业舞台灯光控制系统及第三方提供的系统或设备进行联动控制。

(3) 图形监控软件。智能照明控制系统图形监控软件是一种功能强大而方便的图形化软件，它以图形方式对照明回路状态进行监测与控制，具有运行数据统计、状态报警、定时控制、场景控制、调光控制、超级链接等先进功能。

(4) 系统辅助设计软件。一些厂商还配有专门的传感器规划工具软件，可完美地配合AutoCAD绘图软件使用，为灯光设计师提供快捷、方便的工程项目辅助设计和规划。

6.1.4 智能照明控制方式

1. 典型控制

(1) 定时控制

定时控制是一种常用的控制方式，分为计时器控制和实时时钟控制两种，通过时钟管理器等电气元件，实现对各区域内用于正常工作状态的照明灯具时间的控制。

计时器由手动操作，一旦被驱动，打开灯光并保持一段时间，时间的长短是预设的，计数时间到就关闭灯光，如要打开灯光则需重新驱动计时器。一般的计时器可定时 5min～2h。人离开后可自动关闭灯光，从而节约能源。如果人停留的时间超过定时时间，则需再次驱动，可能会造成灯光频繁的开关。计时器大多用在人只作短暂停留的场合或者正常工作时间以外偶尔有人逗留的区域。

实时时钟控制是根据预先的时间设定进行控制，根据时间打开、关闭灯光或调节灯光到某一设定的水平。有机械实时时钟和电子可编程实时时钟两类。机械实时时钟简单易用，价格相对便宜，但只可设定一个时间。电子可编程实时时钟则可设定很多不同的灯光区域和时间。采用实时时钟管理灯光方便，可节约能源，但较为刻板，有时需设手动开关。

(2) 区域场景控制

通过调光模块和控制面板等电气元件，实现对各区域内用于正常工作状态的照明灯具的场景切换控制。

智能照明中，回路级别是根据使用要求和其他因素（例如进入建筑物的日照水平）预先编程的。照明设备可以独自控制，或者在回路中成组控制。每个回路或者设备可设置成不同的亮度水平，这些亮度水平可以储存为一个"场景"。场景一旦设计完成，可以很容易地通过操作墙上的控制面板或遥控器实现，也可以通过定时器、光传感器或者根据活动区域传感器自动地实现场景照明。一旦新的场景被选中，照明设备将以预先设定的速率逐渐转换到新的设置水平。

区域场景控制可以实现多种照明效果,创造视觉上的美感。其不足之处是修改场景必须通过编程。区域场景控制通常用在功能用途较多的建筑物或房间中,如建筑物内的展厅、报告厅、大堂、中庭等。这些地方如果配以智能照明控制系统,按其不同时间、不同用途、不同效果,采用相应的预设置场景进行控制,可以达到丰富的艺术效果。

(3) 照度检测控制

通过调光模块和照度动态传感器等电气元件,实现对各区域内正常工作状态的照明灯具的自动调光控制,使该区域内的照度不会随日照等外界因素的变化而改变,始终维护在照度预设值左右。

为了充分利用日光、节约能源,通过照度传感器检测窗户外边的自然光照度,根据日光系数计算出室内某一点的水平照度,由计算得出的水平照度值开启相应的灯光并调节到相应的亮度,使该区域内的照度不会随日照等外界因素的变化而改变,始终维持在照度预设值左右。这种控制方式主要使用在办公室照明场合,因为办公时间主要在白天,天空亮度很高,近窗处的日光照度就足以满足视觉作业的要求。这种照度平衡型昼间人工照明的控制方式有利于节约电能,能够保证该区域内的照度均匀一致。有关研究表明,美国旧金山的电气公司大楼使用光电控制系统,在有日光照明的区域中照明用电消耗减少了 25%~30%。

但是,利用昼间照明存在以下两个方面的问题:

1) 建筑设计师需要确定一年中哪些时期日光在室内产生的照度超过日常工作所需的照度。

2) 安装由日光控制的人工照明系统时,需要有准确的控制参数以保证获得舒适的视觉环境。照明工程师需要知道每时每刻的局部室内日光水平,建筑设计师需要知道工作时间内局部日光水平的利用率。至今还没有一个天空亮度模式预测室内照度的精确度在 20% 以内,为了达到这个目标,现在和将来对天空亮度模式的研究仍然是最基本的。

(4) 活动区域探测控制

通过调光模块和动静传感器等电气元件,实现对各区域内用于正常工作状态的照明灯具的自动开关控制。

活动区域的传感器安装在房间中,它能检测出某个房间或区域内是否有人走动,并把这个信息反馈到控制器,从而控制相应灯光的开关或明暗调节。使用活动区域传感器可以节约能源,但必须注意传感器的安装位置,如果安装不当,探测到窗帘或空调风扇的运动信号也会触发传感器,造成不当的开灯或荧灯。有红外线、紫外线、微波和声音等活动区域传感器,它们常用于图书馆书库、仓库、办公室、会议室和盥洗室等处。住宅的门厅前设置活动区域传感器,主人深夜归来可自动打开门厅灯光,待主人进屋后自动关闭。

(5) 照明与窗帘的联动控制

电动窗帘控制系统是整个智能照明控制系统的一个重要组成部分。电动窗帘控制系统的核心是窗帘电机控制器,通过它可以用系统中的某些控制手段对窗帘进行控制。窗帘的开闭可由照度传感器控制,白天当它感测到足够的亮度,可以自动打开或关闭窗帘;夜幕降临时可以将窗帘自动关闭。在家居室内,还可以根据主人的喜好自行设计窗帘开关程序,比如开 1/2、开 1/3 等。由于季节不同,同一时间的日光水平不同,控制窗帘开闭的亮度在不同的季节应设置为不同的水平。窗帘的联动控制可用于智能化小区、居民住宅、写字楼、别墅、宾馆、医院、体育馆、教学楼、实验室、科研场所等处。

2. 无线控制

对于旧的建筑要进行照明节能改造，就会面临如何布线的问题。怎样能够不通过电缆而摆脱物理连接上的限制，使得智能照明控制设备运行起来？为了解决这个问题，多年来，人们不断探索，形成了当今令人眼花缭乱的无线通信协议和产品。其中，最流行的关于短距离无线数据通信的三个标准是：蓝牙（Bluetooth），IEEE 80211（WiFi）和红外线数据标准协议（IrDA）。

在舞台灯光领域，人员活动频繁，其灯光控制更需要无线控制。

（1）手动遥控器控制

这种控制方式是通过红外线或无线遥控器，实现对各区域内用于正常工作状态的照明灯具的手动控制和区域场景控制。

1) 红外遥控开关

红外遥控开关由红外编码发射与红外接收译码控制两部分组成。电路由一对红外发射与接收头、编码及译码专用集成电路和控制电路三部分组成。当按下遥控键后，编码器工作，无线收发器（TX）选出串行编码信号，通过红外发射头发出红外信号，经目标反射后，由红外接收头接收，送入译码器输入端。当译码与编码一致时，译码器输出端输出相应的高低电平信号去驱动控制电路工作，产生使光源开关的开或关的动作。

2) 无线遥控开关

无线遥控开关由无线电编码发射部分及无线电接收译码控制部分组成。电路由振荡发射电路、接收电路、编码及译码专用集成电路和控制电路等部分组成。当按下遥控键后，编码器工作，TX送出串行编码信号控制振荡电路工作，产生调制射频信号，由天线辐射出去。信号经目标反射后，被接收电路接收，送入译码器输入端。当译码与编码一致时，译码器输出端输出相应的高低电平信号去驱动控制电路工作，产生使光源开关的开或关的动作。

无线遥控开关能够全方向探测，不受墙壁、门窗等障碍物的影响，其灵敏度受发射与接收电路的影响。就目前技术而言，遥控开关大多采用可控硅或继电器作为开关器件。可控硅的抗干扰和抗过载能力较差，不适宜控制感性和容性负载，可靠性差，长时间工作容易损坏。继电器工作时线圈有一定功耗，易发热，不适宜长时间工作，继电器的触点也不能长期工作在过载状态。同时，这些采用可控硅或继电器的电子开关，一旦出现故障，将使受控电器不再受控，电器处于长期通电或断电状态，很不安全。安全性、可靠性、稳定性等问题成为各种电子开关厂家努力寻求解决的目标。

（2）蓝牙技术

蓝牙技术用于2.4GHz工业、科学和医疗（ISM）频段，与IEEE 802.11标准完全不同。它使用跳频，即每个连续的数据包在不同的信道上传输，ISM频段被划分为79个频道，每个频道允许的带宽为1MHz。数据传送的典型速率是1Mb/s。

（3）ZigBee网络

ZigBee是正在流行的通信协议，应用范围很广，具有价格低和通信充分的特点，例如低功耗，使其成为无线通信协议较好的候选者。

ZigBee联盟还定义了一套灯光无线控制规范，从而保证今后各个生产厂商的相关产品都可以互联互通。由于现阶段无线控制芯片和模块价格还不能满足民用市场的需求，因此 ZigBee 灯光控制的应用目前主要面向智能大厦和高档住宅。随着技术水平的不断完善，相关产品的价格会逐步降低，巨大的民用市场将是最终的发展方向。到时，照明控制领域也将受益。

ZigBee 联盟定义的灯光控制方案具有以下主要特点：

1）标准

ZigBee 联盟定义了灯光开关、调光器、感测设备的规范，使各个厂商相同产品可以混用和互换，从而保证生产厂商和用户的利益。ZigBee 网络的最大特点是布网和建网灵活。原则上，无论是灯光开关、调光器、遥控器还是传感器都可以作为网络的协调器和路由器。经过合理布局，可以使建筑物内没有无线通信的盲区。

2）自由

通过 ZigBee 网络协调器，用户可以在任何时候方便地添加、删除照明设备，任意组合各类控制器与照明设备的对应关系，最大限度地展现无线照明的优势和特点。

3）延伸

ZigBee 网络技术是短程无线控制网络的发展趋势。无论是智能楼宇还是今后的民用住宅、安防及家电控制、老人及儿童安全，都会用到 ZigBee 无线控制网络。ZigBee 灯光控制网络非常容易延伸到更大的网络之中。

3. 特殊控制

（1）应急照明的控制

应急照明的控制属于特殊控制，主要是指智能照明控制系统对特殊区域内的应急照明所执行的控制。通过对正常照明控制的调光模块等电气元件，实现在应急状态下对各区域内用于正常工作状态的照明灯具的减免数量和放弃调光等控制。应急照明控制包含以下两项控制：

1）正常状态下的自动调节照度和区域场景控制，与调节正常工作照明灯具的控制方式相同。

2）应急状态下的自动解除调光控制。通过控制应急照明的调光模块等电气组件，实现在应急状态下，对各区域内的照明灯具放弃调光等控制，使照明强迫切换到应急照明。

（2）与其他智能化系统的联动

特殊控制还包括智能照明控制系统与安防系统、消防报警系统和楼宇自控系统等建筑内的其他智能化系统的联动。

1）智能照明控制系统与安保报警及监控系统的联动

若将智能照明控制系统的设计纳入到大厦的 BMS（楼宇智能管理系统）中，在 BMS 的统一管理平台上，可实现与安防报警及监控系统的联动。如利用安防报警系统的探测器，在夜间报警系统设防状态下有异常情况，报警探测器检测到人员的走动，可将相应报警信息数据通过报警系统传送到 BMS，然后管理系统发指令给智能照明控制系统，可立即联动智能照明控制系统打开附近的灯光以提供现场足够的灯光照明。又如，在上述情况下，可将相应报警数据通过 BMS 通知 CCTV 系统的视频监控矩阵主机，联动附近的监控摄像机，在中心控制室监控管理显示现场的画面，同时可启动 CCTV 系统的核心硬盘录像机进行报警录像，实现安防报警、视频监控和智能照明控制系统的整体联动，完成大厦各智能化系统的相互协调配合，充分体现建筑智能化系统的整体价值。

第 6 章 智能照明控制

2）智能照明控制系统与楼宇自动化（BA）系统联动

智能照明控制系统的设计纳入到大厦的 BMS 中，BMS 包括冷水机组、锅炉、电梯、安保报警、CCTV 电视监控等部分。智能照明控制系统作为其中之一，在 BMS 的统一管理平台上可实现与 BA 系统的一些设备如抽风机、空调机等联动。如会议室在开会前 10 分钟可根据 BMS 的指令，在打开现场智能照明控制系统的同时，开启会议室空调机；又如大开间办公区域在下班后，根据智能照明控制系统红外线及移动传感器的实时监测数据，监测到本区域人员已全部离开，可联动 BA 系统关闭本层的空调机组。

在特殊控制中，由于智能照明控制系统要与建筑智能化的其他子系统建立联系，涉及计算机硬件、软件开发和系统集成等技术，一般应由专业技术人员来完成，智能照明控制系统的灯光设计师要做好配合和协调工作。

6.1.5 智能照明控制策略

前面提到的智能照明控制系统的结构，其系统发展是建立在对照明控制策略的研究基础上的。同时，照明控制的策略也是进行智能照明控制系统方案设计的基础。智能照明控制的策略通常可分为两大类：一类是讲求节能效果的策略，包括时间表控制、天然采光控制、维持光通量控制、亮度控制、作业调整控制和平衡照明日负荷控制等；另一类是讲求艺术效果的策略，包括人工控制、预设场景控制和集中控制。

在进行实际工程项目的智能照明控制系统方案设计时，不是单一使用某一控制策略，而是要根据工程要求和特点，综合考虑采用多个控制策略。优秀的智能照明控制系统的设计常常使用一种全面的方法，即结合几种不同类型的控制器和控制策略，使系统能最高效率地利用能源，最低限度地影响建筑物的环境，实现"以人为本"，"人、建筑、环境"三者和谐统一。

1. 节能效果控制策略

（1）可预知时间表控制

在活动时间和内容比较规则的场所，灯具的运行基本上是按照固定的时间表进行的，规则地配合上班、下班、午餐、清洁等活动及在平时、周末、节假日等的变化，就可以采用预知时间表控制策略。通常适用于一般的办公室、工厂、学校、图书馆和零售店等。

如果策划得好，按预知时间表控制策略的节能效果显著。同时，采用预知时间表控制可带来照明管理的便利，并起到一定的时间表提醒作用，例如提示商店开门、关门的时间等。

可预知时间表控制策略通常采用时钟控制器来实现，并进行必要的设置来保证特殊情况（如加班）时能亮灯，避免使活动中的人突然陷入完全的黑暗中。

（2）不可预知时间表控制

对于有些场所，活动的时间是经常发生变化的，可采用不可预知时间表控制策略，如在会议室、复印中心、档案室、休息室和试衣间等场所。

虽然在这类区域不可采用时钟控制器来实现，但通常可以采用人员动静传感器等来实现。应当注意，在大空间办公室内灯具的开关会引起对相邻地区的干扰，所以这时一般会采用将灯光调亮或调暗，而不是直接的开关变化。

（3）自然采光控制

若能从窗户或天空获得自然光，即所谓利用自然采光，则可通过关闭电灯或降低电力消耗来节能。利用自然采光节能，与许多因素有关：天气状况，建筑的造型、材料、朝向和设计,传感器的选择和照明控制系统的设计和安装,建筑物内活动的种类、内容等。自然采光的控制策略通常用于办公建筑、机场、集市和大型商场等。

自然采光的控制一般使用光照度传感器实现。应当注意的是,由于自然采光会随时间发生变化,因此通常要与人工照明相互补偿。另外,自然采光的照明效果随着与窗户的距离增大而降低,所以一般将靠窗 4m 左右以内的灯具分为单独的回路,甚至将每一行平行于窗户的灯具作为单独的回路,以便进行不同的亮度水平调节,保证整个工作空间内的照度平衡。

智能照明控制系统中的照度传感器通过测定工作面的照度,与设定值比较来控制照明开关,这样可以最大限度地利用自然光,达到节能的目的。同时,也可以提供一个不受季节与外部气候环境影响的相对稳定的视觉环境。利用自然光控制房间照度的示意图如图 6-7 所示。

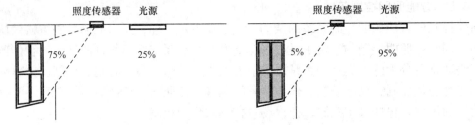

图 6-7 利用自然光控制房间照度

由于外界自然光的变换错综复杂,而且常常夹杂着人为的干扰或瞬时突变的情况,所以自然光控制策略的要点是必须正确识别自然光变化的长期趋势。例如,可以对照度的时变信号通过低通滤波器或限幅滤波器进行处理,避免出现控制动作的频繁震荡以及过多的误动作。自然光控制策略的另一个要点是控制的整体性。由于基于自然光的响应控制对室内照度的梯度变化不加以细致区分,所以对人造光源的控制一般优先采用一致的算法,即进行整体的调亮、调暗和开关动作,目的是为了简化控制成本和降低室内照度的不均匀性。

这种控制策略的缺点在于系统的整体节能效果未做到最优化,房间照度的变化会出现阶跃性跳变等问题。

(4) 亮度平衡控制

这一策略利用了明暗适应现象,即平衡相邻的不同区域的亮度水平,以减少眩光和阴影,减小人眼的光适应范围。例如,可以利用格栅或窗帘来减少日光在室内墙面形成的光斑。亮度平衡的控制策略通常用于隧道照明的控制,隧道外亮度越高,隧道内出入口附近的照明的亮度也越高。

若建筑物室内亮度平衡控制也采用光照度传感器来实现,其控制的逻辑恰好与隧道控制相反。

(5) 维持光通量控制

通常照明设计标准中规定的照度标准是指"维持照度",即在维护周期末还要能保持这个照度值。这样,新安装的照明系统提供的照度要比这个数值高 20%～30%,以保证经过光源的光通量衰减、灯具的积尘、室内地面的积尘等,在维护周期末达到照度标准。维持光通量策略就是指根据照度标准,对初装的照明系统减少电力供应,降低光源的初始光通量,而在维护周期末达到最大的电力供应,这样就可减少每个光源在整个寿命期间的电能消耗。

维持光通量控制采用照度传感器和调光控制相结合的方法来实现。然而，当大批灯具采用这一控制方式时，初始投资会很大；而且，该控制方式要求所有的灯同时更换，而无法考虑有些灯的提前更换。

(6) 作业调整控制

在一个大空间内通常要维持恒定的照度。采用作业调整控制策略，可以调节照明系统，改变局部的小环境照明。例如，改变工作者局部的环境照度，降低走廊、休息厅的照度。提高作业精度要求较高区域的照度。作业调整控制的另一优点是，它能给予工作人员控制自身周围环境的权力，这有助于雇员心情舒畅，提高生产率。通常，这一策略通过改变一盏灯或几盏灯来实现，可以利用局部的调光面板或使用红外线、无线遥控器等。

(7) 平衡照明日负荷控制

电力公司为了充分利用电力系统中的发电容量，提出了实时电价的概念，即电价随一天内不同的时间段而变化。我国已推出"峰谷分时电价"，将电价分为峰时段、平时段、谷时段，即电能需求高峰时电价贵，低谷时电价廉，鼓励人们在电能需求低谷时段用电，以平衡电能量负荷曲线。

智能照明控制系统可以在电能需求高峰时降低一部分非关键区域的照度水平，这样同时降低了空调制冷耗电，也就降低了电费支出。

2. 艺术效果控制策略

艺术效果的照明控制策略有两方面含义：一方面，像多功能厅、会议室等场所，其使用功能是多样的，就是要求产生不同的灯光场景以满足不同的功能要求，维持好的视觉环境，改变室内空间的气氛；另一方面，当场景变化的速度加快时，就会产生动态变化的效果，形成视觉的焦点，这就是动态的变化效果。

艺术效果的控制可以利用开关或调光来产生：当照度水平发生变化时，人眼感受的亮度并不是与其成线性变化的，而是遵循"平方定律"曲线，根据该曲线，如图6-8所示的调光曲线中的"平方曲线"所示。许多厂家的照明控制产品都利用了这一曲线。即当照度调节至初始值的25%时，人眼感受的亮度变化已达到初始亮度的50%。

艺术效果控制策略可以通过人工控制、预设场景控制和中央控制来实现。

(1) 人工控制：指通过on/off开关或调光开关来实现，直接对各照明回路进行操作，其相对耗资少，但需要在面板上将回路划分注明得尽量简单，并讲究面板外形的选择。该方式多用于商业、教育、工业和住宅的照明中。

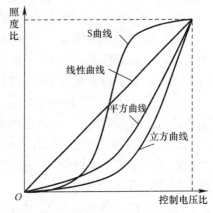

图6-8 调光曲线

(2) 预设场景控制：可以将几个回路同时变化来达到待定的场景，所有的场景都经过预设，每一个面板按键储存一个相应的场景。该方式多用于场景变化较大的场所，如多功能厅、会议室等，也可用于家庭的起居室、餐厅和家庭影院。

(3) 中央控制：是最有效的灯光组群调光控制手段。例如，对于舞台灯光的控制，需要利用至少1个以上的调光台进行场景预设和调光，这也适用于大区域内的灯光控制，并可以与多种传感器联合使用，以满足要求。对于单独划分的小单元，也可采用若干控制小系统的组合集中控制，这常见于酒店客房的中央控制。近年来出现较多的还有整栋别墅的中央控制，主要利用中央控制及人工控制、预设场景控制等相结合，并与电动窗帘、电话、音响等配合使用，必要时还与报警系统有接口。

实际工程中，由于建筑物包含了各种空间以进行不同的活动，多种策略可以满足各种不同空间类型的需求。因此，设计智能照明控制系统时常常使用一种全面的方法，即结合几种不同类型的控制器和控制策略。

6.2 智能照明控制系统的设计

6.2.1 设计原则

在智能照明控制系统设计中，要贯彻国家的法律、法规和技术经济政策，符合建筑功能，有利于生产、工作、学习、生活和身心健康，做到技术先进、经济合理、使用安全、维护管理方便，实施绿色照明、节能减排。

在实际智能照明控制系统工程设计时，要根据工程要求和特点，综合考虑采用多个控制策略。优秀的智能照明控制系统的设计常常使用一种全面的方法，即结合几种不同类型的控制器和控制策略，做到系统以最高效率利用能源，最低限度地影响建筑物的环境。采用绿色照明设计理念，遵循可持续发展的原则，通过科学的整体设计，集成绿色配置、自然采光、低能耗光源、智能控制等高新技术，充分显示人文与建筑、环境与科技的和谐统一。

6.2.2 设计过程和步骤

当照明设计和灯具平面布置图完成后，就可以进行智能照明控制系统的设计。控制系统的设计方案不仅涉及照明场景效果的实现，还涉及工程的造价。优秀的控制系统设计，既能满足业主和灯光设计师的要求，还能提供经济和节能的配置方案。

1. 智能照明控制系统的设计过程

（1）确定用户的需求、光源种类和现场情况。首先，要取得与客户的沟通，了解客户的需求，确定场所的功能和场景要求。对于其中需要特殊控制的区域应按不同的回路设计。其次，要了解灯具的平面布置和光源种类。灯具的布置是与建筑和室内设计相关联的，回路的设计应遵循同样的原则。对于不同的灯具，其光源种类不同，需要确定光源的类型和开关、调光等要求。控制柜和开关面板的位置、控制线路距离等都根据现场情况而定。

（2）确定照明回路的配置和数量。对于不同类型的照明控制系统，其控制模块的各回路性能和容量都是不同的，应根据产品来选择回路，必要时可以添加继电器、接触器等附件，以降低成本。

（3）选择照明控制单元。回路归纳完毕，就可选择相应的控制器和各种必须的传感器、控制面板及系统的监测运行设备等。

（4）绘制相应的图表。随控制系统的设计方案提供的图表包括：总配置表、回路表、照明控制系统图、照明控制系统平面图等。

（5）安装和调试照明控制系统。

2. 设计步骤

一个智能照明控制项目的基本设计过程包括以下步骤：

(1) 明确技术应用的需求

做任何项目，最初都要了解此技术应用的目的、原因和特点，包括：

1）能源规范的要求。能源规范在全国范围内强制实施，往往是促使照明控制需求的主要原因。其中最常见的规范要求有：单独空间控制、自动关闭、调光控制、室外照明控制、自然采光照明控制。

2）节省能源。许多建筑物业主和设施经理想通过尽可能地减少能源支出来降低使用成本，同时又要保证住户使用的舒适度和安全性。

3）符合可持续发展。业主们有高效设计的标准，或者追求可持续发展等，比如LEED 的认证。

4）保障住户方便和喜好。保障住户享有便捷和容易掌控的局部照明控制系统，以便提高住户的满意度和效率。

5）保障安全。确保设施的照明总是能照顾到住户或客人的安全。

6）维护和管理。为设施管理人员提供必要的控制和工具来有效地管理设施。

(2) 选择适当的控制策略

在这一阶段，设计师应该适当选择最适合应用需要的控制策略。由于大多数建筑物包含了大量的空间进行不同的活动，多种策略可以满足各种不同的空间类型的需求。

一些应用可能只需要一个单一产品实施一个简单的策略，如时间开关提供定时开关控制。在另外一些方面的应用，设计者可以结合多项控制方法，例如在正常工作时间，办公空间可以使用定时控制的开关，在工作时间以外可以采用动静传感器控制模式。这些基本控制策略可以根据应用的场合，单独使用或结合在一起使用。

1）自动关闭

照明节能的一个基本要求也是最重要的控制策略是：当不需要照明时，应把灯关闭掉；并且要求关闭或打开照明灯的开关是同一个装置。

2）单独空间的控制

这涉及单独空间内的开关照明控制，也是节能规范的一项基本要求。通常开关装置必须放置在所控制的照明范围内的明显位置上。如果开关不在可见的位置上，此开关通常需要有可以指示照明开关状态的信号灯（如指示灯）。

3）亮度渐变的照明控制（调光控制）

节能的理想状态（或硬性规定）是：空间中尽可能装有可以均匀减弱灯光亮度的手动控制开关。减弱灯光亮度的方法有关掉一盏灯内的单个灯泡、关掉不用的灯具或者是减弱所有灯具的亮度。

4）室外照明控制

要确保照明打开时是自然光照不足的时候，而当有足够的光照或这一区域无人使用时随即关闭照明。外部照明控制通常分成两类：一类是室外保障性夜灯，即黄昏时分打开的照明并持续整个夜间，直到早上有足够的自然光照时关闭；另一类是一般室外照明，即天黑时打开的照明并在夜间无人使用这一区域时随即关闭。

5）自然采光控制

当区域内有足够的自然光照时，应减少或关掉照明光源。

(3) 选择控制产品

前面列举的综合准则可以帮助设计师利用具体的控制策略从而得到最好的产品。表 6-1 所示为照明控制的基本控制策略及控制装置选择参考。现在市场上智能照明控制系统的产品种类很多，选择时需结合工程特点仔细阅读厂家说明书等资料。

照明控制的基本控制策略及控制装置选择参考　　　　　表 6-1

控制策略	控制装置		动作原理	应用场所
自动开关控制	感应开关		室内没有人时自动关闭照明	有时断时续的住房和活动的地点、私人办公室、会议室、洗手间、休息室和一些敞开式的办公区域
	照明控制面板、定时器		在控制继电器面板上，根据时钟设定的日程安排关闭照明	在需要正常运营时间和空间保持照明的区域。 大堂、走廊、公共场所、零售门市部和一些敞开办公区域
	时间开关		墙式开关手动打开照明并在预定时间之后自动关闭	有频繁活动的空间或传感器可能无法抑制工作的场所。 储物间、机械和电气室、摆放设备装置的壁橱和清洁室
	建筑智能化系统，例如安防系统、门禁系统和楼宇自控系统		利用其他建筑智能化系统与照明控制系统之间的联锁或者操纵照明控制系统装置来关闭照明	需要在正常运营时间和空间保持照明的区域。 空间安排使用非常广泛的地方，如多功能厅、社区服务中心和健身房
减弱亮度的照明控制	电压开关		可以控制亮度的开关（通常是两个开关），可以选择性关闭灯具或灯泡	除走廊和洗手间以外的所有内部空间
	手动控制	低压开关	这些开关（例如数据线开关、瞬间开关和多按钮低压开关）通过关掉继电器控制面板或分布式控制照明来减弱照明亮度	
		感应开关	有两个继电器输出的墙壁开关传感器和两个独立的开关同时控制两种不同的亮度	
	调光控制		低压开关的调光控制器或电压调光器减少照明亮度。 可编程调光控制系统可调整最多 4 种不同的照明组来实现调光控制	
	高/低的控制		外部控制装置（即传感器、面板等）指示 HID 固定装置上的高/低控制器来减少照明亮度	
自然采光控制	手动开关		当自然光充足时，住户利用电压或低压开关关掉照明灯具	有助于足够采光的建筑因素（视窗、天窗等）的室内空间
	自动交换控制器		当自然光充足时，照度传感器与控制装置关闭照明灯	
	墙式电压控制调光器		当自然光充足时，墙式感应开关或低压指示调光控制器调暗照明灯	
	自动调光控制器		可调光镇流器及自动调光的采光控制器液晶面板加上照度传感器的调光	

续表

控制策略	控制装置	动作原理	应用场所
独立空间的控制	手动开关： 电压开关 低电压或多按钮开关 指示感应开关 照明控制继电器面板 墙壁感应开关 定时开关 电话控制模块	手动开关与自动控制装置、自然采光和其他控制策略相结合	所有的建筑内部空间（规范中列出的例外之处除外）
	感应开关： 有两个继电器输出的墙壁开关传感器 两个独立的开关同时控制两种不同的亮度		
室外照明控制	照度传感器进行开关控制	在黄昏和黎明时使用外部照度传感器和照明控制面板为自动开关的外部照明。照度传感器将根据不同季节的日出/日落变化以及光照条件变化下的瞬态变化自动调节	所有建筑、停车场、站点、标牌、人行道的外部照明
	天文时钟的开/关控制	面板控制的天文时钟将根据计算出的不同季节的日出/日落变化进行开/关外部照明	
	照度传感器的开/关控制＋预定时间的控制	面板控制为基础的时间调控与照度传感器的亮/暗传感器性能相结合，可以有效地控制外部照明	
	天文时钟的开/关控制＋预定时间的控制	面板控制为基础的时间调控与天文时钟控制对日出/日落的预测相结合，能自动在日出时打开照明灯并在日落后关闭	
	传感器＋照度传感器	传感器和照度传感器控制相结合来调节光照，使之在感应到住户且光照不足的情况下开灯	

（4）布局、规范和记录

当产品选择完成后，设计师就可以在工程的照明平面图纸上布局系统控制装置。

不同的照明控制产品需要具体的设计细节。比如，当采用传感器感应开关时，方案中应包括放置各个传感器的位置以及每一个传感器覆盖的范围。对开关而言，方案中应该说明位置和控制任务。对自然采光控制来说，方案中还应包括照度传感器布局以及每个覆盖区域理想的光照度设置。

当使用照明控制面板时，设计师应该准备接口的图表和控制计划的文档。该文档将协助设计师完成具体技术细节并制定统一完整的设计书。

当智能照明控制系统的工程项目较大时，系统设备装置的具体布局可利用厂商提供的辅助设计软件自动生成,包括分配回路、开关、接触器、继电器、管道列表的设备清单,并描述面板控件的负荷等。接线管道布置图也可由辅助设计软件自动生成,包括:每个面板的名称和相对于其他面板与设备的大致位置;电线的类型和面板与设备之间的导线数量,以及其他重要的系统信息。

(5) 安装和调试

在照明控制工程的安装和调试阶段,设计师应该提供安装指南和细节的图纸。必要时,可以参阅产品生产商提供的其他应用和设计的详细信息资料。

任何项目的成功与否在很大程度上都要依赖于调试。最理想的情况是,整个过程应该是项目工程师、产品生产商,承包商和场馆业主/操作者之间的完美合作。为了促进这种合作,工程师应在一些工程实施细节中注明调试要求。具体内容将在后面的内容中作介绍。

6.2.3 系统及设备的选择

1. 系统的选择

如前面所述,智能照明控制系统的分类方法有多种,在实际工程中一般从照明控制的层次上分类,系统属于以下情况中一种或多种:单个光源或灯具的控制、单个房间的控制、整个楼宇的控制、建筑群的控制。

(1) 单个光源或灯具的控制

这种控制的各个部件(传感器、控制器)与光源组合在一起,达到灯具本身的智能控制。

这种控制方法的优点是不需要额外的设计和安装工作,像普通灯具那样安装,可以在大楼施工的最后阶段进行,甚至可以用于改造和更新环境。例如公共走廊、洗手间、别墅车库等处的照明控制。

(2) 单个房间或区域的控制

单个房间或区域的照明控制由一个单一的系统通过传感器或从面板开关、调光器来的控制信号实现,例如多功能厅、宴会厅等的照明控制。

(3) 整个楼宇的控制

楼宇照明控制系统是比较复杂的智能照明控制系统,它包括大量分布于大楼各个部分并与总线相连的照明控制元件、传感器和手动控制元件,各个控制单元可通过总线传递信息,系统可集中控制和分区控制。楼宇智能照明控制系统不仅能完成控制功能,还能用来搜集重要的数据,如实际灯具点燃的小时数和消耗的电能,甚至可以计算出系统设备的维护时间表。整个系统对通信的要求很高,可被合并到整个大楼的集中管理系统中。

(4) 建筑群的控制

建筑群的照明控制系统是在楼宇智能照明控制系统的基础上扩展而成,其控制主要是通过网络来实现。网络协议主要采用TCP/IP协议,距离较远的可通过以太网。城市大楼的景观亮化工程、路灯远程控制管理属于这类控制。

2. 控制器设备的选择

如前面所述,智能照明控制系统的控制器设备分为三大类:开关控制器、调光控制器和LED调光控制器。控制器的输入电压既可以单相交流220V,也可以三相交流380V。通常厂家产品都会提供详细说明,可根据实际情况进行选用。下面以某公司的产品为例,介绍如何选择控制器。

当有了照明系统图后就可按灯路的控制要求、负载性质、功率、相位和回路数等参数选择相应技术规范和数量的控制器（模块），在选用调光控制器时，具体设计方法如下。

(1) 用单相供电调光控制器系列产品设计的系统

原照明系统（一）为 4 路 2kW 和 12 路 1kW 调光灯路，如图 6-9 所示。拟选用一台单相 4 通道 10A 和一台单相 12 通道 5A 调光控制器，再配上控制面板后构成的智能照明控制系统（一）如图 6-10 所示。

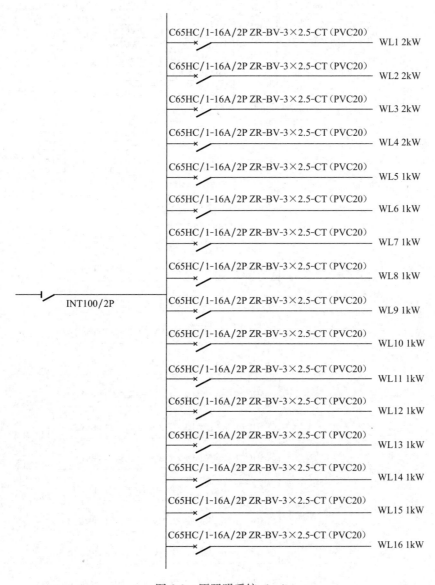

图 6-9　原照明系统（一）

(2) 用三相供电调光控制器系列产品设计的系统

原照明系统（二）为 12 路 2kW 调光灯路，如图 6-11 所示。拟选用一台三相 12 通

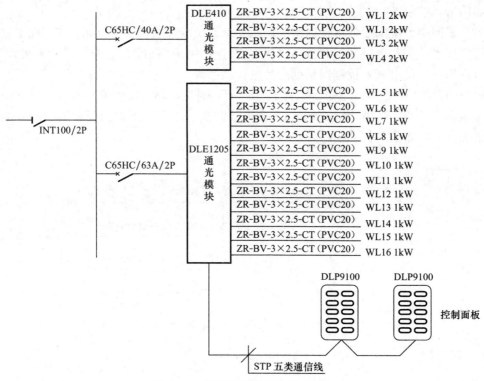

图 6-10 智能照明控制系统（一）

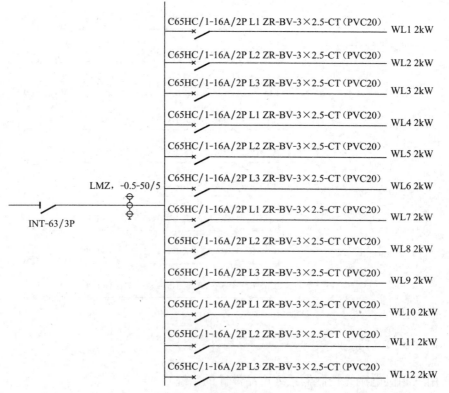

图 6-11 原照明系统（二）

道 10A 调光控制器，再配上控制面板后构成的智能照明控制系统（二）如图 6-12 所示。

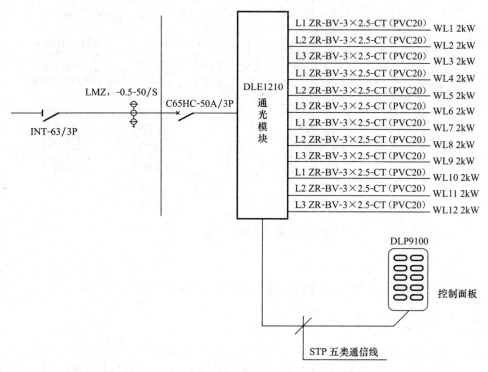

图 6-12 智能照明控制系统（二）

（3）用荧光灯调光控制器系列产品设计的系统

原照明系统（三）为 4 路 0.5kW 荧光灯调光灯路，如图 6-13 所示。拟选用一台单相 4 通道 10A 荧光灯调光控制器，再配上控制面板后构成的智能照明控制系统（三）如图 6-14 所示。

图 6-13 原照明系统（三）

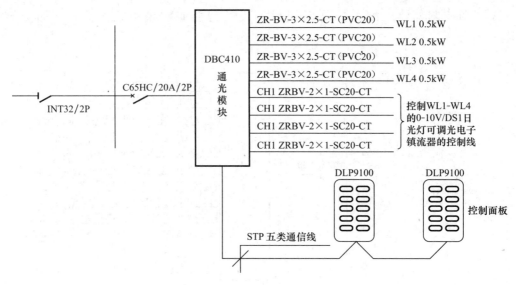

图 6-14 智能照明控制系统（三）

6.3 典型照明控制系统介绍

6.3.1 松下全二线系统

松下电工的全二线系统示例如图 6-15 所示，其特点如下。

1. 照明开关仅用两根信号线连接网络，设计简单，施工便利快捷。用 2 根 24V 信号线控制连接所有开关（每个传送单元最多可以控制 256 路），采用脉冲信号控制的多重传送方式，任何开关都只用两根电线连接，而且可用通用电线作为配线，设计、施工极为省力简便。

2. 使用无线地址设定器，可以简单地按数字键设定负载地址及功能。使用一台四功能的光地址式设定开关及无线地址设定器，可以方便地设定哪个开关控制哪个照明器具，并且可对着开关的表面按键操作，每个开关的对应负载的设定及控制功能的设定可随意进行，不必根据负载不同变换不同开关。

3. 可在施工后设定控制范围，即使在竣工前被意外改变，也能灵活复原。在多重传送完全 2 线式控制系统中，可设定一个群组开关或状态开关来控制多个回路。控制范围的设定，只需进行设定开关的简单操作即可，并且可在施工后由用户结合自己意愿进行。

4. 可与定时器、探测器等联动，自动实现照明开关状态的切换，实现高效的照明环境，谋求更进一步的节能。

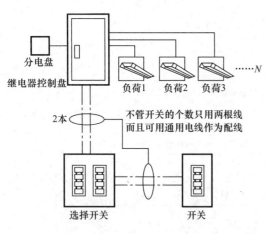

图 6-15 全二线系统示例

6.3.2 施耐德公司 C-Bus 照明系统

施耐德公司的 C-Bus 照明系统也是一种二总线系统，如图 6-16 所示。该系统具有开放性，可提供与建筑设备监控系统相连接的接口和软件协议。系统中各元件内均设有微处理器和存储单元，各元件间通过一对非屏蔽双绞线（UTP5）进行信息传递，完成对室内、外照明及相关设备的控制。

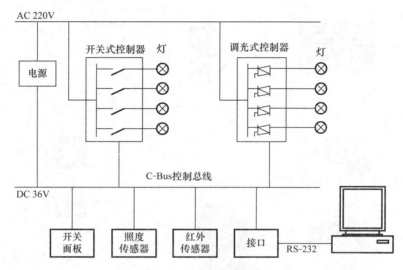

图 6-16　C-Bus 照明控制系统

C-Bus 照明系统由输入、输出及系统三部分组成。输入部分的功能是将外界的控制信号转换为系统信号作为控制依据，它包括输入键、场景控制器、红外遥控器、照度传感器、红外线探测器、定时单元、辅助输入单元等。输出部分的任务是接收总线上的控制信号，控制相应的负荷回路，实现照明控制。它包括模拟输出单元、不同回路的继电器和调光器等。系统部分是指供电单元、系统网络、PC 机及其接口。在系统监测软件支持下，可对照明系统全面地进行实时监测。

6.3.3 HDL-BUS 系统

1. HDL-BUS 系统的结构

HDL-BUS 建筑智能照明控制系统（以下简称 HDL-BUS 系统）分为主干网络和总线网络，主干网络可以采用星形、树形、环形的拓扑结构，但总线网络只能采用总线型的拓扑结构。

HDL-BUS 系统总线网络采用独立 RS-485 总线方式，使总线无论何时都处于最佳状态。同时配合 HDL 独有的软硬件相结合的智能 CSMA/CD 控制技术，确保系统无论总线设备多少、总线距离长短，都可获得最大的传输速率。

HDL-BUS 系统采用开放性及高扩展性协议，可以使系统与任何控制系统无缝连接，如 BA 系统、中央控制系统、安防系统、远程抄表系统、舞台灯光控制系统等。

HDL-BUS 系统采用 TCP/IP（主干网络）和 RS-485（总线网络）为主要通信协议，如总线交换机与以太网交换机之间采用 TCP/IP 协议进行通信，设备与设备之间采用 RS-485 协议进行通信，系统同时可兼容 RS-232、DMX512、DALI、OPC、EIB 等协议。

每个系统最多可容纳 255 个子网，每个子网最多可容纳 255 个设备，各个子网用

BUS 交换机接入以太网。

总线工作电压为 DC24V，BUS 波特率为 9.6Kb/s，采用总线自动恢复技术、分布式控制系统和设备热启动技术。

一个完整的 HDL-BUS 系统由输入设备、输出设备、系统设备、辅助设备、系统软件五部分组成，如图 6-17 所示。

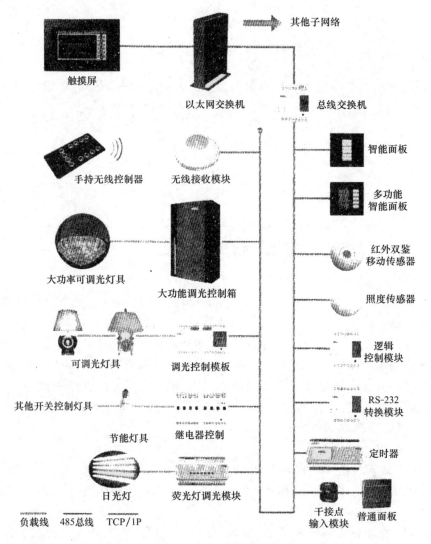

图 6-17 HDL-BUS 智能照明控制系统组成

2. 系统的特性及应用范围

（1）HDL-BUS 系统的优点

1）照明线路设计简单，系统安装方便，操作维护容易。

2）硬件结构灵活，软件可编程，以节省投资成本和维修运行费用，提高投资回报率。

3）具有单区域场景、组合场景控制、定时开关、序列运行、现场修改亮度、自动调节亮度、红外线遥控、无线遥控等多种智能照明控制功能，并且能节约能源。

4）根据环境及用户需求的变化，只需通过软件修改设置或少量线路改造，就可以实现照明布局的改变和功能扩充。

5) 设备的控制信息独立存储在本机内,所存储的信息具有停电后不丢失的功能,在恢复供电时,系统自动恢复到停电前的工作状态。

6) 系统内各个设备相对独立,不会因为系统中某个设备发生故障而使整个控制系统瘫痪。

7) 控制信号(弱电)与负载回路(强电)分离,各设备之间使用4对双绞低压电缆相连组成总线网。工作电压为DC24V,确保人身安全。

8) 具有分布式智能控制的特点和开放性,可以与楼宇自控系统、安防及消防系统、户外照明系统、舞台灯光控制系统无缝连接。

9) 具有智能状态回馈功能,能自动检查负载状态,检查坏灯、少灯等状态。

10) 具有故障自动报警功能,当断路器(MCB)跳闸时可进行预警。

(2) HDL-BUS系统的应用范围

1) 写字楼:大堂、会议区、公共区域、停车场、泛光及园林等照明控制。

2) 酒店:大堂、宴会厅/舞厅、高级套房、公共区域、停车场等照明控制。

3) 会堂/礼堂:会议室场地照明和专业照明、功能区照明等控制。

4) 商场专卖店:公共区域、电梯厅、停车场、泛光及园林等照明控制。

5) 机场、汽车站、火车站、港口、码头、货场等各功能区照明控制。

6) 餐厅/进餐场所照明控制。

7) 主题公园/博物馆照明控制。

8) 城市街道照明控制。

9) 隧道照明控制。

10) 桥梁景观照明控制。

11) 学校教室、会馆、园林和泛光等照明控制。

12) 体育场馆照明控制。

3. 系统的控制方式

(1) 红外线遥控

红外线遥控装置可增加控制的灵活性和使用方便性,利用红外遥控器不仅可以开关场景、序列,还可以对墙面板进行编程:修改墙面板红、绿指示灯的亮度,现场整体调节已开场景的亮度,现场编辑已开场景各回路的亮度值。适用于家庭剧院、会议室和演讲厅等。

(2) 无线遥控

无线遥控器可以支持4个不同地址的无线遥控器。可读取当前遥控器的地址,可选择单一开/关、单一开、单一关、组合开、组合关的按键功能,每个按键最多可控制99个目标,每个遥控器有2页,每页8个按键。适用于家庭剧院、会议室和演讲厅等。

(3) 预设场景选择

可选择99种场景与开关模式,具有0~60min的时间可供选择,并能微调亮度。适用于需要多位置控制的应用,如有讲台、视听控制或接待台、安防控制中心等的空间。

(4) 个人数字助理(PDA)触摸屏视听控制/中央集中控制

通过计算机或数字视听设备来控制照明,可与触摸屏中央视听控制系统、大楼火灾警报和安防装置管理系统结合。适用于会议室、远程可视会议室、礼堂和建筑区域整体的管理。

(5) 序列场景控制

预设的照明场景可按照顺序自动地再现，产生动态的照明效果，同时可联动音、视频设备。适用于商品展示、商铺橱窗、园景照明和博物馆展示照明等。

(6) 动静感应控制

当房间无人时系统能缓慢地把灯光调至最暗或关闭；当有人进入房间时，系统能自动打开灯光。适用于会议室和办公室等的照明。

(7) 日光感应控制

系统能根据环境光线自动选择预设照明场景。适用于有大型窗户或天窗的空间，包括中庭、教室、带窗办公室和购物中心。

(8) DMX 平台控制集成

系统能与 DMX 剧院/舞台控制设备结合使用，以满足临时剧院空间的需要。适用于学校机关单位的多功能活动室、礼堂/演讲厅、酒店宴会厅/舞厅和购物商场的表演区。

(9) 事件配置控制

系统能按照用户的需要，在一天的任何时候，根据事件自动选择启用和停用预设场景或场景序列。事件可由天文时钟、日光感应、动静感应之中的一种或几种组合触发。适用于办公室、餐厅、商店和酒店、桥梁建筑、公园、隧道、街道等。

(10) 逻辑控制

可以接受系统传送来的各种运算条件，如场景信息、回路信息、时间点、时间段、外部输入状态、外部输入值等，通过对逻辑关系的设定，可以让系统在不同的条件下做出不同的响应动作，从而使本来被动的系统变得"聪明"起来，自动完成相应条件下的动作，而不需要人为的干预。

4. 控制系统接线

HDL-BUS 系统采用开放性及高扩展性协议，能使照明系统与楼宇控制系统、消防系统、保安系统、舞台灯光系统等实现无缝连接。其接线示意图见图 6-18～图 6-20。

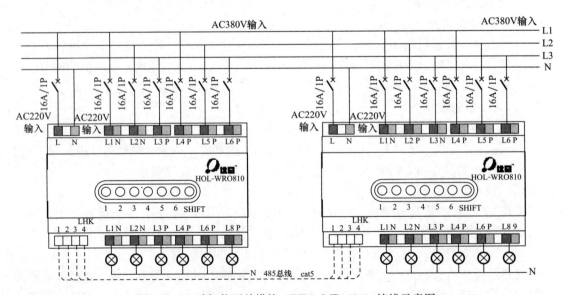

图 6-18 六路智能开关模块（HDL-MR0610）接线示意图

第6章 智能照明控制

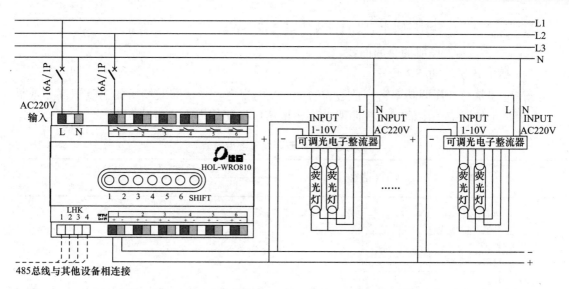

图 6-19 六路荧光灯调光模块（HDL-MRDA06）接线示意图

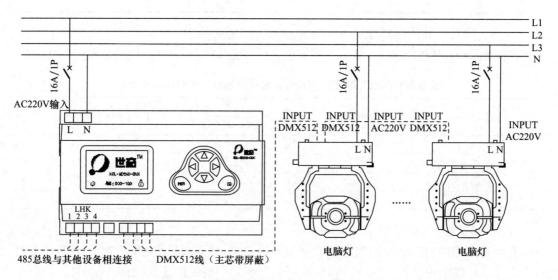

图 6-20 240 路 DMX 表演控制模块（HDL-MD240-DMX）接线示意图

6.4 照明节能计算

6.4.1 照明功率密度（LPD）

照明功率密度（Lighting Power Density，LPD）是指在一个满足现行照度标准的照明场所，照明灯具总的安装功率（含启动装置功率消耗）与该场所的面积之比，其计算公式为：

$$LPD = \frac{\sum P}{S} \quad (\text{W/m}^2) \qquad (6-1)$$

式中 LPD——该场所的功率密度，W/m^2；

$\sum P$——该场所不同灯具的安装功率之和，W；

S——该场所的总的面积，m^2。

1. 住宅建筑的功率密度

住宅建筑每户照明功率密度值应符合表 6-2 的规定。当房间或场所的照度值高于或低于本表规定的对应照度值时，其照明功率密度值应按比例提高或折减。

住宅建筑每户照明功率密度限值 表 6-2

房间或场所	照度标准值（lx）	照明功率密度限值（W/m²）	
		现行值	目标值
起居室	100	≤6.0	≤5.0
卧室	75		
餐厅	150		
厨房	100		
卫生间	100		
职工宿舍	100	≤4.0	≤3.5
车库	30	≤2.0	≤1.8

2. 办公建筑和其他类型建筑中具有办公用途场所的照明功率密度

办公建筑和其他类型建筑中具有办公用途场所的照明功率密度限值应符合表 6-3 的规定。

办公建筑和其他类型建筑中具有办公用途场所的照明功率密度限值 表 6-3

房间或场所	照度标准值（lx）	照明功率密度限值（W/m²）	
		现行值	目标值
普通办公室	300	≤9.0	≤8.0
高档办公室、设计室	500	≤15.0	≤13.5
会议室	300	≤9.0	≤8.0
服务大厅	500	≤11.0	≤10.0

3. 商店建筑的功率密度

商店建筑照明功率密度限值应符合表 6-4 的规定。当商店营业厅、高档商店营业厅、专卖店营业厅需装设重点照明时，该营业厅的照明功率密度限值应增加 $5W/m^2$。

商店建筑照明功率密度限值 表 6-4

房间或场所	照度标准值（lx）	照明功率密度限值（W/m²）	
		现行值	目标值
一般商店营业厅	300	≤10.0	≤9.0
高档商店营业厅	500	≤16.0	≤14.5
一般超市营业厅	300	≤11.0	≤10.0
高档超市营业厅	500	≤17.0	≤15.5
专卖店营业厅	300	≤11.0	≤10.0
仓储超市	300	≤11.0	≤10.0

4. 旅馆建筑的功率密度

旅馆建筑照明功率密度限值应符合表 6-5 的规定。当房间或场所的照度值高于或低于本表规定的对应照度值时，其照明功率密度值应按比例提高或折减。

旅馆建筑照明功率密度限值　　　　　表 6-5

房间或场所	照度标准值（lx）	照明功率密度限值（W/m²）	
		现行值	目标值
客房	—	≤7.0	≤6.0
中餐厅	200	≤9.0	≤8.0
西餐厅	150	≤6.5	≤5.5
多功能厅	300	≤13.5	≤12.0
客房层走廊	50	≤4.0	≤3.5
大堂	200	≤9.0	≤8.0
会议室	300	≤9.0	≤8.0

5. 医疗建筑的功率密度

医疗建筑照明功率密度值应符合表 6-6 的规定。当房间或场所的照度值高于或低于本表规定的对应照度值时，其照明功率密度值应按比例提高或折减。

医疗建筑照明功率密度限值　　　　　表 6-6

房间或场所	照度标准值（lx）	照明功率密度限值（W/m²）	
		现行值	目标值
诊疗室、诊室	300	≤9.0	≤8.0
化验室	500	≤15.0	≤13.5
候诊室、挂号厅	200	≤6.5	≤5.5
病房	100	≤5.0	≤4.5
护士站	300	≤9.0	≤8.0
药房	500	≤15.0	≤13.5
走廊	100	≤4.5	≤4.0

6. 教育建筑的功率密度

教育建筑照明功率密度值应符合表 6-7 的规定。当房间或场所的照度值高于或低于本表规定的对应照度值时，其照明功率密度值应按比例提高或折减。

教育建筑照明功率密度限值　　　　　表 6-7

房间或场所	照度标准值（lx）	照明功率密度限值（W/m²）	
		现行值	目标值
教室、阅览室	300	≤9.0	≤8.0
实验室	300	≤9.0	≤8.0
美术教室	500	≤15.0	≤13.5
多媒体教室	300	≤9.0	≤8.0
计算机教室、电子阅览室	500	≤15.0	≤13.5
学生宿舍	150	≤5.0	≤4.5

7. 工业建筑非爆炸危险场所照明功率密度

工业建筑非爆炸危险场所照明功率密度限值应符合表 6-8 的规定。当房间或场所的照度值高于或低于本表规定的对应照度值时，其照明功率密度值应按比例提高或折减。

工业建筑非爆炸危险场所照明功率密度限值　　表 6-8

房间或场所		照度标准值（lx）	照明功率密度限值（W/m²）	
			现行值	目标值
1　机、电工业				
机械加工	粗加工	200	≤7.5	≤6.5
	一般加工公差≥0.1mm	300	≤11.0	≤10.0
	精密加工公差<0.1mm	500	≤17.0	≤15.0
机电、仪表装配	大件	200	≤7.5	≤6.5
	一般件	300	≤11.0	≤10.0
	精密	500	≤17.0	≤15.0
	特精密	750	≤24.0	≤22.0
电线、电缆制造		300	≤11.0	≤10.0
线圈绕制	大线圈	300	≤11.0	≤10.0
	中等线圈	500	≤17.0	≤15.0
	精细线圈	750	≤24.0	≤22.0
线圈浇注		300	≤11.0	≤10.0
焊接	一般	200	≤7.5	≤6.5
	精密	300	≤11.0	≤10.0
钣金		300	≤11.0	≤10.0
冲压、剪切		300	≤11.0	≤10.0
热处理		200	≤7.5	≤6.5
铸造	熔化、浇铸	200	≤9.0	≤8.0
	造型	300	≤13.0	≤12.0
精密铸造的制模、脱壳		500	≤17.0	≤15.0
锻工		200	≤8.0	≤7.0
电镀		300	≤13.0	≤12.0
酸洗、腐蚀、清洗		300	≤15.0	≤14.0
抛光	一般装饰性	300	≤12.0	≤11.0
	精细	500	≤18.0	≤16.0
复合材料加工、铺叠、装饰		500	≤17.0	≤15.0
机电修理	一般	200	≤7.5	≤6.5
	精密	300	≤11.0	≤10.0
2　电子工业				
整机类	整机类	300	≤11.0	≤10.0
	装配厂房	300	≤11.0	≤10.0
元器件类	微电子产品及集成电路	500	≤18.0	≤16.0
	显示器件	500	≤18.0	≤16.0
	印制线路板	500	≤18.0	≤16.0
	光伏组件	300	≤11.0	≤10.0
	电真空器件、机电组件等	500	≤18.0	≤16.0
电子材料类	半导体材料	300	≤11.0	≤10.0
	光纤、光缆	300	≤11.0	≤10.0
酸碱药业及粉配制		300	≤13.0	≤12.0

第6章 智能照明控制

8. 设装饰性灯具场所

设装饰性灯具场所，可将实际采用的装饰性灯具总功率的50%计入照明功率密度值的计算。

有些场所为了加强装饰效果，安装了枝形花灯、壁灯、艺术吊灯等装饰性灯具，这种场所可以增加照明安装功率。增加的数值按实际采用的装饰性灯具总功率的50%计算LPD值，这是考虑到装饰性灯具的利用系数较低，所以假定它有一半左右的光通量起到提高作业面照度的效果。设计应用举例如下：

某场所的面积为100m²，照明灯具总安装功率为2000W（含镇流器功耗），其中装饰性灯具的安装功率为800W，其他灯具安装功率为1200W。按本条规定，装饰性灯具的安装功率按50%计入LPD值的计算，则该场所的实际LPD值应为：

$$LPD = \frac{1200 + 800 \times 50\%}{100} = 16 \mathrm{W/m^2}$$

6.4.2 照明功率密度的计算实例

[**例6-1**] 某实验室面积为$12 \times 5 \mathrm{m^2}$，桌面高0.8m，灯具吊高3.8m，吸顶安装。拟采用YG6-2型双管2×40W吸顶式荧光灯照明，灯具效率为86%。假定墙面反射系数ρ_w为0.6，顶棚反射系数ρ_{cc}为0.7，试计算桌面最低照度，并确定房间内的灯具数。

解： 采用光通利用系数法计算

根据题意知：$h=3.8-0.8=3\mathrm{m}$，$S=12 \times 5=60\mathrm{m^2}$。查表1-19，实验室平均照度值为300lx。

（1）确定室形系数

$$RCR = \frac{5h(a+b)}{ab} = \frac{5 \times 3 \times (12+5)}{12 \times 5} \approx 4.25$$

（2）根据已知的$\rho_{cc}=0.7=70\%$，$\rho_w=0.6=60\%$和求得的$RCR=4.25$，查表6-9中的YG6-2荧光灯的利用系数表，采用插值法查取U，步骤如下：

按$RCR=4.25$，$\rho_{cc}=0.7=70\%$，$\rho_w=0.6=60\%$，查表6-9。

部分灯具的利用系数表（$\rho_{fc}=20\%$） 表6-9

$\rho_{cc}\%$	70				50				30				0
$\rho_w\%$	70	50	30	10	70	50	30	10	70	50	30	10	0
RCR	筒式荧光灯 YG2-1，$\eta=88\%$，1×40W，2400lm												
1	0.93	0.89	0.86	0.83	0.89	0.85	0.83	0.80	0.85	0.82	0.80	0.78	0.73
2	0.85	0.79	0.73	0.69	0.81	0.75	0.71	0.67	0.77	0.73	0.69	0.65	0.62
3	0.78	0.70	0.63	0.58	0.74	0.67	0.61	0.57	0.70	0.65	0.60	0.656	0.53
4	0.71	0.61	0.54	0.49	0.67	0.59	0.53	0.48	0.64	0.57	0.52	0.47	0.45
5	0.65	0.55	0.47	0.42	0.62	0.53	0.46	0.41	0.59	0.51	0.45	0.41	0.39
6	0.60	0.49	0.42	0.36	0.57	0.48	0.51	0.36	0.54	0.46	0.40	0.36	0.34
7	0.55	0.44	0.37	0.32	0.52	0.43	0.36	0.31	0.50	0.42	0.36	0.31	0.29
8	0.51	0.40	0.33	0.27	0.48	0.39	0.32	0.27	0.46	0.37	0.32	0.27	0.25
9	0.47	0.36	0.29	0.24	0.45	0.35	0.29	0.24	0.43	0.34	0.28	0.24	0.22
10	0.33	0.32	0.26	0.20	0.41	0.31	0.24	0.20	0.39	0.30	0.24	0.20	0.18

续表

ρ_{cc}%	70				50				30				0
ρ_w%	70	50	30	10	70	50	30	10	70	50	30	10	0
RCR	吸顶荧光灯 YG6-2，$\eta=86\%$，$2\times40W$，$2\times2400lm$												
1	0.82	0.78	0.74	0.70	0.73	0.70	0.67	0.64	0.65	0.68	0.60	0.58	0.49
2	0.74	0.67	0.62	0.57	0.66	0.61	0.56	0.52	0.59	0.54	0.51	0.48	0.40
3	0.68	0.59	0.53	0.47	0.60	0.53	0.48	0.44	0.53	0.48	0.44	0.40	0.34
4	0.62	0.52	0.45	0.40	0.55	0.47	0.41	0.37	0.49	0.43	0.38	0.34	0.28
5	0.56	0.46	0.39	0.34	0.50	0.42	0.36	0.31	0.45	0.38	0.33	0.29	0.24
6	0.52	0.42	0.35	0.29	0.46	0.38	0.32	0.27	0.41	0.34	0.29	0.25	0.21
7	0.48	0.37	0.30	0.25	0.43	0.34	0.28	0.24	0.38	0.31	0.26	0.22	0.18
8	0.44	0.34	0.27	0.22	0.40	0.31	0.25	0.21	0.35	0.28	0.23	0.19	0.16
9	0.41	0.31	0.24	0.19	0.37	0.28	0.22	0.18	0.33	0.26	0.21	0.17	0.14
10	0.38	0.27	0.21	0.16	0.34	0.25	0.19	0.15	0.30	0.22	0.18	0.14	0.11

先取 $RCR=4$ 和 $RCR=5$，$\rho_{cc}=70\%$，$\rho_w=50\%$ 和 $\rho_w=70\%$ 时的 U 值，见下表（a）；然后在 $RCR=4$ 和 $RCR=5$ 之间插入 $RCR=4.25$，得表（b）；再在表（b）中 $\rho_w=50\%$ 和 $\rho_w=70\%$ 之间插入 $\rho_w=60\%$，得表（c），从而得到所要求的光通利用系数 $U=0.555$。

求取 U 的计算过程举例如下：

如当 $RCR=4.25$，$\rho_{cc}=70\%$ 时有 $U=0.62-\dfrac{(0.62-0.56)}{5-4}\times(4.25-4)=0.605$

当 $RCR=4.25$，$\rho_{cc}=60\%$ 时有 $U=0.605-\dfrac{(0.605-0.505)}{70-50}\times(70-50)=0.555$

表（a）

ρ_{cc}		70	
ρ_w		70	50
		U	
RCR	4	0.62	0.52
	5	0.56	0.46

表（b）

ρ_{cc}		70	
ρ_w		70	50
		U	
RCR	4.25	0.605	0.505

表（c）

ρ_{cc}		70
ρ_w		60
		U
RCR	4.25	0.555

(3) 查表6-10。

部分灯具的最小照度系数 Z 值表 表 6-10

灯具名称	灯具型号	光源种类及容量(W)	距高比（$L:h$） 0.6	0.8	1.0	1.2	$(L:h)/Z$ 的最大允许值
			Z 值				
配照型灯具	GC1-$\frac{A}{B}$-1	B150	1.30	1.32	1.33		1.25/1.33
		G125		1.34	1.33	1.32	1.41/1.29
广照型灯具	GC3-$\frac{A}{B}$-2	G125	1.28	1.30			0.98/1.32
		B200、150	1.30	1.33			1.02/1.33
深照型灯具	GC5-$\frac{A}{B}$-3	B300		1.34	1.33	1.30	1.40/1.29
		G250		1.35	1.34	1.32	1.45/1.32
	GC5-$\frac{A}{B}$-4	B300、500		1.33	1.34	1.32	1.40/1.31
		G400	1.29	1.34	1.35		1.23/1.32
简式荧光灯具	YG1-1	1×40	1.34	1.34	1.31		1.22/1.29
	YG2-1			1.35	1.33	1.28	1.28/1.28
	YG2-2	2×40		1.35	1.33	1.29	1.28/1.28
吸顶荧光灯具	YG6-2	2×40	1.34	1.36	1.33		1.22/1.29
	YG6-3	3×40		1.35	1.32	1.30	1.26/1.30
嵌入式荧光灯具	YG15-2	2×40	1.34	1.34	1.31	1.30	
	YG15-3	3×40	1.37	1.33			1.05/1.30
房间较矮反射条件较好		灯排数≤3	1.15～1.2				
		灯排数>3	1.10				

距高比 $L/h=1.22$，得 $Z=1.29$，则桌面最低照度

$$E_{\min}=\frac{E_{av}}{Z}=\frac{300}{1.29}=232.6\text{lx}$$

(4) 查表1-26，得维护系数 $k=0.8$，则 $\sum\Phi=\frac{E_{av}S}{Uk}=\frac{300\times60}{0.555\times0.8}=40541\text{lx}$

由表6-9知：$\Phi=2\times2400=4800\text{lm}$，故房间内的灯具数

$$N=\frac{\sum\Phi}{\Phi}=\frac{40541}{4800}\approx8.4\text{ 套}$$

可按8套或9套布置，如按9套布置时验算平均照度为

$$E_{av}=\frac{N\Phi Uk}{S}=\frac{9\times4800\times0.555\times0.8}{60}=319.7\text{lx}$$

稍大于平均照度推荐值，可以满足使用要求。但《建筑照明设计标准》GB 50034—2013 规定：实验室在300lx时，LPD（功率密度）$=9\text{W/m}^2$，$R_a>80$。

普通粉粗管荧光灯含镇流器的总安装功率为

$(40+8)\times9\times2=864\text{W}$，故 LPD 值为 $\frac{864}{60}=14.4\text{W/m}^2$

折算到300lx的 LPD 值为 13.5W/m^2，大于 11W/m^2，不符合现行规范。

可见，普通粉粗管荧光灯（T12）在新标准要求下存在两个问题：一是 LPD 值高，二是 R_a 值小，故应采用新型光源 T5 三基色粉荧光灯（28W）$R_a>80$，色温 4000K，光

通量 2600lm。

重新计算：

$$\Phi = 2 \times 2600 = 5200\text{lm}, \quad N = \frac{\sum \Phi}{\Phi} = \frac{40541}{5200} = 7.79 \approx 8$$

现选 6 盏，$E_{av} = \frac{N\Phi Uk}{S} = \frac{8 \times 5200 \times 0.555 \times 0.8}{60} = 307.8\text{lx}$，在照度误差允许范围之内。

含电感镇流器（镇流器功率约为 1.4W）的总的安装功率为 $(28+1.4) \times 8 \times 2 = 470.4\text{W}$

LPD 值为 $\frac{470.4}{60} = 7.8\text{W/m}^2$

折算到 300lx 的 LPD 值为：7.64（W/m²），小于 9W/m²，故选用 T5 型 8 盏灯具是合理的。

6.4.3 各类规范中对照明节能控制的要求

1. 公共场所的照明，常常无人及时关灯，为了节电，宜有集中控制。按天然采光分组，是为了白天天然光良好时，可分别开关灯。

2. 体育场馆、候机（车）楼等公共建筑应由专门人员管理、控制开关灯，必要时的调光应集中控制，不应分散就地开关。有条件时最好是按时钟和照度进行自动控制。

3. 旅馆的客房设电源总开关，并和房门钥匙或门卡联锁开关，主要是为节能。但客房冰箱等电源不宜切断。另外，总开关切断时宜有 10s 左右的延时。

4. 住宅楼的楼梯间用手动开关灯不方便，往往是长明灯，所以建议采用声音结合光照自动控制开关，运行使用中有利节能。

5. 房间或场所内一个开关控制的灯数不宜太多，一般 2~4 个灯设 2 个开关，6~8 个灯设 2~4 个开关，以使个别人工作时，按需要点亮那部分灯。

6. 房间或场所装设有两列或多列灯具时，宜按下列方式分组控制：

(1) 所控灯列与侧窗平行；

(2) 生产场所按车间、工段或工序分组；

(3) 电化教室、会议厅、多功能厅、报告厅等场所，按靠近或远离讲台分组。

控制灯列与窗平行，有利于利用天然光。按车间、工序分组控制，方便使用，可以关闭不需要的灯光。报告厅、会议厅等场所，是为了在使用投影仪等类设备时，关闭讲台和邻近区段的灯光。

7. 有条件的场所，宜采用下列控制方式：

(1) 天然采光良好的场所，应根据天然光的照度变化控制电气照明的分区，并按该场所照度自动开关灯或调光；

(2) 个人使用的办公室，采用人体感应或动静感应等方式自动开关灯；

(3) 旅馆的门厅、电梯大堂和客房层走廊等场所，采用夜间定时降低照度的自动调光装置；

(4) 大中型建筑，按具体条件采用集中或集散的、多功能或单一功能的自动控制系统。

对于一些高档次建筑和智能建筑或其中某些场所，有条件时可采用调光、调压或其他自控措施，以节约电能。

8. 城市道路照明宜采用下列节能控制措施：

（1）道路照明应根据所在地区的地理位置和季节变化合理确定开关灯时间，并应根据天空亮度变化进行必要修正。宜采用光控和时控相结合的控制方式。

（2）道路照明采用集中遥控系统时，远动终端宜具有在通信中断的情况下自动开关路灯的控制功能和手动控制功能。

（3）道路照明开灯时的天然光照度水平宜为15lx；关灯时的天然光照度水平，快速路和主干路宜为30lx，次干路和支路宜为20lx。

9. 景观照明宜采取以下节能措施：

（1）景观照明应采取长寿命高光效光源和高效灯具，并宜采取点燃后适当降低电压以延长光源寿命的措施；

（2）景观照明应设置深夜减光控制方案。

思 考 题

6-1　为什么说照明节能与照明设计有密切关系？

6-2　照明节能效果如何评估？

6-3　照明节能措施中的照明控制包括哪些要素？

6-4　照明控制的方式有哪几种？试比较各种控制方式的特点。并阐述什么是合理的照明控制。

6-5　照明控制的主要目的是什么？

6-6　智能照明控制系统的"智能"特点体现在哪里？

6-7　简述 ZigBee 灯光控制网络的特点。

6-8　何谓智能照明控制策略？

6-9　简述自然采光控制策略的优缺点。

6-10　一个零售商店的照明控制选用什么样的智能照明控制策略？具体说明如何实现。

6-11　根据本章所学的知识，谈谈学校实现智能照明控制的策略。

6-12　《建筑照明设计规范》GB 50034—2013 和《城市道路设计标准》CJJ45-2006 中对照明节能控制有什么要求？

第7章 应急照明

应急照明作为工业及民用建筑照明设施的一部分,同人身安全和建筑物、设备安全密切相关。当电源中断,特别是建筑物内发生火灾或其他灾害而导致电源中断时,应急照明可以保证人员疏散、保证人身安全、保证工作的继续进行,并对生产或运行中的设备进行必须的操作或处置,从而防止再生事故的发生。目前,国家和行业规范对应急照明都作了规定,随着技术的发展,对应急照明提出了更高要求。

7.1 应急照明的基本要求

应急照明是在正常照明系统因电源发生故障,不再提供正常照明的情况下,供人员疏散、保障安全或继续工作的照明。

7.1.1 术语

1. 持续运行的应急照明:随正常照明同时点亮,而正常照明故障熄灭时仍亮着的应急照明。
2. 非持续运行的应急照明:正常照明故障时才点亮的应急照明。
3. 疏散照明灯:为疏散通道提供照明的应急照明灯具。
4. 疏散标志灯:灯罩上有疏散指示标志的应急照明灯具。
5. 出口标志灯:灯罩上有图形或(和)文字标示安全出口位置的疏散标志灯具。
6. 指向标志灯:灯罩上有用箭头或图形文字指示疏散方向的疏散标志灯。
7. 自带电源型应急灯:在灯具内部或距灯具500mm以内装有蓄电池和控制部件的持续式或非持续式应急灯。
8. 持续工作时间:在应急工作情况下,灯具能连续工作保证发出最低光通的时间。

7.1.2 应急照明种类

应急照明包括备用照明、安全照明、疏散照明。

1. 备用照明:正常照明因故障熄灭后,需确保正常工作或活动继续进行的场所,应设置备用照明。
2. 安全照明:正常照明因故障熄灭后,需确保处于潜在危险中的人员安全的场所,应设置安全照明。
3. 疏散照明:正常照明因故障熄灭后,需确保人员安全疏散的出口和通道,应设置疏散照明。

7.1.3 应急照明照度要求

按照《民用建筑电气设计规范》JGJ 16—2008要求,应急照明照度标准值宜符合下列规定:

1. 备用照明的照度值除另有规定外,不低于该场所一般照明照度值的10%。

2. 安全照明的照度值不低于该场所一般照明照度值的5%。
3. 疏散通道的疏散照明的照度值不低于0.5lx。

但高层及超高层建筑内消防应急照明的照度应符合下列规定：

（1）疏散走道及人员密集场所的地面最低水平照度不应低于5lx；

（2）楼梯间内地面最低水平照度不应低于10lx。

备用照明还应视继续工作或生产、操作的具体条件、持续性和其他特殊需要，选取较大的照度。如医院手术室内的手术台，由于其操作的重要性和精细性，而且持续工作时间较长，就需要和正常照明相同的照度；又如国家的大会堂、国际会议厅、贵宾厅、国际体育比赛场馆等，由于其重要性，需要和正常照明相等或接近的照度。在这些情况下，往往是利用全部正常照明，在电源故障时自动转换到应急电源供电。

对于大型体育建筑，应急照明除上述应急照明种类外，还应保证应急电视转播的需要，要求应急电视转播照明的垂直照度不应低于700lx，并能同时满足固定摄像机和移动摄像机对照明的要求。

7.1.4 供电要求

1. 供电电源

应急照明为正常照明电源故障时使用，因此除正常照明电源外，尚应与正常照明电源独立的电源供电，可以选用以下几种方式的电源：

（1）来自电力网有效的独立于正常电源的馈电线路。如分别接自两个区域变电所，或接自同一变电所的不同变压器引出的馈电线（该变电所由两回路独立高压线路供电）。

（2）专用的应急发电机组。

（3）带有后备蓄电池组的应急电源（交流/直流），包括集中或分区集中设置的，或灯具自带的蓄电池组。

（4）上述三种方式中两种或三种电源的组合。

2. 各种供电电源的特点

（1）独立的馈电线路。特点是容量大、转换快、持续工作时间长，但重大灾害时有可能同时遭受损害。这种方式通常是由工厂或该建筑物的电力负荷或消防的需要而决定的。工厂的应急照明电源多采用这种方式，重要的公共建筑也常使用这种方式，或该方式与其他方式共同使用。

（2）应急发电机组。特点是容量比较大，持续工作时间较长，但转换慢，而且由于燃油的安全性，对于发电机组而言需要特殊设计与维护。一般是根据电力负荷、消防及应急照明三者的需要综合考虑。单独为应急照明而设置往往是不经济的。对于难以从电网取得第二电源，又需要应急电源的工厂及其他建筑，通常采用这种方式；高层或超高层民用建筑通常是和消防要求一起设置这种电源。

（3）带有后备蓄电池组的应急电源。特点是可靠性高、灵活、方便，目前有自带蓄电池组的应急灯具和集中蓄电池电源（EPS）形式。

（4）两种以上电源组合的方式。通常只限于在重要的或特别重要的公共建筑、超高层建筑中使用，由于其建设费用高，必须根据其重要性和特殊要求确定。

3. 设计原则

应急照明电源可采用集中式应急电源，亦可采用照明器具自带蓄电池组的分散应急电

源,并应满足以下要求:

(1) 当建筑物消防用电负荷等级为一级,采用交流电源供电时,宜由消防总电源提供双电源,采用双电源自动切换应急照明配电箱。

(2) 消防用电负荷等级为二级,采用交流电源时,宜由应急电源提供专用回路,采用树干式或放射式供电。

(3) 高层建筑楼梯间的应急照明,宜由消防总电源中的应急电源提供专用回路,采用树干式供电,每层或最多不超过5层设置应急照明配电箱。

(4) 备用照明和疏散照明不应由同一分支回路供电,当建筑物内设有消防控制室时,疏散照明宜在消防控制室控制。

(5) 当疏散指示标志和出口标志所处环境的自然采光或人工照明能满足蓄光装置的要求时,可采用蓄光装置作为此类照明光源的辅助照明。

4. 应急照明转换时间和持续工作时间

(1) 转换时间

应急照明在正常供电电源终止供电后,其应急电源供电转换时间应满足:

1) 疏散照明、备用照明不大于5s(金融商业交易场所不大于1.5s);

2) 安全照明不大于0.5s。

疏散照明平时应处于点亮状态,但在假日、夜间无人工作而仅由值班或警卫人员负责管理时可例外。当采用蓄电池作为其照明灯具的备用电源时,在上述例外非点亮状态下,应保证不能中断蓄电池的充电电源,以使蓄电池处于经常充电状态。

(2) 持续工作时间

1) 疏散照明:按《建筑设计防火规范》GB 50016—2006规定,应急持续工作时间不应小于30min。按《高层民用建筑设计防火规范》GB 50045—2005(2005年版)规定,应急持续工作时间不应小于20min,高度超过100m的高层建筑不应小于30min。

但现在一般的设计做法为:一类高层及超高层建筑内应急照明连续供电时间应分别不小于90min和120min,超过250m的超高层建筑不应小于150min,超出现行规范的连续供电时间可由发电机组保证。

2) 安全照明和备用照明:其持续工作时间应根据该场所的工作或生产操作的具体需要来确定。如生产车间某些部位的安全照明,一般不小于20min可满足要求;而医院手术室的备用照明,持续时间往往要求达到3~8h;生产车间的备用照明,对于停电后进行必要的操作和处理,使之停运的设备,可持续20~60min,(持续时间按操作复杂程度而定),对于持续生产的设备,应持续到正常电源恢复;对于通信中心、重要的交通枢纽、重要的宾馆等,要求持续到正常电源恢复。

应急照明持续工作时间及照度要求,应满足建筑物内人员的疏散或暂时继续工作的需求。应急照明最少供电时间及照度见表7-1。

应急照明最少供电时间及照度   表7-1

名称	供电时间	照度水平	场所举例
疏散照明	小于100m高层建筑为90min,大于100m高层建筑为1200min。人防:战时大于隔绝防护时间	一般场所:不应低于5lx。人防:疏散通道不应低于5lx,楼梯间内地面最低水平照度不应低于10lx	安全出口、疏散走道、主要疏散路线、台阶处等

续表

名称	供电时间	照度水平	场所举例
备用照明	场所内工作或生产操作的具体需要时间一般大于20min。 人防：战时大于隔绝防护时间	一般场所、人防：高于正常照度的10%，最小不低于5lx。 重要场所：正常照明照度的50%，乃至100%	一般场所：展览厅、营业厅、歌舞娱乐放映游艺场所、餐厅、避难层等。 重要场所：配电室、消防控制室、备用电源室、应急广播室、电话站、安全防范控制中心、计算机中心等
安全照明	场所内工作或生产操作的具体需要时间。 人防：战时大于隔绝防护时间	一般场所、人防：大于正常照度的5%。 重要场所：正常照明照度	一般场所：裸露的圆盘锯、放置炽热金属面而没有防护的场地等。 重要场所：重要手术室、急救室等

上述为设计标准要求的最短供电时间，按《消防应急照明和疏散指示系统》GB 17945—2010规定，消防应急灯具的应急工作时间应不小于90min，且不小于灯具本身标称的应急工作时间。

7.2 应急照明设计

7.2.1 疏散照明设计

1. 疏散照明的功能

（1）明确、清晰地标示疏散路线及出口或应急出口的位置；

（2）为疏散通道提供必要的照明，保证人员能安全向出口或应急出口行进；

（3）能容易看到沿疏散通道设置的火警呼叫设备和消防设施。

2. 需要装设疏散照明的场所

应该根据建筑物的层数、规模大小及复杂程度，建筑物内聚集的人员多少，以及这些人员对该建筑物的熟悉程度等因素综合确定。下列场所应设置疏散照明：

（1）高层民用建筑。一类高层居住建筑的疏散走道和安全出口应设置疏散指示标志照明，二类高层居住建筑可不设置。

（2）影剧院、体育场馆、展览馆、博物馆、美术馆、公共娱乐场所、建筑面积大于1000m^2的商店（开敞、半开敞式菜市场除外）、建筑面积大于500m^2的餐饮服务场所等人员密集的单层、多层公共建筑或场所。

（3）观众厅、宴会厅、歌舞娱乐放映游艺场所及每层建筑面积超过1500m^2的展览厅、营业厅等；建筑面积超过200m^2的演播室等。

（4）医院、疗养院、康复中心、幼儿园、托儿所、养老院（老年公寓）等单层、多层医疗保健和婴幼老弱残障人员服务设施。

（5）候机楼、长途汽车客运站、公共交通枢纽、火车站、地铁车站等公共服务设施。

（6）车位不少于50辆的单建、附建汽车库。

（7）综合楼、写字（办公）楼、旅馆、图书馆、档案馆、教学楼、科研楼、学生宿舍楼等其他多层公共建筑或场所。

(8) 地下、半地下民用建筑（包括地下、半地下室）及平战结合的人民防空工程。

(9) 特别重要、人员众多的大型工业生产厂房，大面积无天然采光的工业厂房等。

(10) 公共建筑内的疏散走道和居住建筑内长度超过20m的内走道；当某点到最近安全出口的疏散距离大于20m或安全出口不在人员视线范围内时，应设置疏散指示标志照明。

3. 疏散照明的布置

(1) 出口标志灯的布置

1) 出口标志灯宜安装在疏散门口的上方，建筑物通向室外的出口和应急出口处；在首层的疏散楼梯应安装于楼梯口的里侧上方，距地不宜超过2.2m。出口标志灯，应有图形和文字符号，在有无障碍设计要求时，宜同时设有音响指示信号。

2) 可调光型出口标志灯，宜用于影剧院及歌舞娱乐游艺场所的观众厅，在正常情况下减光使用，应急使用时，应自动接通至全亮状态。

3) 出口标志灯一般在墙上明装。如标志面与出口门所在墙面平行（或重合），建筑装饰有需要时，宜嵌墙暗装。

(2) 疏散指示标志灯的布置

1) 疏散走道（或疏散通道）的疏散指示标志灯具，宜设置在走道及转角处离地面1.0m以下墙面上、柱上或地面上，且间距不应大于20m；当厅室面积太大，必须装设在天棚上时，则应明装，且距地不应大于2.2m。安装在1m以下时，灯外壳应有防止机械损伤措施和防触电的措施；指示标志灯不应影响正常通行。

2) 高层建筑的楼梯间，还宜在各层设指示楼层层数的标志。

3) 应急照明灯具应设玻璃或其他非燃材料制作的保护罩。装设在地面上的疏散标志灯应防止被重物或受外力所损伤。出口标志灯、疏散指示标志灯的设置部位如图7-1。

(3) 疏散照明灯的布置。

1) 疏散通道的疏散照明灯通常安装在顶棚下，需要时也可以安装在墙上。

2) 应与通道的正常照明结合，一般是从正常照明分出一部分以至全部作为疏散照明。

3) 灯的离地安装高度不宜小于2.3m，但也不应太高。

4) 在通道上疏散照明的照度应有一定的均匀度，通常要求沿通道中心线的最大照度不超过最小照度的40倍。为此，应选用较小功率灯泡（管）和纵向宽配光的灯具，适当减小灯具间距。

5) 楼梯的疏散照明灯应安装在顶棚下，并能够保持楼梯各部位的最小照度。

6) 疏散照明灯的装设位置应满足容易找寻在疏散路线上的所有手动报警器、呼叫通信装置和灭火设备等设施。

7.2.2 安全照明设计

1. 需要装设安全照明的场所

(1) 照明熄灭，可能危及操作人员或其他人员安全的生产场地或设备，需考虑设安全照明，如裸露的圆盘锯、放置炽热金属而没有防护的场地等。

(2) 医院的手术室、抢救危重病人的急救室。

(3) 高层公共建筑的电梯内。

第 7 章 应急照明

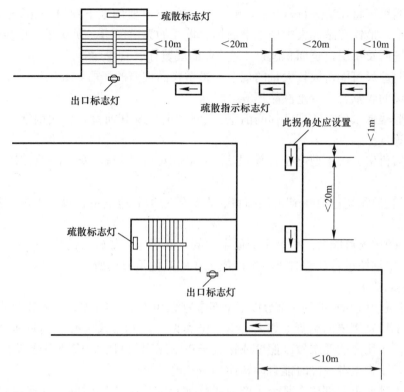

图 7-1 出口标志灯、疏散指示标志灯的设置部位示例

2. 安装要求

安全照明通常是为某个工作区域某个设备需要而设置,一般不要求整个房间或场所具有均匀照明,而是重点照亮某个设备或工作区域。根据情况,可利用正常照明的一部分或为某个设备单独装设。

7.2.3 备用照明设计

1. 需要装设备用照明的场所

(1) 由于照明熄灭而不能进行正常生产操作,或生产用电同时中断,不能立即进行必要的处置,可能导致火灾、爆炸或中毒等事故的生产场所。

(2) 由于照明熄灭不能进行正常操作,或生产用电同时中断,不能进行必要的操作、处置,可能造成生产流程混乱,或使生产设备损坏,或使正在加工、处理的贵重材料、零部件损坏的生产场所。

(3) 照明熄灭后影响正常视看和操作,将造成重大影响或经济损失的场所,如重要的指挥中心、通信中心、广播电台、电视台、区域电力调度中心、发电与中心变配电站,供水、供热、供气中心、铁路、航空、航运等交通枢纽。

(4) 照明熄灭影响活动的正常进行,将造成重大影响或经济损失的场所,如国家级大会堂、国宾馆、国际会议中心、展览中心、国际和国内比赛的体育场馆、高级宾馆、重要的剧场和文化中心等。

(5) 消防控制室、自备电源室、配电室、消防水泵房、防排烟机房、电话总机房以及在火灾时仍需要坚持工作的其他房间等。

（6）照明熄灭将无法进行营运、工作和生产的较重要的地下建筑和无天然采光建筑，如人防地下室、地铁车站、大中型地下商场、重要的无窗厂房、观众厅、宴会厅、歌舞娱乐放映游艺场所及每层建筑面积超过1500m²的展览厅、营业厅等。

（7）照明熄灭可能造成较大量的现金、贵重物品被窃的场所，如银行、储蓄所的收款处，重要商场的收款台、贵重商品柜等。

（8）疏散楼梯（包括防烟楼梯间前室）、消防电梯及其前室，合用前室，高层建筑避难层（间）等。

（9）通信机房、大中型电子计算机房、BAS中央控制站、安全防范控制中心等重要技术用房。

（10）建筑面积超过200m²的演播室、人员较密集的地下室、每层人员密集的公共活动场所等。

（11）照明熄灭可能会产生严重交通事故的特殊场所，如较长的隧道。

（12）需要继续进行和暂时进行生产或工作的其他重要场所。

2. 安装要求

（1）充分利用正常照明的一部分以至全部作为备用照明，尽量减少另外装设过多的灯具。

（2）对于特别重要的场所，如大会堂、国宾馆、国际会议中心、国际体育比赛场馆、高级饭店等，备用照明要求较高照度或接近于正常照明的照度，应利用全部正常照明灯具作备用照明，正常电源故障时能自动转换到应急电源供电。

（3）对于某些重要部位、某个生产或操作地点需要备用照明的，如操纵台、控制屏、接线台、收款处、生产设备等，常常不要求全室均匀照明，只要求照亮这些需要备用照明的部位，则宜从正常照明中分出一部分灯具，由应急电源供电，或电源故障时转换到应急电源上。

7.3 应急照明设备

7.3.1 光源

应急照明光源一般使用白炽灯、荧光灯、卤钨灯、LED、电致发光光源等，不应使用高强气体放电灯。

对于大型体育场馆可采用卤钨灯，也可采用带热触发装置的金属卤化物光源，或者使用可以使得高强气体放电灯不熄弧的其他供电设备，如HEPS、UPS等设备。

对于持续运行的应急照明，从节能考虑宜采用荧光灯、LED、电致发光光源等。

对于非持续运行的疏散照明和备用照明，宜用荧光灯，但必须选用可靠的产品；对于非持续运行的安全照明，应采用白炽灯、卤钨灯或低压卤钨灯。

7.3.2 灯具

1. 按《消防应急照明和疏散指示系统》GB 17945—2010的规定，消防应急灯具分类见表7-2。

2. 疏散标志的图形、颜色、文字与尺寸。疏散标志灯的标志面的背景应使用绿色，图形、文字使用白色。如因为室内装饰的需要，或为了和其他标志协调时，可用绿色图形、文字白色背景。

消防应急灯具分类 表 7-2

分类方式	按供电形式	按用途	按工作方式	按实现方式
种类	自带电源型	标志灯	持续型	独立型
	集中电源型	照明灯	非持续型	集中控制型
	子母电源型	照明、标志灯		子母控制型

3. 疏散标志面的亮度。疏散标志面面板的图形、文字呈现的最低亮度不应小于 15cd/m^2，而最高亮度不应超过 300cd/m^2，并且要求任何一个标志面上的最高亮度不应超过最低亮度的 10 倍。

4. 应急照明灯具规格及要求应符合《消防应急照明和疏散指示系统》GB 17945—2010 的规定。

7.3.3 集中型应急电源（简称 EPS）

集中型应急电源 EPS 目前应用十分广泛。EPS 分为直流制式应急照明电源 EPS—DC 及交流制式应急照明电源 EPS—AC。由 EPS 供电的灯内不带蓄电池组。

1. EPS—DC：正常状态时交流电网电源旁路输出，应急状态时输出为直流电。
2. EPS—AC：正常状态时交流电网电源旁路输出，应急状态时输出为交流正弦波。
3. EPS 容量选择：EPS 容量按下式选择

$$S_N > K \cdot \sum P/\cos\varphi \tag{7-1}$$

式中 S_N——EPS 额定容量，kVA；

$\sum P$——EPS 所带全部负荷之和，kW；

$\cos\varphi$——功率因数；

K——可靠系数，EPS—DC 一般取 $K=1.1\sim1.15$，EPS—AC 一般取 $K=1.1\sim1.3$。

EPS 与自带电源型应急灯具的比较见表 7-3；EPS—DC 与 EPS—AC 的比较见表 7-4。

EPS 与自带电源型应急灯具的比较 表 7-3

比较项目	EPS	自带电源型应急灯具
构成特点	电源集中设置，灯具不带蓄电池	灯具自带蓄电池组
转换时间	安全级：不大于 0.25s；一般级：不大于 5s	安全级：不大于 0.25s；一般级：不大于 5s
寿命	较长	较短
电源故障率	低（集中）	高（分散）
电源故障影响	故障影响面大	单灯故障影响面小
检测与管理	容易	不易
适用场所	功能复杂、大型建筑物	较小建筑物
与消防系统联动	容易	不易

EPS-DC 与 EPS-AC 的比较 表 7-4

	项目	EPS-DC	EPS-AC
相同点	转换时间	安全级：不大于 0.25s；一般级：不大于 5s	
	启动时过负荷	1.5~2.0 倍额定电流	

续表

项目		EPS-DC	EPS-AC
相同点	后备电源	蓄电池组	
	输入电源	AC220/380V, 50Hz	
	正常状态灯具支路输出	交流电网电源旁路, AC220V, 50Hz	
不同点	应急输出	DC216V	AC220/380V, 50Hz
	适用负荷	白炽灯、电子镇流器荧光灯、LED、电致发光灯	白炽灯、电子或电感镇流器荧光灯、LED、电致发光灯
	不适用负荷	电感镇流器荧光灯、HID灯	HID灯
	过载能力	200%～300%报警但不关断	长期过载120%

7.3.4 HID灯专用集中型应急电源（简称HEPS）

高压气体放电灯（HID灯）是公共建筑中高大空间以及特殊场所广泛使用的灯具，如体育场馆、展览馆、机场、地下铁路、公路隧道等场所。但由于HID灯的共同特点为断电熄灭后再点燃必须等待灯具冷却后才可以实现，因此对于一些使用HID灯并且要求比较高的场所（体育场馆比赛用照明、公路隧道、机场跑道等）如使用普通的后备应急电源EPS，由于其能量转换的中断特性，无法满足HID灯的不熄弧要求，因此EPS不适应HID灯所应用的场所。

HEPS是专门适应于HID灯所使用的应急后备电源，该设备不仅具备了普通EPS的所有特点及负载适应性，而且可以充分保证HID灯在市电转换时，所提供光源两端的能量不中断，从而保证了HID灯的不熄弧。

1. HEPS与EPS性能比较（见表7-5）

HEPS与EPS的比较　　　　表7-5

项目		HEPS	EPS
相同点	后备储能装置	蓄电池组	
	输入电源	AC220/380V, 50Hz	
	正常状态灯具支路输出	交流电网电源旁路, AC220V, 50Hz	
	应急输出	AC220/380V, 50Hz	
	过载能力	长期过载120%	
不同点	转换时间	内部转换时间2.5～3ms	安全级：不大于0.25s 一般级：不大于5s
	市电同步功能	有	无
	负载端能量特性	连续	中断0.25～5s
	适用负荷	白炽灯、荧光灯、LED、电致发光灯、HID灯	白炽灯、荧光灯、LED、电致发光灯

2. HEPS市电转换过渡过程HID灯光源两端能量

HEPS市电转换过渡过程HID灯光两端电压、电流波形如图7-2所示。

由此可见HEPS在市电中断及市电恢复的过渡过程中始终保持HID灯光源两端能量的连续性，所以使得HID灯可以连续点亮而不产生熄弧现象。

3. 目前实现HID灯不熄弧的方法比较

目前解决HID灯在市电中断时不熄弧的后备供电方法有三种：HID灯专用高压触发

第7章 应急照明

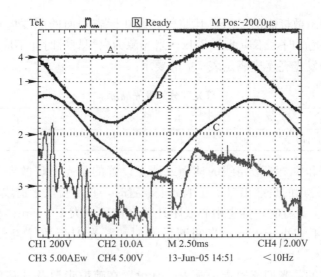

图 7-2 HEPS 市电转换过渡过程 HID 灯光两端电压、电流波形
A—市电中断时的 HEPS 驻波形；B—HID 灯光源两端的电压波形；C—HID 灯光源两端的电流波形

器、HEPS 及 UPS。尽管这三种方法在设计上均可以保证 HID 灯使用，但从产品的特性、负载的适应性、可维护性以及成本方面有很大的不同，如表 7-6。

HID 灯专用高压触发器、HEPS 及 UPS 性能比较　　　　表 7-6

比较项目	HEPS	UPS	HID 灯专用高压触发器
工作形式	后备	在线	后备
负载适应类别	HID 灯及其他灯具	数据设备	HID 灯专用
适应负载特性	阴性及感性负载	阴性及容性负载	HID 灯专用
控制形态	集中控制	集中控制	单灯控制
效率	高	低	—
对灯寿命影响	无	无	每次触发都会减少灯具寿命
设计成本	低	高	高
维护成本	低	低	低
HID 灯的适应性	高	低	高

4. HEPS 使用建议

（1）设计容量时要充分考虑所用 HID 灯的功率因数。

（2）在有双路供电场所，为了降低成本并正常使用 HID 灯，HEPS 后备时间可适当减少，如可将两路市电转换的过渡时间适当加以延长作为 HEPS 的后备时间。

7.3.5　蓄光型疏散标志

蓄光型疏散标志不能单独使用，只能作为电光源型标志的辅助标志，其特点和要求如下：

1. 蓄光型疏散标志具有蓄光—发光功能，即亮处吸收日光、灯光、环境杂散光等各种可见光，黑暗处即可自动持续发光。

2. 蓄光型疏散标志是利用稀土元素激活的碱土铝酸盐、硅酸盐材料加工而成，无需电源，该产品无毒、无放射、化学性能稳定。

3. 设置蓄光型疏散标志的场所，其照射光源在标志表面的照度应符合下列要求：当光源为荧光灯等冷光源时，不应低于25lx；当光源为白炽灯等时，不应低于40lx。

4. 蓄光部分的发光亮度应满足表7-7的要求。

蓄光部分的发光亮度　　　　　　表7-7

时间（min）	5	10	20	30	60	90
亮度（不小于，mcd/m²）	810	400	180	100	55	30

5. 在疏散走道和主要疏散路线的地面或墙上设置的蓄光型疏散导流标志，其方向指示标志图形应指向最近的疏散出口。在地面上设置时，宜沿疏散走道或主要疏散路线的中心线设置；在墙面上设置时，标志中心线距地面高度不应大于0.5m；疏散导流标志宜连续设置，标志宽度不宜小于8cm；当间断设置时，蓄光型疏散导流标志长度不宜小于30cm，间距不应大于1m。

6. 疏散走道上的蓄光型疏散指示标志，宜设置在疏散走道及其转角处距地面高度不大于1m的墙面上或地面上。设置在墙面上时，其间距不应大于10m；设置在地面上时，其间距不应大于5m。

7. 疏散楼梯台阶标志的宽度宜为20~50mm。

8. 安全出口轮廓标志，其宽度不应小于80mm。

9. 在电梯、自动扶梯入口附近设置的警示标志，其位置距地面宜为1.0~1.5m。

10. 疏散指示示意图标志中所包含的图形、符号及文字应使用深颜色制作，图表文字等信息符号规格不应小于40mm×40mm。

7.3.6　集中控制型消防应急灯具

集中控制型消防应急灯具是一种新型智能型应急照明系统，代表了应急照明已向系统化方向发展，该系统特别适用于功能复杂、大型的建筑物。

1. 产品概况及要求

（1）日常维护巡检功能

集中控制型消防应急灯具对底层灯具、上层主机以及集中控制型消防应急灯具各个环节的通信设备工作状态进行严格监控，实时报告工作状态。对较容易出现问题的环节具有监测功能，现分述如下。

1) 疏散指示标志灯具：①检测灯具电池开路、短路；②检测灯具内部每一路光源的开路、短路；③检测灯具应急回路欠压状态。

2) 集中控制型消防应急灯具主机：①检测主机备用电源开路、短路；②检测主机光源（显示设备）的开路、短路；③检测主机电压回路欠压状态。

3) 集中控制型消防应急灯具整体功能监测：具有通信自检功能，监测集中控制型消防应急灯具内部每一回路的通信线路。此外，一个回路中的通信故障不会影响其他回路正常通信。

4) 灯具定期自检：集中控制型消防应急灯具还必须定期进行灯具自检，自主设定灯具自检的周期，在人员较少的情况下主机自动将灯具和其他设备切换到应急状态，检测设备的应急转换功能、应急时间等，将不符合规范标准的灯具筛选出来，声光报警提醒维护人员及时更换设备。

（2）火灾疏散应急联动功能

1）集中控制型消防应急灯具应具有和消防报警系统联动的接口。

2）在火灾发生时，能根据联动信息调整疏散标志灯具指示方向。

3）方向指示标志灯具有换向功能，语言标志灯具具有语音功能，保持视觉连续的导向疏散标志具有换向功能。

4）集中控制型消防应急灯具主机应能远程手动或自动控制疏散标志灯具的工作状态。

（3）中央主机应具有日志记录功能、查询功能、打印功能、声光报警功能、实时显示现场设备工作状态的功能等。

2. 设置特点

设置场所见 7.2 节应急照明设计，设置主要特点如下：

（1）中央主机应设置于消防控制中心或有人值班的场所；

（2）任一防火分区疏散通道末端处应设置具有语音功能、频闪功能、灭灯功能以及故障自检功能的安全出口标志灯具；

（3）任一防火分区疏散通道内应设置具有频闪功能、换向功能的疏散指示标志灯具；

（4）任一防火分区疏散通道末端外侧应加设烟感探头；

（5）在楼梯休息平台应设置具有照明功能的楼层显示标志灯具，安装在距地面高度 1.0m 以下的墙面上。

3. 设置示意图

语音出口标志灯见图 7-3，双向可调标志灯见图 7-4，导向光流标志灯见图 7-5，楼层照明标志灯见图 7-6。

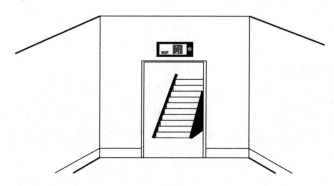

图 7-3 语音出口标志灯

注：具有语音功能、频闪功能、灭灯功能以及故障自检功能。

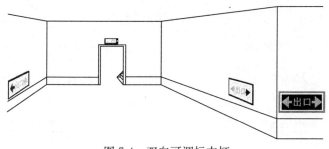

图 7-4 双向可调标志灯

注：具有频闪功能、换向功能。

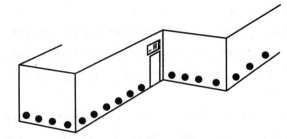

图 7-5　导向光流标志灯

注：具有保持视觉连续、可换向功能。

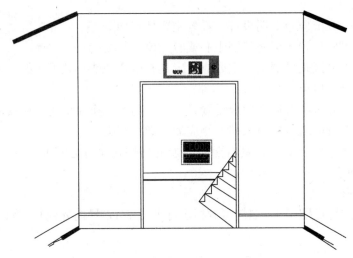

图 7-6　楼层照明标志灯

注：具有照明、频闪功能。

7.3.7　应急灯的接线

应急灯具应设置专用线路且中途不设置开关。三线制和四线制型应急灯具可统一接在专用电源上，专用电源的设置应和相应的防火规范结合。应急电源与灯具分开设置，为满足防火要求，其电气连接采用耐高温电线。应急照明的几种接线方式如图7-7～图7-9所示。

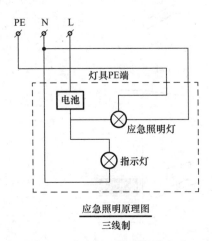

图 7-7　应急灯三线制接线方式

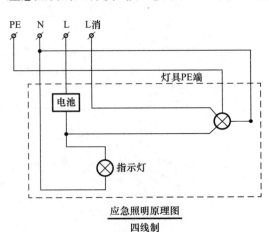

图 7-8　应急灯四线制接线方式

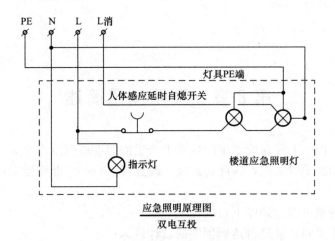

图 7-9　应急照明双电源互投接线方式

思 考 题

7-1　应急照明分为哪几种？其照度值如何确定？
7-2　应急照明持续工作时间及照度要求有哪些？
7-3　应急照明系统电源如何选择？
7-4　应急照明控制系统如何设计？
7-5　应急照明系统中的电光源如何选择？
7-6　应急照明系统设计中应掌握的要点有哪些？

第 8 章 照明测量简述

照明装置在工作面上或在所要求的位置上产生的照度或亮度水平，是照明设计的重要指标，并有国家标准予以规定，因此对新建、改建或运行中的照明装置应进行照度或亮度测量。

对照明进行测量可以达到以下目的：

(1) 检验实测照明效果是否达到预期的设计目标；

(2) 了解不同照明装置产生的效果并进行分析比较，取得设计经验；

(3) 确定是否需要对照明装置进行改装或维护。

为使测量结果准确可靠并有可比性，测量仪器和测量方法都应遵守《照明测量方法》GB 5700—2008 及有关规定。

8.1 常用测量仪器

8.1.1 照度计

1. 照度计的构造

测量照度的仪器是照度计，或称勒克斯计。照度计通常是由硒光电池或硅光电池和微安表组成，如图 8-1 所示。硒光电池是把光能直接转换成电能的光电元件。当光线射到硒光电池表面时，入射光透过金属薄膜 4 到达半导体硒层 2 和金属薄膜 4 的分界面上，在界面上产生光电效应。产生电位差的大小与光电池受光表面上的照度有一定的比例关系。这时如果接上外电路，就会有电流通过，电流值从以勒克斯为刻度的微安表上指示出来。光电流的大小取决于入射光的强弱和回路中的电阻。照度计有变档装置，因此可以测高照度，也可以测低照度。

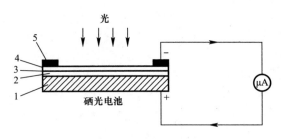

图 8-1 硒光电池照度计原理图
1—金属底板；2—硒层；3—分界面；
4—金属薄膜；5—集电环

2. 照度计的技术要求

照度计的质量主要由以下四个方面的因素决定：

(1) 光谱响应

硒光电池或硅光电池的基本光谱响应不同于人的视觉系统的光谱响应。如果光电池不加修正而直接使用，在测量光谱能量分布不同的光源，特别是测量具有非连续光谱的气体放电灯产生的照度时，就会出现较大的误差。所以，为了获得精确的照度测量，必须把光电池的光谱响应修正到人的视觉系统的光谱响应（以 CIE "平均人眼" 的光视效率 $V(\lambda)$

数据为标准）。这种修正可以是直接采用在光电池上加滤光片的方法，也可以间接采用在不同光源下校准光电池提供修正系数的方法。精密的照度计都是给光电池匹配一个合适颜色的玻璃滤光片构成颜色修正光电池。颜色修正光电池的光谱灵敏度与 $V(\lambda)$ 曲线的相符程度越好，照度计的精度就越高。具有颜色修正的光电池可以用于所有光源下的照度测量。

（2）余弦响应

照度计对光以不同的方向入射到光电池的响应叫作光的斜入射响应或余弦响应。具体地说，当光线以倾斜方向照射光电池时，光电流输出应符合余弦法则，即这时的照度应等于光线垂直入射时的法线照度与入射角余弦的乘积。但是，由于光电池表面的镜面反射作用以及固定光电池部件的遮挡，在光线入射角大时，会从光电池表面反射和遮挡掉一部分光线，从而使光电流小于上面所说的正确值。为了修正这一误差，通常在光电池上外加一个用均匀漫射材料制成的余弦校正器。

（3）响应的线性

在测量范围内，照度计的读数应与投射到光电池受光表面上的光通成正比，也就是说，照度计的示值应该与光电池受光面上的照度值呈线性关系。照度计响应的线性度主要由光电池输出连接线路的电阻和受光量决定，照度越高，阻值越大，引起的非线性越严重。

（4）对温度的敏感性

照度计对温度改变的敏感性也受到光电池所连接的电路内阻的影响，如果内阻大而温度过高，则会引起测量误差。硒光电池比硅光电池对温度更敏感。如果将硒光电池连续曝光在 50℃ 以上，它将会受到持久的损害。光电池应当在环境温度为 25℃ 左右使用，照度计的使用说明书上都列有该照度计对温度的适应范围。

总的来说，一个好的照度计应该有颜色修正和余弦响应，响应的线性不受环境温度的影响。

按照《照明测量方法》GB 5700—2008 的规定，室内照度测量宜采用精度为二级以上的照度计（指针式或数字式）。室外照明的照度测量宜采用一级照度计，对于道路和广场照明的照度测量，应采用能读到 0.1lx 的照度计。

各级照度计的技术要求如表 8-1 所示。

各级照度计的技术要求　　表 8-1

技术要求＼级别	标准照度计	一级照度计	二级照度计	技术要求＼级别	标准照度计	一级照度计	二级照度计
相对示值误差（%）	≤±1.5	≤±4	≤±8	偏振依赖性（%）	2	4	6
方向性误差（%）	≤3	≤4	≤6	$V(\lambda)$ 误差（%）	≤3	≤5	≤8
红外响应误差（%）	≤1	≤2	≤4	温度依赖性（%/℃）	±0.2	±0.5	±1.0
紫外响应误差（%）	≤0.5	≤1.5	≤2.5	指示值再现性（%）	0.1	0.5	1
疲劳误差（%）	−0.2	−0.5	−1	回零误差	0.1	0.3	0.5
非直线性误差（%）	±0.3	±1	±2.5	读数不稳定时间（s）	5	5	5
换挡误差（%）	±0.3	±1	±2	不受光照 30min 内的零点飘移（%）	满量程的 ±2	满量程的 ±1	满量程的 ±2

8.1.2 亮度计

亮度计是测光和测色的计量仪器，其工作原理是由视觉（或色觉）匹配的探测器、光学系统以及与亮度成比例的信号输出处理系统所组成。

按《照明测量方法》GB 5700—2008 中的规定，亮度测量宜采用一级亮度计，当只要求测量平均亮度时，可采用积分亮度计；如果还要求得出亮度总均匀度和亮度纵向均匀度时，宜采用带望远镜的亮度计，对亮度计的计量性能要求见表 8-2 规定。

亮度计的计量性能要求　　　　　表 8-2

级别\项目	示值误差	线性误差（%）	换挡误差（%）	疲劳特性（%）	稳定度（%）	测量距离特性（%）	色校准系数变化量	视觉匹配误差（%）
标准	±2.5%（0.01）	±0.5	±0.5	±0.5	±1.0	±0.5	±0.01	3.5
一级	±5%（0.02）	±1.0	±1.0	±1.0	±1.5	±1.0	±0.02	5.5
二级	±10%（0.04）	±2.0	±2.0	±2.0	±2.5	±2.0	±0.04	8.0

注：括号中数据为绝对值。

8.2 不同场合的照度测量

8.2.1 室内一般照明的照度测量

1. 空房间或非工作房间

预先在测量场所划好正方形或近似正方形的网格并做好记号（一般室内或工作区网格边长为 2～4m，对于小面积的房间，网格边长可取 1m）。在每个网格中心工作面的高度上测量照度，为此，常用一个便携式支架将光电池支在固定的高度并保持水平位置进行测量。

整个区域的平均照度是将所有这些测量值平均后求得的，即

$$E_{av} = \frac{\sum E_i}{n} \tag{8-1}$$

式中　E_{av}——测量区域的平均照度，lx；
　　　E_i——每个测点的照度值，lx；
　　　n——测点数。

测点越多，得到的平均值越精确，不过也相应地增加了工作量，如果 E_{av} 的允许测量误差为 10%，可用根据房间室形指数选择最少测点的办法以减少工作量。房间室形指数与最少测点数的关系列于表 8-3。表中数据距高比直到 1.5∶1 都是成立的。当要求测量区域的平均照度 E_{av} 误差小于 5% 时，测点数必须增加；如果选择的点数正好和灯具数一致，则测点数就要比表 8-3 中给的稍多一些。

房间室形指数与最少测点数的关系　　　　　表 8-3

室形指数 RI	最少测点数	室形指数 RI	最少测点数
<1	4	2≤RI<3	16
1≤RI<2	9	≥3	25

房间室形指数 RI 由下式求出

$$RI = \frac{a \times b}{h(a+b)} \tag{8-2}$$

式中：RI——房间室形指数；
  a、b——房间的长和宽，m；
  h——灯具在工作面以上的高度，m。

当测点足够多时，可以画一张平面等照度曲线图，就能直观地了解照度的分布情况。平面等照度曲线图如图 8-2 所示。

2. 有家具设备的工作房间

在进行工作的房间内，应当在工作地段或作业区（例如书桌、工作台）测量照度。在这种情况下按照网格上的点选择测点时，应该考虑到通过这些测点对照度的测量，能够合理地评价每一个工作位置的平均照度。

在一些大面积照明场所，如工厂车间，灯具往往不能全部点燃，由于有设备，因此影响了布点，这时可以采用一个较为简便的近似方法，如图 8-3 所示。在大面积采用配光对称的同类型灯具时，照度分布也是对称的，而且非常近似。选择其中一个有代表性的小区域面积 $ABCD$，并划分成网格，在网格中心测量照度，并按式（8-1）计算出平均照度。

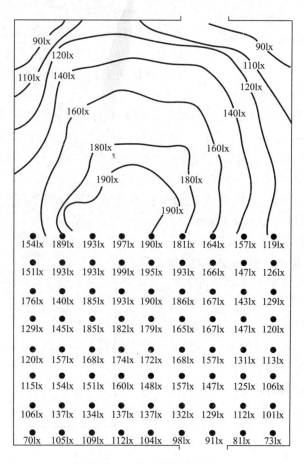

图 8-2　平面等照度曲线

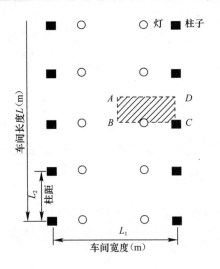

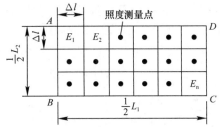

图 8-3　近似法测量平均照度 E

3. 有高大机器或高大货架的房间

在这种情况下测量平均照度往往意义不大，因此，只在经常有人进行活动的区域或地点测量照度。

4. 有局部照明的房间

当以局部照明补充一般照明时，要在人处在正常位置的条件下测量工作地点的照度，不管是否有阴影投在光电池上。

测量时，光电池的感光面应处于工作面上，或是位于进行精细作业的操作面上（水平的、垂直的或倾斜的）。

5. 走廊、通道、楼梯间

测量走廊、通道、楼梯间等处的平均照度时，在这些场所的长方向中心线上按1～2m的间隔布置测点，测点高度规定为地面或离地不超过15cm的水平面，用式（8-1）计算平均照度。

6. 室内运动场地

预先在运动场地边线内划好网格，网格的边长为2～4m，网格宜为正方形或近似正方形，测点在网格的中心。对于照明装置对称安装的场地，可测量其1/2或1/4运动场地。

（1）测量水平照度时，测量位置原则上在地平面上，测量垂直照度时，测量位置为距地面1m高处的垂直面上。但为了方便，水平照度和垂直照度的计算与测量均可取距地面1m高处的水平面或垂直面。因为当灯具安装高度在大于10m时，在地面和在距地面1m高的水平面上测得的水平照度之间差别是可以忽略的。

（2）测量垂直照度时，光电池受光面垂直于地面，并分别平行于场地四个边线方向 A、B、C、D 进行测量，如图 8-4 所示。

（3）平均照度的计算

1）平均水平照度的计算。在各点上测得了水平照度 E_h 后，平均水平照度 E_{ha} 按式（8-1）计算。

2）平均垂直照度的计算。为了确定在 A 边方向上的平均垂直照度 E_{va}，将 A 方向上各点的垂直照度 E_{vAi}（$i=1, 2, \cdots, n$）相加再除以测点数 n，因此在 A 方向上的平均垂直照度 E_{vA} 为

$$E_{vA} = (E_{vA1} + E_{vA2} + \cdots + E_{vAn})/n \quad (8\text{-}3)$$

该方法同样适用于 B、C、D 方向。

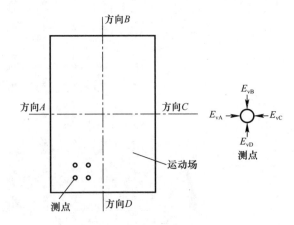

图 8-4　垂直照度测量方向

8.2.2 道路照明的照度测量

1. 测量地段的选择和布点方法

（1）测量地段的选择：选择测量地段时，应从灯具的间距、高度、悬挑、仰角等的安装规整性及光源的一致性等方面选择有代表性的路段。

照度测量的范围，在纵方向（沿道路走向）应包括同一侧的两个灯杆之间的区域；而在横方向，单侧布灯时应为整个路宽，双侧交错布灯、对称布灯或中心布灯时可为 1/2 路宽。

（2）布点方法：布点方法有四点法和中心法两种。

1）四点法：把同一侧两灯柱间的测量路段分成若干个大小相等的矩形网格，把测点设置在每个矩形网格的四角，图 8-5 为四点法布点时的测点布置图。

2）中心法：把同一侧两灯柱间的测量路段划分成若干个大小相等的矩形网格，把测点设在网格中心。图 8-6 为中心法布点时测点布置图。

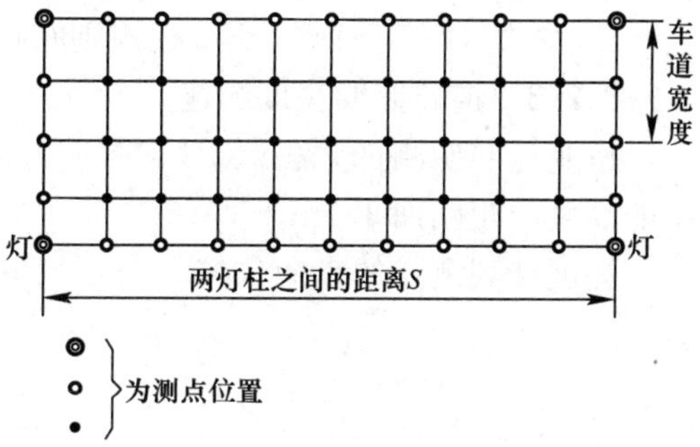

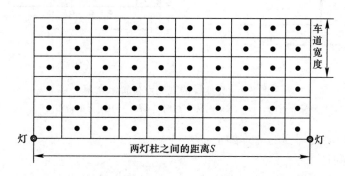

图 8-5 双车道道路采用四点法布点时的测点布置图

当路面照度均匀度比较差或对测量精度要求较高时，划分的网格数应多一些，即测点布得密一些。当两灯柱的间距 $S \leqslant 50m$ 时，通常沿道路纵方向把间距 S 分成十等分；当 $S > 50m$ 时，按每一网格边长 $\leqslant 5m$ 的原则进行等间距划分，而在道路横方向把每条车道二等分（四点法）或三等分（中心法）。当路面照度均匀度比较好或对测量精确度要求比较低时，则在道路的横方向可取车道的宽度作为网格的宽度，而不需要再划分。

图 8-6 双车道道路采用中心法布点时的测点布置图

2. 道路平均水平照度及其均匀度的计算

（1）平均水平照度的计算

1）按四点法布点的计算：若 M 为纵方向划分的网格数，N 为横方向划分的网格数，则 $M \times N$ 为总网格数。根据每个网格四个角上四个测点的照度平均值 E_{av} 可代表该网格的假定照度值，则 E_{av} 的计算式为

$$E_{av} = \frac{1}{4M \cdot N}\left(\sum E_{\circledcirc} + 2\sum E_{\circ} + 4\sum E_{\bullet}\right) \tag{8-4}$$

式中　$E_{\circledcirc}$——图 8-5 中测量区四个角处测点的照度，lx；

$E_○$——图 8-5 中除四个角处四条外边上测点的照度，lx；

$E_●$——图 8-5 中测量区四个外边以内测点的照度，lx。

2）按中心布点计算：按中心布点法测量照度时，路面平均照度按式（8-1）计算。

（2）照度均匀度的计算

路面照度均匀度 U 是路面上最小照度 E_{min} 与平均照度 E_{av} 之比，即

$$U = \frac{E_{min}}{E_{av}} \tag{8-5}$$

E_{av} 按式（8-1）计算，E_{min} 在规则布点的测点上测得的照度中找出。

8.2.3　道路照明亮度测量

按照《照明测量方法》GB 5700—2008 的规定，亮度测量宜采用一级亮度计。亮度测量的高度应距路面 1.5m。

亮度计观测点的纵向位置，应距第一排测点 60m，纵向测量长度为 100m，如图 8-7 所示。

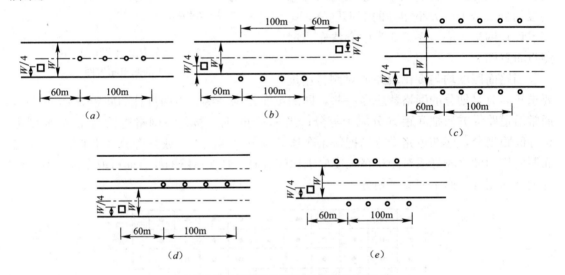

图 8-7　亮度计的观测点位置示意图

(a) 中心布灯时；(b) 单侧布灯时；(c) 双侧对称布灯时；(d) 在中间分车带布灯时；(e) 双侧交错布灯时

平均亮度和亮度均匀度的计算如下：

1. 平均亮度的计算

（1）采用积分亮度计测量时，应按式（8-6）计算平均亮度

$$L_{av} = (L_{av1} + L_{av2})/2 \tag{8-6}$$

式中　L_{av}——平均亮度，cd/m^2；

L_{av1}——从灯下开始测出的平均亮度，cd/m^2；

L_{av2}——从两灯中间开始测出的平均亮度，cd/m^2。

（2）采用亮度计逐点测量时，应按式（8-7）计算平均亮度

$$L_{av} = \sum_{i=1}^{i=n} L_i/n \tag{8-7}$$

式中　L_{av}——平均亮度，cd/m^2；

L_i——各测点的亮度，cd/m^2；

n——测点数。

2. 亮度总均匀度计算

$$U_o = L_{min}/L_{av} \tag{8-8}$$

式中 U_o——亮度总均匀度；

L_{min}——从规定分布测点上测出的最小亮度，cd/m^2；

L_{av}——按式（8-6）或式（8-7）算出的平均亮度，cd/m^2。

3. 亮度纵向均匀度计算

将测出的各车道亮度纵向均匀度中的最小值作为路面的亮度纵向均匀度，各车道的亮度纵向均匀度应按式（8-9）计算

$$U_1 = L'_{min}/L'_{max} \tag{8-9}$$

式中 U_1——亮度纵向均匀度；

L'_{min}——测出每条车道的最小亮度，cd/m^2；

L'_{max}——测出每条车道的最大亮度，cd/m^2。

8.3 反射比的测量

反射比测量方法示意图如图8-8所示，用照度计测漫反射表面的反射比的方法是，选择不受直接光影响的被测表面，将照度计的接收器紧贴被测表面的某一位置，测其入射照度E_R。然后将接收器的感光面对准同一被测面的原来位置，沿垂直于被测面的方向逐渐后移，待照度计读数稳定后（该距离大约30cm）测出反射照度E_f。

反射比ρ按下式求出

$$\rho = E_f/E_R \tag{8-10}$$

式中 E_f——反射照度，lx；

E_R——入射照度，lx。

因为对于漫射表面，照度E和亮度L、反射比ρ之间有如下关系

$$L = \rho E/\pi \tag{8-11}$$

所以，如果测出了表面的反射比ρ，并知道了照度E，即可求出该表面的亮度L。

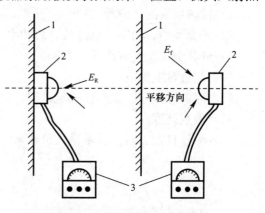

图8-8 反射比测量方法示意图

1—被测表面；2—照度计接收器；3—照度计

8.4 测量条件及测量方法

1. 测量条件

（1）根据需要，点燃必要的光源，排除其他无关光源的影响。

（2）测量照度时应待光源的光输出稳定后进行测量。因此，测量开始前，若是白炽灯，需燃点5min；若是荧光灯，需燃点15min；若是高强气体放电灯，需燃点30min。对

于新安装的照明系统,宜在燃点 100h(气体放电灯)或 10h(白炽灯)后再测量其照度。

2. 测量方法

(1) 测量时,照度计先用大量程挡数,然后根据指示值的大小逐渐找到合适的挡数,原则上不允许指示值在最大量程 1/10 范围内读数。

(2) 照度示值稳定后再读数。数字式照度计显示的读数,最后一位有时不稳定,应该记录出现次数较多的数字。

(3) 测量人员宜着深色服装,防止测量人员、围观者的身影对接收器的影响。

(4) 在测量中宜使电源电压保持稳定,在额定电压下测量;如果做不到,应测量电源电压,当与额定电压不符时,应按电压偏差对光量的变化予以修正。

(5) 为提高测量的准确性,一个测点可取 2～3 次读数,然后取其平均值。

3. 测量记录

测量结果应记入事先准备好的表格。

一般建筑及室外运动场地照明的测量记录内容如下:

1) 测量场所名称;

2) 测量场所的平面图和剖面图;

3) 灯具布置的平面图和剖面图;

4) 标有尺寸的测点布置图;

5) 各测点的照度值;

6) 平均照度及照度均匀度计算结果;

7) 被测场所的污染程度;

8) 光源种类、功率、总灯数、总功率、每平方米的功率;

9) 灯具型式及安装高度;

10) 测量时电源电压;

11) 照度计型号、编号、检定日期;

12) 测点高度;

13) 测量日期、时间、测量人员姓名。

思 考 题

8-1 照度计的质量主要由什么要素决定?

8-2 有家具设备的工作房间,如何进行照度测量?

8-3 一般建筑照明的测量应记录什么内容?

下篇 电气安全技术

第9章 概 论

9.1 电气事故

电能的开发和应用给人类的生产和生活带来了巨大的变革,大大促进社会的进步和文明。在现代社会中,电能已被广泛应用于工农业生产和人民生活等各个领域。然而,在用电的同时,如果对电能可能产生的危害认识不足,控制和管理不当,防护措施不利,在电能传递和转换的过程中,将会发生异常情况,造成电气事故。

9.1.1 电气事故的类型

根据能量转移论的观点,电气事故是由于电能非正常地作用于人体或系统所造成的。根据电能的不同作用形式,可将电气事故分为触电事故、静电危害事故、雷电灾害事故、电磁场危害和电气系统故障危害事故等。

1. 触电事故

(1) 触电

1) 电击。这是电流通过人体,刺激机体组织,使肌肉非自主地发全痉挛性收缩而造成的伤害,严重时会破坏人的心脏、肺部、神经系统的正常工作,造成危及生命的伤害。

电击对人体的效应是由通过电流决定的,而电流对人体的伤害程度是与通过人体电流的强度、种类、持续时间、通过途径及人体状况等多种因素有关。电击是触电事故中最危险的一种,绝大部分触电死亡事故都是由电击造成的。

2) 电伤。这是电流的热效应、化学效应、机械效应等对人体所造成的伤害,此伤害多见于机体的外部,往往在机体表面留下伤痕,常常与电击同时发生。能够形成电伤的电流通常比较大。

电伤属于局部伤害,其危险程度决定于受伤面积、受伤深度、受伤部位等。

电伤包括电灼伤、电烙印、皮肤金属化、机械损伤、电光眼等多种伤害。

① 电灼伤

电灼伤分为接触灼伤和电弧灼伤。接触灼伤发生在高压触电事故时,电流通过人体皮肤的进出口造成的灼伤。电弧灼伤发生在误操作或过分接近高压带电体,当其产生电弧放电时,高温电弧将如火焰一样把皮肤烧伤。电弧还会使眼睛受到严重损害。

② 电烙印

电烙印发生在人体与带电体有良好接触的情况下。此时在皮肤表面将留下与被接触带电体形状相似的肿块痕迹。电烙印有时在触电后并不马上出现,而是相隔一段时间后才出现。电烙印一般不发炎或化脓，但往往造成局部麻木或失去知觉。

③ 皮肤金属化

由于电弧的温度极高（中心温度可达 6000～10000℃），可使周围的金属熔化、蒸发并飞溅到皮肤表面，令皮肤表面变得粗糙坚硬，其色泽与金属种类有关，如灰黄色（铅）、绿色（紫铜）、蓝绿色（黄铜）等。金属化后的皮肤经过一段时间会自动脱落，一般不会留下不良后果。

另外，人体触电事故往往伴随高空坠落或摔跌等机械性创伤。这类创伤不属于电流对人体的直接伤害，但可称之为触电引发的二次事故，也应列入电气事故的范畴。

(2) 触电方式

按照人体触及带电体的方式，主要分为直接接触触电和间接接触触电两种。此外，还有高压电场、高频电磁场、静电感应、雷击等对人体造成的伤害。

1) 直接接触触电

人体直接接触和过分靠近电气设备及线路的带电导体而发生的触电现象称为直接接触触电。单相触电、两相触电、电弧伤害都属于直接接触触电。

① 单相触电。这是指人体接触到地面或其他接地导体的同时，人体另一部位触及某一相带电体所引起的电击。发生电击时，所触及的带电体为正常运行的带电体时，称为直接接触电击。而当电气设备发生事故（例如绝缘损坏、造成设备外壳意外带电的情况下），人体触及意外带电体所发生的电击称为间接接触电击。根据国内外的统计资料，单相触电事故占全部触电事故的 70% 以上。因此，防止触电事故的技术措施应将单相触电作为重点。

② 两相触电。这是指人体的两个部位同时触及两相带电体所引起的电击。在此情况下人体所承受的电压为三相系统中的线电压，因电压相对较大，其危险性也较大。

③ 电弧伤害。电弧是气体间隙被强电场击穿时的一种现象。人体过分接近高压带电体会引起电弧放电，带负荷拉、合刀闸会造成弧光短路。电弧不仅使人受电击，而且使人受电伤，对人体的危害往往是致命的。

2) 间接接触触电

电气设备在正常运行时，其金属外壳或结构是不带电的。但当电气设备绝缘损坏而发生接地短路故障时（俗称"碰壳"或"漏电"），其金属外壳或结构便带有电压，此时人体触及就会发生触电，这称为间接接触触电。最常见的就是跨步电压触电和接触电压触电。

① 跨步电压触电

电气设备发生接地故障时，在接地电流入地点周围电位分布区（以电流入地点为圆心，半径 20m 范围内）行走的人，两脚之间所承受的电位差称跨步电压，其值随人体离接地点的距离和跨步的大小而改变。离得越近或跨步越大，跨步电压就越高，反之则越小。一般人的跨步为 0.8m。

人体受到跨步电压作用时，电流将从一只脚到另一只脚与大地形成回路。触电者的症状是脚发麻、抽筋并伴有跌倒在地。跌倒后，电流可能改变路径（如从头到脚或手）而流经人体重要器官，使人致命。

跨步电压触电还可以发生在其他一些场合，如架空导线接地故障点附近或导线断落点附近、防雷接地装置附近等。

跨步电压的大小与接地电流的大小、土壤电阻率、设备接地电阻及人体位置等因素有关。当人穿有靴鞋时，由于地面和靴鞋的绝缘电阻上有压降，人体受到的接触电压和跨步电压将显著降低，因此严禁裸臂赤脚去操作电气设备。

② 接触电压触电

电气设备的金属外壳带电时，人若碰到带电外壳造成触电，这种触电称之为接触电压触电。

接触电压是指人站在带电金属外壳旁，人手触及外壳时，其手、脚间承受的电位差。

有时因触电而摔跌更甚者是从高空摔跌，会引起更严重的后果，这种事故时有发生。

2. 静电危害事故

静电危害事故是由静电电荷或静电场能量引起的。在生产工艺过程中以及操作人员的操作过程中，某些材料的相对运动、接触与分离等原因导致了相对静止的正电荷和负电荷的积累，即产生了静电。由此产生的静电其能量不大，不会直接使人致命。但是，其电压可能高达数十千伏乃至数百千伏，发生放电，产生放电火花。静电危害事故主要有以下几个方面：

（1）在有爆炸和火灾危险的场所，静电放电火花会成为可燃性物质的点火源，造成爆炸和火灾事故。

（2）人体因受到静电电击的刺激，可能引进二次事故，如坠落、跌伤等。此外，对静电电击的恐惧心理还对工作效率产生不利影响。

（3）某些生产过程中，静电的物理现象会对生产产生妨碍，导致产品质量不良，电子设备损坏，造成生产故障乃至停工。

3. 雷电灾害事故

雷电是大气中的一种放电现象。雷电放电具有电流大、电压高的特点。其能量释放出来可能形成极大的破坏力。其破坏作用主要有以下几个方面：

（1）直击雷放电、二次放电、雷电流的热量会引发火灾和爆炸。

（2）雷电的直接击中、金属导体的二次放电、跨步电压的作用及火灾与爆炸的间接作用，均会造成人员的伤亡。

（3）强大的雷电流、高电压可导致电气设备击穿或烧毁。发电机、变压器、电力线路等遭受雷击，可导致大规模停电事故。雷击可直接毁坏建筑物、构筑物。

4. 射频电磁场危害

射频指无线电波的频率或者相应的电磁振荡频率，泛指 100kHz 以上的频率。射频伤害是由电磁场的能量造成的。射频电磁场的危害主要有：

（1）在射频电磁场作用下，人体会吸收辐射能量并受到不同程度的伤害。过量的辐射可引起中枢神经系统的机能障碍，出现神经衰弱症候群等临床症状；可造成植物神经紊乱，出现心率或血压异常，如心动过缓、血压下降或心动过速、高血压等；可引起眼睛损伤，造成晶体浑浊，严重时导致白内障；可使睾丸发生功能失常，造成暂时或永久的不育症，并可能使后代产生疾患；可造成皮肤表层灼伤或深度灼伤等。

（2）在高强度的射频电磁场作用下，可能产生感应放电，会造成电引爆器件发生意外引爆。感应放电对具有爆炸、火灾危险的场所来说是一个不容忽视的危险因素。此外，受电磁场作用感应出的电压较高时,会给人以明显的电击。

5. 电气系统故障危害

电气系统故障危害是由于电能在输送、分配、转换过程中失去控制而产生的。断线、短路、异常接地、漏电、误合闸、误掉闸、电气设备或电气元件损坏、电子设备受电磁干扰而发生误动作等都属于电路故障。系统中电气线路或电气设备的故障也会导致人员伤亡及重大财产损失。电气系统故障危害主要体现在以下几方面:

(1) 引起火灾和爆炸。线路、开关、熔断器、插座、照明器具、电热器具、电动机等均可能引起火灾和爆炸;电力变压器、多油断路器等电气设备不仅有较大的火灾危险,还有爆炸的危险。在火灾和爆炸事故中,电气火灾和爆炸事故占有很大的比例。就引起火灾的原因而言,电气原因仅次于一般明火而位居第二。

(2) 异常带电。电气系统中,原本不带电的部分因电路故障而异常带电,可导致触电事故发生。例如,电气设备因绝缘不良产生漏电,使其金属外壳带电;高压电路故障接地时,在接地处附近呈现出较高的跨步电压,形成触电的危险条件。

(3) 异常停电。在某些特定场合,异常停电会造成设备损坏和人身伤亡。例如正在浇注钢水的吊车,因骤然停电而失控,导致钢水洒出,引起人身伤亡事故;医院手术室可能因异常停电而被迫停止手术,无法正常施救而危及病人生命;排出有毒气体的风机因异常停电而停转,致使有毒气体超过允许浓度而危及人身安全等;公共场所发生异常停电,会引起妨碍公共安全的事故;异常停电还可能引起电子计算机系统的故障,造成难以挽回的损失。

9.1.2 电气事故的特征

电气事故的特征主要有以下五个方面:

1. 非直观性。由于电既看不到、听不到,又嗅不着,其本身不具备人们直观所识别的特征,因此其潜在危险就不易为人们所察觉。比如,若水容器出现破裂,水就会漏出,直观上就可知道容器出现了破损,但若电气设备的绝缘发生了破坏,有电压加在设备外壳上,这时凭人的感官无法知道设备发生了漏电,这就给电击事故的发生创造了条件。

2. 途径广。如电击伤害,大的方面可分为直接电击与间接电击,再细分下去,有设备漏电产生的电击,也有带电体接触到电气装置以外的导体(如水管等)而发生的电击,还有可能因 PE 线断线造成设备外壳带电而发生电击。再比如雷电危害,可能因闪电产生的机械能损坏建筑物,也可能因闪电的热能引发火灾,还可能因雷电流下泄产生的电磁感应过电压损坏设备或产生火花击穿,或者接地体散流场产生跨步电压造成电击伤害等。由于供配电系统所处环境复杂,电气危害产生和传递的途径也极为多样,这就使得对电气危害的防护十分困难和复杂,需要周密、细致和全面的考虑。

3. 能量范围广,能量谱密度分布也多种多样。大的如雷电能量,雷电流可达数百千安,且高频和直流成分大;小的如电击电流,以工频电流为主,电流仅为毫安级。对于大能量的危害,合理控制能量的泄放是主要的防护手段,因此泄放能量的能力大小是保护设施的重要指标;而对小能量的危害,能否灵敏地感知这种危害是防护的关键,因此保护设施的灵敏性又成了重要的技术指标。

4. 作用时间长短不一。短者如雷电过程,持续时间仅为微秒级;长者如导线间的间歇性电弧短路,通常要持续数分钟至数小时才会引发火灾;而电气设备的轻度过载,持续时间可达若干年，使绝缘的寿命缩短，最终才因绝缘损坏而产生漏电、短路或火灾。对不同持续时间的电气危害，其保护设施的响应速度和方式也应有所不同。

5. 不同危害之间的关联性。如绝缘损坏导致短路，而短路又可能引发绝缘燃烧；又如建筑物防雷装置可极大地减小雷击产生的破坏，但雷电流在防雷装置中通过时又可能产生反击、感应过电压、低压配电系统中性点电位升高等新的危害。因此，电气危害的防护应该是全面的，不能只顾一点而不及其余。

9.1.3 触电事故的规律

大量的统计资料表明，触电事故的分布是具有规律性的。触电事故的分布规律为制定安全措施、最大限度地减少触电事故发生率提供了有效依据。根据国内外的触电事故统计资料分析，触电事故的分布具有如下规律：

1. 触电事故季节性明显

一年之中，二、三季度是事故多发期，尤其在 6～9 月份最为集中。其原因主要是这段时间正值炎热季节，人体穿着单薄且皮肤多汗，相应增大了触电的危险性。另外，这段时间潮湿多雨，电气设备的绝缘性能有所降低。再有，这段时间许多地区处于农忙季节，用电量增加，农村触电事故也随之增加。

2. 低压设备触电事故多

低压触电事故远多于高压触电事故，其原因主要是低压设备远多于高压设备。而且，缺乏电气安全知识的人员多是与低压设备接触。因此，应将低压方面作为防止触电事故的重点。

3. 携带式设备和移动式设备触电事故多

这主要是因为这些设备经常移动、工作条件较差，容易发生故障，另外在使用时需要手紧握进行操作。

4. 电气连接部位触电事故多

在电气连接部位机械牢固性较差，电气可靠性也较低，是电气系统的薄弱环节，较易出现故障。

5. 农村触电事故多

这主要是因为农村用电条件较差，设备简陋，技术水平低，管理不严，电气安全知识缺乏等。

6. 冶金、矿业、建筑、机械行业触电事故多

这些行业存在工作现场环境复杂、潮湿、高温、移动式设备和携带式设备多、现场金属设备多等不利因素，使触电事故相对较多。

7. 青年、中年人以及非电工人员触电事故多

这主要是因为这些人员是设备操作人员的主体，他们直接接触电气设备，部分人员还缺乏电气安全的知识。

8. 误操作事故多

这主要是由于防止误操作的技术措施和管理措施不完备造成的。

触电事故的分布规律并不是一成不变的，在一定条件下也会发生变化。例如，对电气操作人员来说，高压触电事故反而比低压触电事故多。而且，通过在低压系统推广漏电保护装置，使低压触电事故大大降低，可使低压触电事故与高压触电事故的比例发生变化。

上述规律对于电气安全检查、电气安全工作计划、实施电气安全措施以及电气设备的设计、安装和管理等工作提供了重要的依据。

9.1.4 触电防护措施

1. 直接触电防护

直接触电是指人体与正常工作中的裸露带电部分直接接触而遭受电击。其主要防护措施如下：

（1）将裸露带电部分包以适合的绝缘。

（2）设置遮拦或外护物以防止人体与裸露带电部分接触。

（3）设置阻挡物以防止人体无意识地触及裸露带电部分。

阻挡物可不用钥匙或工具就能移动，但必须固定住，以防无意识地移动。这一措施只适用于专业人员。

（4）将裸露带电部分置于人的伸臂范围以外。

伸臂范围从预计有人的场所的站立面算起，直到人能伸臂接触到界限为止。置于伸臂范围之外的防护就是严禁在伸臂范围以内存在具有不同电位的能同时被人触及的部分。

图9-1示出了极限伸臂范围。这个极限是按人体测量学给出的人体统计尺寸，并考虑了适当的安全裕度规定的。图中S为人的站立面，当人站立处前方有阻挡物时，伸臂范围应从阻挡物算起。从S面算起的向上的伸臂范围为2.5m，在常有人手持长或大的物体的场所，伸臂范围尚应适当加大。图中1.25m和0.75m分别为平伸、蹲坐、屈膝、跪、俯卧等操作姿势的伸臂范围极限。

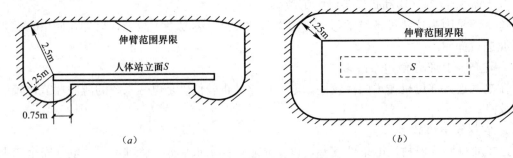

图 9-1 伸臂范围的规定距离
(a) 俯视图；(b) 顶视图

（5）采用漏电电流动作保护器的附加防护。

漏电电流动作保护器，又称剩余电流动作保护器，它是一种在规定条件下当漏电电流达到或超过给定值时，能自动切断供电开关电器或组合电器，通常用于故障情况下自动切断供电的防护。

将保护器的动作电流限定在30mA以内，是考虑到该电流在正常环境条件下，短时间内通过人体不会造成器官的损害。

应特别指出，正常工作条件下的直接接触防护不能单独用漏电电流动作保护替代，这种保护只能作为上述（1）～（4）项防止直接触电保护措施的后备措施。

2. 间接触电防护

因绝缘损坏，致使相线与PE线、外露可导电部分、装置外可导电部分以及大地间的短路称为接地故障。这时原来不带电压的电气装置外露可导电部分或装置外可导电部分将呈现故障电压。人体与之接触而招致的电击称之为间接触电。其主要的防护措施如下:

(1) 用自动切断电源的保护(包括漏电电流动作保护),并辅以总等电位联结。

(2) 使工作人员不致同时触及两个不同电位点的保护。

(3) 使用双重绝缘或者加强绝缘的保护。

(4) 用不接地的局部等电位联结的保护。

(5) 采用电气隔离。

9.1.5 用电安全的基本要求

1. 电气装置在使用前,应确认其已经国家指定的检验机构检验合格或认可。

2. 电气装置在使用前,应确认其符合相应环境要求和使用等级要求。

3. 电气装置在使用前,应认真阅读产品使用说明书,了解使用可能出现的危险以及相应的预防措施,并按产品使用说明书的要求正确使用。

4. 用电单位或个人应掌握所使用的电气装置的额定容量、保护方式和要求、保护装置的整定值和保护元件的规格。不得擅自更改电气装置或延长电气线路。不得擅自增大电气装置的额定容量,不得任意改动保护装置的整定值和保护元件的规格。

5. 任何电气装置都不应超负荷运行或带故障使用。

6. 用电设备和电气线路的周围应留有足够的安全通道和工作空间。电气装置附近不应堆放易燃、易爆和腐蚀性物品。禁止在架空线上放置或悬挂物品。

7. 使用的电气线路需具有足够的绝缘强度、机械强度和导电能力并应定期检查。禁止使用绝缘老化或失去绝缘性能的电气线路。

8. 软电缆或软线中的绿/黄双色线在任何情况下,都只能用作保护线。

9. 移动使用的配电箱(板)应采用完整的、带保护线的多股铜芯橡皮护套软电缆或护套软线作电源线,同时应装设漏电保护器。

10. 插头与插座应按规定正确接线,插座的保护接地极在任何情况下都必须单独与保护线可靠连接。严禁在插头(座)内将保护接地极与工作中性线连接在一起。

11. 在儿童活动的场所不应使用低位置插座,否则应采取防护措施。

12. 浴室、蒸气房、游泳池等潮湿场所内不应使用可移动的插座。

13. 在使用移动式的Ⅰ类设备时,应先确认其金属外壳或构架已可靠接地,使用带保护接地极的插座,同时宜装设漏电保护器,禁止使用无保护线插头插座。

14. 正常使用时会产生飞溅火花、灼热飞屑或外壳表面温度较高的用电设备,应远离易燃物质或采取相应的密闭、隔离措施。

15. 手提式和局部照明灯具应选用安全电压或双重绝缘结构。在使用螺口灯头时,灯头螺纹端应接至电源的工作中性线。

16. 用电设备在暂停或停止使用、发生故障或遇突然停电时均应及时切断电源,必要时应采取相应技术措施。

17. 当保护装置动作或熔断器的熔体熔断后,应先查明原因、排除故障,并确认电气装置已恢复正常后才能重新接通电源、继续使用。更换熔体时不应任意改变熔断器的熔体规格或用其他导线代替。

18. 当电气装置的绝缘或外壳损坏,可能导致人体触及带电部分时,应立即停止使用，并及时修复或更换。

19. 禁止擅自设电网、电围栏或用电具捕鱼。
20. 露天使用的用电设备、配电装置应采取防雨、防雪、防雾和防尘的措施。
21. 禁止利用大地作工作中性线。
22. 禁止将暖气管、煤气管、自来水管道作为保护线使用。
23. 用电单位的自备发电装置应采取与供电电网隔离的措施，不得擅自并入电网。
24. 当发生人身触电事故时，应立即断开电源，使触电人员与带电部分脱离，并立即进行急救。在切断电源之前禁止其他人员直接接触触电人员。

9.2 电流的人体效应和安全电压

9.2.1 电流通过人体时的效应

电对人的伤害主要是电流流经人体后产生的。因此，研究电流通过人体时所产生的效应是电气安全方面的一个基础性课题。

经过各国科学家几十年的努力，目前在电流通过人体的效应的研究方面已取得了显著的成果。本节着重阐述 15~100Hz 交流电通过人体时的效应。专家们提出了三个不同性质的效应阈。一是"感觉阈"，即人对电流开始有所觉察；二是"摆脱阈"，即人对所握持的电极能自主摆脱；三是"室颤阈"，即会发生致命的心室纤维性颤动（以下简称室颤）。这三个效应阈阈值为，"感觉阈" 0.5mA，与通电时间长短无关；"摆脱阈"约 10mA；"室颤阈"与通电时间密切相关，以曲线形式表达（见图 9-2 曲线 c）。

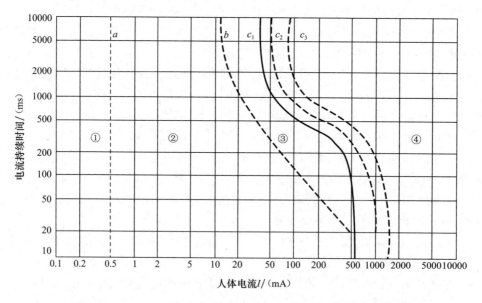

图 9-2 15~100Hz 交流电流流过人体时的电流-时间-效应分区图

1. 电流、通电时间与电流的效应关系

图 9-2 是 15~100Hz 交流电通过人体时的电流-时间-效应分区图，它反映了电流、通电时间与电流的效应这三者的关系。图中分为四个区域：区域①是无效应区，在这个区域

内人对电流通常无感觉，线条 a 即为"感觉阈"；区域②为无有害生理效应区，"摆脱阈"处在这个区域中；区域③为有病态生理效应而无器质性损伤的区域，但可能出现肌肉痉挛、呼吸困难和可逆性的心房纤维性颤动，随着电流和通电时间的增加，可引起非室颤的短暂心脏停跳；区域④除了有区域③的病态生理效应外，还可能出现室颤。曲线 c 反映的就是"室颤阈"。曲线 c_1 与 c_2 之间的区域，室颤的发生概率约为 5%；曲线 c_2 与 c_3 之间的区域，室颤的发生概率约为 50%；曲线 c_3 以右的区域，室颤的发生概率在 50% 以上。随着电流和通电时间的增加，可能出现心脏停跳、呼吸停止和严重灼伤。

图 9-2 中的曲线 c 呈现阶梯形，它反映的是国际上在这个领域里的最新研究成果，即室颤阈值与通电时间密切相关，而且以一个心跳周期（人的心跳周期约为 750ms）为中心，呈现出两个不同水平的"台阶"。通电时间短于一个心脏周期时，室颤阈值处于高水平台阶上，两个台阶之间差值较大。

触电时，通过人体的电流大小是决定人体伤害程度的主要原因之一。通过人体的电流越大，人体的生理反应越强烈，对人体的伤害就越大。按照人体对电流的生理反应强弱和电流对人体的伤害程度，可将电流分为感知电流、摆脱电流和致命电流三种。

(1) 感知电流

感知电流也叫感觉电流，是指引起人体感觉但无生理反应的最小电流值。感知电流流过人体时，对人体不会有伤害。实验表明，对于不同的人、不同性别的人感知电流是不同的。一般来说，成年男性的平均感知电流大约：交流（工频）为 1.1mA，直流为 5.2mA。成年女性的平均感知电流约为：交流（工频）为 0.7mA，直流为 3.5mA。

感知电流还与电流的频率有关，随着频率的增加，感知电流的数值也相应增加。例如当频率从 50Hz 增加到 5000Hz 时，成年男性的平均感知电流将从 1.1mA 增加到 7mA。

(2) 摆脱电流

摆脱电流是指人体触电后，在不需要任何外来帮助的情况下，能自主摆脱电源的最大电流。实验表明，在摆脱电流作用下，由于触电者能自行脱离电源，所以不会有触电的危险。成年男性的平均摆脱电流约为：交流（工频）为 16mA，直流为 76mA。成年女性的平均摆脱电流约为：交流（工频）为 10.5mA，直流为 51mA。

(3) 致命电流

心室颤动电流是指人体触电后，引起心室颤动概率大于 5% 的极限电流。当触电时间小于 5s 时，心室颤动电流的计算式为

$$I = \frac{116}{\sqrt{t}} \tag{9-1}$$

式中　I——心室颤动电流，mA；

　　　t——触电持续时间，s。

该式所允许的时间范围是 0.01~0.5s。当触电持续时间大于 5s 时，则以 30mA 作为心室颤动的极限电流。这个数值是通过大量的试验结果得出来的。因为当流过人体的电流大于 30mA 时，才会有发生心室颤动的危险。

2. 影响电流对人体伤害程度的其他因素

(1) 触电电压的高低。一般来说，当人体电阻一定时，触电电压越高，流过人体的电流越大，危险性也就越大。

(2) 电流通过人体的持续时间

在其他条件都相同的情况下，电流通过人体的持续时间越长，对人体的伤害程度就越高。这是因为：

1) 通电时间越长，电流在心脏间隙期内通过心脏的可能性越大，因而引起心室颤动的可能性越大。

2) 通电时间越长，对人体组织的破坏越严重，电流的热效应和化学效应将会使人体出汗和组织碳化，从而使得人体电阻逐渐降低，流过人体的电流逐渐增大。

3) 通电时间越长，体内能量的积累越多，因此引起心室颤动所需要的电流也越小。

(3) 电流流过人体的途径

电流通过人体的不同途径，会对人体产生不同程度影响：电流通过心脏，会引起心室颤动，较大的电流还会使心脏停止跳动。电流通过中枢神经或脊髓时，会引起有关的生理机能失调，如窒息致死等。电流通过脊髓时会使人半截肢体瘫痪。电流通过头部时会使人昏迷，若电流较大时，会对大脑产生严重伤害而致死。所以，当电流从左手到胸部、从左手到右手、从颅顶到双脚是最危险的电流途径。从右脚到胸部、从右手到脚、从手到手的电流途径也很危险。从脚到脚的电流途径，一般危险性较小，但不等于没有危险。例如跨步电压触电时，开始电流仅通过两脚，触电后由于双脚剧烈痉挛而摔倒，此时电流就会流经其他要害部位，同样会造成严重后果。另外，即使是两脚触电，也会有一部分电流流经心脏，同样会带来危险。当电流仅通过肌肉、肌腱时，即使造成严重的电灼伤甚至碳化，对生命也不会造成危险。

(4) 电流的种类及频率的高低

实验表明，在同一电压作用下，当电流频率不同时，对人体的伤害程度也不相同。直流电对人体的伤害较轻；20～400Hz 交流电危害较大，其中又以 50～60Hz 工频电流的危险性最大。超过 1000Hz，其危险性会显著减小。频率在 20kHz 以上的交流电对人体无伤害，所以在医疗上利用高频电流做理疗，但电压过高的高频电流仍会使人触电致死。且高频电流比工频电流容易引起电灼伤，千万不可忽视。

直流电的触电危险性比交流电小，除了由于频率因数的影响外（直流电的频率为零），还因为交流电表示的是有效值，它的最大值是有效值的 $\sqrt{2}$ 倍，而直流电的大小确是恒定不变的。例如 220V 交流电，它的最大值是 311V，而 220V 的直流电却始终是 220V。

(5) 人体的状况

1) 触电者的性别、年龄、健康状况、精神状态和人体电阻都会对触电后产生影响。例如患心脏病、结核病、内分泌器官疾病的人，由于自身抵抗力低下，触电后果更为严重。处在精神状态不良、心情忧郁或醉酒中的人，触电危险性较大。相反，一个身心健康、经常锻炼的人，触电的后果相对来说会轻些。妇女、儿童、老年人以及体重较轻的人耐受电流刺激的能力相对弱一些，触电的后果比青壮年男子严重。

2) 人体电阻的大小是影响触电后果最重要的物理因素。显然，当触电电压一定时，人体电阻越小，流过人体的电流就越大，危险性也就越大。可见，通过人体的电流大小不同，引起的人体生理反应也不同，而通过人体电流的大小，主要与接触电压和电流通路的阻抗有关。对于供配电系统来说，容易计算的反映电击危险性的电气参量在大多数情况下是接触电压，因此只有知道了人体阻抗，才能推算出流过人体的电流大小，从而正确地评估电击危险性，这就是研究人体阻抗的原因。

人体阻抗由皮肤阻抗和人体内阻抗构成，其总阻抗呈阻容性，等效电路如图 9-3 所示。皮肤可视为是由半绝缘层和许多小的导电体（毛孔）组成的电阻电容网络。当电流增加时皮肤阻抗会降低，皮肤阻抗也会随频率的增加而下降，它与接触面积、湿度、是否受伤等因素关系较大。人体内阻抗基本上是阻性的，其数值由电流通路决定，接触表面积所占成分较小，但当接触表面积小至几个平方毫米时，人体内阻抗就会增大。

人体总阻抗由电流通路、接触电压、通电时间、频率、皮肤湿度、接触面积、施加压力和温度等因素共同确定。研究发现，当接触电压约在 50V 以下时，由于皮肤阻抗 Z_P 的变化很大（即使对同一个人也如此），人体总阻抗 Z_T 也同样有很大变化；随着接触电压的升高，人体总阻抗越来越不取决于皮肤阻抗；当皮肤被击穿破损后，人体总阻抗值接近于人体内阻抗 Z_i。

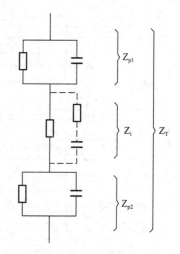

图 9-3 人体阻抗的等效电路
Z_i—体内阻抗；Z_{p1}，Z_{p2}—皮肤阻抗；Z_T—总阻抗

人体总阻抗呈阻容性。活人体阻抗与接触电压关系的统计值如图 9-4 所示。从图中可见，当接触电压为 220V 时，只有 5% 的人的人体阻抗小于约 1000Ω，而阻抗小于约 2125Ω 的人占受试总人数的 95%，即有 90% 的人体阻抗在 1000~2125Ω 之间。

人体总阻抗值与频率呈负相关性，这可能是因为皮肤容抗随频率的增加而下降，从而导致总阻抗降低的缘故。

综上所述，在正常环境下人体总阻抗的典型值可取为 1000Ω，而在人体接触电压出现的瞬间，由于电容尚未充电（相当于短路），皮肤阻抗可忽略不计，这时的人体总阻抗称为初始电阻 R_i，R_i 约等于人体内阻抗 Z_i，典型取值为 500Ω。

9.2.2 人体允许电流

人体允许电流是指对人体没有伤害的最大电流。

电流流过人体时，由于每个人的生理条件不同，对电流的反映也不相同。有的人敏感一些，即使通过几毫安的工频电流也忍受不了，有的人甚至通过几十毫安的工频电流也不在乎。因此，很难确定一个对每个人都很适用的允许电流值。一般来说，只要流过人体的电流不大于摆脱电流值，触电人都能自主地摆脱电源，从而就可以避免触电的危险。因此，一般可以把摆脱电流值看作是人体的允许电流。但为了安全起见，成年男性的允许工频电流为

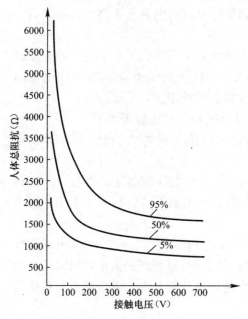

图 9-4 接触电压为 700V 以下时适用于活体的人体总阻抗统计图

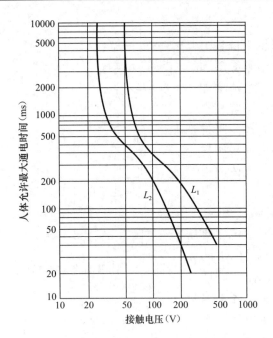

图 9-5 不同接触电压下人体允许最大通电时间
L_1—正常环境条件；L_2—潮湿环境条件

9mA，成年女性的允许工频电流为 6mA。在空中、水面等处可能因电击导致高空摔跌、溺死等二次伤害的地方，人体的允许工频电流 5mA。当供电网络中装有防止触电的速断保护装置时，人体的允许工频电流为 30mA。对于直流电源，人体允许电流为 50mA。

9.2.3 安全电压

在供配电系统中，直接用通过人体的电流来检验电击危险性甚为不便，一般比较容易检验的是接触电压，因此 IEC 提出了接触电压-时间曲线，如图 9-5 所示。图中有两条曲线，分别代表正常和潮湿环境条件下的电压-时间关系，发生在曲线左侧区域的触电被认为是不致命的。从图上可知，不论通电时间多长，正常环境条件下的安全电压为 50V，潮湿环境条件下的安全电压为 25V。这两个数值是对大多数电击防护措施的效果进行评价的依据性数据。

9.3 电气绝缘

电气绝缘是指利用绝缘材料对带电体进行封闭和隔离。长久以来，绝缘一直是作为防止触电事故的重要措施，良好的绝缘也是保证电气系统正常运行的基本条件。

9.3.1 绝缘材料的分类

绝缘材料又称为电介质，其导电能力很小，但并非绝对不导电。工程上应用的绝缘材料的电阻率一般都不低于 $10^7 \Omega \cdot m$。绝缘材料的主要作用是用于对带电的或不同电位的导体进行隔离，使电流按照确定的线路流动。绝缘材料的品种很多，一般分为：

1. 气体绝缘材料。常用的有空气、氮、氢、二氧化碳和六氟化硫等。
2. 液体绝缘材料。常用的有从石油原油中提炼出来的绝缘矿物油、十二烷基苯、聚丁二烯、硅油和三氯联苯等合成油以及蓖麻油。
3. 固体绝缘材料。常用的有树脂绝缘漆、纸、纸板等绝缘纤维制品；漆布、漆管和绑扎带等绝缘浸渍纤维制品；绝缘云母制品；电工用薄膜、复合制品；粘带、电工用层压制品；电工用塑料和橡胶、玻璃、陶瓷等。

电气设备的质量和使用寿命在很大程度上取决于绝缘材料的电、热、机械和理化性能，而绝缘材料的性能和寿命与材料的组成成分、分子结构有着密切的关系，同时还与绝缘材料的使用环境有着密切关系。因此应当注意绝缘材料的使用条件，以保证电气系统的正常运行。

9.3.2 绝缘材料的电气性能

绝缘材料的电气性能主要表现在电场作用下材料的导电性能、介电性能及绝缘强度。

它们分别以绝缘电阻率、相对介电常数,介质损耗及击穿场强四个参数来表示。

1. 绝缘电阻率和绝缘电阻

任何电介质都不可能是绝对的绝缘体,总存在一些本征离子和杂质离子。在电场的作用下,它们可作有方向的运动,形成漏导电流,通常又称为泄漏电流。材料绝缘性能的好坏,主要由绝缘材料所具有的电阻(即绝缘电阻)大小来反映。其值为加于绝缘物上的直流电压与流经绝缘物的电流(即泄漏电流)之比,单位为 MΩ。而绝缘电阻率是绝缘材料所在电场强度与通过绝缘材料的电流密度之比,单位为 Ω·m。在外加电压作用下的绝缘材料的等效电路如图 9-6(a)所示;在直流电压作用下的电流如图 9-6(b)所示。图中,电阻支路的电流即为漏导电流;流经电容和电阻串联支路的电流称为吸收电流,是由缓慢极化和夹层极化形成的电流;电容支路的电流称为充电电流。

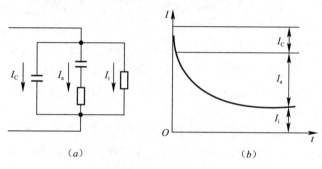

图 9-6　绝缘材料等效电路及电流曲线图
(a) 等效电路;(b) 电流曲线

绝缘电阻率和绝缘电阻分别是绝缘结构和绝缘材料的主要电气性能参数之一。

温度、湿度、杂质含量的增加都会降低电介质的电阻率。

温度升高时,分子热运动加剧,使离子容易迁移,电阻率按指数规律下降。

湿度升高。一方面水分的浸入使电介质增加了导电离子,使绝缘电阻下降;另一方面,对亲水物质,表面的水分还会大大降低其表面电阻率。电气设备特别是户外设备,在运行过程中往往因受潮引起边缘材料电阻率下降,造成泄漏电流过大而使设备损坏。因此,为了预防事故的发生,应定期检查设备绝缘电阻的变化。

杂质含量的增加,增加了内部的导电离子,也使电介质表面污染并吸附水分,从而降低了体积电阻率和表面电阻率。

在较高的电场强度作用下,固体和液体电介质的离子迁移能力随电场强度的增强而增大,使电阻率下降。当电场强度临近电介质的击穿电场强度时,因出现大量电子迁移,使绝缘电阻按指数规律下降。

2. 介电常数

电介质在处于电场作用下时,电介质中分子、原子中的正电荷和负电荷发生偏移,使得正、负电荷的中心不再重合,形成电偶极子。电偶极子的形成及其定向排列称为电介质的极化。电介质极化后,在电介质表面上产生束缚电荷,束缚电荷不能自由移动。

介电常数是表明电介质极化特征的性能参数。介电常数越大,电介质极化能力越强,产生的束缚电荷就越多。束缚电荷也产生电场,且该电场总是削弱外电场的。

绝缘材料的介电常数受电源频率、温度、湿度等因素而产生变化。

随频率增加，有的极化过程在半周期内来不及完成，以致极化程度下降，介电常数减小。

随温度增加，偶极子转向极化易于进行，介电常数增大，但当温度超过某一限度后，由于热运动加剧，极化反而困难一些，介电常数减小。

随湿度增加，材料吸收水分，由于水的相对介电常数很高（在 80 左右），且水分的侵入能增加极化作用，使得电介质的介电常数明显增加。因此，通过测量介电常数，能够判断电介质受潮程度等。

大气压力对气体材料的介电常数有明显影响，压力增大，密度就增大，相对介电常数也增大。

3. 介质损耗

在交流电压作用下，电介质中的部分电能不可逆地转变成热能，这部分能量叫做介质损耗。单位时间内消耗的能量叫做介质损耗功率。介质损耗一种是由漏导电流引起的，另一种是由于极化所引起的。介质损耗使介质发热，这是电介质发生热击穿的根源。

影响绝缘材料介质损耗的因素主要有频率、温度、湿度、电场强度和辐射。影响过程比较复杂，从总的趋势来说，随着上述因素的增强，介质损耗增加。

9.3.3 绝缘的破坏

在电气设备的运行过程中，绝缘材料会由于电场、热、化学、机械、生物等因素的作用，使绝缘性能发生劣化。绝缘破坏可能导致电击、电烧伤、短路、火灾等事故。绝缘破坏有绝缘击穿、绝缘老化、绝缘损坏三种方式。

1. 绝缘击穿

当施加于电介质上的电场强度高于临界值时，会使通过电介质的电流突然猛增，这时绝缘材料被破坏，完全失去了绝缘性能，这种现象称为电介质的击穿。发生击穿时的电压称为击穿电压，击穿时的电场强度简称击穿场强。

（1）气体电介质的击穿

气体击穿是由碰撞电离导致的电击穿。在强电场中，气体的带电质点（主要是电子）在电场中获得足够的动能，当它与气体分子发生碰撞时，能够使中性分子电离为正离子和电子。新形成的电子又在电场中积累能量而碰撞其他分子使其电离，这就是碰撞电离。碰撞电离过程是一个连锁反应过程，每一个电子碰撞产生一系列新电子，因而形成电子崩。电子崩向阳极发展，最后形成一条具有高电导的通道，导致气体击穿。

在工程上常采用高真空和高气压的方法来提高气体的击穿场强。空气的击穿场强约为 25～30kV/cm。气体绝缘击穿后能自己恢复绝缘性能。

（2）液体电介质的击穿

液体电介质的击穿特性与其纯净度有关，一般认为纯净液体的击穿与气体的击穿机理相似，是由电子碰撞电离最后导致击穿。但液体的密度大，电子自由行程短，积聚能量小，因此击穿场强比气体高。工程上液体绝缘材料不可避免地含有气体、液体和固体杂质，如液体中含有乳化状水滴和纤维时，由于水和纤维的极性强，在强电场的作用下使纤维极化而定向排列，并运动到电场强度最高处连成小桥，小桥贯穿两电极间引起电导剧增，局部温度骤升，最后导致击穿。例如，变压器油中含有极少量水分就会大大降低油的击穿场强。为此，在液体绝缘材料使用之前，必须对其进行纯化、脱水、脱气处理，在使用过程中应避免这些杂质的侵入。

液体电介质击穿后，绝缘性能在一定程度上可以得到恢复。但经过多次液体击穿将可能导致液体失去绝缘性能。

（3）固体电介质的击穿

固体电介质的击穿有电击穿、热击穿、电化学击穿、放电击穿等形式。

1）电击穿。这是固体电介质在强电场作用下，其内少量处于可自由移动的电子剧烈运动，与晶格上的原子（或离子）碰撞而使之游离，并迅速扩展下去导致的击穿。电击穿的特点是电压作用时间短，击穿电压高。电击穿的击穿场强与电场均匀程度密切相关，但与环境温度及电压作用时间几乎无关。

2）热击穿。这是固体电介质在强电场作用下，由于介质损耗等原因所产生的热量不能够及时散发出去，会因温度上升，导致电介质局部熔化、烧焦或烧裂，最后造成击穿。热击穿的特点是电压作用时间长，击穿电压较低。热击穿电压随环境温度上升而下降，但与电场均匀程度关系不大。

3）电化学击穿。这是固体电介质在强电场作用下，由游离、发热和化学反应等因素的综合效应造成的击穿。其特点是电压作用时间长，击穿电压往往很低。它与绝缘材料本身的耐游离性能、制造工艺、工作条件等因素有关。

4）放电击穿。这是固体电介质在强电场作用下，内部气泡首先发生碰撞游离而放电，继而加热其他杂质，使之汽化形成气泡，由气泡放电进一步发展，导致击穿。放电击穿的击穿电压与绝缘材料的质量有关。

固体电介质一旦击穿，将失去其绝缘性能。

实际上，绝缘结构发生击穿，往往是电、热、放电、电化学等多种形式同时存在，很难截然分开。一般来说，脉冲电压下的击穿一般属电击穿。当电压作用时间达数十小时乃至数年时，大多数属于电化学击穿。

2. 绝缘老化

电气设备在运行过程中，其绝缘材料由于受热、电、光、氧、机械力（包括超声波）、辐射线、微生物等因素的长期作用，产生一系列不可逆的物理变化和化学变化，导致绝缘材料的电气性能和力学性能的劣化。

绝缘老化过程十分复杂，就其老化机理而言，主要有热老化机理和电老化机理。

（1）热老化

一般在低压电气设备中，造成绝缘材料老化的主要因素是热。每种绝缘材料都有其极限耐热温度，当超过这一极限温度时其老化将加剧，电气设备的寿命就缩短。在电工技术中，常把电动机和电器中的绝缘结构和绝缘系统按耐热等级进行分类。表 9-1 所列是我国绝缘材料标准规定的绝缘耐热分级的极限温度。

绝缘耐热分级及其极限温度　　　　　　　　　　　　　　　　表 9-1

耐热分级	极限温度（℃）	耐热分级	极限温度（℃）
Y	90	F	155
A	105	H	180
E	120	C	>180
B	130	—	—

通常情况下，工作温度越高则材料老化越快。按照表 9-1 允许的极限工作温度，即按照耐热等级、绝缘材料分为若干级别。Y 级的绝缘材料有木材、纸、棉花及其纺织品等；A 级绝缘材料有沥青漆、漆布、漆包线及浸渍过的 Y 级绝缘材料；E 级绝缘材料有玻璃布、油性树脂漆、聚酯薄膜与 A 级绝缘材料的复合、耐热漆包线等；B 级绝缘材料有玻璃纤维、石棉、聚酯漆、聚酯薄膜等；F 级绝缘材料有玻璃漆布、云母制品、复合硅有机树脂漆和以玻璃丝布、石棉纤维为基础的层压制品；H 级绝缘材料有复合云母、硅有机漆、复合玻璃布等；C 级绝缘材料有石英、玻璃、电瓷等。

（2）电老化

它主要是由局部放电引起的。在高压电气设备中，促使绝缘材料老化的主要原因是局部放电。局部放电时产生的臭氧、氮氧化物、高速粒子都会降低绝缘材料的性能，局部放电还会使材料局部发热，促使材料性能恶化。

3. 绝缘损坏

绝缘损坏是指由于不正确选用绝缘材料，不正确地进行电气设备及线路的安装，不合理地使用电气设备等，导致绝缘材料受到外界腐蚀性液体、气体、蒸气、潮气、粉尘的污染和侵蚀，或受到外界热源、机械因素的作用，在较短的时间内失去其电气性能或力学性能的现象。另外，动物和植物也可能破坏电气设备和电气线路的绝缘结构。

9.3.4 绝缘检测和绝缘试验

绝缘检测和绝缘试验的目的是检查电气设备或线路的绝缘指标是否符合要求。主要包括绝缘电阻试验、耐压试验、泄漏电流试验和介质损耗试验。其中泄漏电流试验和介质损耗试验只对一些要求较高的高压电气设备才有必要进行。现仅对绝缘电阻测量和耐压试验进行介绍。

1. 绝缘电阻测量

绝缘电阻是衡量绝缘性能优劣的最基本指标。在绝缘结构的制造和使用中，经常需要测定其绝缘电阻。通过绝缘电阻的测定，可以在一定程度上判定某些电气设备的绝缘好坏，判断某些电气设备（如电动机、变压器）的受潮情况等，以防因绝缘电阻降低或损坏而造成漏电、短路、电击等电气事故。绝缘电阻可以用比较法（属于伏安法）测量，也可以用泄漏法来进行测量，但通常用兆欧表（摇表）测量。这里仅就应用兆欧表测量绝缘材料的电阻进行介绍。

兆欧表主要由作为电源的手摇发电机（或其他直流电源）和作为测量机构的磁电式流比计（双动线圈流比计）组成。测量时，实际上是给被测物加上直流电压，测量其通过的泄漏电流，在表的盘面上读到的是经过换算的绝缘电阻值。

在兆欧表上有三个接线端钮，分别标为接地 E、电路 L 和屏蔽 G。一般测量仅用 E、L 两端，E 通常接地或接设备外壳，L 接被测线路、电动机、电器的导线或电动机绕组。测量电缆芯线对外皮的绝缘电阻时，为消除芯线绝缘层表面漏电引起的误差，还应在绝缘上包以锡箔并使之与 G 端连接，如图 9-7 所示。这样就使得流经绝缘表面的电流不再经过流比计的测量线圈，而是直接流经 G 端构成回路，所以，测得的绝缘电阻只是电缆绝缘的体积电阻。

使用兆欧表测量绝缘电阻时，应注意下列事项：

（1）应根据被测物的额定电压正确选用不同电压等级的兆欧表，所用兆欧表的工作电压应高于绝缘物的额定工作电压。一般情况下，测量额定电压 500V 以下的线路或设备的

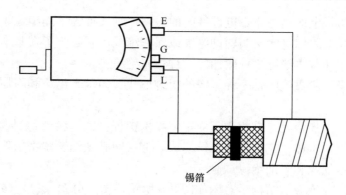

图 9-7 电缆绝缘电阻测量

绝缘电阻，应采用工作电压为 500V 或 1000V 的兆欧表；测量额定电压 500V 以上的线路或设备的绝缘电阻，应采用工作电压为 1000V 或 2500V 的兆欧表。

（2）与兆欧表端钮接线的导线应用单线，单独连接，不能用双股绝缘导线，以免测量时因双股线或绞线绝缘不良而引起误差。

（3）测量前必须断开被测物的电源并进行放电，测量终了也应进行放电，一般不应短于 2~3min。对于高电压、大电容的电缆线路，放电时间应适当延长，以消除静电荷，防止发生触电危险。

（4）测量前应对兆欧表进行检查。首先，使兆欧表端钮处于开路状态，转动摇把，观察指针是否在"∞"，然后，再将 E 和 L 两端短接起来，慢慢转动摇把，观察指针是否迅速指向"0"位。

（5）进行测量时摇把的转速应由慢到快，到 120r/min 左右时，发电机输出额定电压。摇把转速应保持均匀、稳定，一般摇动 1min 左右，待指针稳定后再进行读数。

（6）测量过程中如指针指向"0"，表明被测量物绝缘失效，应停止转动摇把，以防表内线圈发热烧坏。

（7）禁止在雷电时或邻近设备带有高电压时用兆欧表进行测量工作。

（8）测量应尽可能在设备刚刚停止运转时进行，这样，由于测量时的温度条件接近运转时的实际温度，使测量结果符合运转时的实际情况。

2. 耐压试验

电气设备的耐压试验主要是检查电气设备承受过电压的能力。在电力系统中，线路及发电、输变电设备的绝缘，除了在额定交流或直流电压下长期运行外，还要短时承受大气过电压、内部过电压等过电压的作用。另外，其他技术领域的电气设备也会遇到各种特殊类型的高电压。因此，耐压试验是保证电气设备安全运行的有效手段。耐压试验主要有工频交流耐压试验、直流耐压试验和冲击电压试验等。其中，工频交流耐压试验最为常用，这种方法接近运行实际，所需设备简单。对部分设备，如电力电线、高压电动机等少数电气设备因电容很大，无法进行交流耐压试验时，则进行直流耐压试验。

9.3.5 按保护功能区分的绝缘形式

1. 绝缘形式

绝缘形式按其保护功能，可分为基本绝缘、附加绝缘、双重绝缘和加强绝缘四种。

（1）基本绝缘。带电部件上对触电起基本保护作用的绝缘称为基本绝缘。若这种绝缘的主要功能不是防触电而是防止带电部件间的短路，则又称为工作绝缘。

(2) 附加绝缘。附加绝缘又叫辅助绝缘或保护绝缘，它是为了在基本绝缘一旦损坏的情况下防止触电而在基本绝缘之外附加的一种独立绝缘。

(3) 双重绝缘。双重绝缘是一种绝缘的组合形式，即基本绝缘和附加绝缘两者组成的绝缘。

(4) 加强绝缘。加强绝缘是相当于双重绝缘保护程度的单独绝缘结构。"单独绝缘结构"不一定是一个单一体，它可以由几层组成，但层间必须结合紧密，形成一个整体，各层无法单独做基本绝缘和附加绝缘试验。

双重绝缘和加强绝缘的结构示意图如图9-8所示，图中分图(a)、(b)、(c)、(d)为双重绝缘，(e)、(f)为加强绝缘。

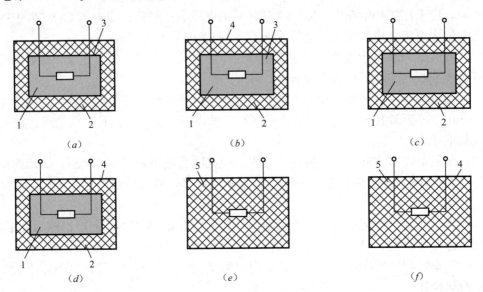

图 9-8 双重绝缘和加强绝缘

1—基本（工作）绝缘；2—附加（保护）绝缘；3—不可能触及的金属体；4—可触及的金属体；5—加强绝缘

2. 不同电击防护类别电气设备的电击防护措施

(1) 0 类设备

仅依靠基本绝缘作电击防护的设备称为 0 类设备。0 类设备基本绝缘一旦失效，是否发生电击危险完全取决于设备所处的环境，故 0 类设备一般只能在非导电场所中使用。由于该类设备的电击防护条件较差，在一些发达国家已明令禁止生产。

(2) Ⅰ 类设备

Ⅰ 类设备的电击防护不仅依靠基本绝缘，还包括一项附加安全措施，即设备能被人触及的可导电部分连有保护线，可用来与工作场所固定布线中的保护线相连接。也就是说，该类设备一旦基本绝缘失效，还可以通过由这根保护线所建立的防护措施来防止电击。在我国日常使用的电器中，Ⅰ 类设备占了绝大多数，因此如何利用好这根保护线来提高 Ⅰ 类设备电击防护水平，是十分重要的课题。

(3) Ⅱ 类设备

Ⅱ 类设备具有双重绝缘或加强绝缘，这类设备不采用安全接地措施设置保护线，按其外壳特征又可分为以下三类。第一类为全部绝缘外壳；第二类为全部金属外壳；第三类为部分绝缘外壳和部分金属外壳。

由于Ⅱ类设备的电击防护仅取决于设备本身的技术措施，既不依赖于系统（电网），又不依赖于所处的场所，因而是一种值得大力发展的设备类型，但在使用时也应遵守一定的条件才能确保安全，这些条件主要有以下两条：

1) 具有全部或部分金属外壳的第二、三类设备，其金属外壳不得与系统（电网）发生电气联系，以免从系统引入高电位，也不得接地。只有当设备所在场所采用"不接地的局部等电位连接"时，才可考虑将金属外壳或外壳的金属部分与等电位体电气连接。

2) Ⅱ类设备的电源连接线也应符合加强绝缘或双重绝缘的要求，电源插头上不得有起导电作用以外的金属件，电源连接线与外壳之间至少应有两层单独的绝缘层。

(4) Ⅲ类设备

Ⅲ类设备靠使用安全特低电压（SELV）防止电击。该类设备的外露可导电部分不得与保护线或其他装置外可导电部分（如大地、水管等）电气连接，以避免意外引入高电位。同样，若设备所在场所采用了"不接地的局部等电位连接"，则该类设备的外露可导电部分可与等电位体电气连接。

9.4 电气设备外壳的防护等级

9.4.1 外壳与外壳防护的概念

电气设备的"外壳"是指与电气设备直接关联的界定设备空间范围的壳体，那些设置在设备以外的为保证人身安全或防止人员进入的栅栏、围护等设施，不能被算作是"外壳"。

外壳防护是电气安全的一项重要措施，它既是保护人身安全的措施，又是保护设备自身安全的措施。标准规定了外壳的两种防护形式。

第一种防护形式：防止人体触及或接近壳内带电部分和触及壳内的运动部件（光滑的转轴和类似部件除外），防止固体异物进入外壳内部。

第二种防护形式：防止水进入外壳内部而引起有害的影响。

但是，对于机械损坏、易爆、腐蚀性气体或潮湿、霉菌、虫害、应力效应等条件下的防护等级，标准中并未做出规定。对这些有害因素的防护措施，在其他一些相关标准中有专门规定。例如对于防爆电器，就有隔爆型、增安型、充油型、充砂型、本质安全型、正压型、无火花型等多种形式，在这些形式中，外壳是作为因素之一被考虑进去的，但不是唯一因素，也就是说这些形式是否成立，不是由外壳因素唯一确定的，而我们这里要讨论的电气设备外壳的这两种防护形式，是完全由外壳的机械结构确定的。

9.4.2 外壳防护等级的代号及划分代号

表示外壳防护等级的代号由表征字母"IP"和附加在后面的两个表征数字组成，写作：IPXX，其中第一位数字表示第一种防护形式的各个等级，第二位数字则表示第二种防护形式等级，表征数字的含义分别见表9-2和表9-3。

例如，某设备的外壳防护等级为IP30，就是指外壳能防止大于2.5mm的固体异物进入，但不防水。当只需用一个表征数字表示某一防护等级时，被省略的数字应以字母X

代替，如 IPX3、IP2X 等。

当电器各部分具有不同的防护等级时，应首先标明最低的防护等级。若再需标明其他部分，则按该部分的防护等级分别标志。

低压电器的常用外壳防护等级见表 9-4。

与电气设备按电击防护方式的分"类"不同的是，设备外壳的防护等级是以"级"来划分的，因此其不同级别的安全防护性能有高低之分。

第一位表征数字表示的防护等级　　　　　　　　　　　　表 9-2

第一位表征数字	防护等级	
	简述	含义
0	无防护	无专门防护
1	防止大于 50mm 的固体异物	能防止人体的某一大面积（如手）偶然或意外地触及壳内带电部分或运动部件，但不能防止有意识地接近这些部分，能防止直径大于 50mm 的固体异物进入壳内
2	防止大于 12mm 的固体异物	能防止手指或长度不大于 80mm 的类似物体触及壳内带电部分或运动部件；能防止直径大于 12mm 的固体异物进入壳内
3	防止大于 2.5mm 的固体异物	能防止直径（或厚度）大于 2.5mm 的工具、金属线等进入壳内；能防止直径大于 2.5mm 的固体异物进入壳内
4	防止大于 1mm 的固体异物	能防止直径（或厚度）大于 1mm 的工具、金属线等进入壳内；能防止直径大于 1mm 的固体异物进入壳内
5	防尘	不能完全防止尘埃进入壳内，但进尘量不足以影响电器正常运行
6	尘密	无尘埃进入

注：1. 本表"简述"栏不作为防护形式的规定，只能作为概要介绍。
　　2. 本表第一位表征数字为 1 至 4 的电器，所能防止的固体异物即包括形状规则或不规则的物体，其 3 个相互垂直的尺寸均超过"含义"栏中相应规定的数值。
　　3. 具有泄水孔和通风孔等的电器外壳，必须符合于该电器所属的防护等级"IP"号的要求。

第二位表征数字表示的防护等级　　　　　　　　　　　　表 9-3

第二位表征数字	防护等级	
	简述	含义
0	无防护	无专门防护
1	防滴	垂直滴水应无有害影响
2	15°防滴	当电器从正常位置的任何方向倾斜至 15°以内任一角度时，垂直滴水应无有害影响
3	防淋水	与垂直线成 60°范围以内的淋水应无有害影响
4	防溅水	承受任何方向的溅水应无有害影响
5	防喷水	承受任何方向的喷水应无有害影响
6	防海浪	承受猛烈的海浪冲击或强烈喷水时，电器的进水量应不致达到有害影响
7	防浸水影响	当电器浸入规定压力的水中经规定时间后，电器的进水量应不致达到有害的影响
8	防潜水影响	电器在规定压力下长时间潜水时，水应不进入壳内

低压电器常用外壳防护等级　　　　　　　表 9-4

第一个特征数字 \ 第二个特征数字	0	1	2	3	4	5	6	7	8
0	IP00	—	—	—	—	—	—	—	—
1	IP10	IP11	IP12	—	—	—	—	—	—
2	IP20	IP21	IP22	IP23	—	—	—	—	—
3	IP30	IP31	IP32	IP33	IP34	—	—	—	—
4	IP40	IP41	IP42	IP43	IP44	—	—	—	—
5	IP50	—	—	—	IP54	IP55	—	—	—
6	IP60	—	—	—	—	IP65	IP66	IP67	IP68

思 考 题

9-1　何谓安全用电？其重要意义表现在哪些方面？你经历或听闻过哪些电气事故案例？

9-2　何谓电击？电击可分为哪几种情况？

9-3　何谓电伤？它造成的伤害有哪些？

9-4　简述电气系统的故障危害？

9-5　电气事故有何特征？

9-6　简述触电事故的规律和防护措施？

9-7　直接危及人员生命安全的电气量是什么？

9-8　什么是电气设备的"外壳"？电气设备外壳防护形式和外壳防护等级分别指的是什么？

9-9　当发生触电事故时，交流电的频率越高危险性越大，这种说法是否正确？

9-10　两人触电持续时间分别为 4s 和 6s，触电电压为 60V，问他们会有发生心室颤动的危险吗？

9-11　电气设备的绝缘是怎样被破坏的？

9-12　绝缘电阻是怎样测量的？

第 10 章 供配电系统的电气安全防护

10.1 电气系统接地概述

10.1.1 接地的有关概念

1. 接地和接地装置

用金属把电气设备的某一部分与地做良好的连接，称为接地。埋入地中并直接与大地接触的金属导体称为接地体（或接地极）；兼作接地用的直接与大地接触的各种金属构件、钢筋混凝土建筑物的基础、金属管道和设备等称为自然接地体；为了接地埋入地中的接地体称为人工接地体。连接设备接地部位与接地体的金属导线称为接地线。接地线在设备和装置正常运行情况下是不载流的，但在故障情况下要通过接地故障电流。接地线也有人工接地线和自然接地线两种。

接地体和接地线的总和称为接地装置。由若干接地体在大地中相互用接地线连接起来的一个整体称为接地网。其中接地线又分为接地干线和接地支线，如图 10-1 所示。接地干线一般应采用不少于两根导体在不同地点与接地网连接。

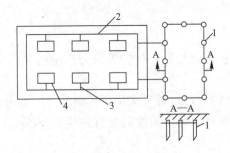

图 10-1 接地网示意图
1—接地体；2—接地干线；
3—接地支线；4—电气设备

2. 接地电流和对地电压

当电气设备发生接地故障时，电流就通过接地体向大地作半球形散开，这一电流称为接地电流，用 I_E 表示。由于这半球形的球面，在距接地体越远的地方球面越大，所以距接地体越远的地方散流电阻越小，其电位分布曲线如图 10-2 所示。电气设备的接地部分，如接地的外壳和接地体等，与零电位的"地"之间的电位差就称为接地部分的对地电压，如图 10-2 中的 U_E。

接地电阻是指电流从埋入地中的接地体流向周围土壤时，接地体与大地远处的电位差跟该电流之比，而不是接地体表面电阻。

图 10-2 表示了接地电流在接地体周围地面上形成的电位分布。试验证明，电位分布的范围只要考虑距单根接地体或接地故障点 20m 左右的半球范围。呈半球形的球面已经很大，距接地点 20m 处的电位与无穷远处的电位几乎相等，实际上已没有什么电压梯度存在。这表明接地电流在大地中散逸时，在各点有不同的电位梯度和电压。电位梯度或电位为零的地方称为电气上的"地"或"大地"。

3. 接触电压和跨步电压

（1）接触电压

接触电压是指电气设备的绝缘损坏时，在身体可同时触及的两部分之间出现的电位差。例如人站在接地故障的电气设备旁边,手触及设备的金属外壳,则人手与脚之间所呈现的电位差即为接触电压,如图10-3所示U_e。

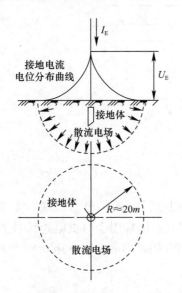

图10-2 电流场在接地体周围地面的电流分布

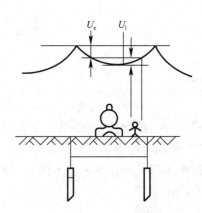

图10-3 减少接触电压措施

(2) 跨步电压

跨步电压是指在接地故障点附近行走时,两脚之间出现的电位差,如图10-3中U_1所示。在带电的断线落地点附近及雷击时防雷装置泄放雷电流的接地体附近行走时,同样会出现跨步电压。跨步电压的大小与离接地故障点的远近及跨步的大小有关,越靠近接地故障点及跨步越大,则跨步电压越大。离接地故障点达20m时,跨步电压为零。

减小跨步电压的措施是设置由多根接地体组成的接地装置。最好的办法是用多根接地体连接成闭合回路,这时接地体回路之内的电压分布比较均匀,即电位梯度很小,可以减小跨步电压,如图10-3所示。

10.1.2 安全接地的类型

电气设备接地的目的首先是为了保证人身安全。由于电气设备某处绝缘损坏使外壳带电,当人触及时,电气设备的接地装置可使人体避免触电的危险。其次是为了保证电器设备以及建筑物的安全,一般采用过电压保护接地、静电感应接地等。

安全接地系统可表示为——①②接地系统。①位置可以是T或I,表示系统电源侧中性点接地状态。T表示一点直接接地,I表示所有带电部分与地绝缘,或一点经阻抗接地。②位置可以是T或N,表示系统负荷侧接地状态。T表示用电设备的外露可导电部分对地直接电气连接,与电力系统的任何接地点无关。N表示用电设备的外露可导电部分与电力系统的接地点直接电气连接。

1. IT系统

IT系统就是电源中性点不接地、用电设备外露可导电部分直接接地的系统,如图10-4所示。IT系统可以有中性线,但IEC强烈建议不设置中性线(因为如设置中性线,在IT系统中N线任何一点发生接地故障,该系统将不再是IT系统了)。IT系统中,连接设备外露可导电部分和接地体的导线，就是 PE 线。

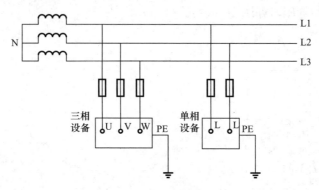

图 10-4　IT 系统接线

IT 系统的缺点是不适用于具有大量 220V 的单相用电设备的供电，否则，需要采用 380/220V 的变压器，给设计、施工、使用带来不便。IT 系统常用于对供电连续性要求较高的配电系统，或用于对电击防护要求较高的场所，前者如矿山的巷道供电，后者如医院手术室的配电等。

2. TT 系统

TT 系统就是电源中性点直接接地、用电设备外露可导电部分也直接接地的系统，如图 10-5 所示。通常将电源中性点的接地叫作工作接地，而设备外露可导电部分的接地叫作保护接地。TT 系统中，这两个接地必须是相互独立的。设备接地可以是每一设备都有各自独立的接地装置，也可以若干设备共用一个接地装置，图 10-5 中单相设备和单相插座就是共用接地装置的。

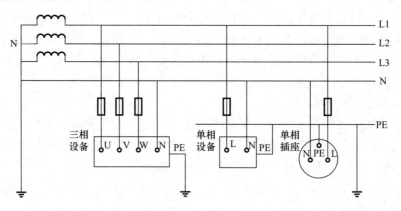

图 10-5　TT 系统接线

TT 系统仅对一些取不到区域变电所单独供电的建筑适用，也就是供电是来自公共电网的建筑物。但由于公共电网的供电可靠性和供电质量都不很高，为了保证电子设备和电子计算机的正常准确运行，还必须作一些技术性措施。

在有些国家中 TT 系统的应用十分广泛，工业与民用的配电系统都大量采用 TT 系统。在我国 TT 系统主要用于城市公共配电网和农网。在实施剩余电流保护的基础上，TT 系统有很多的优点，是一种值得推广的接地形式。在农网改造中，TT 系统的使用已比较普遍。

3. TN 系统

TN 系统即电源中性点直接接地、设备外露可导电部分与电源中性点直接电气连接的系统，依据中性点 N 和保护线 PE 的不同组合情况，TN 系统又分为 TN-S、TN-C、TN-C-S 三种形式。

(1) TN-S 系统

TN-S 系统如图 10-6 所示，图中相线 L1～L3、中性线 N 与 TT 系统相同，与 TT 系统不同的是，用电设备外露可导电部分通过 PE 线连接到电源中性点，与系统中性点共用接地体，而不是连接到自己专用的接地体。在这种系统中，中性线（N 线）和保护线（PE 线）是分开的，这就是 TN-S 中"S"的含义。TN-S 系统的最大特征是 N 线与 PE 线在系统中性点分开后，不能再有任何电气连接，这一条件一旦破坏，TN-S 系统便不再成立。

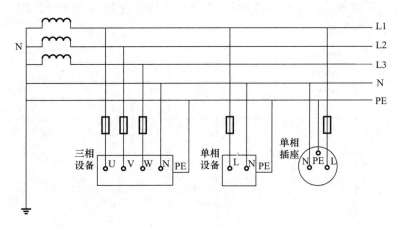

图 10-6 TN-S 系统接线

TN-S 系统是我国现在应用最为广泛的一种系统，在自带变配电所的建筑中，几乎无一例外地采用了 TN-S 系统，在住宅小区中，也有一些采用了 TN-S 系统。由于传统习惯的影响，现在还经常将 TN-S 系统称为三相五线制系统，严格地讲这一称呼是不正确的。按 IEC 标准，所谓"×相×线"系统的提法，是另外一种含义，它是指低压配电系统按导体分类的形式，所谓的"×相"是指电源的相数，而"×线"是指正常工作时通过电流的导体根数，包括相线和中性线，但不包括 PE 线。按照这一定义，我们所说的 TN-S 系统，实际上是"三相四线制"系统或"单相二线制"系统。因此，按系带电导体形式分类，与按系统接地形式分类，是两种不同性质的分类方法。

(2) TN-C 系统

TN-C 系统如图 10-7 所示，它将 PE 线和 N 线的功能综合起来，由一根称为 PEN 线的导体来同时承担两者的功能。在用电设备处，PEN 线既连接到负荷中性点上，又连接到设备外露的可导电部分。由于它所固有的技术上的种种弊端，现在已很少采用，尤其是在民用配电中已基本上不允许采用 TN-C 系统。

(3) TN-C-S 系统

TN-C-S 系统是 TN-C 系统和 TN-S 系统的结合形式，如图 10-8 所示。TN-C-S 系统中，从电源出来的那一段采用 TN-C 系统，因为在这一段中无用电设备，只起电能的传输

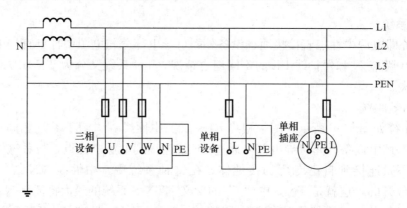

图 10-7　TN-C 系统接线

作用，到用电负荷附近某一点处，将 PEN 线分开形成单独的 N 线和 PE 线，从这一点开始，系统相当于 TN-S 系统。

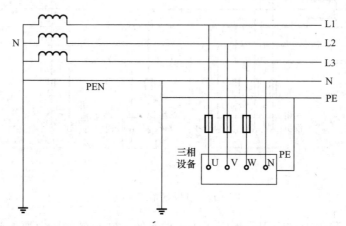

图 10-8　TN-C-S 系统接线

TN-C-S 系统也是现在应用比较广泛的一种系统。工厂的低压配电系统、城市公共低压电网、小区的低压配电系统等采用 TN-C-S 系统的较多。一般在采用 TN-C-S 系统时，都要同时采用重复接地这一技术措施，即在系统由 TN-C 变成 TN-S 处，将 PEN 线再次接地，以提高系统的安全性能。

以上各种系统中，用电设备外露可导电部分的连接方式只是针对 I 类设备而言，对其他类的用电设备，多数时候不存在设备外壳的接地问题。

10.1.3　电子设备的接地概述

1. 信号接地及功率接地

电子设备的信号接地（或称逻辑接地）是信号回路中放大器、混频器、扫描电路、逻辑电路等的统一基准电位接地。信号接地的目的是不致引起信号量的误差。这种"地"可以是大地，也可以是接地母线、总接地端子等，总之只要是一个等电位点或等电位面即可。

功率接地是所有继电器、电动机、电源装置、大电流装置、指示灯等电路的统一接地。功率接地的目的是保证在这些电路中的干扰信号泄漏到地中时，不至于干扰灵敏的信号回路。

2. 屏蔽接地

电气装置为了防止其内部或外部电磁感应或静电感应的干扰而对屏蔽体进行接地，称为屏蔽接地。例如某些电气设备的金属外壳、电子设备的屏蔽罩或屏蔽线缆的接地就属于屏蔽接地。依此类推，某些建筑物或建筑物中某些房间的金属屏蔽体的接地也可称为屏蔽接地。屏蔽接地有以下几种：

(1) 静电屏蔽体的接地。其目的是为了把金属屏蔽体上感应的静电干扰信号直接导入地中，同时减小分布电容的寄生耦合，保证人身安全。一般要求其接地电阻不大于 4Ω。

(2) 电磁屏蔽体的接地。其目的是为了减小电磁感应的干扰和静电耦合，保证人身安全。一般要求其接地电阻不大于 4Ω。

(3) 磁屏蔽体的接地。其目的是为了防止形成环路产生环流而发生磁干扰。磁屏蔽体的接地主要应考虑接地点的位置以避免产生接地环流。一般要求其接地电阻不大于 4Ω。

(4) 屏蔽室的接地。其屏蔽体应在电源滤波器处，即在进线口处一点接地。

(5) 屏蔽线缆的接地。当电子设备之间采用多芯线缆连接，且工作频率 $f \leqslant 1\text{MHz}$，其长度 L 与波长 λ 之比 $\frac{L}{\lambda} \leqslant 0.15$ 时，屏蔽层应采用一点接地（又称单端接地）。

当 $f > 1\text{MHz}$，$\frac{L}{\lambda} > 0.15$ 时，应采用多点接地，并应使接地点间距离 $S \leqslant 0.2\lambda$，如图 10-9 所示。

屏蔽接地的作用有两项：1) 为了防止外来电磁波的干扰和侵入，造成电子设备的误动作或通信质量的下降；2) 为了防止电子设备产生的高频能向外部泄放。为此需要将线路中的滤波器、变压器的静电屏蔽层、电缆的屏蔽层、屏蔽室的屏蔽网等进行接地，称为屏蔽接地。高层建筑为减少竖井内垂直管道受雷电流感应产生的感应电动势，将竖井混凝土壁内的钢筋予以接地，也属于屏蔽接地。

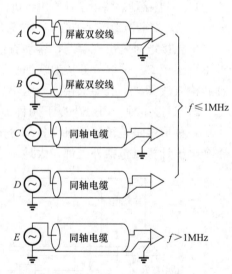

图 10-9 屏蔽线缆的接地

3. 防静电接地

静电是由于摩擦等原因而产生的积蓄电荷。要防止静电放电产生事故或影响电子设备的正常工作，就需要使静电荷迅速向大地泄放，实现上述功能的接地称为防静电接地。

在许多情况下，金属器具、贮藏和管道的表面或内壁会出现沉淀的非导电物质（如胶质物、薄膜、沉渣等）。这种物质不但使接地失去作用，而且会使人产生"静电危害已被消除"的错觉。对于搪瓷或其他有绝缘层的金属器具等，接地不能防止静电危害。

4. 等电位接地

医院中的某些特殊的检查和治疗室、手术室以及病房中，病人所能接触到的金属部分（如床架、床灯、医疗电器等），不应发生有危险的电位差，因此需把这些金属部分相互连接起来，成为等电位体并予以接地，称为等电位接地。高层建筑中为了减少雷电流造成的电位差,将每层的钢筋网及大型金属物体连接成一体并接地,也属于等电位接地。

5. 安全接地

当电子设备由TN(或TT)系统供电的交流线路引入时,为了保证人身和电子设备本身的安全,防止在发生接地故障时其外露导电部分上出现超过限值的危险的接触电压,电子设备的外露导电部分应接保护线或接大地,这种接地称为安全接地,简称安全地,即电子设备的保护性接地。

6. 电子计算机接地

(1) 电子计算机接地的种类

电子计算机接地主要是"逻辑接地"、"功率接地"和"安全接地"。

小型电子计算机内部的逻辑接地、功率接地、安全接地一般在机柜内已接到同一个接地端子上,称为混合接地系统。

计算机柜内的逻辑接地、功率接地、安全接地分别都接到木地板下与大地相绝缘的铜排上,称为悬浮接地。在大型电子计算机中采用这种方式难以满足较高的绝缘性能要求,故这种接地方式大多用于小型电子计算机系统。

交直流分开的接地系统是:将逻辑接地与直流功率接地合在一起接在单独的接地网上;将机柜的安全接地与交流功率接地合在一起接在公用接地网上。

(2) 电子计算机的接地形式

1) 一点接地。将电子计算机各机柜中的信号地接至机房内活动地板下已接大地的铜排网的同一点。安全地则接保护线PE或接总接地端子再接至铜排网的接地点,如图10-10所示。

单独接地时若出现问题,容易查清故障原因,但安装要求复杂。各个接地电阻一般要求不大于10Ω。采取分开接地线而后联合在一起接地(一点接地系统),可能比较容易处理和检查故障。一般要求接地电阻不大于4Ω。

2) 悬浮接地。可分为以下两种形式:

一种形式是电子计算机内各部分电路之间只依靠磁场耦合(如变压器)来传递信号,整个电子计算机包括外壳都与大地绝缘(即悬浮),如图10-11所示。

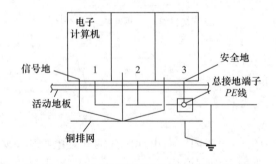

图10-10 电子计算机信号地一点接地示意图

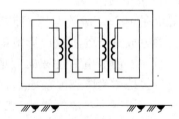

图10-11 悬浮接地形式之一

这种悬浮接地适用于以机壳为电子计算机电路的地母线,并在绝缘环境里操作的小型电子计算机。大型电子计算机难以满足足够高的绝缘性能要求,故不能保证真正的悬浮。

在这种接地形式中,计算机内部因故障而出现的较高电压降存在于被悬浮的电路与邻近的其他电路之间,可能对计算机的正常运行产生干扰。若这个电压超过接触电压的限值而出现在机壳上,则将危及人身安全,所以现在已较少采用这种悬浮接地形式。

第二种形式是电子计算机内各信号地接至机房活动地板下与大地绝缘的铜排网上的同一点，安全地则接至总接地端子或保护线PE，如图10-12所示。

以上不同的接地形式适用于相应的电子计算机。但对于某一确定的电子计算机来说，它的接地形式及接地要求在做产品硬件设计时就已被确定了，因此应根据其说明书的具体要求来决定其接地形式。

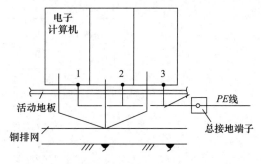

图 10-12　悬浮接地形式之二

10.2　低压系统电击防护

电击发生时流过人体的电流，除雷击或静电等少数情况外，绝大部分情况下是由供配电系统提供的。所谓系统的电击防护措施，就是通过实施在供配电系统上的技术手段，在电击发生或电击有可能发生的时候，切断这个电流供应的通道，或降低这个电流的大小，从而保障人身安全。

本节主要讨论不同接地形式的低压配电系统中间接电击的防护问题，若无特别说明，均按正常环境条件下安全电压 $U_L=50V$、人体阻抗为纯电阻且电阻值 $R_M=1000\Omega$ 进行分析计算。

10.2.1　IT 系统的间接电击防护

IT 系统即系统中性点不接地，设备外露可导电部分接地的配电系统。这种系统发生单相接地故障时仍可继续运行，供电连续性较好，因此在矿井等容易发生单相接地故障的场所多有采用。另外，在其他接地形式的低压配电系统中，通过隔离变压器构造局部的 IT 系统，对降低电击危险性效果显著。因此，在路灯照明、医院手术室等特殊场所也常有应用。

1. 正常运行状态

IT 系统正常运行如图 10-13 所示，此时系统由于存在对地分布电容和分布电导，使得各相均有对地的泄漏电流，并将分布电容的效应集中考虑，如图中虚线所示。此时三相电容电流平衡，各相电容电流互为回路，无电容电流流入大地，因此接地电阻 R_E 上无电流流过，设备外壳电位为参考地电位。系统中性点尽管不接地，但若假设将系统中性点 N 通过一个电阻 R_N 接地，R_N 上也不会有电流流过，即 R_N 两端电压为零。因此系统中性点与地等电位，也即系统中性点电位为地电位，各相线路对地电压等于各相线路对中性点电压，均为相电压。图中 E 为参考地电位点，每相对地电容电流为

$$|\dot{I}_{CU}|=|\dot{I}_{CV}|=|\dot{I}_{CW}|=U_\varphi\omega C_0 \tag{10-1}$$

式中　U_φ——电源相电压；
　　　C_0——单相对地电容。

2. 单相接地

设系统中设备发生 U 相碰壳，如图 10-14 所示，此时线路 L1 相对地电压 $\dot{U}_{UE}$ 大幅降低，因此系统中性点对地电压 $\dot{U}_{NE}=\dot{U}_{NU}+\dot{U}_{UE}=\dot{U}_{UE}-\dot{U}_{UN}$ 升高到接近相电压，L2 相对地

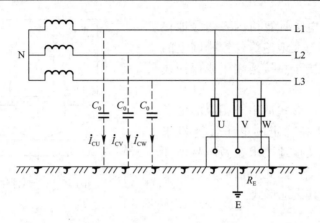

图 10-13 IT 系统正常运行

电压为 $\dot{U}_{VE}=\dot{U}_{VN}+\dot{U}_{NE}$，L3 相对地电压为 $\dot{U}_{WE}=\dot{U}_{WN}+\dot{U}_{NE}$，由于三相电压不再平衡，三相电流之和也不再为零，因此有电容电流流入大地，通过 R_E 流回电源，此时若有人触及设备外露可导电部分，则形成人体接触电阻 R_t 与设备接地电阻 R_E 对该电容电流分流，电击危险性取决于 R_E 与 R_t 的相对大小和接地电容电流大小。例如若 $R_E=10\Omega$，$R_t\approx R_m=1000\Omega$，接地电容电流之和为 $I_{C\sum}$，则人体分到的电流 $\dfrac{R_E}{R_E+R_t}I_{C\sum}=\dfrac{10\Omega}{10\Omega+1000\Omega}I_{C\sum}\approx 0.01I_{C\sum}$。而倘若没有设备接地（等效于 $R_E\to\infty$），则通过人体的电流为 $I_{C\sum}$，可见通过设备接地，流过人体的电流被大大降低。

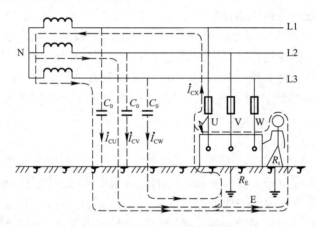

图 10-14 IT 系统单相接地

（1）单相接地电容电流计算

单相接地的电容电流与线路类型、敷设方式、敷设部位等有关，目前还没有见到有关的试验数据，一般采用估算的方法。估算的依据性公式如下：

正常工作时单相对地电容电流 I_C 为

$$I_C=\dfrac{U_\varphi l}{1/\omega C_0}=U_\varphi l\omega C_0 \tag{10-2}$$

式中 U_φ——系统相电压，kV；

l——回路长度，km；

C_0——线路单位长度对地电容，$\mu F/km$。

对于单相接地故障，接地电容电流为正常电容电流的 3 倍，即

$$I_{C\sum} = 3U_\varphi l\omega C_0 \tag{10-3}$$

式中　$I_{C\sum}$——单相接地时通过接地点流入大地的电容电流的上限值。

因此，只要能估算出 C_0，便能计算出 $I_{C\sum}$。电缆线路的 C_0 一般在每千米零点几 μF 范围内。但 C_0 的计算也受诸多因素影响，不易准确计算，因此工程上对电缆线路常用下面经验公式进行估算

$$I_{C\sum} = \sqrt{3}U_\varphi l \times 10^2 \tag{10-4}$$

式中　$I_{C\sum}$——接地电容电流，mA；
　　　　U_φ——系统电源相电压，kV；
　　　　l——回路长度，km。

如对于 380V/220V 系统，$U_\varphi = 0.22kV$，则每公里电缆的电容电流正常时约为每相 $(\sqrt{3} \times 0.22kV \times 1km \times 10^2)/3 \approx 13$（mA），而发生单相接地故障时流入大地的电容电流约为 38mA 左右。

(2) 单相接地故障的安全条件

当发生第一次接地故障时只要满足式 (10-5) 的条件，则可不中断系统运行，此时应由绝缘监视装置发出音响或灯光信号。不中断运行的条件为

$$R_E I_{C\sum} \leqslant 50V \tag{10-5}$$

式中　R_E——设备外露可导电部分的接地电阻，Ω；
　　　　$I_{C\sum}$——系统总的接地故障电容电流，A。

式 (10-5) 一般情况下是比较容易满足的，如若 $R_E = 10\Omega$，则只要 $I_{C\sum} < (50V/10\Omega) = 5A$ 就能满足。而按式 $I_{C\sum} = \sum_{i=1}^{n}\sqrt{3}U_\varphi l_i \times 10^2 = \sqrt{3}U_\varphi \times 10^2 \sum_{i=1}^{n}l_i$，$I_{C\sum}$ 要达到 5A，对 380V/220V 系统，系统回路的总长度应达到 $5000mA/(\sqrt{3} \times 0.22kV \times 10^2) = 131km$。因此只要合理控制系统规模，式 (10-5) 的要求是能够满足的。

3. 两相接地

IT 系统某一相发生接地称为一次接地，此时只要接地电容电流 $I_{C\sum}$ 在设备外壳上产生的预期接触电压 U_t 小于 50V，则可认为无电击危险性，系统可继续运行。但若在以后的运行过程中，另一设备与一次接地不同的相搭上又发生了接地故障，则称为二次接地，此时形成了类似相间短路的情形，如图 10-15 所示。此时设备 1、2 外壳上的对地电压为 R_{E1}、R_{E2} 对线电压 $\sqrt{3}U_\varphi$ 的分压，若 $R_{E1} = R_{E2}$，则两台设备的外壳对地电压均为 $\frac{\sqrt{3}}{2}U_\varphi$；若 $R_{E1} \neq R_{E2}$，则总有一台设备外壳电压高于 $\frac{\sqrt{3}}{2}U_\varphi$。对于 380V/220V 低压配电系统来说，$\frac{\sqrt{3}}{2}U_\varphi = 190V$，这个电压远大于安全电压 50V，因此，此时熔断器不仅要熔断，而且要在规定时间内熔断，若不能满足熔断时间要求，则应考虑其他措施，如装设剩余电流保护装置或采用共同接地等。

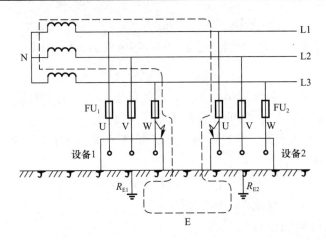

图 10-15 IT 系统二次异相接地分析

4. IT 系统中相电压获取

虽然 IT 系统可以设置中性线，但一般不推荐设置，这是因为 IT 系统多用于易于发生单相接地的场所，在这种场所中中性线接地发生的概率也应与相线一样高。因中性线引自系统中性点，一旦发生中性线接地，也就相当于系统中性点发生了接地，此时 IT 系统就变成了 TT 系统，即系统的接地形式发生了质的变化，此时针对 IT 系统设置的各种保护措施将可能失效，系统运行的连续性和电击防护水平都将受到影响。所以，一般情况下 IT 系统最好不要设置中性线。

那么，在 IT 系统中若有用电设备需要相电压（如 220V），电源又该怎样处理呢？一般有两种方法：一种是用 10kV/0.23kV 变压器直接从 10kV 电源取得，另一种是通过 380V/220V 变压器从 IT 系统的线电压取得。

10.2.2 TT 系统的间接电击防护

TT 系统即系统中性点直接接地、设备外露可导电部分也直接接地的配电系统。TT 系统由于接地装置就在设备附近，因此 PE 线断线的机率小，且易被发现，另外 TT 系统设备有正常运行时外壳不带电、故障时外壳高电位不会沿 PE 线传递至全系统等优点，使 TT 系统在爆炸与火灾危险性场所、低压公共电网和向户外电气装置配电的系统等处有技术优势，其应用范围也渐趋广泛。

1. TT 系统可降低人体的接触电压

TT 系统单相接地故障如图 10-16 所示，系统接地电阻 R_N 和设备接地电阻 R_E 对故障相相电压 U_φ 分压。此时人体预期接触电压 U_t 为 R_E 上分得的电压。

$$U_t \approx \frac{R_E}{R_E + R_N} U_\varphi \tag{10-6}$$

当人体接触到设备外露可导电部分时，相当于人体接触电阻 R_t 与设备接地电阻

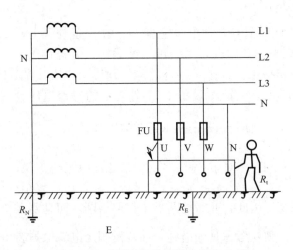

图 10-16 TT 系统单相接地故障分析

R_E 并联,此时 U_t 肯定有变化,但人体接触电阻 R_t 在 1000Ω 以上,远大于 R_E,故 $R_E // R_t \approx R_E$,因此可以认为,仍可以预期接触电压 U_t 不大于 50V 为安全条件,即要求

$$U_t = \frac{R_E}{R_E + R_N} U_\varphi < 50V \tag{10-7}$$

一般 $R_N = 4Ω$,要满足式(10-7),则需要 $R_E \leq 1.18Ω$,这么小的接地电阻值很难实现,因此在多数情况下,设备接地虽然能够有效降低接触电压,但要降低到安全限值以下还是有困难的。

2. TT 系统不能使过电流保护电器可靠工作

假设 $R_N = R_E = 4Ω$,则单相碰壳时,接地电流为(忽略变压器和线路阻抗)

$$I_d \approx \frac{220V}{(4+4)Ω} = 27.5A$$

对于固定式设备,要求过电流保护电器在 5s 内动作切断电源,若过电流保护电器为熔断器,则要求熔体额定电流 $I_{r(FU)}$ 小于 I_d 的 1/5,才能可靠保证熔断器在 5s 内动作,即

$$\frac{I_d}{I_{r(FU)}} \geq 5$$

于是 $I_{r(FU)} = \frac{27.5}{5} = 5.5A$。一般在整定熔断器熔体额定电流时,为防止误动作,要求熔体额定电流为计算电流的 1.5~2.5 倍,即 $I_{r(FU)} \geq (1.5 \sim 2.5) I_C$($I_C$ 为计算电流),故应有 $I_C \leq (2.8 \sim 3.7)A$,即只有计算电流 3.7A 以下的设备,单相碰壳时才能使保护电器在 5s 内可靠动作。若是手握式设备,要求 0.4s 内动作,则允许的计算电流更小。

可见,单相碰壳时系统的过电流保护电器很难及时动作,甚至根本不动作。

3. TT 系统应用时应注意的问题

(1) 中性点对地电位偏移

TT 系统在正常运行时中性点为地电位,但一旦发生了碰壳故障,则中性点对地电位就会发生改变,这就是所谓的中性点对地电位偏移。

根据图 10-16 可见,碰壳设备外壳对地电位 $\dot{U}_{UE}$ 为:

$$\dot{U}_{UE} = \dot{U}_{UN} \frac{R_E}{R_E + R_N} \tag{10-8}$$

如果 $R_E = R_N$,则 $|\dot{U}_{UE}| = 110V$,$|\dot{U}_{NE}| = |\dot{U}_{UN} - \dot{U}_{UE}| = 110V$,即中性点将带 110V 对地电压。

若通过降低 R_E 使 $U_{UE} = 50V$,则中性点上对地电压将升高到 170V。

如上所述,由于 TT 系统发生单相接地故障时系统中性点电位升高,导致中性线电位也升高,此时若系统中有按 TN 方式接线的设备,则设备外露可导电部分的电位也会升高到中性点电位。尤其是在原本为 TN 的系统中,若有一台设备错误地采用了直接接地,则当这台设备发生碰壳时,系统中所有其他设备外壳上都会带中性点电位,如图 10-17 所示,是相当危险的,因此在未采取其他措施的情况下(如可采取剩余电流保护器),严禁 TT 与 TN 系统混用。

(2) 自动断开电源的安全条件

自动断开电源的保护应符合下式要求:

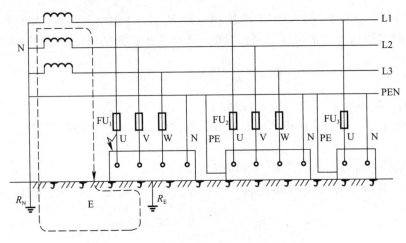

图 10-17 TT 系统与 TN 系统混用的危险

$$R_E I_a \leqslant 50\text{V} \tag{10-9}$$

式中 R_E——设备外露可导电部分的接地电阻与 PE 线的接地电阻之和，Ω；

I_a——在保证电击防护安全的规定时间内使保护装置动作的电流，A。

对式（10-9）作以下几点解释。

1）R_E 应是设备接地装置接地电阻与连接设备外壳和接地装置的 PE 线阻抗的复数和，为方便计算，将 PE 线的阻抗看成是纯电阻与接地电阻直接相加，使安全条件更为严格。

2）TT 系统的故障回路阻抗包括变压器、相线和接地故障点阻抗，以及设备接地电阻和变压器中性点接地电阻。故障回路阻抗较大，故障电流小，且故障点阻抗是难以估算的接触电阻，因此故障电流也难以估算。式（10-9）不采用故障电流 I_d 而采用保护电器动作电流 I_a 来规定安全条件正是基于此。$R_E I_a \leqslant 50\text{V}$ 表明，若实际接地故障电流 $I_d < I_a$，则 $R_E I_d \leqslant 50\text{V}$，保护器虽不能（或不能及时）切断电源，但接触电压小于 50V，可认为是安全的；而若 $I_d \geqslant I_a$，虽然 $R_E I_d$ 可能大于 50V，但故障能在规定时间内切断，因此也是安全的。这样既避开了难以确定 I_d 这一困难，又通过可准确确定的 I_a 将安全要求反映了出来，这是一种典型的工程处理手法。

3）保护电器在规定时间内的动作电流 I_a，对不同的保护电器来说有所不同。对于低压断路器的瞬时脱扣器，I_a 就是它的动作电流；若故障电流太小以致不能使瞬时脱扣器动作，则应考虑长延时脱扣器在规定时间内动作的最小电流；若采用熔断器保护，则理论上应根据熔体额定电流 $I_{r(FU)}$ 查得其在规定时间内动作的电流值，若采用剩余电流保护，则 I_a 应为其额定漏电动作电流 $I_{\Delta n}$。

4）规定动作时间的确定。在接地故障被切断前，故障设备外露可导电部分对地电压仍可能高于 50V，因此仍需按规定时间切断故障。当采用反时限特性过电流保护电器（如熔断器、低压断路器的长延时脱扣器等）时，对固定式设备应在 5s 内切除故障，但对于手握式和移动式设备，TT 系统通常采用剩余电流保护，动作时间为瞬动。

4. 分别接地与共同接地

在 TT 和 IT 系统中若每台设备都使用各自独立的接地装置，就叫作分别接地，而若干台设备共用一个接地装置，则叫作共同接地。当采用共同接地方式时，若不同设备发生异相碰壳故障，则实现共同接地的 PE 线会使其成为相间短路，通过过电流保护电器动作可以切除故障，如图 10-18（a）所示。IT 系统发生一台设备单相碰壳时仍可继续运行，这时外壳电压一般低于安全电压限值，所以尽管这个电压会沿共同接地的 PE 线传导至所有设备外壳，也不会有电击危险。但在运行过程中另一台设备又发生异相碰壳故障的情况是可能出现的，此时若采用分别接地，则两台设备的接地电阻对线电压分压，对 380V/220V 系统来说，不管设备接地电阻多大，总有一台设备所分电压不小于 190V，而大多数情况下设备接地电阻大小基本相等，即各分得约 190V 电压，这个电压是十分危险的；而采用共同接地后，相间短路电流会使过电流保护电器动作，从而消除电击危险。因此共同接地对 IT 系统来说是一个比较好的方式。采用共同接地的缺点是一台设备外壳上的故障电压会传导至参与共同接地的每一台设备外壳上，若保护电器不能迅速动作，则十分危险。故在 TT 系统中，若没有设置能瞬间切除故障回路的剩余电流保护，则不宜采用共同接地。

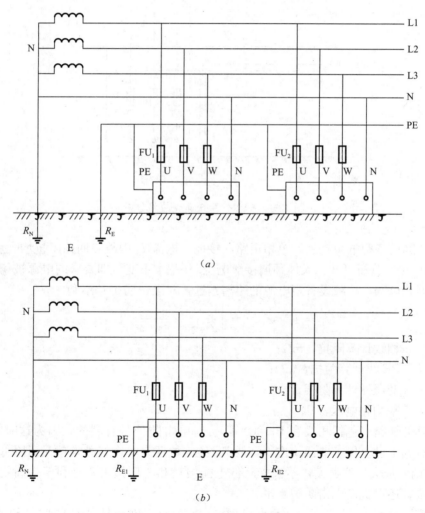

图 10-18　共同接地与分别接地
(a) 共同接地；(b) 分别接地

10.2.3 TN 系统的间接电击防护

TN 系统主要是靠将单相碰壳故障变成单相短路故障,并通过短路保护切断电源来实施电击防护的。因此单相短路电流的大小对 TN 系统电击防护性能具有重要影响。从电击防护的角度来说,单相短路电流大,或过电流保护电器动作电流值小,对电击防护都是有利的。

1. 用过电流保护电器切断电源

TN 系统发生单相碰壳故障如图 10-19 所示,通过单相接地电流作用于过电流保护电器并使其动作来消除电击危险。切断电源包含两层意思:一是要能够可靠地切断(即保护电器应动作),二是应在规定时间内切断。因此,较大的接地电流对保护总是有利的,下面讨论几种情况。

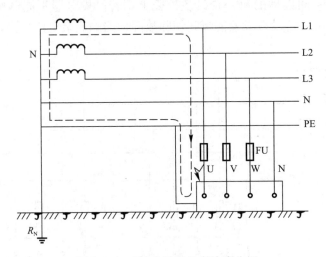

图 10-19 TN-S 系统碰壳故障分析

(1) 故障设备距电源越远,单相短路(接地)电流 I_d 因故障回路阻抗增大就会越小,但从式 (10-10) 分析可知,人体预期接触电压 U_t 基本不变,即要求的电源被切断时间依旧不变。因此可知,故障设备距电源的距离越远,对电击防护越不利。

$$U_t = I_d \mid Z_{PE} \mid = \left| \frac{Z_{PE}}{Z_{PE} + Z_1 + Z_T} \right| U_{\varphi(av)} \tag{10-10}$$

式中 Z_1——相线计算阻抗,mΩ;
  Z_{PE}——PE 线计算阻抗,mΩ;
  Z_T——变压器计算阻抗,mΩ;
  $U_{\varphi(av)}$——平均相电压,V。

(2) 降低线路(包括相线和 PE 线)阻抗对电击防护是有利的,因为这时的 I_d 会增大,从而有利于过流保护电器动作。降低 PE 线阻抗还有一个好处,就是可降低预期接触电压 U_t。因此加大导线截面,不仅能降低电能损耗和电压损失,有利于提高线路的过载保护灵敏度,还可提高电击防护水平。

(3) 变压器计算阻抗 Z_T 的大小也对 I_d 有影响,故选择适合的联结组别(如 D,Yn11)可大幅降低 Z_T 的大小,对电击防护是有利的。

2. TN 系统应用时应注意的问题

（1）动作时间要求

相线对地标称电压为 220V 的 TN 系统配电线路的接地故障保护，其切断故障回路的时间应符合下列规定：

1）配电线路或仅供给固定式电气设备用电的末端线路，不宜大于 5s。

2）供给手握式电气设备和移动式电气设备的末端线路或插座回路，不应大于 0.4s。

上述第一条规定为不大于 5s，是因为固定式设备外露可导电部分不是被手抓握住的，易出现在接地故障发生时人手正好与之接触的情况，即使正好接触也易于摆脱。5s 这一时间值的规定是考虑了防电气火灾以及电气设备和线路绝缘热稳定的要求，同时也考虑了躲开大电动机启动电流的影响，以及当线路较长导致末端故障电流较小，使得保护电器动作时间长等因素，因此 5s 值的规定并非十分严格，采用了"宜"这一严格程度不是很强的用词。

上述第二条严格规定了 0.4s 的时间限值（采用了"应"这一严格程度很强的用词），是因为对于手握式或移动式设备来说，当发生碰壳故障时人的手掌肌肉对电流的反应是不由自主地紧握不放，不能迅速摆脱带电体，从而长时间承受接触电压，况且手握式和移动式设备往往容易发生接地故障，这就更增加了这种危险性，因此规定了 0.4s 这一时间限值。这一限值的规定已考虑了总等电位连接的作用、PE 线与相线截面之比由 1∶3 到 1∶1 的变化以及线路电压偏移等影响。

还有一种情况，即一条线路上既有手握式（或移动式）设备，又有固定式设备，这时应按不利的条件即 0.4s 考虑切断电源时间。另有一种相似的情况，即同一配电箱引出的两条回路中，一条接的是手握式（或移动式）设备，另一条接的是固定式设备，这时固定式设备发生接地故障时，预期接触电压会沿 PE 线传递到手握式设备外壳上，因此也应该在 0.4s 内切除故障，或通过等电位连接措施使配电箱 PE 排上的接触电压降至 U_L（安全电压限值）以下。

另外，IEC 标准还规定了 TN 系统中其他电压等级下的切断时间允许值，如 120V 时为 0.8s，400V（380V）时为 0.2s，大于 400V（380V）时为 0.1s 等，以上括号外为 IEC 推荐的电压等级，括号内为我国相应的电压等级。

（2）安全条件

当由过电流保护电器作接地故障保护时，其可被用作为电击防护的条件为

$$I_d \geqslant I_a \tag{10-11}$$

式中 I_d——单相接地电流；

I_a——保证保护电器在规定时间内自动切断故障回路的最小电流值。

I_d 可按式（10-12）计算

$$I_d = \left| \frac{U_{\varphi(av)}}{Z_{PE} + Z_1 + Z_T} \right| = \frac{U_{\varphi(av)}}{|Z_{\varphi P} + Z_T|} \tag{10-12}$$

式中 $Z_{\varphi P}$——相保阻抗。

下面讨论在使用几种常见的保护电器时如何满足式（10-10）的安全条件。

1）熔断器。对于由熔断器作过电流保护电器的情况，由于熔断器特性的分散性，以及试验条件与使用场所条件的不同，不宜直接从其"安-秒"特性曲线上通过 I_d 来查动作

时间 Δt。根据《低压配电设计规范》GB 50054—2011 给出了在规定时限下使熔断器动作所需的短路电流 I_d 与熔断器熔体额定电流 $I_{r(FU)}$ 的最小比值，分别见表 10-1 和表 10-2。

切断接地故障回路时间小于或等于 5s 时的 $I_d/I_{r(FU)}$ 最小比值　　　　表 10-1

熔体额定电流（A）	4~10	12~63	80~200	250~500
$I_d/I_{r(FU)}$	4.5	5	6	7

切断接地故障回路时间小于或等于 0.4s 的 $I_d/I_{r(FU)}$ 最小比值　　　　表 10-2

熔体额定电流（A）	4~10	16~32	40~63	80~200
$I_d/I_{r(FU)}$	8	9	10	11

2）低压断路器。若 I_d 能使瞬时脱扣器可靠动作，则满足安全条件；若 I_d 能使短延时脱扣器可靠动作，则是否满足安全条件取决于短延时脱扣器的动作时间整定值；若 I_d 仅能使长延时脱扣器可靠动作，则应从断路器特性曲线上按最不利条件查出其动作时间来判断是否满足安全条件。对于设置有瞬时动作的接地保护的低压断路器，只要 I_d 能使其可靠动作，就认为满足安全条件。

以上所述"能使脱扣器可靠动作"，是指考虑了一定裕量后 I_d 仍大于脱扣器动作整定值。对于瞬时脱扣器和短延时脱扣器而言，当 I_d 大于或等于动作整定值的 1.3 倍时，就认为能使脱扣器可靠动作。

3）剩余电流保护电器。首先，单相接地故障电流必须是剩余电流，才能使用剩余电流保护，否则不论 I_d 多大，保护都不会动作。在满足这一条件的前提下，对于瞬时动作的剩余电流保护电器，只要 I_d 大于其额定漏电动作电流 $I_{\Delta n}$，就可认为满足安全条件；对于延时动作的剩余电流保护电器，除要求 $I_d > I_{\Delta n}$ 外，还要看其动作时限是否满足要求。

(3) TN-C 系统的缺陷

1）正常运行时设备外露可导电部分带电。如图 10-20 所示，三相 TN-C 系统正常运行时三相不平衡电流、$3n$ 次谐波电流都会流过中性线。由于现在用电设备中产生谐波的设备大量增加，如电子整流气体放电灯、各种开关电源等，使得 $3n$ 次谐波电流在很多系统中已超过三相不平衡电流而成为 PEN 线上主要的电流，这些电流会在 PEN 线上产生压降，因系统中性点对地电位仍为 0，故 PEN 线对地电压沿 PEN 线逐渐增大。在这种情况下如仍采用 TN-C 系统，则正常工作时 PEN 线上电压就会传导至设备外壳，从而发生电击危险。另外，对于单相 TN-C 系统，PEN 线上电流就等于相线电流，该电流产生的电压也会传导至设备外壳上。因此，不论是单相还是三相的 TN-C 系统，正常运行时设备外壳带电是不可避免的。

2）PEN 线断线会使设备外壳带上危险电压。单相 TN-C 系统一旦发生中性线断线，相线电压会通过负载阻抗传至 PEN 线断点以后的部分。这时由于负载阻抗上无电流通过，其压降为零，因此在断点后相电压完全传导至 PEN 线。这个相电压会通过 PEN 线传导到断点以后的每一台设备外壳上，十分危险。另外，对于三相系统，当三相符合不平衡时，PEN 线断线会使负荷中性点对地电位发生偏移，这个电压也会通过断点后的 PEN 线传导至各设备外壳，其大小与负荷不平衡的程度有关，最严重时也能达到相电压。因此，不论对于单相还是三相系统，TN-C 系统发生中性线断线都是非常危险的。

第 10 章　供配电系统的电气安全防护

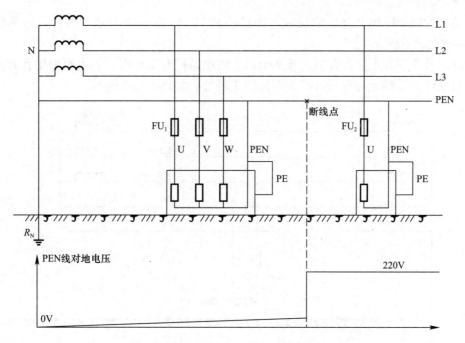

图 10-20　TN-C 系统存在的问题分析

因此，一些可能导致与 PEN 线断线相同效果的技术措施都是不允许的，如在 PEN 线上装设熔断器，或者装设能同时断开相线和 PEN 线的开关等。

（4）双电源 TN-S 系统的接法

当采用两个或者两个以上电源同时供电时，如图 10-21 所示，两个电源采用了各自独立的工作接地系统。从形式上看，N 线和 PE 线在一个电源的中性点分开以后，在另一个电源的中性点又重新连接，这不符合 "N 线和 PE 线在一个电源的中性点分开以后不允许再有电气连接" 的 TN-S 系统结构要求。从概念上讲，当图中 a 点两侧完全对称时，PE 线 a 点对地电位应该为零；而当 a 点两侧不完全对称时，a 点对地电位不为零的情况是可

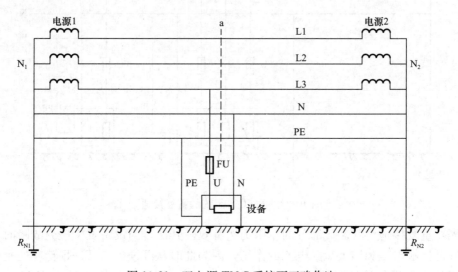

图 10-21　双电源 TN-S 系统不正确作法

289

以发生的,此时 PE 线上有电流流过,即已不满足 PE 线成立的基本条件,该系统作为 TN-S 系统也就不成立了。

因此,若 TN-S 系统中有两个或两个以上的电源同时工作时,各电源的工作接地应共用一个接地体,这样才能保证 TN-S 系统的正确性,如图 10-22 所示。

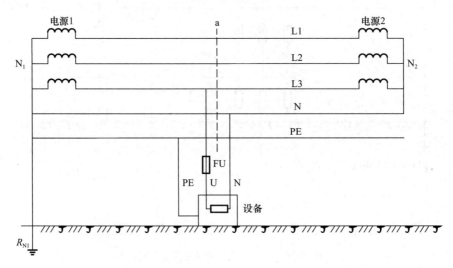

图 10-22 双电源 TN-S 系统的正确作法

(5) TN-C-S 系统中的重复接地

TN-C-S 系统中,在由 TN-C 转为了 TN-S 处一般都要作重复接地,其作用分析如图 10-23 所示。

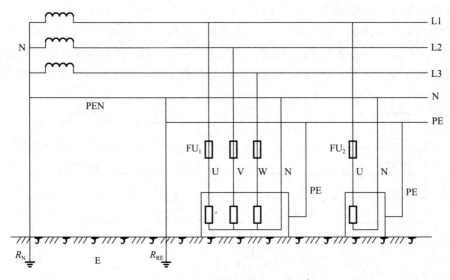

图 10-23 TN-C-S 系统的重复接地

首先,重复接地对 TN-C 部分的作用仍然有效。其次,当设备发生碰壳故障时,重复接地有降低接触电压和增大短路电流的作用,因为此时从 TN-C 与 TN-S 转换处到电源中性点的阻抗由无重复接地时的单纯 PEN 线阻抗,变成了有重复接地后的 PEN 线阻抗与

(R_N+R_{RE}) 的并联。使这一段的阻抗变小，从而使得故障回路的总阻抗变小，短路电流增大。同时因为从故障设备到电源中性点阻抗变小，使设备外壳所分电压减小，从而降低了接触电压。

10.2.4 剩余电流保护器

1. 工作原理

剩余电流保护电器（Residual Current Operated Protective Devices，简称 RCD）是 IEC 对电流型漏电保护电器的规定名称。剩余电流保护电器的核心部分为剩余电流检测器件，电磁型剩余电流保护电器中使用零序电流互感器作检测器件的例子，如图 10-24 所示。图中将正常工作时有电流通过的所有线路穿过零序电流互感器的铁芯环，根据基尔霍夫电流定律，正常工作时，这些电流之和为零。不会在铁芯环中产生磁通并感应出二次侧电流，而当设备发生碰壳故障时，有电流从接地电阻 R_E 上流回电源，这时，$\dot{I}_U+\dot{I}_V+\dot{I}_W=\dot{I}_{R_E}\neq 0$，($\dot{I}_U+\dot{I}_V+\dot{I}_W$) 产生的磁场会在互感器二次侧绕组产生感应电动势，从而在闭合的副边线圈内产生电流。这个电流就是漏电故障发生的信号，称一次侧 $|\dot{I}_U+\dot{I}_V+\dot{I}_W|\neq 0$ 的部分为剩余电流。根据检测到的剩余电流大小，保护电器通过预先设定的程序发出各种指令，或切断电源，或发出信号等。

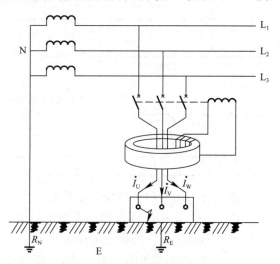

图 10-24 剩余电流检测

这里所说的"剩余电流"，是指从设备工作端以外的地方流出去的电流，也即通常所说的漏电电流。一般情况下，这个电流是从Ⅰ类设备的 PE 端子流走的，但当人体发生直接电击时，从人体上流过的电流便成了剩余电流，因此剩余电流保护可用于直接电击防护的补充保护。

2. 特性参数

(1) 额定漏电动作电流 $I_{\Delta n}$。指在规定条件下，漏电开关必须动作的漏电电流值。

我国标准规定的额定漏电动作电流值有：6mA、10mA、15mA、30mA、50mA、75mA、100mA、200mA、300mA、500mA、1000mA、3000mA、10000mA、20000mA。其中 30mA 及以下属于高灵敏度，主要用于电击防护；30～1000mA 属于中等灵敏度，用于电击防护和漏电火灾防护；1000mA 以上属于低灵敏度，用于漏电火灾防护和接地故障监视。

(2) 额定漏电不动作电流 $I_{\Delta no}$。指在规定条件下，漏电开关必须不动作的漏电电流值。额定漏电不动作电流 $I_{\Delta no}$ 总是与额定漏电动作电流 $I_{\Delta n}$ 成对出现的，优选值为 $I_{\Delta no}=0.5I_{\Delta n}$。如果说 $I_{\Delta n}$ 是保证漏电开关不拒动的下限电流值的话，则 $I_{\Delta no}$ 是保证漏电开关不误动的上限电流值。

(3) 额定电压 U_r。常用的有 380V、220V。

(4) 额定电流 I_n。常用的有 6A、10A、16A、20A、60A、80A、125A、160A、200A、250A。

(5) 分断时间。分断时间与漏电开关的用途有关，作为间接电击防护的漏电开关最大分断时间见表 10-3，而作为直接电击补充保护的漏电开关最大分断时间见表 10-4。

表 10-3 和表 10-4 中"最大分断时间"栏下的电流值，是指通过漏电开关的试验电流值。例如，在表 10-3 中，当通过漏电开关的电流等于额定漏电动作电流 $I_{\Delta n}$ 时，动作时间应不大于 0.2s，而当通过的电流为 $5I_{\Delta n}$ 时，动作时间就不应大于 0.04s。

间接电击保护用漏电保护器的最大分断时间　　　　　　　　　　表 10-3

$I_{\Delta n}$ (A)	I_n (A)	最大分断时间（s）		
		$I_{\Delta n}$	$2I_{\Delta n}$	$5I_{\Delta n}$
≥0.03	任何值	0.2	0.1	0.04
	≥40①	0.2	—	0.15

① 适用于漏电保护组合器。

直接电击补充保护用漏电保护器的最大分断时间　　　　　　　　表 10-4

$I_{\Delta n}$ (A)	I_n (A)	最大分断时间（s）		
		$I_{\Delta n}$	$2I_{\Delta n}$	0.25A
≤0.03	任何值	0.2	0.1	0.04

作为防火用的延时型漏电保护器，其延时时间为 0.2s、0.4s、0.8s、1s、1.5s、2s。

以 $I_{\Delta n}$ 和 $I_{\Delta no}$ 的应用为例，说明使用以上参数时应注意的问题。若工程设计中要求漏电保护电器在通过它的剩余电流大于等于 I_1 时必须动作（不拒动），而当通过它的电流小于等于 I_2 时必须不动作（不误动），则在选用漏电保护电器时，应使 $I_1 \geq I_{\Delta n}$，$I_2 \leq I_{\Delta no}$。当我们在判断一只漏电保护电器是否合格时，若刚好使漏电保护器动作的电流值为 I_Δ，则一定要 $I_\Delta \leq I_{\Delta n}$ 和 $I_\Delta \geq I_{\Delta no}$ 同时满足，该只漏电保护器才是合格的。换言之，在制造产品时，RCD 的实际漏电动作电流 I_Δ 在 [$I_{\Delta no}$，$I_{\Delta n}$] 之间是正确的，而在设计的时候，应使设计要求的漏电动作电流值 I_1 和漏电不动作电流值 I_2 在 [$I_{\Delta no}$，$I_{\Delta n}$] 之外才是正确的。

3. 剩余电流保护器的应用

漏电开关主要用作间接电击和漏电火灾防护，也可用作直接电击防护，但这时只是作为直接电击防护的补充措施，而不能取代绝缘、屏护与间距等基础防护措施。由于 RCD 在配电系统中应用广泛，正确地使用 RCD 就显得十分重要，否则不但不能很好地起到电击防护的作用，还可能造成额外的停电或其他系统故障。

(1) RCD 在 IT 系统中的应用

IT 系统中发生一次接地故障时一般不要求切断电源，系统仍可继续运行，此时应由绝缘监视装置发出接地故障信号。当发生二次异相接地（碰壳）故障时，若故障设备本身的过电流保护装置不能在规定时间内动作，则应装设 RCD 切除故障。因此，漏电保护开关参数的选择，应使其额定漏电不动作电流 $I_{\Delta no}$ 大于设备一次接地时的漏电电流，即电容电流 I_{CM}，而额定漏电动作电流 $I_{\Delta n}$ 应小于二次异相故障时的故障电流。

(2) RCD 在 TT 系统中的应用

TT 系统由于靠设备接地电阻将预期触电电压降低到安全电压以下十分困难，而故障电流通常又不能使过电流保护电器可靠动作，因而 RCD 的设置就显得尤为重要。

1) RCD 在 TT 系统中的典型接线。如图 10-25 所示，图中包含了三相无中性线、三相有中性线和单相负荷的情况。当所有设备都采用了 RCD 时，采用分别接地和共同接地均可。但当有的设备没有装设 RCD 时，未采用 RCD 的设备与装设 RCD 的设备不能采取共同接地。如图 10-26（a）所示，当未装 RCD 的设备 2 发生碰壳故障时，外壳电压将传导至设备 1，而设备 1 的 RCD 对设备 2 的碰壳故障不起作用，因而是不安全的。对这种情况，可对采用共同接地的所有设备设置一个共同的 RCD，如图 10-26（b）所示。但这种做法在一台设备发生漏电时，所有设备都将停电，扩大了停电范围。

2) 接地仍是最基本的安全措施。不能因为采用了漏电保护而忽视了接地的重要性，实际上，在 TT 系统中漏电保护得以被采用，接地极形成的剩余电流通道是基本条件。但采用了漏电保护后，对接地电阻阻值的要求大大降低了。按 $R_E I_a \leqslant 50V$，TT 系统的安全条件要求，式中 I_a 为在规定时间内使保护装置动作的电流，当采用 RCD 时，I_a 应为额定漏电动作电流 $I_{\Delta n}$，按此要求，对于瞬动（$t \leqslant 0.2s$）的 RCD，$I_{\Delta n}$ 与接地电阻阻值在满足 $R_E I_a \leqslant 50V$ 条件时的关系见表 10-5。

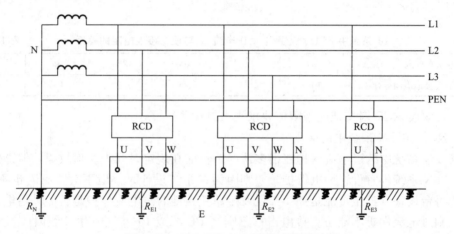

图 10-25　TT 系统中 RCD 典型接线示例

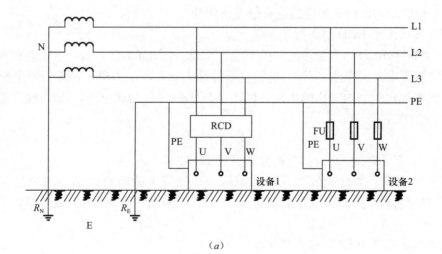

图 10-26　TT 系统采用共同接地时 RCD 的设置（一）
（a）不正确接法

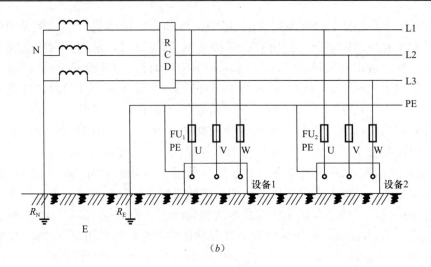

图 10-26 TT 系统采用共同接地时 RCD 的设置（二）
(b) 正确接法

TT 系统中 RCD 额定漏电动作电流 $I_{\Delta n}$ 与设备接地电阻的关系　　表 10-5

额定漏电动作电流 $I_{\Delta n}$（mA）	30	50	100	200	500	1000
设备最大接地电阻（Ω）	1667	1000	500	250	100	50

可见，安装 RCD 对接地电阻阻值要求大大减少了。

(3) RCD 在 TN 系统中的应用

尽管 TN 系统中的过电流保护在很多情况下都能在规定时间内切除故障，但即使在这种情况下 TN 系统仍宜设置漏电保护。一则因为在系统设计时一般不会（有时也不可能）逐一校验每台设备（甚至可能是插座）处发生单相接地时过电流保护是否能满足电击防护要求；二则过电流保护不能防直接电击；三则当 PE 线或 PEN 线发生断线时，过电流保护对碰壳故障不再有作用。因此在 TN 系统中设置剩余电流保护，对补充和完善 TN 系统的电击防护性能及防漏电火灾性能是有很大益处的。

1) TN-S 系统中 RCD 的作用

TN-S 系统中 RCD 的典型接法如图 10-27 所示。采用漏电保护后，电击防护对单相接地故障电流的要求大大降低。TN-S 的安全条件是 $I_d \geqslant I_a$，I_d 为单相接地故障电流，I_a 为使保护装置在规定时间内动作的电流，因 $I_d = U_\varphi / Z_s$，U_φ 为相电压，Z_s 为故障回路计算阻抗，则

$$I_a Z_s \leqslant U_\varphi \tag{10-13}$$

以 $U_\varphi = 220\text{V}$，$I_a = I_{\Delta n}$ 计算，对 Z_s 的要求见表 10-6。

由表 10-6 可知，如此大的短路回路阻抗，即使算上故障点的接触电阻（或电弧阻抗），也是很容易满足的，可见在采用 RCD 后，TN 系统保护动作的灵敏性得到了很大的提高。

2) TN-C-S 系统中 RCD 对重复接地的作用

RCD 能否正常工作，剩余电流通道是否完好十分重要。对 TN-C-S 系统，剩余电流通道总有一段是 PEN 线，一旦 PEN 线断线，则剩余电流通道便被破坏，RCD 正常工作

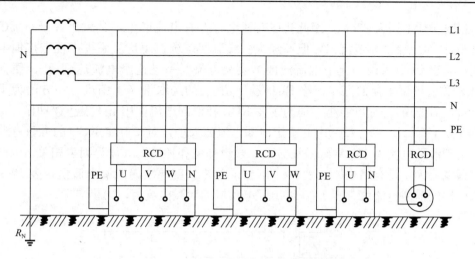

图 10-27　TN-S 系统中 RCD 的典型接线示例

TN 系统中 RCD 额定漏电动作电流与故障回路阻抗的关系						表 10-6
额定漏电动作电流 $I_{\Delta n}$（mA）	30	50	100	200	500	1000
故障回路最大阻抗 Z_S（Ω）	7333	4400	2200	1100	440	220

的条件便不成立，而重复接地可很好地解决这一问题。重复接地的电阻值不一定很小，但只要故障回路总阻抗（含重复接地电阻）满足表 10-6 中所列数值，则 RCD 就能可靠动作，如图 10-28 所示。

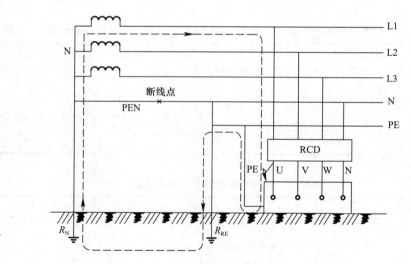

图 10-28　重复接地在 PEN 断线时对 RCD 的作用

（4）正常工作时的泄漏电流

正常工作时系统对地的泄漏电流是引起 RCD 误动作的重要原因之一，对单相系统尤其如此。对地泄漏电流引起 RCD 误动作的原理如图 10-29 所示，图中集中示出了相线 L 和中性线 N、保护线 PE 的对地分布电容。因正常工作时 N 线电位基本上为地电位，故 N 线对地电容基本上无电流产生；PE 线本身就是地电位，故 PE 线对地电容上也无电流产生；而相线对地电压为220V，因此相线对地电容上有电流产生，其大小等于$U_\varphi \omega C$（U_φ为相电压），该电流从相线流出，但不经中性线流回系统，而是从系统中性点接地电阻流回系统，对于RCD来说，这个电流便成为剩余电流。一旦这个电流达到$I_{\Delta n}$，便会引起RCD误动作。泄漏电流的存在，给RCD动作值$I_{\Delta n}$的选取带来了困难。一方面为了使保护更灵敏，需要使$I_{\Delta n}$尽可能小，但为了使RCD在泄漏电流作用下不发生误动作，又应使$I_{\Delta n}$尽可能大，而$I_{\Delta no}=I_{\Delta n}/2$。因此确定泄漏电流的大小，对于确定RCD的参数有着重要意义。由于泄漏电流大小与导线敷设方式、敷设部位和环境、气候等因素相关，因此准确确定泄漏电流大小是有困难的，表10-7给出了单位长度导线的泄漏电流值，表10-8给出了常用电器的泄漏电流值，表10-9给出了电动机的泄漏电流值，可供参考。

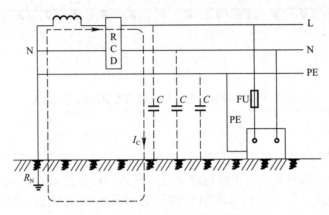

图10-29 泄漏电流引起RCD误动作

220V/380V单相及三相线路埋地、沿墙辐射穿管电线每公里泄漏电流　　表10-7

泄漏电流(mA/km) 截面积(mm²) 绝缘材质	4	6	10	16	25	35	50	95	120	150	185	240
聚氯乙烯	52	52	56	62	70	70	79	99	109	112	116	127
橡皮	27	32	39	40	45	49	49	55	60	60	60	61
聚乙烯	17	20	25	26	29	33	33	33	38	38	38	39

荧光灯、家用电器及计算机泄漏电流　　表10-8

设备名称	形　式	泄漏电流（mA）
荧光灯	安装在金属构件上	0.1
	安装在木质或混凝土构件上	0.02
家用电器	手握式Ⅰ级设备	≤0.75
	固定式Ⅰ级设备	≤3.5
	Ⅰ级设备	≤0.25
	Ⅰ级电热设备	≤0.75～5
计算机	移动式	1.0
	固定式	3.5
	组合式	15.0

电动机泄漏电流　　　　　　　　　　表10-9

泄漏电流(mA) \ 额定功率(kW) \ 运行方式	1.5	2.2	5.5	7.5	11	15	18.5	22	30	37	15	55	75
正常运行	0.15	0.18	0.29	0.38	0.50	0.57	0.65	0.72	0.87	1.00	1.09	1.22	1.48
电动机启动	0.58	0.79	1.57	2.05	2.39	2.63	3.03	3.48	4.58	5.57	6.60	7.99	10.54

理论上讲，为了使RCD在泄漏电流作用下不误动作，应使RCD的额定漏电不动作电流 $I_{\Delta no}$ 大于泄漏电流。但实际应用时，一般用额定漏电动作电流 $I_{\Delta n}$ 计算，并考虑一定的裕量，计算要求如下（I_{1k} 为泄漏电流）：

1) 用于单台用电设备时，$I_{\Delta n} \geq 4I_{1k}$；

2) 用于线路时，$I_{\Delta n} \geq 2.5 I_{1k}$ 且同时 $I_{\Delta n}$ 还应满足大于等于其中最大一台用电设备正常运行时泄漏电流的4倍的条件；

3) 用于全网保护时，$I_{\Delta n} \geq 2I_{1k}$。

(5) 各级剩余电流保护器的配合

剩余电流保护与短路保护或过载保护类似，也应该具有选择性，这种选择性靠动作时间或动作电流来配合，配合原则如下。

1) 电流配合。上一级漏电开关的额定漏电动作电流 $I_{\Delta n} \times (1/2)$ 大于下一级漏电开关的额定漏电动作电流。

应注意的是，这一条件只是确定上级开关 $I_{\Delta n}$ 的条件之一。例如，若下级开关 $I_{\Delta n}=30\text{mA}$，则上级开关 $I_{\Delta n}=80\text{mA}$ 即满足要求。但若下级共有10个回路，每一回路正常工作时的泄漏电流均为10mA，则此时流过上级开关的泄漏电流就为100mA，此时应按泄漏电流确定上级开关 $I_{\Delta n}$。

上式中"1/2"的由来是这样的，理论上上、下级开关的配合，应是上级开关的额定漏电不动作电流 $I_{\Delta no}$ 大于下级开关额定漏电动作电流 $I_{\Delta n}$，而上级开关的 $I_{\Delta no}=I_{\Delta n}/2$，这是RCD产品标准的推荐值，所以用 $I_{\Delta n}$ 替代 $I_{\Delta no}$ 时，应乘以1/2。

2) 时间配合。上级漏电保护的动作时限应大于下级漏电保护的动作时限。因为RCD的动作与低压断路器长延时脱扣器动作不同，无动作惯性，一旦漏电电流被切断，动作过程立刻停止并返回，故一般可不考虑返回时间问题。

以上的时间配合和电流配合，只要有一种配合满足要求，就可以认为上、下级之间具有了选择性。

10.2.5 电气隔离

电气隔离是指使一个器件或电路与另外的器件或电路在电气上完全断开的技术措施，其目的是通过隔离提供一个完全独立的规定的防护等级，使得即使基础绝缘失效，在机壳上也不会发生电击危险。

在工程上，最常用的方法是用1:1的隔离变压器进行电气隔离。

采用电气隔离的系统如图10-30所示，其中设备0为采用电动机-发电机的电气隔离，设备1、2、3为采用变压器的电气隔离。从图中可清楚地看出，隔离变压器两侧只是通过磁路联系，没有直接的电气联系，符合电气隔离的条件。在工程应用中，应保证这种隔离条件不被破坏才行。

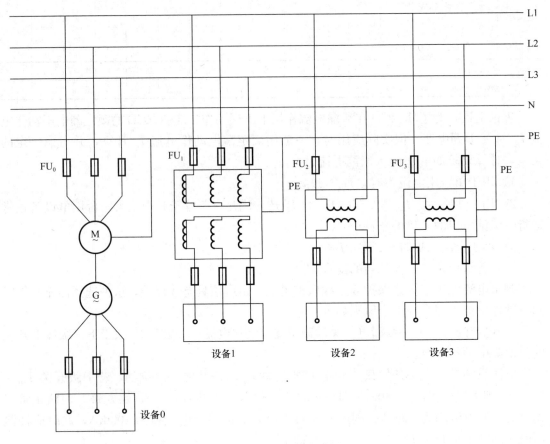

图 10-30　电气隔离示例

应用电气隔离须满足以下安全条件：

(1) 隔离变压器具有加强绝缘的结构；

(2) 二次边保持独立，即不接大地、不接保护导体、不接其他电气回路；

(3) 二次回路电压不得超过 500V，长度不应超过 200m；

(4) 根据需要，二次边装设绝缘监视装置，采用间距、屏护措施或进行等电位连接。

10.2.6　安全电压

1. 安全电压的限值和额定值

(1) 限值。限值为任何两根导体间可能出现的最高电压值。我国标准规定工频电压有效值的限值为 50V，直流电压的极限值为 120V。当接触面积大于 $1cm^2$，接触时间超过 1s 时，建议干燥环境中工频电压有效值的限制为 33V，直流电压限值为 70V；潮湿环境中工频电压有效值为 16V，直流电压限值为 35V。

(2) 额定值。我国规定工频有效值的额定值有 42V、36V、24V、12V 和 6V。特别危险环境中使用的手持电动工具应采用 42V 安全电压；有电击危险环境中使用的手持照明灯和局部照明灯应采用 36V 或 24V 安全电压；金属容器内、特别潮湿处等特别危险环境中使用的手持照明灯采用 12V 安全电压；水下作业等场所应采用 6V 安全电压。

2. 安全电压电源和回路配置

（1）安全电源。安全电压应采用具有加强绝缘的隔离电源。可以采用隔离变压器、发电机、蓄电池或电子装置作为安全电压的电源。

（2）回路配置。安全电压回路必须与较高电压的回路保持电气隔离，并不得与大地、保护导体或其他电气回路连接，但变压器一次侧与二次侧之间的屏蔽隔离层应按规定接地或接零。安全电压的配线应与其他电压的配线分开敷设。

（3）插座。安全电压的插座应与其他电压的插座有明显区别，或采用其他措施防止插销插错。

（4）短路保护。电源变压器的一次边和二次边均应装设熔断器作短路保护。

10.3 建筑物的电击防护

建筑物的电击防护是通过在工作场所采取安全措施来降低甚至消除电击危险性，它主要包括非导电场所和等电位连接两种方法。

10.3.1 非导电场所

非导电场所是指利用不导电的材料制成地板、墙壁、顶棚等，使人员所处环境成为一个有较高对地绝缘水平的场所。在这种场所中，当人体一点与带电体接触时，不可能通过大地形成电流回路，从而保证了人身安全。工程上，非导电场所应符合以下安全条件。

1. 地板和墙壁每一点对地电阻，交流有效值 500V 及以下时应不小于 $50k\Omega$，交流有效值 500V 以上时应不小于 $100k\Omega$。

2. 尽管地面、墙面的绝缘使场所内与场所外失去了电气联系，但就场所内而言，若同时触及了带不同电位的带电体，仍有电击危险，因此仍应采取屏护与间距等措施，以避免人员因同时触及可能带不同电位的导体面而发生电击伤害事故。如图 10-31 所示，当两台设备间净距大于 2.5m 时，可认为不能被人员同时触及，满足通过间距防止电击的条件；而当两台设备间净距小于 2.5m 时，必须通过隔离防止电击，这时由于被隔离的两部分均可能有人员在场，故应采用绝缘材料作隔离体，若用导体作隔离体，则被隔离两侧的人员有可能将各自设备上的不同电位引至隔离体，从而发生电击。

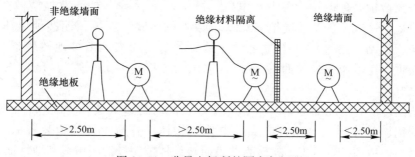

图 10-31 非导电场所的隔离与间距

3. 为了保证不导电场所特征，场所内不得设置 PE 线。

4. 非导电场所内的装置外可导电部分不允许在非导电场所外出现电位。如图 10-32

所示，金属风管一部分在非导电场所内，另一部分在非导电场所外，若非导电场所内人员一只手触及带电体，另一只手触及金属风管，则带电体的电位通过人体和金属管道会传导至非导电场所外，而非导电场所外不能保证金属管道与大地或其他导体的绝缘，于是就有可能在这个电位的作用下形成电流回路，危及人身安全。同时，也存在非导电场所外的电位通过该金属管道引入非导电场所内的可能性。因此，在有这种可能性存在时，应采取适当的技术措施来保证安全，如对装置外可导电部分绝缘或隔离等。

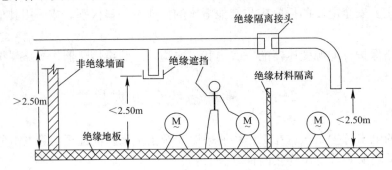

图 10-32　非导电场所与外界的隔离

10.3.2　等电位连接

与非导电场所类似，等电位连接也是一种"场所"的电击防护措施，所不同的是，非导电场所靠阻断电流流通的通道来防止电击发生，而等电位连接靠降低接触电压来降低电击危险性。最典型的例子是在可能发生人手触及带电体的场所，在带电体对地电压一定的情况下，通过等电位连接，抬高地板的对地电压，从而降低人体手、脚之间的电位差，以此来降低电击危险性。

应该指出，等电位连接不只是一种建筑物的电击防护措施。如采用电气隔离对多台设备供电时，就需要对不同设备外壳采取等电位措施，以防止不同设备发生异相碰壳而外壳又被人员同时触及时所发生的电击伤害事故，这时等电位连接的作用，除了降低接触电压外，还可造成短路，使过电流保护电器在短路电流作用下来切断电源。

1. 等电位连接原理

以 TT 系统为例，如图 10-33、图 10-34 所示。图 10-33 (a) 为一个无等电位连接的 TT 系统接线图，图 10-33 (b) 为发生碰壳故障时接地体散流场的等位线和地坪面电位分布，以无穷远处地电位为参考零电位。图中，U_a 为设备外壳对地电位，U_b 为接地体对地电位，U_a 与 U_b 之差为接地 PE 线 ab 段上的压降。人体预期接触电压 U_t 为设备外壳电位与人员站立处地坪面电位之差，最不利情况为人体离接地体较远，站立处地坪面电位接近参考零电位，这时 $U_t = U_a$，它包括了接地体上压降与接地 PE 线上压降，为这二者之和。

有等电位连接的情况如图 10-34 (a) 所示，此时将进入建筑物的水管、暖气管、建筑物地板内钢筋等作电气联结，形成等电位连接体，并与设备接地装置 R_E 电气联结。图 10-34 (b) 表示当设备发生单相碰壳故障时接地体散流场的等位线和地坪面上的电位分布。从图中可见，人体预期接触电压 U_t 仅为 PE 线 ae 段上的压降。此时等电位体 c 上电位与接地体设备侧电位基本相等，因而在等电位体作用范围内的地坪面电位被抬高，使得人体接触电压 U_t 被大幅降低。

第 10 章 供配电系统的电气安全防护

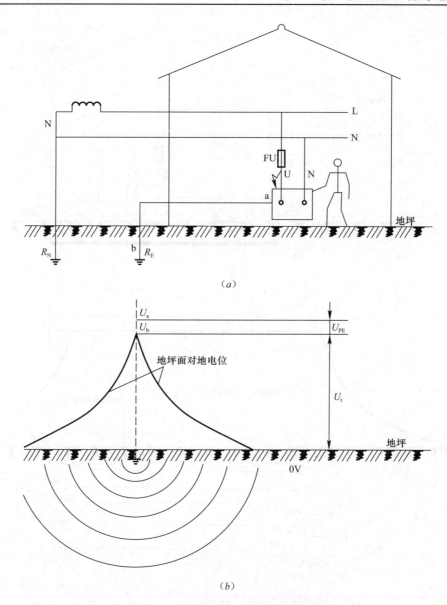

图 10-33 无等电位连接时的预期接触电压

(a) 无等电位连接的 TT 系统接线图；(b) 碰壳故障时接地体散流场的等电位线和地坪面上的电位分布

2. 总等电位、辅助电位和局部等电位连接

在建筑电气工程中，常见的等电位连接措施有三种，即总等电位连接、辅助等电位连接和局部等电位连接，其中局部等电位连接是辅助等电位连接的一种扩展。这三者在原理上都是相同的，不同之处在于作用范围和工程作法。

(1) 总等电位连接（Main Equipotential Bonding，MEB）

1) 作法。总等电位连接是在建筑物电源进线处采取的一种等电位连接措施，它所需联结的导电部分有：

① 进线配电箱的 PE（或 PEN）母排；

② 公共设施的金属管道，如上、下水，热力，煤气等管道；

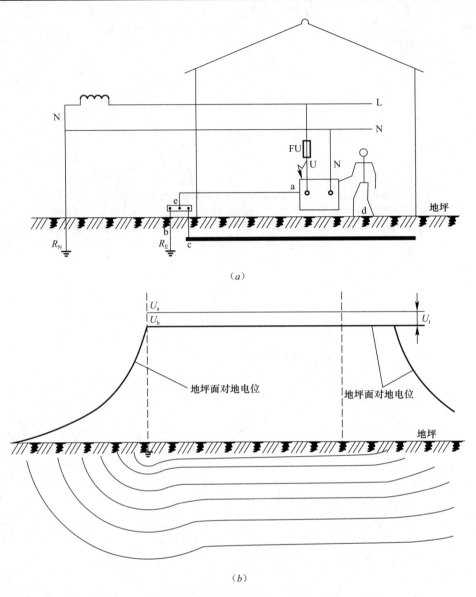

图 10-34 有等电位连接时的预期接触电压
(a) 有等电位连接的 TT 系统接线图；(b) 设备发生单相碰壳故障时接地体散流场的等电位线和地坪面上的电位分布

③ 应尽可能包括建筑物金属结构；
④ 如果有人工接地，也包括其接地极引线。

总等电位连接系统的示意图如图 10-35 所示。应注意的是，在与煤气管道作等电位连接时，应采取措施将管道处于建筑物内、外的部分隔离开，以防止将煤气管道作为电流的散流通道（即接地极），并且为防止雷电流在煤气管道内产生火花，在此隔离两端应跨接火花放电间隙。另外，图中保护接地与防雷接地采用的是各自独立的接地体，若采用共同接地，应将 MEB 板以短捷的路径与接地体联结。

若建筑物有多处电源进线，则每一电源进线处都应作总等电位连接，各个总等电位连接端子板应互相连通。

第 10 章 供配电系统的电气安全防护

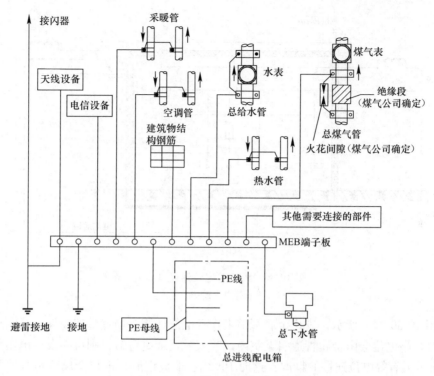

图 10-35 总等电位连接系统示例

2) 作用。总等电位连接的作用在于降低建筑物内间接电击的接触电压和不同金属部件间的电位差，并消除自建筑物外经各种金属管道或各种电气线路引入的危险电压的危害。

如图 10-36（a）所示，防雷接地和系统工作接地采用共同接地。当雷击接闪器时，很大的雷电流会在接地电阻上产生很大的压降，这个电压通过接地体传导至 PE 线，若有金属管道未作等电位连接，且此时正好有人员同时触及金属管道和设备外壳，就会发生电击事故。

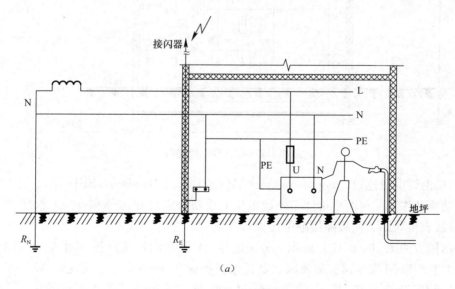

图 10-36 无总等电位连接（一）
(a) 无总等电位连接的危害

303

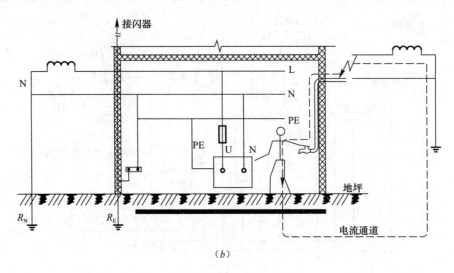

图 10-36 无总等电位连接（二）
(b) 无总等电位连接的危害

又如图 10-36 (b) 所示，进户金属管道未作等电位连接，当室外架空裸导线断线接触到金属管道时，高电位会由金属管道引至室内，若人触及金属管道，则可能发生电击事故。而图 10-37 所示为有等电位连接的情况，这时 PE 线、地板钢筋、进户金属管道等均作总等电位连接，此时即使人员触及带电的金属管道，在人体上也不会产生电位差，因而是安全的。

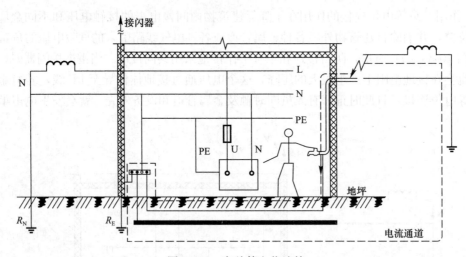

图 10-37 有总等电位连接

(2) 辅助等电位连接（Supplementary Equipotential Bonding，SEB）

1) 功能及作法。将两个可能带不同电位的设备外露可导部分和（或）装置外可导电部分用导线直接联结，使故障接触电压大幅降低。

2) 示例。如图 10-38 (a) 所示，分配电箱 AP 既向固定式设备 M 供电，又向手握式设备 H 供电。当 M 发生碰壳故障时，其过流保护应在 5s 内动作，而这时 M 外壳上的危险电压会经 PE 排通过 PE 线 ab 段传导至 H，而 H 的保护装置根本不会动作。这时手握设备 H 的人员若同时触及其他装置外可导电部分 E（图中为一给水龙头），则人体将承受

故障电流 I_d 在 PE 线 mn 段上产生的压降,这对要求 0.4s 内切除故障电压的手控式设备 H 来说是不安全的。若此时将设备 M 通过 PE 线 de 与水管 E 作辅助等电位连接,如图 10-38(b)所示,则此时故障电流 I_d 被分成 I_{d1} 和 I_{d2} 两部分回流至 MEB 板,此时 $I_{d1} < I_d$,PE 线 mn 段上压降降低,从而使 b 点电位降低,同时 I_{d2} 在水管 eq 段和 PE 线 qn 段

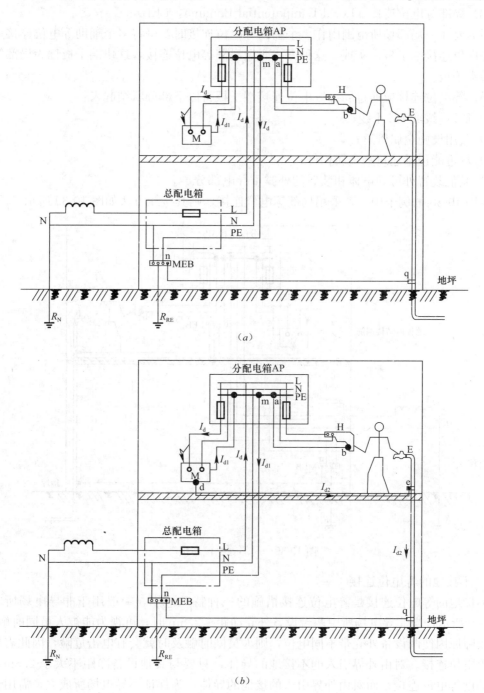

图 10-38 辅助等电位连接作用分析
(a)无辅助等电位连接;(b)有辅助等电位连接

上产生压降，使 e 点电位升高，这样，人体接触电压 $U_t=U_b-U_e=U_{be}$ 会大幅降低，从而使人员安全得到保障（以上电位均以 MEB 板为电位参考点）。

由此可见，辅助等电位连接既可直接用于降低接触电压，又可作为总等电位连接的一个补充进一步降低接触电压。

（3）局部等电位连接（Local Equipotential Bonding，LEB）

当需要在一局部场所范围内作多个辅助等电位连接时，可将多个辅助等电位连接通过一个等电位连接端子板来实现，这种方式叫做局部等电位连接，这块端子板称为局部等电位连接端子板。

局部等电位连接应通过局部等电位连接端子板将以下部分联结起来：

1）PE 母线或 PE 干线；
2）公用设施金属管道；
3）尽可能包括建筑物金属构件；
4）其他装置外可导电体和装置的外露可导电部分。

在图 10-38 的例子中，若采用局部等电位连接，则其接线方法如图 10-39 所示。

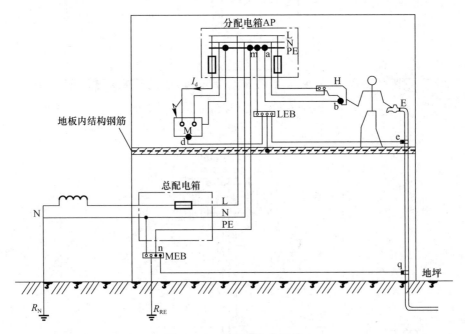

图 10-39 局部等电位连接

3. 不接地的等电位连接

不接地的等电位连接是等电位连接措施的一种特殊应用，一般用于非导电场所。如图 10-40 所示，当非导电场所中两台设备外壳净距≤2.5m 时，可视为能被人员同时触及，若因故障原因使两设备外壳带不同电位，则人员同时触及时就会有电击危险，因此需要作辅助等电位连接。对由外界引入的不接地的导体，只要与其他设备净距不大于 2.5m，也需作辅助等电位连接；而对由外界引入的接地的导体，为保证不导电场所成立，需用绝缘罩盖遮盖。三孔单相插座因很可能与移动式或手握式设备连接，与其他设备间的距离不确定，因此其保护线插孔也应与就近设备作辅助等电位连接。

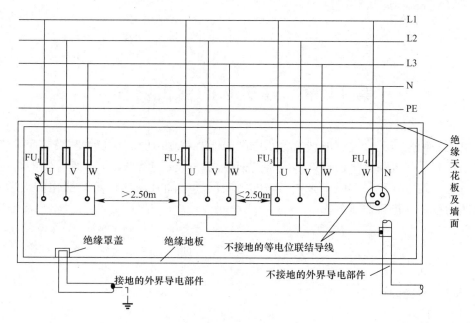

图 10-40 不接地的等电位连接

思 考 题

10-1 何谓 TN 系统？在 TN 系统中进行重复接地有什么意义？

10-2 接触电压和跨步电压是如何形成的？有何区别？

10-3 什么是保护接地？什么是保护接零？有何区别？

10-4 什么叫接地电阻？人工接地的接地电阻主要指的是哪一部分电阻？

10-5 什么叫共用接地和独立接地？各有何优缺点？

10-6 建筑物的电击防护措施主要有哪些？

10-7 某 380V IT 系统有两路电缆馈线 L_1 和 L_2，L_1 长度为 150m，L_2 长度为 230m，两条线路上所有设备的接地电阻均为 10Ω，且采用分别接地。试计算当线路 L_1 上某台设备发生单相碰壳故障且被人触及时，流过人体电流的大小。（不考虑设备本身的对地泄漏电流，人体接触阻抗取为纯阻性 1000Ω。）

10-8 某路灯回路采用了 TT 系统，灯具功率 $P_r=250$W，$\cos\varphi=0.6$，灯具接地电阻为 10Ω，系统中性点接地电阻为 4Ω。试整定作灯具短路保护用的熔断器熔体额定电流，并校验在单相碰壳故障发生时熔断器能否在规定时间 5s 内动作。

10-9 等电位连接方法有哪些？各有何优缺点？

10-10 剩余电流保护器可应用于何种系统？各系统在应用时应注意哪些问题？

10-11 在选择 RCD 时，其 $I_{\Delta n}$ 和 $I_{\Delta no}$ 将如何选择？并举例说明。

10-12 供配电系统中常见过电压有哪些？

10-13 漏电保护装置发生误动作和拒动作的原因有哪些？

10-14 哪些场合应安装不切断电源的漏电报警装置？

第 11 章 建筑物的雷击防护

雷电是一种强烈的大气放电现象。雷电闪击能够对地面上的建筑物和设施产生严重的破坏作用,它是间接和直接造成许多灾害的根源之一。长期以来,关于建筑物的防雷保护问题一直是建筑电气工程中一个必须考虑的重要问题,随着现代建筑智能化的迅猛发展,这一问题的重要性正日益显著。

11.1 概　述

11.1.1 雷电的形成

1. 雷云的形成

一般认为,雷云是在某些适当的气象和地理条件下,由强大的潮湿热气流不断上升进入稀薄大气层后冷凝的结果。在夏季,由于太阳的照射,使得地面上的水分部分地转化为蒸汽,同时地面本身也因吸收太阳的辐射热量而温度升高,晒热的地面又将进一步加热地面附近的暖湿空气。空气受热后发生膨胀,其密度减小,压强也减小,因此热空气就会上升,从而形成上升的热气流。太阳辐射几乎不能直接使空气变热,热气流每上升 1km,其温度下降约 10℃。当热气流上升到高空稀薄大气层遇到这里的冷空气时,气流团中的水蒸气就会冷凝并结成小水滴,形成雷云。除此之外,当冷气团或暖气团水平移动时,在其前锋交界面两侧,温度相差很大,锋面下侧的冷气团将锋面上侧的暖气团抬高,形成锋面雷云,如图 11-1 所示。与热雷云相比,锋面雷云的覆盖范围是相当大的。

图 11-1　锋面雷云形成示意

雷云的带电可能是一个综合性过程,主要需要考虑以下三种效应。

（1）水滴分裂效应

云中的水滴在强气流作用下会被吹裂,较大的残滴带正电荷,较小的残滴带负电荷。由于较小的残滴质量轻,会被气流携带走,于是在云的各个部分可能会出现不同的电荷。

（2）感应起电效应

大量测试结果表明,地球带负电,其电荷量约为 50 万库仑,而在地球的上空存在着一个带正电荷的电离层,于是在电离层与地面之间就形成了一个电力线指向地面的大气电场。在这一大气电场的作用下，云中的水滴将被感应极化，其上部出现负电荷，下部出现正电荷。

（3）水滴结冰效应

水在结冰时会带正电荷，而未结冰的水带负电荷。因此，在云中的冰晶粒区中，当上升气流将冰晶粒上面的水分带走后，就会产生电荷分离，使冰晶粒带上正电荷。

一般情况下，雷云内部的各个部分都会出现电荷，有的部分带正电荷，有的部分带负电荷，电荷分布很不规则，且分布的随机性很大。但是，如果从远处看雷云的外部，可以把雷云内部的电荷分布宏观地看成是三个电荷集中区，如图 11-2 所示，正电荷集中区 P 在雷云中的上部，负电荷集中区 N 在雷云中的下部，弱正电荷集中区 P′ 在雷云的底部。

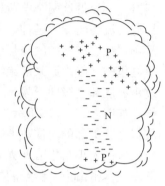

图 11-2 雷云内部的三个电荷集中区

实际上，雷云内部的电荷分布远不是均匀集中的，常会形成很多个电荷密集中心，每个电荷密集中心的电荷量约为 0.1～10 库仑，而一大块雷云的整体净电荷可达上百库仑。雷云内部的平均电场强度约为 1.5×10^5 V/m，在雷击时可达 3.5×10^5 V/m，雷云下方地面上的场强一般为 $(1.5 \sim 4.5) \times 10^4$ V/m，最大可达 1.5×10^5 V/m。由图 11-2 可见，如果从雷云下方观察雷云，雷云好像是带负电荷的，它在云与地之间产生电场的方向与晴天大气电场的方向是相反的。因此，在雷暴到来时，常会观察到大气中电场会突然改变方向，如图 11-3 所示。在晴天时，大气电场方向是上正下负，指向地面，见图 11-3（a）。在出现雷云时，由于雷云自身电荷及其在地面上的感应作用，使云与地之间的电场突然改变方向，变为上负下正，指向雷云，见图 11-3（b）。当雷云发展到成熟阶段时，云与地之间的这种反向的电场强度将进一步增大，这就为雷云向地面或地面目标的放电创造了条件，如图 11-3（c）所示。

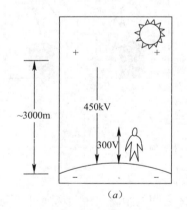 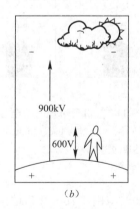 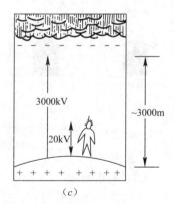

(a)   (b)   (c)

图 11-3 雷暴到来时云地间电场及电位差变化

(a) 晴天大气电场；(b) 雷云出现时大气电场反向；(c) 雷云前反向大气电场增强

2. 雷云放电过程

雷云对地放电过程可分为三个阶段，即先导放电阶段、回击阶段和余辉阶段。现分别加以介绍。

(1) 先导放电阶段

带电雷云在地面上空形成后,由于静电感应的作用,雷云电荷在地面上感应出反极性的电荷。雷云下部的电荷大多数为负极性的,因此在地面上感应出的电荷多为正极性的,如图 11-4（a）所示。随着雷云的发展,在其内部负电荷集中区 N 与弱正电荷集中区 P′ 之间的电场强度将达到足够高的数值（超过 10^6 V/m),能够将这里的水滴和冰晶粒之间的空气击穿,使得这两个电荷集中区间首先发生放电,如图 11-4（b）所示。这一内部放电所形成的流注向下方延伸,为雷云对地放电打下基础。当雷云发展到使云与地之间的局部空间场强超过空气的绝缘强度[约 $(2.5\sim3)\times10^6$ V/m]时,局部空气的游离将会发生,使得这里的空气由原来的绝缘状态转变为导电状态。空气的游离从雷云底部开始,使流注越过雷云底部边缘向下发展,各流注的发展将形成一种向下运动的热游离通道,即下行先导,如图 11-4（c）所示。在先导的头部实际上是由许多流注组成的游离区,先导放电就是依靠其头部的流注放电来维持的。估计先导前端的对地电位可高达 $10\sim100$MV,这种流注区的大小与雷云及先导通道中所带电荷的多少有关,它的位置对地面或地面物体上的落雷点（雷击点）将起着决定性的作用。下行先导放电并不是连续进行的,不能一次性贯通雷云与地之间的全部空间,而是以阶跃的方式分级发展。每一段先导的发展速度很快,平均约为 10^7 m/s,但它在发展到一定长度（平均约 50m）后就要停歇一段时间（约 $30\sim90\mu s$),然后再继续发展,所以先导放电发展的总体速度相对比较慢,约为 $(1\sim2)\times10^5$ m/s。由于先导通道具有较高的电导率,雷云中的负电荷将沿先导通道分布,并随先导的发展而不断向下伸展,相应地,在地面及地面物体上感应出的正电荷也逐步增多。使得先导通道前端与地面之间的电场强度也逐渐增大,这将会进一步促进下行先导向地面的发展。

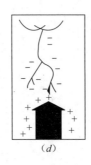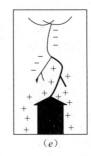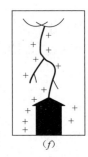

图 11-4 雷云对地的放电过程

(a) 放电前雷云中电荷结构；(b) 雷云内 N 与 P′ 区先放电击穿；(c) 雷云底部形成下行先导；(d) 下行先导到达地面物体；(e) 回击开始；(f) 回击发展到云端

(2) 回击阶段

下行先导通道发展到临近地面时,由于其头部与地面物体之间的距离很短,场强可达到非常高的数值,使得这里的空气急剧游离,从而把先导通道中的负电荷与地面或地面物体上的正电荷接通,如图 11-4（d）所示。正、负电荷将分别向上和向下运动,去中和各自异性电荷,于是就开始了回击阶段。回击也常称为主放电,如图 11-4（e）所示。回击阶段所需的时间极短,只有 $50\sim100\mu s$,其发展速度也比先导放电快得多,约为 $(2\sim15)\times10^7$ m/s。由回击所产生的雷电流很大,可达几百 kA。在回击阶段,由于电荷的强烈中和

第 11 章 建筑物的雷击防护

以及放电通道中电流很大，使得通道的温度迅速升高，发出耀眼的闪光，这就是人们所见到的闪电。同时，由于放电通道的高温使周围的空气骤然膨胀，以及在放电光花作用下使空气分解，并产生瓦斯爆炸，回击时将发出强大的雷鸣，这也就是人们在看到闪电后所听到的震耳欲聋的雷声。

(3) 余辉阶段

回击阶段在回击到达雷云端时就结束，如图 11-4 (f) 所示。然后，雷云中已放电的电荷区中的残余电荷经过主放电通道流向大地，这时通道中尚维持着一定的辉光，故称为余辉阶段。回击结束后，通道中的电导率大为减小，电荷运动较慢，所以在余辉阶段所产生的雷电流不大，约为 100~1000A，但其持续时间却很长，可达 0.03~0.05s。

11.1.2 雷电参数

1. 雷电日

地面上不同地区雷电活动的频繁程度通常是以年平均雷电日数度量的。雷电日的定义是：在指定地区内一年四季所发生雷电放电的天数，以 T_d 表示。一天内只要听到一次或一次以上的雷声就算是一个雷电日。这里所说的雷声既包括雷云对地放电发出的，也包括雷云之间放电发出的，由此可知，雷电日并不仅仅表征地面落雷的频繁程度。由于在不同年份中观测到的雷电日数变化较大，所以要将多年份雷电日观测数据进行平均，取其平均值（即年平均值）作为防雷设计中使用的雷电日数据。由于我国幅员辽阔，各地区的雷电日数之间存在着较大的差异。全国各地的雷电活动情况大致可归结为：华南比西南强，西南比长江流域强，长江流域比华北强，华北比东北强，海南省和广东的雷州半岛是我国雷电活动最为频繁的地区，它们的年平均雷电日高达 100~133。北纬 23.5 以南一般在 80 以上，北纬 23.5 到长江一带约为 40~80，长江以北大部分地区（包括东北）多在 20~40 之间，全国一些重要城市的年平均雷电日见表 11-1。根据雷电活动的频繁程度，通常把我国年平均雷电日数超过 90 的地区叫作强雷区，把超过 40 的地区叫作多雷区，把不足 15 的地区叫作少雷区。

全国一些重要城市的年平均雷电日　　　　　　表 11-1

城　市	雷电日	城　市	雷电日
北京	36.3	武汉	34.2
天津	29.3	长沙	46.6
石家庄	31.2	广州	76.1
太原	34.5	南宁	84.6
呼和浩特	36.1	成都	34
沈阳	26.9	贵阳	49.4
长春	35.2	昆明	63.4
哈尔滨	27.7	拉萨	68.9
上海	28.4	西安	15.6
南京	32.6	兰州	23.6
杭州	37.6	西宁	31.7
合肥	30.1	银川	18.3
福州	53	乌鲁木齐	9.3
南昌	56.4	海口	104.3
济南	25.4	台北	27.9
郑州	21.4	香港	34

2. 地面落雷密度

雷电日的统计未区分雷云之间放电和雷云对地放电，从大量的观察结果来看，雷云之间放电远多于雷云对地放电。在一定区域内，如果雷电日数越多，则雷云之间放电的比重也就越大。雷云之间放电与雷云对地放电之比在温带约为 1.5～3，在热带约为 3～6。应当说，对于建筑物防雷设计来说，更具有实际意义的是雷云对地放电的年平均次数，但目前还缺乏这方面比较可靠的观察统计数据。

雷云对地放电的频繁程度可以用地面落雷密度 γ 来表示，γ 是指每个雷电日每平方公里地面上的平均落雷次数。事实上，地面落雷密度 γ 与年平均雷电日数 T_d 有关，如果 T_d 增大，则 γ 也将随之增大。由于我国幅员广大，T_d 变化很大，γ 变化也很大，因此在防雷设计中一律采用同一个 γ 值将会造成误差。关于地面落雷密度 γ 与年平均雷电日数 T_d 之间的关系，可采用以下经验公式来近似计算：

$$\gamma = \alpha T_d^c \tag{11-1}$$

式中　T_d——当地年平均雷电日数；

　　　α——常数，取值为 0.024；

　　　c——常数，取值为 0.3。

于是，每平方公里年平均落雷次数 N_g 可表示为

$$N_g = \gamma T_d = \alpha T_d^{1+c} = 0.024 T_d^{1.3} \tag{11-2}$$

上式中的 N_g 也常称为年平均落雷密度。

在了解了地面落雷密度概念之后，就可以利用它来估算建筑物的年雷击次数。建筑物的年预计雷击次数 N 与建筑物截收相同雷击次数的等效面积 A_e、建筑物所处地区雷击大地的年平均密度 N_g 以及建筑物所处的地形有关，可按以下经验公式来估算：

$$N = k N_g A_e \tag{11-3}$$

式中　k——校正系数，在一般情况下取 1；位于河边、湖边、山坡下或山地中土壤电阻率较小处、地下水露头处、土山顶部、山谷风口等处的建筑物，以及特别潮湿的建筑物取 1.5；金属屋面没有接地的砖木结构建筑物取 1.7，位于山顶上或旷野的孤立建筑物取 2；

　　　N_g——建筑物所处地区雷击大地的年平均密度，次/(km²·a)；

　　　A_e——与建筑物截收相同雷击次数的等效面积，km²。

考虑到建筑物的引雷效应，其与建筑物截收相同雷击次数的等效面积 A_e 应为其顶部几何面积向外扩展的面积。现以一个长、宽、高分别为 L、W、H 的建筑物为例，来说明估算 A_e 的方法，如图 11-5 所示。当建筑物高度 H 小于 100m 时，其扩展宽度 D 为

$$D = \sqrt{H(200-H)} \tag{11-4}$$

等值受雷面积为

$$A_e = [LW + 2(L+W)D + \pi D^2] \times 10^{-6} \tag{11-5}$$

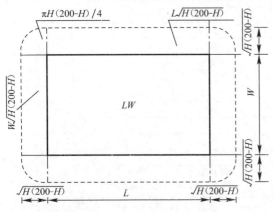

图 11-5　建筑物的等值受雷面积

式中　　D——建筑物每边的扩展宽度，m；

L、W、H——建筑物的长、宽、高，m。

当建筑物的高度 $H \geqslant 100$m 时，其每边的扩展宽度 D 应按建筑物的高度 H 来计算，其等值受雷面积应按下式来确定：

$$A_e = [LW + 2H(L+W) + \pi H^2] \times 10^{-6} \quad (11-6)$$

当建筑物上各部位高低不平时，应沿其周边远点算出最大扩展宽度，其等值受雷面积应根据每点最大扩展宽度外端的连线所包围的面积来计算。

3. 雷击电流脉冲波形及参数

(1) 雷击电流脉冲波形

一次直接雷击放电的雷电流波形是由许多不同脉冲波形的组合。它可以包含若干个短时雷击波形和若干个长时雷击波形，而且组合规律与雷击的形成过程有关。

由雷云向下先导发展所形成的向下闪击，其组合至少有一个首次短时雷击，其后可能有多次后续短时雷击，并可能含有一次或多次长时间雷击。根据对平原和低建筑物典型的向下闪击分析，可归纳为四种组合波形，如图 11-6 所示。其中图 11-6 (a) 表示只有 1 个首次短时雷击；图 11-6 (b) 表示在首次短时雷击后紧接着有一个长时间雷击；图 11-6 (c) 表示在首次短时雷击后有若干个后续短时雷击；图 11-6 (d) 表示在首次短时雷击后，有若干个长时与短时交替雷击。把四种组合归纳一下可以得到这样结论：对于向下闪击，其雷电流波形首先是一个幅值极大的短时脉冲，表明了主放电特征；然后可能是若干个幅值较小的短时脉冲和长时间脉冲组合，表明了后续放电特征。

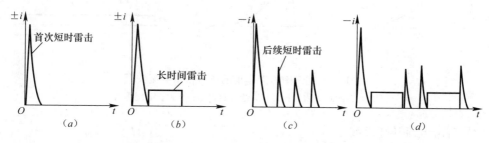

图 11-6　向下闪击可能的雷击组合

(a) 组合一；(b) 组合二；(c) 组合三；(d) 组合四

由高层建筑物向上先导发展所形成的向上闪击，其组合至少有一个首次长时间雷击，在其长时间雷击上还可能叠加若干次短时雷击；其后可能有多次短时雷击，还可能有一次或多次长时间雷击。根据对 100m 以上高层建筑物典型的向上闪击分析，可归纳为五种组合波形，如图 11-7 所示。

由图 11-6 和图 11-7 可见，各种雷击组合波形均由以下三种可能出现的雷击电流脉冲构成：首次短时雷击、后续短时雷击和长时间雷击，这三种雷击电流波形如图 11-8 所示。

把各种复杂的雷击放电过程归纳为三种简单的基本雷击电流脉冲，可使我们对雷击电磁脉冲的分析计算大大简化，并便于制订国际统一的电涌保护器标准和测试方法。实际上，图 11-8 中的首次短时雷击波形与后续短时雷击波形基本相似，只是电流幅值和作用时间不同，在某些问题讨论中可以合二为一，因此实际上可以归纳为"短时雷击"和"长时间雷击"两种基本雷击电流波形。

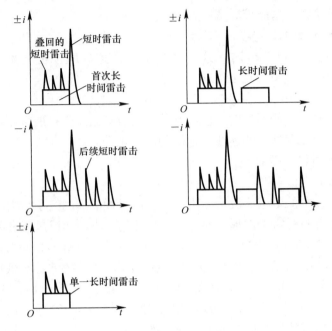

图 11-7 向上闪击可能的雷击组合

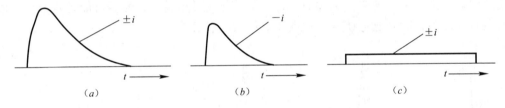

图 11-8 闪击中可能出现的三种雷击电流波形
(a) 首次短时雷击；(b) 后续短时雷击；(c) 长时间雷击

(2) 雷击电流脉冲参数

1) 雷击电流脉冲参数的定义

短时雷击电流脉冲，其全波波形开始是随时间以近似指数函数规律上升至峰值，然后又以近似指数函数规律下降到零。这种非周期性冲击波主要由三个参数决定：峰值电流 I，波头时间 T_1，半值时间 T_2，如图 11-9 所示。

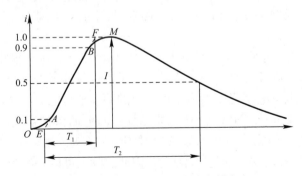

图 11-9 短时雷击电流脉冲参数定义

第 11 章 建筑物的雷击防护

峰值电流即电流幅值,由波形曲线的波顶高度确定。显然,它是决定雷击电流的一个重要参数,也是考核防雷产品等级的重要参数。

波头时间是表示雷击电流上升速度快慢的参数。当峰值电流一定时,波头时间越小、则电流上升速率越快,其曲线也越陡,引起的感应雷电压幅度越大。应当注意,波头时间不是雷电流从零上升到峰值的时间。它是由波形图按照一定的规则做出来的,作图过程如下:在纵轴上经 $0.1I$、$0.9I$ 和 $1.0I$ 三点,分别作平行于时间轴的直线与曲线相交于 A、B、M 三点。过 A、B 两点作直线,与时间轴相交于 E,与峰值切线相交于 F,EF 线即为规定的波头。EF 线在时间轴上对应的时间 T_1 即为波头时间。波头时间习惯上也称为波前时间或上升时间。

半值时间 T_2,是雷电流下降到其峰值一半时所对应的时间,但是时间起点不是从时间坐标的 O 点开始,而是与 T_1 相同,从 E 点开始。半值时间也称作波尾时间。半值时间反映了雷击电流下降速度的快慢,也反映了雷击能量的大小。相同的峰值电流,半值时间 T_2 越大,则所含能量越大,造成的破坏越严重。对电涌保护器来说,试验冲击电流的 T_2 越大,则考核条件越严酷。

由以上分析可知,对短时雷击电流脉冲来说,仅用电流幅值来表示是不够的,必须把 I、T_1、T_2 三个参量同时表示出来,一般记作:$I(T_1/T_2\mu s)$。例如某雷击电流脉冲 $I=100kA$,$T_1=10\mu s$,$T_2=350\mu s$ 则记作:$100kA(10/350\mu s)$。

长时间雷击电流由电量 Q_L 和时间 T 两个参数表示,其定义见图 11-10。Q_L 是长时间雷击脉冲的总电量,T 为从波头电流达到峰值的 10% 起,至波后下降到峰值的 10% 时所包含的时间。长时间雷击的平均电流 $I\approx Q_L/T$。

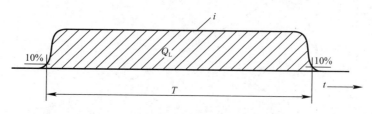

图 11-10 长时间雷击电流脉冲参数定义

2) 雷击电流脉冲参数的规定

根据标准 IEC1312—1,首次短时雷击、后续短时雷击和长时间雷击的雷电流参数,分别列于表 11-2～表 11-4。它可以作为我们设计和选择直击雷防护装置的依据,也可以作为计算闪电感应电压电流的参考依据。

首次短时雷击的雷电流参数　　　　　　表 11-2

雷电流参数(见图 11-9)	建筑物类别		
	一 类	二 类	三 类
I 幅值电流 (kA)	200	150	100
T_1 波头时间 (μs)	10	10	10
T_2 半值时间 (μs)	350	350	350
Q_s 电量① (C)	100	75	50
W/R 单位能量② (MJ·Ω^{-1})	10	5.6	2.5

① 因为全部电量 Q_s 的本质部分包括在首次雷击中,故所规定的值考虑合并了所有短时雷击的电量。
② 由于单位能量 W/R 的本质部分包括在首次雷击中,故所规定的值考虑合并了所有短时雷击的单位能量。

后续短时雷击的雷电流参数　　　　　　　　　　　　表 11-3

雷电流参数（见图 11-9）	建筑物类别		
	一类	二类	三类
I 幅值电流 (kA)	50	37.5	25
T_1 波头时间 (μs)	0.25	0.25	0.25
T_2 半值时间 (μs)	100	100	100
I/T_1 平均陡度 (kA·μs^{-1})	200	150	100

长时间雷击的雷电流参数　　　　　　　　　　　　表 11-4

雷电流参数（见图 11-10）	建筑物类别		
	一类	二类	三类
Q_L 电量 (C)	200	150	100
T 时间 (s)	0.5	0.5	0.5

(3) 闪电感应电压脉冲的波形与参数

由雷击电流产生的电磁脉冲，在电源线、信号线上感应产生的电压脉冲，其波形与雷击电流脉冲近似，如图 11-11 所示。此脉冲波形同样由三个参数决定：峰值电压 U、波头时间 T_1，半值时间 T_2。三个参数的定义见图 11-11，与雷击电流脉冲参数定义基本相同。峰值电压也称幅值电压，波头时间也称波前时间，半值时间也称波尾时间。

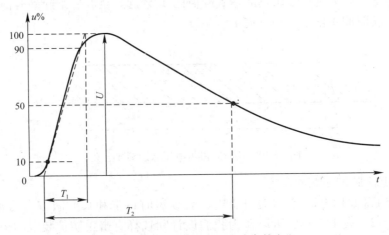

图 11-11　闪电感应电压脉冲参数定义

感应电压波形参数是二次雷击电流计算及雷击事故分析必要的依据，也是考核电子设备和 SPD 防雷击性能的重要指标。与架空通信线和电缆连接的 SPD 或电子设备进行模拟雷击电压试验时，一般采用 4/300μs 或 10/700μs 冲击波。模拟电子设备遭受直击雷引起的反击电压试验，以及 SPD 的 Ⅰ～Ⅱ 级分类冲击电压试验，均采用 1.2/50μs 波形。

(4) 操作过电压的波形参数

操作过电压是由于供电系统中负荷开关的拉闸、熔断器的熔断等产生的过电压。操作过电压也是电涌电压的一种，常常给系统设备工作带来影响甚至损坏，是电涌防护中应当考虑的因素之一。

操作过电压波形随电压等级、系统参数、设备性能、操作性质等因素而有很大变化。近年来趋向于用长波尾的非周期性冲击波来模拟操作过电压的作用。我国根据国际电工委员会推荐采用的操作过电压波形如图 11-12 所示。

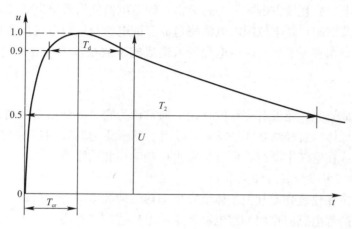

图 11-12　操作过电压全波

由操作过电压波形图标出的主要参数有 4 个。其中操作过电压峰值与电压等级、系统参数关系较大，根据具体条件确定，低压供电系统一般为数百伏至上千伏；波前时间是电压从零上升到峰值的时间，一般规定取 $T_{cr}=(250\pm50)\mu s$；半峰值时间较长，一般取 $T_2=(2500\pm1500)\mu s$；持续时间是波顶在 $90\%U$ 以上部分所持续的时间，具体数值未作规定。

当上述标准波形不适用或不能满足要求时，推荐采用 $100/2500\mu s$ 或 $500/2500\mu s$ 波形。

11.1.3　雷电的危害

1. 雷电的破坏作用是由以下四种基本形式引起的

（1）直击雷

当雷云较低，其周围又没有异性电荷的云层时，会在地面上突出物（树木或建筑物）上感应出异性电荷。当电场强度达到一定值时，雷云就会通过这些物体与大地之间放电，这就是我们通常所说的雷击。这种直接击在建筑物或其他物体上的雷电叫直击雷。由于受直接雷击，被击的建筑物、电气设备或其他物体会产生很高的电位，从而引起过电压，流过的雷电流又很大（达几十 kA 甚至几百 kA），这样极易使电气设备或建筑物受到损坏，并引起火灾或爆炸事故。当雷击于架空输电线时，也会产生很高的电压（可高达几千 kV），不仅常会引起线路闪络放电，造成线路发生短路故障，而且这种过电压还会以波的形式沿线路迅速向变电所、发电厂或其他建筑物内传播，使沿线安装的电气设备绝缘受到严重威胁，往往引起绝缘击穿、起火等严重后果。

（2）感应雷

当建筑上空有雷云时，在建筑物上便会感应出与雷云所带电荷相反的电荷。在雷云放电后，云与大地电场消失了，但聚集在屋顶上的电荷不能立即释放，只能较慢地向地中流散，这时屋顶对地面便有相当高的电位，往往造成屋内电线、金属管道和大型金属设备放电，引起建筑物内的易爆危险品爆炸或易燃物品燃烧。这主要是由于雷电流的强大电场和磁场变化产生的静电感应和电磁感应造成的。因为它是被雷云感应出来的，所以称为感应雷或感应过电压。

(3) 闪电电涌侵入

当输电线路上遭受直接雷击或发生感应雷，闪电电涌便沿着输电线侵入变配电所或用户，如不采取防范措施，高电位闪电电涌将造成变配电所及用户电气设备损坏，甚至引起火灾、爆炸及人身伤害等事故。闪电电涌侵入造成的事故在雷害事故中占相当大的比重，应引起足够重视。

(4) 球形雷

球形雷的形成研究，还没有完整的理论。通常认为它是一个温度极高，并发出紫色光或红色光的发光球体，直径约在 10～20cm 以上。球形雷通常在电闪后发生，以每秒 2m 的速度向前滚动或在空气中漂行，而且会发出口哨响声和嗡嗡声。

2. 雷电的危害可以分成两种类型

一是雷直接击在建筑物或其他物体上发生的热效应和电动力作用；二是雷电的二次作用，即雷云产生的静电感应作用和雷电流产生的电磁感应等作用。

(1) 热效应

强大的雷电流（几十至几百 kA）流过雷击点，并在极短时间内转换成大量热能，雷击点的发热量约为 500～20000MJ，容易造成燃烧或金属熔化，熔化的金属飞溅又容易引起火灾爆炸等事故。

(2) 机械力效应

雷电流的温度很高，一般在 6000℃～20000℃，甚至高达数万度，当它通过树木或建筑物墙壁时，被击物体内部水分受热急剧汽化，或缝隙中分解出的气体剧烈膨胀，因而在被击物体内部出现了强大的机械力，使树木或建筑物受破坏，甚至爆裂成碎片。另外，强大的雷电流通过电气设备会产生巨大的电动力使电气设备受力损坏。

(3) 雷电流的电磁效应

由于雷电流量值大且变化迅速，在它的周围空间里就会产生强大且变化剧烈的磁场，处于这个变化磁场中的导体就会感应出很高的电动势。这种感应电动势可使闭合的金属导体回路产生很大的感应电流，感应电流的热效应（尤其是金属导体接触不良部位的局部发热）可能会使设备损坏，甚至引起火灾。对于存放可燃物品，尤其是存放易燃易爆物品的建筑物将更危险。

11.2 防雷设施

为使建筑物及其内部设施免受雷电的直接和间接危害，需要采用防雷设备。合理地组合和设置这些防雷设备与器件，来构成建筑物及其内部设施的雷电防护系统，实现从建筑物外部和内部两个方面对雷电危害进行有效地抑制。

11.2.1 接闪杆与接闪线

作为防地面物体免受直接雷击的常用设备的接闪杆和接闪线，在防雷保护中已被长期普遍使用。接闪杆和接闪线均为金属体，安装在比被保护物体高的位置上，从工作原理来看，两者具有相同的保护功能，即吸引雷电。

1. 接闪杆

接闪杆系统属于结构最简单的防雷装置，它也是由接闪器、引下线和接地体组成的。其针状接闪器是直接承受雷电的部分，须高出被保护物体。当雷云的下行先导向地面上被保护物体发展时，处在高处的接闪杆（接闪器）率先将先导引向自身，使雷击发生在接闪器上，让强大的雷电流经引下线和接地体泄入大地，从而使被保护物体免遭直接雷击。由此可见，接闪杆的真正功能不是避雷，而是引雷，是让自身遭受雷击来换取其下面的物体得到保护。

接闪杆一般适用于保护那些比较低矮的地面建筑物以及保护高层楼房顶上突出的设施，它特别适合于保护那些要求防雷引下线与内部各种金属管道隔离的建筑物。

2. 接闪线

接闪线是由悬挂在空中的水平导线、接地引下线和接地体组成的。水平悬挂的导线用于直接承受雷击，起接闪器的作用。接闪线设置在被保护物体的上方，能提供与自身线长相等的保护长度，其工作原理与接闪杆类似。由于接闪线周围的电场畸变效果不如接闪杆，因此其引雷效果也不如接闪杆。接闪线广泛用于高压输电线路的上方，保护输电线路免受直接雷击。

11.2.2 接闪带与接闪网

当受建筑物造型或施工限制而不便直接使用接闪杆或接闪线时，可在建筑物上设置接闪带或接闪网来防直接雷击。接闪带和接闪网的工作原理与接闪杆和接闪线类似。在许多情况下，采用接闪带或接闪网来保护建筑物既可以收到良好的效果，又能降低工程投资，因此在现代建筑物的防雷设计中得到了十分广泛的应用。

1. 接闪带

接闪带是用圆钢或扁钢做成的长条带状体，常装设在建筑物易受直接雷击的部位，如屋脊、屋槽（有坡面屋顶）、屋顶边缘及女儿墙或平屋面上，如图 11-13 所示。接闪带应保持与大地良好的电气连接，当雷云的下行先导向建筑物上的这些易受雷击部位发展时，

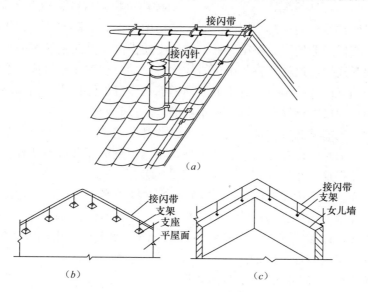

图 11-13 接闪带的设置
(a) 屋顶突出物加设接闪杆；(b) 平屋面上设接闪带；(c) 女儿墙上设接闪带

接闪带率先接闪，承受直接雷击，将强大的雷电流引入大地，从而使建筑物得到保护。

2. 接闪网

接闪网实际上相当于纵横交错的接闪带叠加在一起，在建筑物上设置接闪网可以实施对建筑物的全面防雷保护。接闪网的设置有明装和暗装两种形式。明装防雷网是在建筑物的屋顶上或层顶屋面上以较疏的可见金属网格作为接闪器，沿其四周或沿外墙做引下线接地。由于明装接闪网不甚美观，在施工方面也会带来困难，同时还会增加额外的工程投资，因此现在已较少使用。相对于明装接闪网来说，暗装接闪网目前则使用得十分广泛。暗装接闪网一般为笼式结构，它是将金属网格、引下线和接地体等部分组合成一个立体的金属笼网，将整个建筑物罩住，如图 11-14 所示。这种笼式接闪网可以全方位地接闪、保护被其罩住的建筑物，它既可以防建筑物顶部遭受雷击，又可以防建筑物侧面遭受雷击。

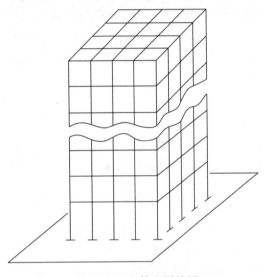

图 11-14 立体金属笼网

另外，笼式接闪网还可以看做是一个法拉第笼，它同时具有屏蔽和均衡暂态对地悬浮电压两种功能。一方面，笼式接闪网能够对雷电流产生的暂态脉冲电磁场起屏蔽作用，使进入建筑物内部的电磁干扰受到削弱；另一方面，笼式接闪网也能够对雷击时产生的暂态电位升高起到电位均衡作用，将笼网各部位的暂态对地悬浮电位均衡到大致相等的水平。当然，笼式接闪网的这些防护雷电损害作用的效果与笼体的大小及其网格尺寸有关，笼体越小且其网格尺寸越小，则其防雷效果就越好。网格尺寸的大小取决于被保护建筑物的重要性，应按建筑物防雷设计规范来确定。

笼式接闪网通常是利用建筑物钢筋混凝土结构中的钢筋来构成的，即将建筑物屋面内原有的钢筋网格作接闪器使用。将梁、柱、楼板中的横向和纵向钢筋按防雷设计规范要求进行电气上的相互连接，这样就将整个建筑物构件中的所有钢筋连接成一个统一的导电系统，构成一个大的立体法拉第笼。其中的纵向钢筋兼作接地体使用。由于暗装接闪网是以建筑物自身结构中现成的钢筋作为其组件构成的，所以它能节省投资，同时又能保持建筑物造型的完美性，还能够全方位地接闪受雷，这些都是它的显著优点。但是，采用暗装接闪网也存在着一个缺点，即在每次承受雷击后，雷击点处的屋面表层要被击出小洞并会有一些碎片脱落，使得这一小块的防水和保温层受到破坏。实际上，建筑物防水和保温隔离层中的钢筋距层面的厚度大于 20cm 时，应另设辅助接闪网。另外，在建筑物顶部常有一些金属突出物，如金属旗杆、透气管、钢爬梯、金属天沟和金属烟囱等，这些金属突出物必须与接闪网焊接，以形成统一的接闪系统。对于建筑物顶部突出的非钢筋混凝土物体，可以另设接闪网或接闪杆加以保护。

11.2.3 接闪杆与接闪线的保护范围计算

1. 单支接闪杆的保护范围

（1）接闪杆高度 h 不大于滚球半径 d_s。

接闪杆保护范围的确定方法见图 11-15，其具体步骤如下：

1) 距离地面高 d_s 处作一条平行于地面的平行线。

2) 以接闪杆针尖为圆心，以 d_s 为半径画圆弧，该圆弧交平行线于 A、B 两点。

3) 分别以 A、B 两点为圆心，以 d_s 为半径画圆弧，这两条圆弧上与接闪杆针尖相交，下与地面相切，再将圆弧与地面所围面以接闪杆为轴旋转 180°，所得的圆弧曲面圆锥体即为接闪杆的保护范围，如图 11-16 所示。

4) 接闪杆在高度为 h_x 的平面 xx' 上的保护半径（见图 11-15）可确定为

$$r_x = \sqrt{h(2d_s - h)} - \sqrt{h_x(2d_s - h_x)} \tag{11-7}$$

接闪杆在地面上的保护半径 r_o（见图 11-16）可确定为

$$r_o = \sqrt{h(2d_s - h)} \tag{11-8}$$

以上两式中，各量的单位均为 m。

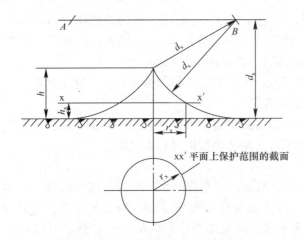
图 11-15　单支接闪杆的保护范围

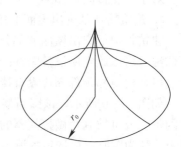
图 11-16　单支接闪杆的保护空间域

(2) 接闪杆高度 h 大于滚球半径 d_s

在接闪杆上截取高度为 d_s 的一点代替接闪杆针尖为圆心，其余的作图步骤同 $h \leqslant d_s$ 的情况。据此可确定 $h > d_s$ 情况下的保护范围。由作图步骤可知，当 $h > d_s$ 时，接闪杆的保护范围不再增大，并在其高出该球半径的部分；即 $h - d_s$ 部分，将会出现侧向暴露区，在接闪杆的该部分上将会遭到侧面雷击。

2. 单根接闪线的保护范围

当单根接闪线的高度 $h \geqslant 2d_s$ 时，接闪线没有保护范围；当单根接闪线的高度 $h < 2d_s$ 时，应分以下两种情况来确定接闪线的保护范围。

(1) $h \leqslant d_s$

如图 11-17 所示，在距离地面 d_s 处作一条地面的平行线，以接闪线位置为圆心，以 d_s 为半径画圆弧交平行线于 A、B 两点。再分别以 A、B 两点为圆心画两条圆弧，这两条圆弧与地面相切并与接闪线相交，它们与地面所围面即为保护范围的截面。在距离地面 h_x 高度处 xx' 平面上的保护宽度 b_x，可由下式来计算：

$$b_x = \sqrt{h(2d_s - h)} - \sqrt{h_x(2d_s - h_x)} \tag{11-9}$$

上式中各量的单位均为 m。

在接闪线两端的保护范围按单支接闪杆的方法加以确定的空间区域如图 11-18 所示。

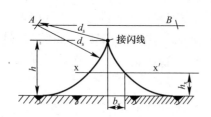

图 11-17 $h \leqslant d_s$ 时接闪线的保护范围

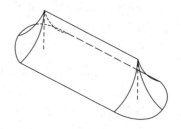

图 11-18 接闪线保护范围的空间区域

(2) $d_s < h < 2d_s$

作图如图 11-19 所示。保护范围最高点的高度 h_0 按下式来计算：

$$h_0 = 2d_s - h \tag{11-10}$$

其作图步骤同于 $h \leqslant d_s$ 时的作图步骤。由图可见，当 $h > 2d_s$ 后，接闪线的保护范围不仅不增大，反而会随 h 的增大而减小。处在接闪线下方且高度大于 h_0 的范围内将失去接闪线的保护，因为半径为 d_s 的滚球可以接触到这一范围内的空间点。

对于多支接闪杆和多根接闪线的保护范围，由于它们的作图步骤较繁，这里从略。

3. 建筑物顶部突出屋面上接闪杆长度的确定

建筑物顶部突出屋面的部分是易受直接雷击的部位，常需要装接闪杆加以保护，利用滚球法，可以确定所设接闪杆的长度，以下将分两种典型情况加以说明。

(1) 建筑物顶部周边设有接闪带

如图 11-20 所示，该图为某建筑物顶部的剖面，其左右对称，A 为顶部周边屋檐处的接闪带（或可被利用做接闪器的金属物），B 为需要保护突出屋面上的最外一点。先分别以 A、B 为圆心，以选定的滚球半径 d_s 为半径画两条圆弧，它们相交于 C 点，再以 C 点为圆心，以 d_s 为半径，画圆弧交对称轴线于 O 点，则在 O' 处设立一支接闪杆，其长度大于 $O'O$ 即可实现对突出屋面部分的保护。

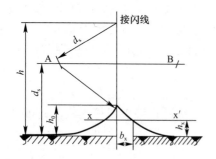

图 11-19 $d_s < h < 2d_s$ 时接闪线的保护范围

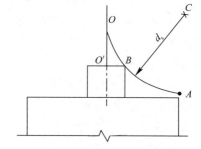

图 11-20 顶部设接闪带情况的接闪杆长度确定

(2) 建筑物顶设有接闪网

如图 11-21 所示，该图与图 11-20 类似，但其顶部面积较大，低屋面设置了接闪网。先在接闪网上方作一条平行于接闪网的水平线，两者之间的距离为 d_s，以突出屋面上最外一点 B 为圆心，画圆弧交水平线于 C 点。再以 C 为圆心，以 d_s 为半径，画圆弧交对称轴于 O 点，则在 O' 点设立一支接闪杆。当其长度大于 $O'O$ 时即可实现对突出屋面的保护。

11.2.4 避雷器

由雷击在输电线路上感应出的闪电侵入波过电压能够沿线路进入建筑物内，危及建筑物内的信息系统和电气设备。为了保证信息系统与电气设备的安全，需要在输电线路上装设过电压抑制设备，这类设备就是避雷器。

避雷器设置在与被保护设备对地并联的位置，如图 11-22 所示。各种避雷器均有一个共同的特性，即在高电压作用下呈现低阻状态，而在低电压作用下呈现出高阻状态。在发生雷击时，当闪电侵入波过电压沿线路传输到避雷器安装点后，由于这时作用于避雷器上的电压很高，避雷器将动作，并呈现低阻状态，从而限制过电压，同时将过电压引起的大电流泄放入地，使与之并联的设备免遭过电压的损坏。在闪电侵入波消失后，线路上又恢复了正常传输的工频电压，这一工频电压相对于闪电侵入波过电压来说是低的，于是避雷器将转变为高阻状态，接近于开路，此时避雷器的存在将不会对线路上正常工频电压的传输产生影响。

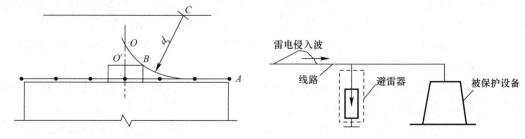

图 11-21 顶部设接闪网情况的接闪杆长度确定　　图 11-22 避雷器的设置

为使避雷器能够发挥出预计的保护效果，它必须满足两个基本性能要求。

第一个要求是避雷器应具有良好的伏秒特性，以易于实现与被保护设备的绝缘配合。图 11-23 说明避雷器与被保护设备之间伏秒特性的配合关系。在图 11-23（a）中，避雷器伏秒特性 2 上有一大部分（$t \leqslant t_0$）高于被保护设备的伏秒特性 1，当沿线路侵入的过电压波具有较短的波头时间（波头时间 $\tau_f < t_0$）时，在这种过电压作用下，被保护设备将首先被击穿，因而避雷器将起不到保护作用。在图 11-23（b）中，避雷器的整个伏秒特性 2 低于被保护设备的伏秒特性 1，在过电压作用下可以起到保护作用，但由于避雷器伏秒特性 2 过低，甚至低于被保护设备上可能出现的最高工频电压 3。这样即使是在没有闪电侵入波过电压作用时，避雷器也会在工频电压作用下发生误动作，因此它会妨碍被保护设备及其所在系统的正常运行，也是不可取的。从伏秒特性的配合情况来看，只有图 11-23（c）才是比较合理的。为了实现理想的配合，不仅要求避雷器伏秒特性的位置要低，而且其整体形状要平坦，具有这种特性的避雷器才能发挥良好的保护作用。

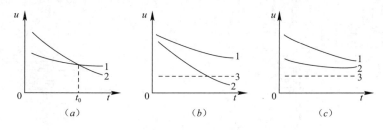

图 11-23 避雷器与被保护设备的伏秒特性配合
（a）不正确的配合；（b）不可取的配合；（c）合理的配合

对于避雷器的第二个要求是它应具有较强的绝缘自恢复能力，以利于快速切断工频续流，使被保护设备在闪电侵入波过电压结束后能尽快恢复正常工作。避雷器一旦在过电压作用下动作后，就转变为低阻状态，使被保护设备端接的线路对地接近于短路，经过短时间后，雷电浸入波过电压虽已消失，但原线路上的工频电压却仍作用于避雷器上，使避雷器开始导通工频短路电流。这时流过避雷器中的短路电流称为工频续流，它以电弧形式出现，只要这种工频续流不中断，则避雷器就仍处在低阻状态，被保护设备就无法正常工作。因此，避雷器应具有自行切断工频续流和快速恢复到高阻状态的能力。

常用避雷器主要有四种类型，保护间隙如图11-24所示，管型避雷器如图11-25所示，阀型避雷器如图11-26所示，氧化锌避雷器如图11-27所示。目前常用的是氧化锌避雷器，它具有以下优点：

（1）由于不串火花间隙，氧化锌避雷器结构简单，其体积可以缩小，而且能完全避免火花间隙放电受温度、湿度、气压和污秽等环境条件影响的缺点，所以其性能是稳定的。

（2）在氧化锌避雷器中省去了火花间隙，也就避开了火花间隙放电需要一定时延的弊端，从而大大改善了避雷器的动作限压响应特性，特别是改善了对波头陡度大的闪电侵入波过电压的抑制效果，提高了对设备保护的可靠性。

（3）氧化锌避雷器在闪电侵入波过电压消失后，实际上没有工频续流流过，这就使得它所泄放的能量大为减少，从而可以承受多次雷击，并可延长工作寿命。

（4）氧化锌避雷器通流容量较大，由于没有串联火花间隙，其允许吸收能量不像阀型

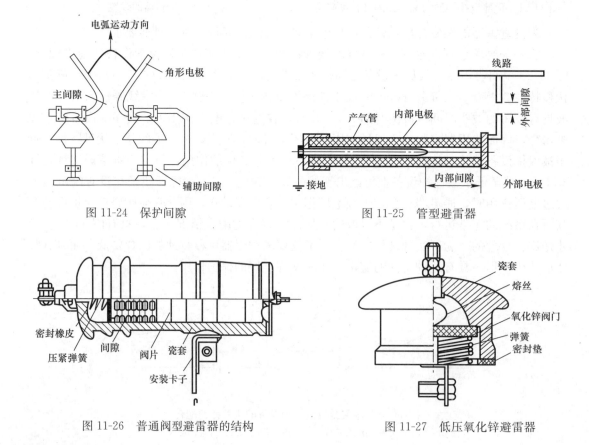

图 11-24 保护间隙　　　　　　　　　图 11-25 管型避雷器

图 11-26 普通阀型避雷器的结构　　　图 11-27 低压氧化锌避雷器

避雷器那样受间隙烧伤的制约,而仅与氧化锌电阻本身的强度有关。氧化锌阀片单位面积的通流能力可达碳化硅阀片的 4~5 倍,其残压约为碳化硅阀片的 1/3,且电流分布特性均匀,可以通过并联氧化锌阀片或整只氧化锌避雷器并联的方式来提高避雷器的通流容量。

(5) 氧化锌避雷器的制造工艺简单,元件单一通用,造价低廉,适合于大批量生产。

11.2.5 信息系统的防雷保护器件

现代建筑物内配备着信息系统和各种电子设备,这些电子设备的过电压耐受能力是很有限的,当闪电侵入波从户外的电路线、信号线和各种金属管线进入建筑物后,很容易使室内的电子设备损坏,造成经济损失。近些年来,随着建筑智能化趋势的迅猛发展,建筑物内信息系统的防雷保护问题正广泛受到关注,并已成为整个建筑物防雷设计的一个重要组成部分。为了防止闪电侵入波过电压对信息系统造成危害,一般是在信息系统的不同传导和耦合途径(如电源线、信号线和各种金属管道的入口处)装设暂态过电压保护设备。这些保护设备对闪电侵入波过电压的抑制机理基本相同,但由于它们是用于保护电子设备的,所以要求它们在动作限压后的残压水平应比避雷器低,且动作响应速度要比避雷器快。基于这些要求,它们也常称为电涌保护器(或过电压保护器)。这些保护设备,即电涌保护器(或过电压保护器),一般由各种保护器件构成,其中主要的保护器件为气体放电管、压敏电阻、雪崩二极管和暂态抑制晶闸管等。

1. 气体放电管

气体放电管是一种用陶瓷或玻璃封装且内部充有惰性气体的短路型保护元件,管体内一般装有两个或三个(或更多个)相互隔开的电极。按电极个数来划分,常把含两个电极的气体放电管称为二极放电管,把含三个电极的气体放电管称为三极放电管。图 11-28 分

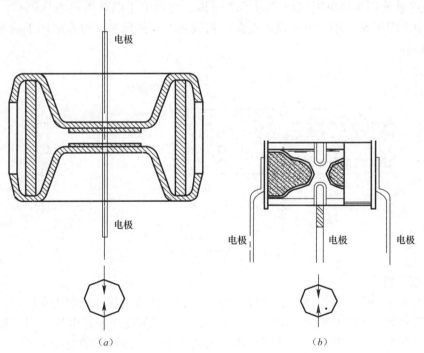

图 11-28 二极和三极放电管示意
(a) 二极放电管;(b) 三极放电管

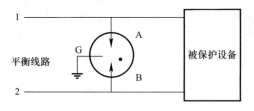

图 11-29 平衡线路的三极放电管保护电路

别为二极放电管和三极放电管的示意,其中图 11-28（a）为二极放电管,图 11-28（b）为三极放电管,这两种管子的符号也示于图中。

图 11-29 给出了一平衡线路上采用三级放电管的保护电路,当闪电侵入波过电压以差模（出现在信号线 1 和 2 之间）形式或以共模（分别出现在信号线 1 对地和信号线 2 对地）形式侵入平衡线路终端电子设备时,三极放电管通过 A-G、B-G 极间放电即可对过电压进行抑制。气体放电管的优点是：通流容量大,从几 A 到几 kA；极间电容小,不会使正常传输信号畸变,特别适合于高频电子电路的保护；开断后的极间阻抗大；约为 $10^9 \Omega$,在正常电压作用下管子中漏电流很小。气体放电管的缺点是：动作响应速度慢（动作响应时间约为 10^{-6} s 级）；放电后开断较难,存在着续流问题；使用中存在老化现象,工作寿命较短。

2. 压敏电阻

信息系统防雷保护中常用的压敏电阻是一种以氧化锌为主要成分的非线性电阻,在一定温度下,其导电性能随其两端电压的增大而急剧增强。压敏电阻器的原理结构、符号见图 11-30。压敏电阻的材料和伏安特性与氧化锌避雷器的阀片相同,压敏电阻与氧化锌避雷器的工作原理也相同,只是前者的体积较小,二者保护应用的场合不同而已。压敏电阻的主要优点是：通流容量大；动作响应速度快（响应时间约为 10^{-9} s 级）；在工频及直流电路中抑制过电压结束后无续流；产品价格低廉,产品电压和电流的可调范围大。但是,压敏电阻有一个不容忽视的缺点,即它的寄生电容较大,在 1MHz 下的典型值可达几千 pF,这就使得压敏电阻难以应用于高频和超高频电子电路的过电压保护。在信息系统中,压敏电阻通常应用于电子设备电源的初级和次级的保护,也有应用于频率不高的信号电路保护的。

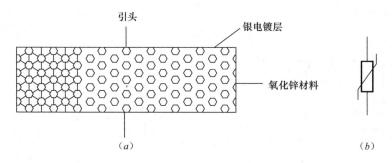

图 11-30 压敏电阻
（a）原理结构 （b）符号

3. 雪崩二极管

在过电压保护中也有应用雪崩二极管的。雪崩二极管工作在反向击穿区时,管子的伏安特性和符号如图 11-31 所示,在图（a）中 u_B 为管子的反向击穿电压。当雪崩二极管承受反偏电压且在 $0 \sim u_B$ 范围时,管子呈现出高阻状态,流经管子的电流很小（为 μA 级）。当反偏电压超过 u_B 后,管子中的电流迅速增大,转变为低阻导通状态,从而可使过电压被箝位在 u_B 附近。如果将两只管子按图 11-32 所示的方式串联或并联起来,则可用它们来抑制正、负两种极性的暂态过电压。对于这样连接的两只管子来说，无论是在正极性还是负极性过电压作用下，总是一只处于正偏置，另一只处于反向击穿限压状态。雪崩二极管的主要优点是：箝位电压低；动作响应速度快（响应时间的理论值可达皮秒级）；使用中不存在明显的老化现象；承受多次冲击的能力强；器件产品电压的可选范围大。其主要缺点是：通流容量小；管子极间寄生电容随管子上的作用电压变化而变化，电压低时寄生电容较大。由于雪崩二极管具有响应速度快和箝位电压低等优点，它非常适合于半导体器件和电子电路的过电压保护。

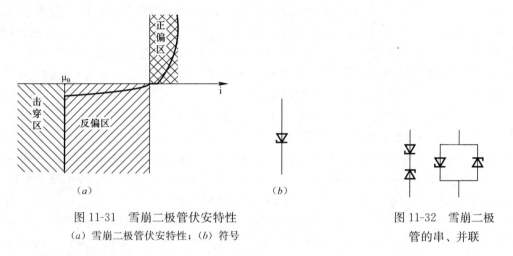

图 11-31　雪崩二极管伏安特性
(a) 雪崩二极管伏安特性；(b) 符号

图 11-32　雪崩二极管的串、并联

4. 暂态抑制晶闸管

暂态抑制晶闸管是一种门极由雪崩二极管控制的可控硅型复合器件，其简化电路如图 11-33 所示。当沿线路袭来的暂态过电压使雪崩二极管反向击穿时，足够大的电流将从雪崩二极管注入晶闸管的门极，触发晶闸管迅速导通，流过大电流，实施对信号线路上暂态过电压的急剧短路，从而使过电压得到有效抑制。暂态抑制晶闸管的主要优点是：动作响应速度快（响应时间的理论值为 10^{-12} s）；泄漏电流小，一般不超过 50nA；使用中老化现象不明显；极间电容小，一般不大于 50pF。其主要缺点是：在直流电路中关断较为困难，关断存在着时延；产品电压可选范围小。

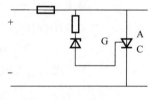

图 11-33　暂态抑制晶闸管

暂态抑制晶闸管可用于数据传输和通信系统中的初、次级保护。但在直流电路和交流电源系统中，由于关断困难、通流容量有限，使用受到了限制。

11.3　建筑物防雷

11.3.1　建筑物的防雷分类

从防雷要求出发，根据建筑物的重要性、使用性质、遭受雷击的可能性和雷击所造成后果的严重性等，可以把建筑物分为三类。在建筑物防雷设计中，需要针对不同防雷类别的建筑物采用不同的雷电参数并按照不同的接闪器布置要求进行设计，以合理地选择建筑物的防雷保护措施。

1. 第一类防雷建筑物

当建筑物处于下列情况之一时，应划分为第一类防雷建筑物。

(1) 凡制造、使用或贮存火炸药及其制品的危险建筑物，因电火花而引起爆炸、爆轰，会造成巨大破坏和人身伤亡者。

(2) 具有 0 区或 20 区爆炸危险场所的建筑物。这里所说的 0 区爆炸环境是指连续出现、长期出现或频繁出现爆炸性气体混合物的场所。所谓 20 区是指以空气中可燃性粉尘云持续地或长期地或频繁地短时存在于爆炸性环境中的场所。

(3) 具有 1 区或 21 区爆炸危险场所的建筑物，因电火花而引起爆炸，会造成巨大破坏和人身伤亡者。这里所说的 1 区爆炸危险环境是指在正常运行时可能偶然出现爆炸性气体混合物的场所。21 区爆炸危险环境是指正常运行时，很可能偶然地以空气中可燃性粉尘云形式存在于爆炸性环境中的场所。1 区、21 区的建筑物可能划为第一类防雷建筑物，也可划分为下面将要介绍的第二类防雷建筑物，其区分在于是否造成巨大破坏和人身伤亡。例如，易燃液体泵房，当布置在地面上时，其爆炸危险场所一般为 2 区，则该泵房可划分为第二类防雷建筑物。但当工艺要求布置在地下或半地下时，在易燃液体的蒸气与空气混合物的密度大于空气，又无可靠的机械通风设施的情况下，爆炸性混合物就不易扩散，该泵房就要划分为 1 区危险场所。如该泵房是大型石油化工联合企业的原油泵房，当泵房遭受雷击就可能会使工厂停产，造成巨大经济损失和人员伤亡，那么这类泵房应划为第一类防雷建筑物；如该泵房是石油库的卸油泵房，平时间断操作，虽可能因雷电火花引发爆炸造成经济损失和人身伤亡，但相对而言其概率要小得多，则这类泵房可划分为第二类防雷建筑物。

2. 第二类防雷建筑物

当建筑物处于下列情况之一时，应划分为第二类防雷建筑物。

(1) 国家级重点文物保护的建筑物。

(2) 国家级的会堂、办公建筑物、大型展览和博览建筑物、大型火车站和飞机场、国宾馆、国家级档案馆、大城市的重要给水泵房等特别重要的建筑物。

注：飞机场不含停放飞机的露天场所和跑道。

(3) 国家级计算中心、国际通信枢纽等对国民经济有重要意义的建筑物。

(4) 国家特级和甲级大型体育馆。

(5) 制造、使用或贮存火炸药及其制品的危险建筑物，且电火花不易引起爆炸或不致造成巨大破坏和人身伤亡者。

(6) 具有 1 区或 21 区爆炸危险环境的建筑物，且电火花不易引起爆炸或不致造成巨大破坏和人身伤亡者。

(7) 具有 2 区或 22 区爆炸危险环境的建筑物。这里所说的 2 区指的是在正常运行时不可能出现爆炸性气体混合物的场所，或即使出现也仅是短时存在的爆炸性气体混合物的场所。22 区是指正常运行时，不太可能以空气中可燃性粉尘云形式存在于爆炸性环境中的场所。

(8) 有爆炸危险的露天钢质封闭气罐。

(9) 预计年雷击次数（按 11-3 式）大于 0.05 次/a 的省、部级办公建筑物以及其他重要或人员密集的公共建筑物。

（10）预计年雷击次数大于 0.25 次/a 的住宅和办公楼等一般性民用建筑物。

3. 第三类防雷建筑物

当建筑物处于下列情况之一时，应划分为第三类防雷建筑物。

（1）省级重点文物保护的建筑物及省级档案馆。

（2）预计年雷击次数大于或等于 0.01 次/a 且小于或等于 0.05 次/a 的省、部级办公建筑物及其他重要和人员密集的公共建筑物。

（3）预计年雷击次数大于 0.05 次/a 且小于或等于 0.25 次/a 的住宅、办公楼等一般性民用建筑物或一般性工业建筑物。

（4）在年平均雷电日大于 15d/a 的地区，高度在 15m 以上的烟囱和水塔等孤立的高耸建筑物；在年平均雷电日小于或等于 15d/a 的地区，高度在 20m 及以上的烟囱和水塔等孤立的高耸建筑物。

11.3.2 建筑物防雷击的主要保护措施

1. 第一类防雷建筑物的主要保护措施

（1）防直击雷的措施

1）应装设独立接闪杆、架空接闪线或网，使被保护的建筑物的风帽、放散管等突出屋面的物体均处于接闪器的保护范围内。架空接闪网的网格尺寸不应大于 5m×5m 或 6m×4m。

2）独立接闪杆的杆塔、架空接闪线的端部和架空接闪网的每根支柱处应至少设一根引下线。对用金属制成或有焊接、绑扎连接钢筋网的杆塔、支柱，宜利用金属杆塔或钢筋网作为引下线。

3）独立接闪杆和架空接闪线或网的支柱及其接地装置至被保护建筑物及与其有联系的管道、电缆等金属物之间的距离不得小于 3m。

4）架空接闪线至屋面和各种突出屋面的风帽、放散管等物体之间的距离不应小于 3m。

5）独立接闪杆、架空接闪线或者架空接闪网应设独立的接地装置，每一引下线的冲击接地电阻不宜大于 10Ω。在土壤电阻率高的地方，可适当增大冲击接地电阻，但在 3000Ωm 以下的地区，冲击接地电阻不应大于 30Ω。

（2）防闪电感应的措施

1）建筑物内的设备、管道、构架、电缆的金属外皮、钢屋架、钢窗等较大金属物和突出屋面的放散管、风管等金属物，均应接到防闪电感应的接地装置上。

金属屋面周边每 18～24m 以内应采用引下线接地一次。

现场浇灌或用预制构件组成的钢筋混凝土屋面，其钢筋网的交叉点应绑扎或焊接，并应每隔 18～24m 采用引下线接地一次。

2）平行敷设的管道、构架和电缆的金属外皮等长金属物，其净距小于 100mm 时应采用金属线跨接，跨接点的间距不应大于 30m；交叉净距小于 100mm 时，其交叉处应跨接。

当长金属物的弯头、阀门、法兰盘等连接处的过渡电阻大于 0.03Ω 时，连接处应用金属线跨接。对有不少于 5 根螺栓连接的法兰盘，在非腐蚀环境下，可不跨接。

3）防闪电感应的接地装置应和电气设备的接地装置共用，其工频接地电阻不应大于 10Ω。屋内接地干线与防雷电感应接地装置的连接不应少于两处。

(3) 防止闪电电涌侵入的措施

1) 室外低压配电线路应全线采用电缆直接埋地敷设，在入户处应将电缆的金属外皮、钢管接到等电位连接带或防闪电感应的接地装置上。架空线应使用一段金属铠装电缆或者护套电缆穿钢管直接埋地引入，其埋地长度不应小于 15m。在电缆与架空线连接处，应装设避雷器，避雷器、电缆的金属外皮、钢管和绝缘子的铁脚、金具等连在一起接地。冲击接地电阻不宜大于 10Ω。

2) 架空金属管道在进出建筑物处，应与防闪电感应的接地装置相连。距离建筑物 100m 内的管道，应每隔 25m 左右接地一次，冲击接地电阻不宜大于 30Ω。并应利用金属支架或钢筋混凝土支架的焊接、绑扎钢筋网作为引下线，其钢筋混凝土基础宜作为接地装置。埋地或者地沟内的金属管道，在进出建筑物处应等电位连接到等电位连接带或防闪电感应的接地装置上。

(4) 当建筑物高于 30m 时，应采取防侧击的措施

1) 应从 30m 起每隔不大于 6m 沿建筑物四周设水平接闪带并应与引下线相连。

2) 30m 及以上外墙上的栏杆、门窗等较大的金属物应与防雷装置连接。

3) 在电源引入的总配电箱处装设过电压保护器。

2. 第二类防雷建筑物的主要保护措施

(1) 防直击雷的措施

1) 建筑物上的接闪杆或者接闪网混合组成接闪器。接闪网的网格尺寸不应大于 10m×10m 或 12m×8m。

2) 至少设两根引下线在建筑物的四周均匀或者对称布置，其间距不应大于 18m。

3) 每一引下线的冲击接地电阻不宜大于 10Ω。防直击雷接地可与防闪电感应电气设备等接地共用同一接地装置，也可与埋地金属管道相连。当不共用、不相连时，两者之间的距离不得小于 2m。在共用接地装置与埋地金属管道相连的情况下，接地装置应围绕建筑物敷设成环形接地体。

4) 敷设在混凝土中作为防雷装置的钢筋或者圆钢，当仅为一根时，其直径不应小于 10mm。被利用作为防雷装置的混凝土构件内有箍筋相连的钢筋时，其截面积总和不应小于一根直径为 10mm 钢筋的截面积。

(2) 防闪电感应的措施

1) 建筑物内的设备、管道、构架等金属物就近接到防直击雷接地装置或电气设备的保护接地装置上，可不另设接地装置。

2) 防闪电感应的接地干线与接地装置的连接不应少于两处。

3) 平行敷设的管道、构架、电缆的金属外皮等长金属物，与第一类防雷建筑物的防雷措施相同。

(3) 防止闪电电涌侵入的措施

1) 低压线路宜全线采用电缆直接埋地敷设，或者在入户端应将敷设在架空金属线槽内的电缆金属外皮、金属线槽接地。架空线应使用一段金属铠装电缆或者护套电缆穿钢管直接埋地引入，其埋地长度不应小于 15m。在电缆与架空线连接处应装设避雷器，避雷器、电缆的金属外皮、钢管和绝缘子的铁脚、金具等连在一起接地，冲击接地电阻不宜大于 10Ω。

2) 在进出建筑物处，架空金属管道，应就近与防雷的接地装置相连。当不连接时，架空管道应接地，距离建筑物 25m 接地一次，冲击接地电阻不宜大于 10Ω。

(4) 当建筑物高于 45m 时，应采取防侧击和等电位连接的保护措施
1) 利用钢柱或者柱子钢筋作为防雷装置引下线。
2) 45m 及以上外墙上的栏杆、门窗等较大的金属物与防雷装置连接。
3) 竖直敷设的金属管道及金属物的顶端和底端与防雷装置连接。

3. 第三类防雷建筑物的主要保护措施

(1) 防直击雷的措施
1) 建筑物上的接闪杆或者接闪网（带）混合组成接闪器。接闪网的网格尺寸不应大于 $20m \times 20m$ 或者 $24m \times 16m$。
2) 至少设 2 根引下线，在建筑物的四周均匀或者对称布置，其间距不应大于 25m。
3) 每一引下线的冲击接地电阻不宜大于 30Ω，公共建筑物不大于 10Ω，其接地装置与电气设备等接地共用，也可与埋地金属管道相连。当不共用、不相连时，两者之间的距离不得大于 2m。在共用接地装置与埋地金属管道相连的情况下，接地装置应围绕建筑物敷设成环形接地体。

(2) 防止闪电电涌侵入的措施

低压线路宜全线采用电缆直接埋地敷设，或者在入户端应将敷设在架空金属线槽内的电缆金属外皮、金属线槽接地。在电缆与架空线连接处应装设避雷器，避雷器、电缆的金属外皮、钢管和绝缘子的铁脚、金具等连在一起接地，冲击接地电阻不宜大于 30Ω。

(3) 当建筑物高于 60m 时，60m 及以上外墙上的栏杆、门窗等较大的金属物与防雷装置相连。

11.4 室内信息系统的雷电防护

从实际雷害来看，雷直接击中信息网络的可能性不大，危害信息系统安全可靠运行的主要原因是雷击电磁效应。当雷击建筑物、建筑物附近地面、交流输电线路以及天空雷云间放电时，所产生的暂态高电位和电磁脉冲能够以传导、耦合感应和辐射等方式沿多种途径侵入室内信息系统。就具体情况而言，雷电侵害信息系统的主要途径有以下几种：

(1) 雷直接击中信息系统所在建筑物防雷装置，引起防雷装置各部位（引下线及接地体）暂态电位的急剧升高，导致对电子设备的反击；

(2) 闪电感应在输电线路上产生过电压，并沿电源线侵入信息系统；

(3) 闪电感应在信号线路上产生过电压，并沿信号线路侵入信息系统；

(4) 雷击时出现的电磁脉冲从空间直接辐射至电子设备。

即使在相距 3km 外发生对地雷击，在一般的通信线上也可能产生高于 1kV 的感应过电压。埋设在地下的电缆也同样会出现闪电感应过电压。例如当入地雷电流为 5kA 时，在入地点附近 5~10m 处的无屏蔽电缆上，一般可以感应出 5~7.5kV 的高电压。用光缆作信息系统的传输线时，光缆中心或外层的金属加强筋（网）上也难以避免出现闪电感应过电压。按简单的安培环路定律来估算（考虑位移电流的影响），在距离无屏蔽计算机 800m 处落一个 100kA 的雷时，该计算机会发生误动；在距离该计算机 83m 处落同样的

雷时，它就会被损坏。实际上，在信息系统或电子设备中，由于所使用的元器件集成度越来越高，信息存贮量越来越大，运算和处理的速度越来越快，而工作电压仅有几伏，信号电流也仅为微安级，因此对外界干扰极为敏感，对雷击电磁脉冲和暂态过电压的耐受性是十分脆弱的。一般来说，当雷电流产生的电磁脉冲或暂态过电压达到某一临界值时，轻则引起信息系统工作失灵（误动、信息丢失、工作特性变坏和运行不稳定等），重则造成整个系统或其元件的毁坏。

11.4.1 防雷区

根据雷击电磁环境的特性，可以将建筑物需要保护的空间由表及里地划分为不同的防雷区，在各个序号防雷区的交界面上，电磁环境有明显的改变。通常，防雷区的序号越大，其中的脉冲电磁场强度也就越小。防雷区的具体划分如下：

1. $LPZO_A$ 区

本区内的各物体都可能受到直接雷击或导走全部雷电流，但本区内的雷击电磁场强度没有受到衰减。

2. $LPZO_B$ 区

本区内的各物体不可能遭到大于所选滚球半径所对应的雷电流直接雷击，但本区内的雷击电磁场强度也没有受到衰减。

3. LPZ_1 区

本区内的各物体不可能遭受直接雷击，流经各导体的雷电流比 $LPZO_B$ 区更小；本区内的电磁场强度可能衰减，这将取决于屏蔽措施。

4. LPZ_{n+1} （$n=1, 2, \cdots$）后续防雷区

当需要进一步减小流入的雷电流和电磁场强度时，应增设后续防雷区，并按照需要保护对象所要求的环境区来选择后续防雷区的要求条件。

将一个建筑物需要保护空间划分为不同防雷区的一般原则如图 11-34 所示。此外，图 11-35 还针对一座建筑物给出了其防雷区划分的具体示例。划分防雷区的实际意义主要在于：

（1）可以估算出各 LPZ 区内雷击电磁脉冲的强度，以确认是否需要采取进一步的屏蔽措施；

（2）可以确定等电位连接的位置（一般在各防雷区交界面上）；

（3）可以确定不同防雷区界面上选用电涌保护器（过电压保护器）的具体指标；

（4）可以选定敏感电子设备的安全放置位置。

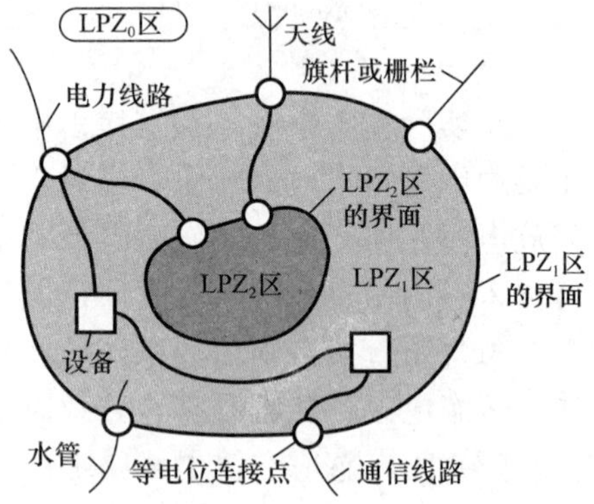

图 11-34 防雷区划分一般原则

11.4.2 屏蔽

从建筑物室内信息系统防雷击电磁脉冲的需要来看，屏蔽措施主要是指采用屏蔽电缆、利用各种人工的屏蔽箱盒、法拉第笼和各种可以利用的自然屏蔽体来阻挡或衰减侵入建筑物信息系统中的雷击电磁脉冲能量，保护信息系统中的电子设备，使其免受雷击电磁脉冲的干扰和损害。由于微电子设备抗雷电电磁干扰的脆弱性，屏蔽措施目前已成为信息系统防雷击电磁脉冲干扰和侵害的重要手段之一，并已得到了广泛的应用。

第11章 建筑物的雷击防护

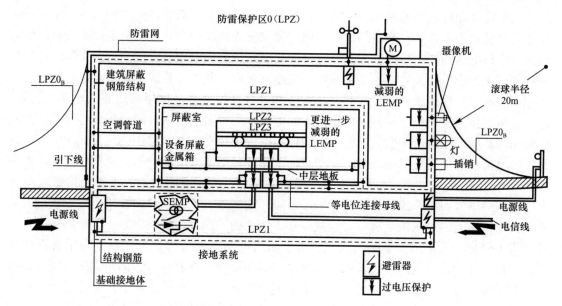

图 11-35 防雷区划分的具体示例

根据电磁场理论,屏蔽是利用屏蔽体来阻挡和减小电磁能量传输的一种技术。屏蔽的目的有两个:一是防止外来的电磁能量进入某一区域,避免这里的敏感电子设备受到干扰;二是限制内部辐射的电磁能量漏出该内部区域,避免电磁干扰影响周围环境。前者称为被动屏蔽,后者称为主动屏蔽,用于建筑物室内信息系统雷击电磁脉冲防护的屏蔽措施一般用于前者。屏蔽作用是通过一个将上述区域封闭起来的壳体,即是用屏蔽体来实现的,这种壳体可做成板式、网状式以及金属编织带式等,其材料可以是导电的、导磁的和介质的,也可以是带有金属吸收填料的。

1. 建筑物自然屏蔽

建筑物(特别是现代高层建筑物)的建筑结构中含有许多金属构件,如金属屋面、金属网格、混凝土钢筋、金属门窗和护栏等,在建造建筑物时,将这些自然金属构件连接,就可以对建筑物构成一个立体屏蔽网。这种自然屏蔽网虽然是格栅稀疏的,但毕竟能对外部侵入的雷击电磁脉冲形成初级屏蔽,使之受到一定程度的衰减,从而有助于减缓对内部信息系统屏蔽要求的压力。在各种钢筋混凝土结构的建筑物中,由于它们的梁、柱、楼板及墙内都有相当数量的纵横钢筋,墙板及楼板中还有钢筋网(网格一般小于 $0.3m \times 0.3m$)。将全楼的梁、柱、楼板及墙板内的全部钢筋连接成一个电气整体,即形成了暗装笼式接闪网。依靠这种笼式接闪网可以对雷击电磁脉冲发挥有限的屏蔽作用,其屏蔽效能在很大程度上取决于钢筋网格的尺寸。另外,将建筑物中的布线井四壁内的结构钢筋每隔一定距离做一圈电气连接,也可起到对布置在井中的线路的初级屏蔽作用。

2. 电源线和信号线的屏蔽

从防雷角度来看,在建筑物内的所有低压电源线和信号线都应采用有金属屏蔽层的电缆,没有屏蔽的导线应穿过钢管,即用钢管屏蔽起来。在分开的建筑物之间的无屏蔽线路应敷设在金属管道内。当采用常见的以金属丝编织层为屏蔽层的电缆时,要注意在布线上避免出现较严重的弯曲,因为金属丝编织层的实际覆盖率是随电缆的弯曲程度不同而不同的。当电缆弯曲时，靠近内半径一侧的金属丝覆盖率很大，而靠近外半径一侧的金属丝覆盖率则显著减小，这样在弯曲部位外侧由于覆盖较为稀疏而会让一部分电磁场透过电缆屏蔽层，使得电线的屏蔽效能下降。通常，电线屏蔽层阻挡电磁脉冲的能力除了与屏蔽层的材料和网眼大小等有关外，还与屏蔽层的接地方式密切相关。就防护感应过电压而言，要求电源线或信号线连续或至少在其首、末两端进行良好接地，即屏蔽层宜采取多点接地。但是，多点接地将不利于对低频电磁干扰的抑制。当屏蔽层做多点接地后，各接地点之间出现由屏蔽层与地构成的电气回路，空间低频电磁干扰在这些回路中感应出低频电流，这种低频电流在电缆屏蔽层中流过时所产生的电磁场可能会有一部分透过屏蔽层，在电缆内部的芯-皮回路中再次感应出低频干扰。为消除这种低频干扰，就需要消除由屏蔽层与地之间构成的电气回路，这就要求电缆的屏蔽层只能做单点接地。然而在采用单点接地方式后，由雷击引起的地电位抬高将可能使得在不接地的一端电位升高并发生危险的反击，这从防雷上将显然又是不安全的。因此，出于防雷可靠性的考虑，当低频电磁干扰不严重时，在需要保护的空间内，屏蔽电缆应至少在其两端以及在其所穿过的防雷区界面处做接地；当低频电磁干扰严重时，可以将屏蔽电缆穿入金属管内此外双层屏蔽电缆的内屏蔽层可不接地或只做一端接地，这样既可保证安全，又能兼顾抗低频电磁干扰的要求。

在一些信号传输网络中，可以在两个单元电路之间插入一个光耦合器来阻断由这两个电路接地端所形成的回路。在电磁脉冲干扰特别强的地方，可采用防雷屏蔽电缆（见图 11-36）或光纤。

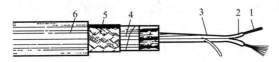

图 11-36 防雷屏蔽电缆
1—铜导体（细线）；2—PE 绝缘层；
3—含附加接地线屏蔽层；4—塑料带裹层；
5—铜线编制层；6—PVC 外套

3. 设备屏蔽

凡含有对电磁脉冲干扰敏感的微电子设备和仪器，特别是那些高精尖的信息处理设备，都应采用连续的金属层加以闭封起来，进入仪器及设备的电源线和信号线以及它们之间的传输线均应采用屏蔽电缆或穿金属管进行屏蔽。在信号线或传输线电缆的两端应保持其屏蔽体（如金属外壳）具有良好的电气接触，电源线的屏蔽层也应如此，以便能构成一个完整的屏蔽体系。对于那些起关键性作用的仪器或设备群应考虑放在屏蔽室里。对于重要的计算机系统，也应加强其屏蔽措施，可根据实际需要采用单个设备屏蔽和整个机房屏蔽等方式。

11.4.3 均压

在防止建筑物内电子设备遭受雷电高压反击方面，均压措施起着十分重要的作用。将建筑物内不同的电缆外屏蔽层、设备外壳、金属构件和进出建筑物的金属管道通过电气搭接连接在一起，形成一个电气上的连续整体，能够有效地避免在不同金属物之间出现过高的暂态电位差，从而可以防止雷电高压反击的发生，以维护设备的安全运行。当然，作为建筑物内信息系统防雷措施之一，均压措施还需要与屏蔽、接地和箝位保护措施配合使用，才能收到好的雷电防护效果。

1. 电位均衡

当雷击于建筑物的防雷装置时，防雷装置中各部位暂态电位的升高可能会对其周围的金属物发生反击，损坏设备。如图 11-37 所示，当雷击于建筑物防雷装置时，有部分雷电流经引下线 ABC 流入大地，在此过程中，由于 BC 段引下线电感和接地电阻的存在，使得 B 点的暂态电位升高，此时浮地或在远处接地的电子设备金属外壳尚处于近似零电位，当 B、C 之间的暂态电位超过此处空气间隙的绝缘耐受强度时，引下线与设备之间就会出现放电击穿，即设备受到雷电反击。如果预先在引下线与设备的金属外壳 B、D 之间用导体连接起来，则在雷击时引下线的 B 点将与设备的金属外壳之间保持等电位，这样在两者之间就不会出现放电击穿，这就是均压的基本原理。

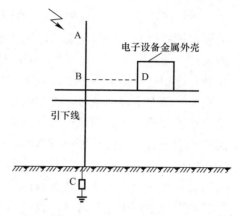

图 11-37 均压原理的说明

实际上，将钢筋混凝土建筑物中的钢筋和金属构件进行电气连接，形成一个笼式接闪网，它不仅具有屏蔽作用，而且也具有均压作用。在笼式接闪网受雷击接闪后，由于其整个笼网在电气上的连贯性，使其各个部位之间不会出现高的暂态电位差，这种做法实质上就是在利用建筑物自身的自然条件进行电传均衡，以防止建筑物中各金属构件之间发生雷电反击。为了保证建筑物内信息系统免受反击的危害，就需要对电子设备及其所联系的电源线和信号通信线路采取均压措施，即将设备外壳和线路外屏蔽层与建筑物中接地金属构件进行电气连接，实现电位均衡，如图 11-38 所示。经过这样的电位均衡之后，就可以有效地限制设备与构件和设备与设备之间的暂态电位差，从而避免在这些地方发生反击。

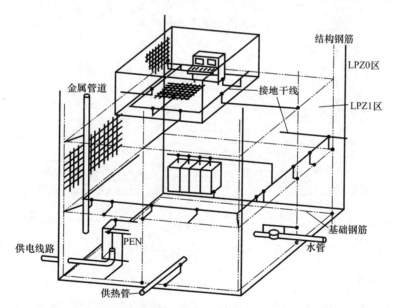

图 11-38 建筑物内电子设备与接地构件的等电位连接

对于进出建筑物的电源线和信号线等，它们内部的各带电导体也需要加以暂态电位均衡，因为雷击时导线与屏蔽层以及导体之间均有可能出现暂态电位差，这些暂态电位差会对线路的绝缘以及与线路端接的电子设备造成损害。但是，在未发生雷击的正常运行情况下，这些线路中的带电导体或者要输送电能，或者要传输信号，不能直接进行电气连接，否则将造成短路，妨碍它们的正常运行。为此，可在各线路中的带电导体上采用避雷器或电涌保护器以及保护间隙来与建筑物的防雷接地的构件进行电气连接，实施暂态均压，如图 11-39 所示。在发生雷击时，带电导体与其他部分之间将出现高的暂态电位差，使得与这些导体相连的保护器件动作限压，呈现出接近于短路的电气连接，于是就实现了暂态电位均衡。而在雷击结束后，线路恢复正常运行，由于带电导体的工作电压相对很低，不足以使保护器件动作，则保护器此后将呈现开路状态，这就不会影响带电导体的正常供电或信号传输。为了进行这种暂态均压，现在已开发出专用的均压连接器，供不同类型的线路保护使用。另外，在某些情况下，出于防止地网中杂散电流和暂态电流干扰的目的，少数大型计算机系统可能要求其逻辑接地与建筑物的防雷接地网分开，引到建筑物外一定距离的接地网上。对于这些情况，也可以采用避雷器或保护间隙将这两个接地网连接起来，即将逻辑接地线在入户处用避雷器或保护间隙与建筑物接地网相连，这样在雷击建筑物时将首先使建筑物的接地网电位抬高，通过避雷器动作或保护间隙放电来使两个接地网进行暂态均压。这一做法也常称为暂态共地。在雷击暂态过程结束后，避雷器或保护间隙将恢复到开断状态，使这两个地网在电气上分离，从而可以使电流干扰不会通过地网传递到计算机系统中去。

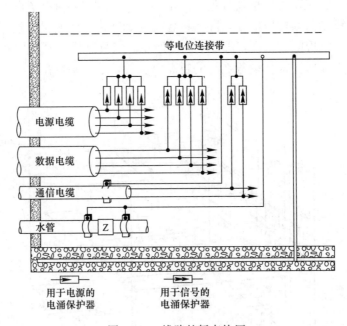

图 11-39 线路的暂态均压

2. 等电位连接

均压措施是通过等电位连接来实施的。通常，所有进入建筑物的外来金属管道、电源线和信号通信线等在穿过各防雷区时，均应在各区的交界面处做等电位连接，以预防闪电感应及闪电侵入波沿这些途径进入信息系统。图 11-40 为一个防雷区界面处等电位连接的示意，电源线和信号线从某一处进入被保护空间 LPZ1 区，它们首先在设于 $LPZ0_A$ 区或 $LPZ0_B$ 区与 LPZ1 区界面处的等电位连接带 1 上做等电位连接。连接后在设于 LPZ1 区与 LPZ2 区的界面处的内部等电位连接带 2 上再做等电位连接。当外来的金属管道和电源线与信号线从不同地点进入建筑物时,宜设若干条等电位连接带,以供各管道和线路进行等电位连接。各等电位连接带宜就近连到环形接地体、内部环形条体或此类的钢筋上。

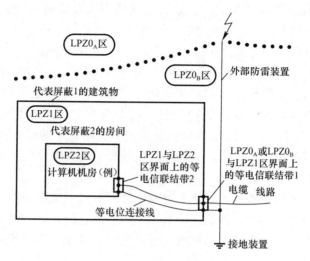

图 11-40　防雷区界面处的等电位连接

在一个防雷区内部的金属物和系统均应在界面处做等电位连接。信息系统中的各种箱体、壳体和机架等金属组件与建筑物的共用接地系统的等电位连接应采用 S 型星形结构和 M 型网形结构两种基本等电位连接网络,如图 11-41 示。当采用 S 型等电位连接时,信息系统中的所有金属组件,除了等电位连接点外,应与共用接地系统的各组件有大于 1.2/$50\mu s$、10kV 的绝缘强度。这里加强绝缘强度的目的在于使外来干扰电流不能进入所涉及的信息系统设备。一般来说,S 型等电位连接网络可以用于相对较小、限定于局部的信息

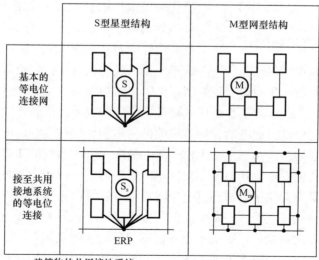

图 11-41　信息系统等电位连接的基本方式

系统，且所有设施管线和电缆宜从接地基准点 ERP 附近进入该信息系统。S 型等电位连接网络应仅通过唯一的一点，即接地基准点 ERP 组合到建筑物的共用接地系统上去，以形成 S_s 型等电位连接（见图 11-41）。在这种连接情况下，设备之间的所有线路和电缆当无屏蔽时宜按星形结构与各等电位连接线平行敷设，以免产生感应回路。对于那些用于限制从线路侵入暂态过电压的电涌保护器，应合理选定其引线连接点，使得它们被连接在这些点上后，能够向被保护的设备提供最小的电涌残压水平。当采用 M 型等电位连接网络时，一个信息系统的各金属组件不应与建筑物共用接地系统中各组件绝缘。M 型等电位连接网络应通过多点连接组合到建筑物的公共接地系统上去，并形成 M_m 型等电位连接（见图 11-41）。在一般场合下，M 型等电位连接网络宜用于延伸较大的开环信息系统，而且设备之间敷设许多条线路和电缆，设施和电缆从若干处进入该信息系统。

11.4.4 箝位

箝位保护措施主要用于防止雷电暂态过电压侵害信息系统中的电子设备。闪电侵入波主要是从电源线和信号线等途径侵袭到信息系统中去的，所以必须在这些线路上采取箝位保护措施，以便对沿线路袭来的暂态过电压进行有效的抑制，使得与线路端接的电子设备免受损坏。

1. 对电涌保护器（SPD）的基本要求

箝位保护措施主要是通过在电子设备的电源线和信号线侧设置电涌保护器来实施的，如图 11-42 所示。当闪电侵入波沿电源线或信号线袭来时，电涌保护器将动作限压，对闪电侵入波过电压加以抑制，使电子设备得以保护。用于电源线保护的电涌保护器与用于信号线保护的电涌保护器分别被简称为电源系统保护器和信号系统保护器，虽然它们在性能上有不少差别，但从对雷电暂态过电压抑制的作用来看，仍存在着一些共同之处。以下将介绍这两类保护器的一些共同性的基本要求。

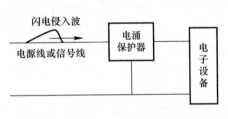

图 11-42 电涌保护器的设置

（1）电涌保护器在接入线路后不应妨碍所在系统的正常运行，也就是说电涌保护器接入后对系统正常运行所产生的影响要限制到可以忽略的程度。根据这一要求，电涌保护器中的纵向并联元件在线路正常工作电压（要考虑一定的偏差裕度）作用下应呈现出接近于开路状态下非常大的阻抗；而电涌保护器中的横向串联元件应在线路的正常工作频率下呈现出很小的阻抗，在通过线路的正常工作电流时横向元件上出现的压降可以忽略，这样才能保证线路上正常传输的电流和电压不会因电涌保护器接入而产生不可接受的变化。

（2）电涌保护器在抑制雷电暂态过电压时应具有良好的箝位效果，即保护器在动作限压后的箝位电压（也就是其残压）水平应低于被保护电子设备的耐受电压水平。如果箝位电压超过了电子设备的耐受值，则电子设备将不能耐受而被损坏。

（3）在抑制暂态过电压时，电涌保护器应能迅速动作限压，即从过电压达到保护器的标称动作电压值起到保护器实际动作时的这段动作延时要尽可能小。因为对一定波形的雷电暂态过电压来说，如果这种动作延时大，则在保护器动作之前加于被保护电子设备的暂态电压已相当高，这就会使得在保护器尚未动作之前电子设备可能已被损坏。保护器的动作延时对于那些耐压脆弱的微电子设备来说是特别重要的。

第 11 章　建筑物的雷击防护

（4）在遇到保护设计允许的最严重暂态过电压情况下，电涌保护器自身应能安全耐受，而不致被过电压所损坏。要达到这一要求，就需要保护器具有足够的通流容量，能够在设计允许的最严重过电压情况下充分吸收过电压的能量，而其自身不致发生过热损坏或出现明显的性能退化。

（5）当雷击时，被保护设备和系统所受到的电涌电压是 SPD 的最大箝位电压加上其两端引线的感应电压，如图 11-43 所示，$U \approx U_{L1} + U_P + U_{L2}$。

雷击电磁脉冲能使引线上感应出很高的电压。为使最大电涌电压足够低，其两端的引线应做到最短，总长不超过 0.5m。在实际工程中，配电柜的生产厂应注意这一点，如果进线母线在柜顶，可将 SPD 装于配电柜的上部，并与柜内最近的接地母线连接，如果确实有困难，可采用如下的两种连线方式，见图 11-44。

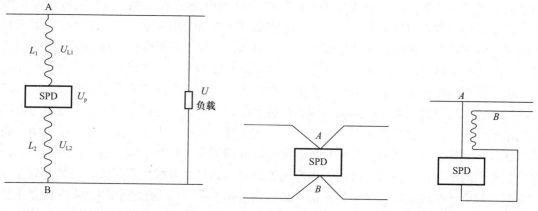

图 11-43　被保护设备承受的电压　　　　图 11-44　引线最短的两种接法

（6）当线路上多处安装 SPD 时，为获得最佳的保护效果，通常利用第一级保护承受高电压和大电流，并能快速灭弧，第二级用来降低残压。为了使上一级 SPD 有足够的时间泄放更多的雷电能量，避免在上一级 SPD 还没有动作时感应闪电电涌到达下级 SPD，造成下级 SPD 承受更多的雷电能量并提前动作，不仅不能有效保护设备，甚至导致自身烧毁。因此，两级 SPD 应有足够大的间距进行配合。一般情况下，无准确数据时，电压开关型 SPD 与限压型 SPD 之间线路长度不宜小于 10m，限压型 SPD 之间的线路长度不宜小于 5m。

（7）在抑制雷电暂态过电压结束后，电涌保护器应能有效地切断工频续流，尽快恢复到动作前的开路状态。这一要求对那些含间隙（保护间隙和放电管）的保护器来说是十分重要的。

2. 电源保护

将电源保护器安装在电子设备的电源线侧，对沿线路袭来的雷电暂态过电压进行抑制，这就构成了电源保护的基本模式。从电路结构上看，电源保护器可以分为单级和多级结构。单级保护器一般是一个保护元件或是与其他元件的组合，如图 11-45 所示。在单级保护支路中串入熔断器起过电

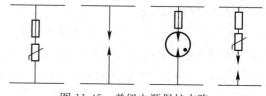

图 11-45　单级电源保护支路

流保护作用，用于防止保护元件在抑制异常严重过电压时被烧毁。在图 11-45 中，将压敏电阻与保护间隙串联的目的是为了有效地切断工频续流和抑制正常时的泄漏电流，此处的保护间隙也可以换成放电管。图 11-46 给出了一个三相线路的单级保护电路。单级保护只能对雷电暂态过电压进行一次性抑制，应该说，在许多保护要求不太高的场合它们是可以胜任的，但在一些保护要求较高的场合它们将难以满足对那些脆弱电子设备的保护要求，这时就需要采用多级保护。最简单的多级保护器只包含两级，即两级保护电路，这也是最常用的一种保护器，其原理电路见图 11-47。在两级保护器中，第一级保护元件主要用于泄放雷电暂态过电压作用下产生的暂态过电流，将大部分暂态过电压能量旁路泄放掉；第二级保护元件是用于电压箝位，进一步将暂态过电压抑制到后面被保护电子设备可以耐受的水平。介于第一级与第二级之间的串联元件称为退耦元件，其作用是协调第一级和第二级之间的保护特性配合。第一级保护元件的动作电压应高于第二级，其通流容量应足够大，以耐受其所泄放的暂态大电流。当雷电暂态过电压沿线路袭来时，由于第二级保护元件的动作电压较低，它将首先动作限压，于是退耦元件和第二级保护元件中就有暂态电流流过，电流在退耦元件上产生的压降与第二级保护元件上残压之和将加于第一级保护元件上，促使第一级保护元件尽快动作。当第一级动作后，暂态电流主要由它来泄放，而第二级此时将进一步限制经第一级抑制后的剩余过电压，并将这一电压箝位到电子设备可以接受的水平。第一级保护元件可以用保护间隙和放电管，但比较理想的元件是压敏电阻，而第二级保护元件比较合适的选择也是压敏电阻。退耦元件可以是电阻，也可以是电感，还可以是它们的串联体。退耦元件的参数应选得适当，如果该参数选得过大，虽然可以在暂态抑制过程中产生较大的压降来促使第一级尽快动作泄流，但在暂态抑制结束并恢复正常后，退耦元件在线路正常工作电流流过时产生的压降也比较大，从而会影响到后面被保护电子设备的正常电源电压。如果该参数值被选得过小，虽然有利于正常运行情况，但将不利于暂态抑制时改善第一级的动作特性。

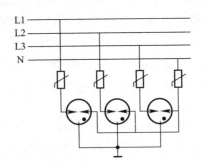

图 11-46 三相线路的单级保护

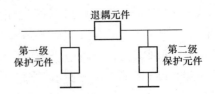

图 11-47 两级保护器的原理电路

工程中，安装电源侧 SPD 应注意以下几个问题：

(1) SPD 通流容量

如图 11-48 所示，因为已要求在线路由室外引入时作等电位连接，故认为从外部防雷装置引下的雷电流中有 50% 进入防雷接地体，另 50% 进入作等电位连接的各种管线，并且这些管线均分这剩下的 50% 电流。设从外部引下的雷电流为 i，该值可根据建筑物的防雷类别查出。进入各管线的电流 $i_s = 0.5i$，设管线的总数为 n，则进入每一管线

（包括电线或电缆）的电流为 $i_i=i_s/n=0.5i/n=i/2n$。若一路电缆有 m 芯，则每芯电流为 $i_v=i_i/m=i/2mn$。这是电缆无屏蔽的情况。若有屏蔽层，则绝大多数电流将沿屏蔽层流走，一般有屏蔽层时电流按 $30\% i_v$ 计算。

（2）两级保护距离

在一般情况下，当在线路上多处安装 SPD 且无准确数据时，电压开关型 SPD 与限压型 SPD 之间的线路长度不宜小于 10m，限压型 SPD 之间的线路长度不宜小于 5m。

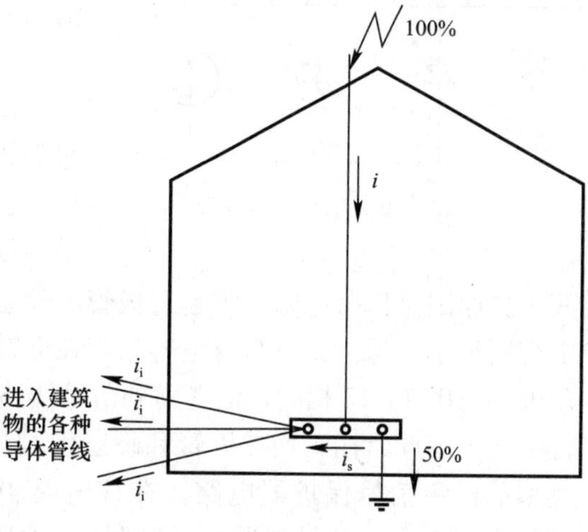

图 11-48 雷电流的分配

这一条是根据两级 SPD 级间配合的原则定出的。首先，上一级的保护水平 U_P 和通流容量应大于下一级。其次，为使上级 SPD 泄放更多的能量，必须延迟闪电电涌到达下级的时间，否则会使下级 SPD 启动过早，因遭受过多的闪电电涌能量而不能保护设备，甚至烧毁自己。故上、下级在启动时间上应有所配合。因闪电电涌是一行波，上、下级之间的距离也就决定了动作的先后时间差。一般选择安装电压开关型 SPD 的地方，都是雷电流较大处，故电压开关型 SPD 与限压型 SPD 间的启动时间差应长一些，距离相应较长。而同为限压型的 SPD，其上级安装处的雷电流一般不会很大，可允许启动时间差短一些，距离相应也较短。

（3）SPD 自身的保护

SPD 在工作过程中，其自身的安全也是有可能受到威胁的，其威胁主要来自以下两个方面：

1）工频过电压。因 SPD 是防瞬态过电压的，过电压持续时间为 μs 级，而工频过电压的持续时间在 ms 级以上，工频过电压的能量远大于瞬态过电压，甚至能持续供给，故它很容易烧毁 SPD。防护的方法是选用较高持续运行电压 U_C 的 SPD，当然这又受到保护水平 U_P（电压保护级别，相当于避雷器的残压）的制约。

2）短路。在工频过电压下，或者在瞬态电压过去后正常工频电压作用下，SPD 都可能发生短路，这时应由过电流保护电器对其进行保护。保护 SPD 的过电流保护电器可以是熔断器或断路器等，但它们应能耐受瞬态放电冲击电流，并且在瞬态冲击电流作用下不动作。

另外，还应考虑安装环境对 SPD 寿命的影响，如在潮湿环境中应选用具有耐湿性能的 SPD 等。

SPD 自身的安全性并不只是其自身是否损坏的问题，因为很多时候 SPD 受到损坏时，我们并不知道。因此，对于一些重要的应用场所，可选择有遥信接点的 SPD，通过附加一个远程指示模块，可显示 SPD 的各种状态，如正常、故障、老化需要更换等，以便于维护管理。

3. 信号保护

与电源保护模式相仿，信号保护就是在电子设备的信号线上设置信号保护器，以抑制

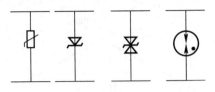

图 11-49 单级信号保护支路

沿信号线侵入的雷电暂态过电压。

(1) 信号保护器的结构

信号保护器的结构也分为单级和多级，单级信号保护器的电路如图 11-49 所示，其中压敏电阻、雪崩二极管和瞬态二极管一般用于保护频率不太高的信号线路，而放电管则适合于保护高频信号线路。其主要原因是压敏电阻、雪崩二极管和瞬态抑制二极管等均具有较大的电容，而放电管的电容则很小，保护元件自身电容的存在会畸变正常传输的高频信号。两级信号保护器的原理电路与图 11-47 相同，但考虑到信号线路的保护特点，第二级保护元件应具有较低的箝位电压，因此常用雪崩二极管和瞬态抑制二极管之类的保护元件。图 11-50 给出了一种典型的两级信号保护器电路。在该电路中，第一级放电管也可用压敏电阻来替代（对于频率不太高的信号线路），该图的保护原理与以上介绍的两级电源保护器基本相同。将两个如图 11-50 所示的电路组合起来，可构造出用于平衡数据线保护的两级保护电路，如图 11-51 所示。在许多情况下，两级保护支路可以分开设置，两级之间相距一定的距离，如图 11-52 所示的计算机接口保护电路，就是一种典型的情况。有时也将用于泄流的第一级称为粗保护级，将用于箝位的第二级称为细保护级。

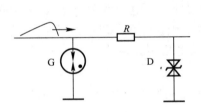

图 11-50 两级信号保护电路

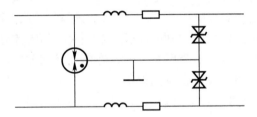

图 11-51 平衡数据线的两级保护电路

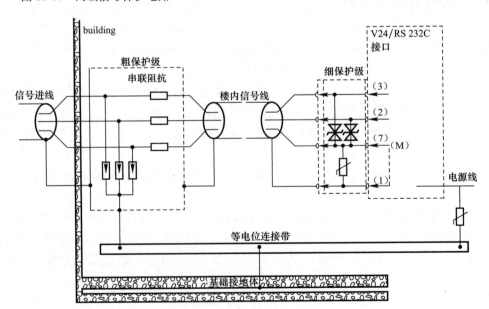

图 11-52 计算机接口保护电路

(2) 信号线路防雷设计要求

1) 专用数据传输线电涌保护器的限制电压一般应小于 50V。
2) 电涌保护器的输入、输出阻抗应与传输线路阻抗相匹配。
3) 电涌保护器的插入损耗 $A_e \leqslant 0.5\text{dB}$。
4) 电涌保护器的接口应与被保护设备的接口一致。
5) 接入 SPD 后对数据传输的速率、误码率等无任何不良影响。
6) 在 LPZ1 区以内，数据传输线有效长度 $L<10\text{m}$ 的情况下可以不安装 SPD，反之，需在传输线两端设备连接处分别安装电涌保护器。
7) 信号电涌保护器的响应时间应在纳秒级。
8) 电涌保护器级数，一般情况下安装一级保护就够了，因为信号电涌保护器内部线路都有两级至三级保护电路设计。但是当调制解调器（Modem）传输线在 LPZ0 区内传输距离较长（$L \geqslant 50\text{m}$）时，就需要在调制解调器与主机之间增加第二级电涌保护器进行加强保护。电涌保护器的通流容量应根据设备所在的防雷区、雷击电磁脉冲强度和网络节点距离，通过计算来确定。如果计算有困难，可参考表 11-5 选择。

表 11-5 LPZ1 区节点距离和通流容量关系

节点距离（无中继）/m	通流容量（8/20μs）/kA
10～50	0.5～1
50～100	1～3
100～300	3～5

思 考 题

11-1 闪电感应过电压防护和直击雷防护相比有哪些特点？具体措施有哪些？

11-2 避雷器的常用种类和主要参数有哪些？

11-3 试述氧化锌避雷器的工作原理。它的主要优点是什么？

11-4 电涌保护器是如何分类的？分为哪几类？各适用于什么场所？

11-5 限压型电涌保护器的工作原理是什么？

11-6 信号线路和电源线路电涌保护器在安装上分别应注意哪些问题？

11-7 在电源线路防雷设计中，如何选择电涌保护器的通流容量、残压和最大持续运行电压？

11-8 假设一幢属于第二类防雷建筑物的信息大楼，从室外引入电力线和信号线。电力线为 TN-C 系统，在入口等电位连接界面处，即电力线路的总配电箱上装设三只 SPD，自此之后将 PE 与 N 线分开，改为 TN-C-S 系统。试选用所安装的 SPD。

11-9 某厂有一座第二类防雷建筑物，高 15m，其屋顶最远的一角距离高 50m 的烟囱 10m 远，烟囱上装有一支 3m 高的接闪杆，试计算此接闪杆能否保护该建筑物。

附录　各种灯具的光度参数

TBS168/236M2 型嵌入式高效格栅灯具光度参数　　　附表 1

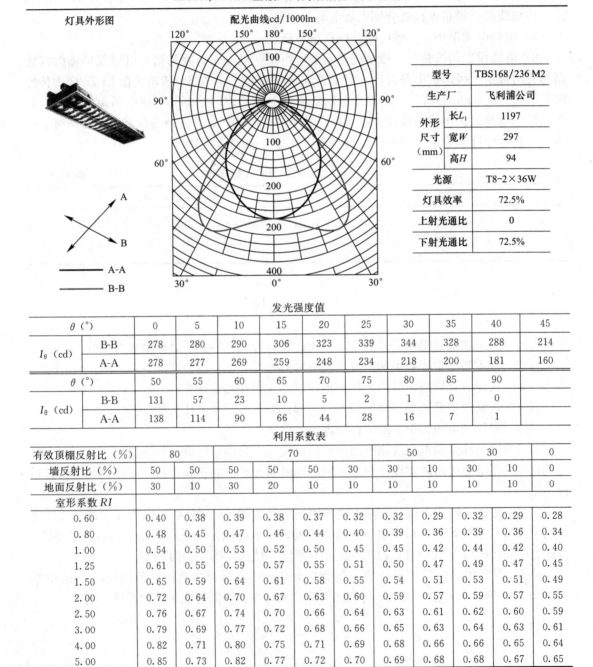

型号	TBS168/236 M2
生产厂	飞利浦公司
外形尺寸(mm) 长L_1	1197
宽W	297
高H	94
光源	T8-2×36W
灯具效率	72.5%
上射光通比	0
下射光通比	72.5%

发光强度值

θ (°)		0	5	10	15	20	25	30	35	40	45
I_θ (cd)	B-B	278	280	290	306	323	339	344	328	288	214
	A-A	278	277	269	259	248	234	218	200	181	160
θ (°)		50	55	60	65	70	75	80	85	90	
I_θ (cd)	B-B	131	57	23	10	5	2	1	0	0	
	A-A	138	114	90	66	44	28	16	7	1	

利用系数表

有效顶棚反射比（%）	80			70			50		30		0
墙反射比（%）	50	50	50	50	50	30	30	10	30	10	0
地面反射比（%）	30	10	30	20	10	10	10	10	10	10	0
室形系数 RI											
0.60	0.40	0.38	0.39	0.38	0.37	0.32	0.32	0.29	0.32	0.29	0.28
0.80	0.48	0.45	0.47	0.46	0.44	0.40	0.39	0.36	0.39	0.36	0.34
1.00	0.54	0.50	0.53	0.52	0.50	0.45	0.45	0.42	0.44	0.42	0.40
1.25	0.61	0.55	0.59	0.57	0.55	0.51	0.50	0.47	0.49	0.47	0.45
1.50	0.65	0.59	0.64	0.61	0.58	0.55	0.54	0.51	0.53	0.51	0.49
2.00	0.72	0.64	0.70	0.67	0.63	0.60	0.59	0.57	0.59	0.57	0.55
2.50	0.76	0.67	0.74	0.70	0.66	0.64	0.63	0.61	0.62	0.60	0.59
3.00	0.79	0.69	0.77	0.72	0.68	0.66	0.65	0.63	0.64	0.63	0.61
4.00	0.82	0.71	0.80	0.75	0.71	0.69	0.68	0.66	0.66	0.65	0.64
5.00	0.85	0.73	0.82	0.77	0.72	0.70	0.69	0.68	0.68	0.67	0.65

TBS278/414M2 型嵌入式高效格栅灯具光度参数

附表 2

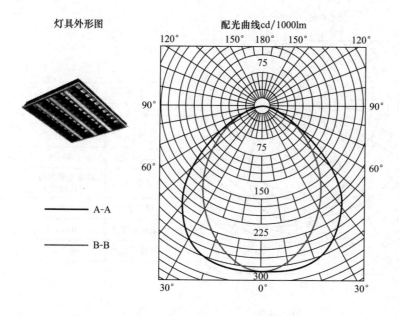

型号	TBS278/414 M2
生产厂	飞利浦公司
外形尺寸(mm) 长L_1	597
外形尺寸(mm) 宽W	597
外形尺寸(mm) 高H	52
光源	T5-4×14W
灯具效率	71.1%
上射光通比	0
下射光通比	71.1%

发光强度值

θ (°)		0	2.5	7.5	12.5	17.5	22.5	27.5	32.5	37.5	42.5
I_θ (cd)	B-B	294	294	285	273	259	243	224	204	181	158
	A-A	294	293	295	297	295	287	277	262	243	219

θ (°)		47.5	52.5	57.5	62.5	67.5	72.5	77.5	82.5	87.5	90
I_θ (cd)	B-B	134	109	85	62	42	29	20	10	3	1
	A-A	191	150	98	53	31	20	12	7	3	1

利用系数表

有效顶棚反射比(%)	80			70			50		30		0
墙反射比(%)	50	50	50	50	50	30	30	10	30	10	0
地面反射比(%)	30	10	30	20	10	10	10	10	10	10	0
室形系数 RI											
0.60	0.37	0.35	0.36	0.35	0.35	0.30	0.30	0.27	0.29	0.27	0.25
0.80	0.44	0.42	0.44	0.42	0.41	0.37	0.36	0.33	0.36	0.33	0.32
1.00	0.50	0.47	0.49	0.48	0.46	0.42	0.41	0.38	0.41	0.38	0.37
1.25	0.56	0.51	0.55	0.53	0.51	0.47	0.46	0.43	0.46	0.43	0.42
1.50	0.60	0.55	0.59	0.57	0.54	0.51	0.50	0.47	0.49	0.47	0.45
2.00	0.67	0.60	0.65	0.62	0.59	0.56	0.55	0.53	0.54	0.52	0.51
2.50	0.71	0.63	0.69	0.65	0.62	0.59	0.58	0.56	0.57	0.56	0.54
3.00	0.74	0.65	0.72	0.68	0.64	0.62	0.61	0.59	0.60	0.58	0.57
4.00	0.77	0.67	0.75	0.70	0.66	0.64	0.63	0.62	0.62	0.61	0.59
5.00	0.79	0.68	0.77	0.72	0.67	0.66	0.65	0.64	0.64	0.63	0.61

FBH058/218 型嵌入式筒灯光度参数　　附表3

灯具外形图

- A-A
- ····· B-B

配光曲线 cd/1000lm

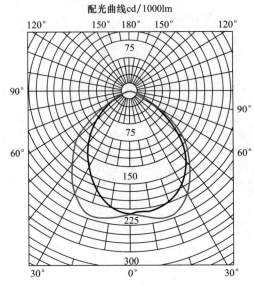

型号	FBH058/218
生产厂	飞利浦公司
外形尺寸 (mm) ϕ	190
外形尺寸 (mm) 长 L_1	97
光源	紧凑型荧光灯 2×18W
灯具效率	61.2%
上射光通比	0.6%
下射光通比	60.7%

发光强度值

θ (°)		0	6	12	18	24	30	36	42	48	54	60	66	72	78	84	90
I_θ (cd)	B-B	220	225	232	235	228	211	188	162	141	100	51	17	7	3	1	0
	A-A (90°)	220	216	216	212	204	191	176	155	125	86	49	20	7	3	1	1
	A-A (270°)	22	215	206	192	175	155	136	119	97	67	35	16	8	4	2	0

θ (°)		96	102	108	114	120	126	132	138	144	150	156	162	168	174	180	
I_θ (cd)	B-B	0	0	0	0	0	0	0	0	0	0	0	0	0	0	0	
	A-A (90°)	1	1	1	0	0	0	0	0	0	0	0	0	0	0	0	
	A-A (270°)	0	0	0	1	1	1	1	1	1	0	0	0	0	0	0	

利用系数表

有效顶棚反射比 (%)	80		70				50		30		0
墙反射比 (%)	50	50	50	50	50	30	30	10	30	10	0
地面反射比 (%)	30	10	30	20	10	10	10	10	10	10	0
室形系数 RI											
0.60	0.28	0.27	0.28	0.27	0.27	0.23	0.23	0.21	0.23	0.21	0.20
0.80	0.34	0.32	0.34	0.33	0.32	0.29	0.28	0.26	0.28	0.26	0.25
1.00	0.39	0.36	0.38	0.37	0.36	0.33	0.32	0.30	0.32	0.30	0.29
1.25	0.43	0.40	0.43	0.41	0.39	0.37	0.36	0.34	0.36	0.34	0.33
1.50	0.47	0.42	0.46	0.44	0.42	0.39	0.39	0.37	0.38	0.37	0.35
2.00	0.51	0.46	0.50	0.47	0.45	0.43	0.42	0.41	0.42	0.40	0.39
2.50	0.54	0.48	0.53	0.50	0.47	0.45	0.45	0.43	0.44	0.43	0.42
3.00	0.56	0.49	0.55	0.51	0.49	0.47	0.46	0.45	0.45	0.44	0.43
4.00	0.58	0.51	0.57	0.53	0.50	0.49	0.48	0.47	0.47	0.46	0.45
5.00	0.60	0.51	0.58	0.54	0.51	0.50	0.49	0.48	0.48	0.47	0.46

附录 各种灯具的光度参数

嵌入式线型荧光灯具光度参数   附表 4

灯具外形图

配光曲线 cd/1000lm

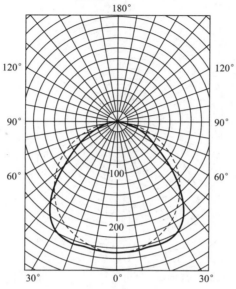

——— A-A
- - - - B-B

型号		FAC41610PH
生产厂		松下公司
外形尺寸(mm)	长 L_1	1250
	宽 W	115
	高 H	103
光源		松下高效荧光灯 e—Hf—1× 45W(T8)
遮光角		30°
灯具效率		72%
上射光通比		0
下射光通比		72%
最大允许距高比 L/h	A-A	1.36
	B-B	1.41

发光强度值

θ(°)		0	5	10	15	20	25	30	35	40	45	50	55	60	65	70	75	80	85	90
I_θ (cd)	C0°,C180°	248.0	246.1	245.8	243.6	244.9	242.6	235.8	220.9	197.3	166.4	134.5	104.1	79.9	64.9	47.2	31.5	19.4	8.3	0.4
	C90°,C270°	248.0	244.7	241.0	236.5	229.6	220.4	210.5	199.3	185.7	169.8	152.5	133.2	113.9	94.6	73.0	50.4	28.8	9.2	0.6

利用系数表

有效顶棚反射比(%)	80				70				50				30				0
墙反射比(%)	70	50	30	10	70	50	30	10	70	50	30	10	70	50	30	10	0
地面反射比(%)	10				10				10				10				0
室形系数 RI																	
0.6	0.41	0.33	0.27	0.23	0.41	0.32	0.27	0.23	0.39	0.32	0.27	0.23	0.37	0.31	0.26	0.23	0.22
0.8	0.49	0.41	0.35	0.31	0.48	0.40	0.35	0.31	0.46	0.39	0.35	0.31	0.44	0.39	0.34	0.31	0.30
1.0	0.54	0.46	0.41	0.37	0.53	0.46	0.41	0.37	0.51	0.45	0.40	0.37	0.49	0.44	0.40	0.36	0.35
1.25	0.58	0.52	0.47	0.43	0.57	0.51	0.46	0.42	0.55	0.50	0.45	0.42	0.53	0.48	0.45	0.42	0.40
1.5	0.61	0.55	0.50	0.47	0.60	0.54	0.50	0.46	0.58	0.53	0.49	0.46	0.56	0.52	0.48	0.46	0.44
2.0	0.65	0.60	0.56	0.53	0.64	0.59	0.56	0.52	0.62	0.58	0.55	0.52	0.60	0.57	0.54	0.51	0.50
2.5	0.68	0.63	0.60	0.57	0.66	0.63	0.59	0.56	0.64	0.61	0.58	0.56	0.62	0.60	0.57	0.55	0.53
3.0	0.69	0.66	0.62	0.60	0.68	0.65	0.62	0.59	0.66	0.63	0.61	0.58	0.64	0.62	0.60	0.58	0.56
4.0	0.71	0.69	0.66	0.64	0.70	0.68	0.65	0.63	0.68	0.66	0.64	0.62	0.67	0.65	0.63	0.61	0.59
5.0	0.73	0.70	0.68	0.66	0.72	0.70	0.67	0.66	0.70	0.68	0.66	0.65	0.68	0.66	0.65	0.64	0.62
7.0	0.74	0.72	0.71	0.69	0.73	0.72	0.70	0.69	0.71	0.70	0.69	0.68	0.69	0.68	0.67	0.66	0.64
10.0	0.75	0.74	0.73	0.72	0.74	0.73	0.72	0.71	0.73	0.72	0.71	0.70	0.71	0.70	0.69	0.68	0.66

嵌入式方型荧光灯具（白色格栅式）光度参数　　　附表 5

灯具外形图

配光曲线 cd/1000lm

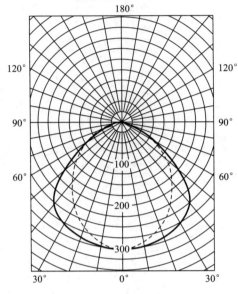

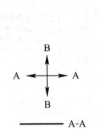

—— A-A
------ B-B

型号		FAC22620PH
生产厂		松下公司
外形尺寸（mm）	长 L_1	600
	宽 W	600
	高 H	—
光源		松下高效荧光灯 e—Hf—2×32W（T8）
灯具效率		74%
上射光通比		0
下射光通比		74%
最大允许距高比 L/h	A-A	1.38
	B-B	1.16

发光强度值

θ (°)	0	5	10	15	20	25	30	35	40	45	50	55	60	65	70	75	80	85	90
I_θ (cd) C0°,C180°	298.0	294.9	293.2	288.4	284.0	273.4	263.9	253.6	240.1	214.8	175.6	130.7	89.2	62.2	43.3	26.8	16.0	6.9	0.9
I_θ (cd) C90°,C270°	298.0	292.8	285.6	274.0	260.8	241.8	223.8	204.1	182.6	159.1	133.8	108.5	83.9	61.4	44.1	30.4	18.7	8.3	0.8

利用系数表

有效顶棚反射比（%）	80				70				50				30				0
墙反射比（%）	70	50	30	10	70	50	30	10	70	50	30	10	70	50	30	10	0
地面反射比（%）	10				10				10				10				0
室形系数 RI																	
0.6	0.44	0.36	0.30	0.27	0.44	0.35	0.30	0.27	0.42	0.35	0.30	0.26	0.40	0.34	0.30	0.26	0.25
0.8	0.52	0.44	0.39	0.35	0.51	0.44	0.39	0.35	0.49	0.43	0.38	0.35	0.48	0.42	0.38	0.35	0.33
1.0	0.57	0.50	0.45	0.41	0.56	0.49	0.45	0.41	0.54	0.48	0.44	0.41	0.52	0.47	0.43	0.40	0.39
1.25	0.62	0.55	0.50	0.47	0.60	0.55	0.50	0.46	0.58	0.53	0.49	0.46	0.56	0.52	0.49	0.46	0.44
1.5	0.64	0.59	0.54	0.51	0.63	0.58	0.54	0.50	0.61	0.57	0.53	0.50	0.59	0.55	0.52	0.50	0.48
2.0	0.68	0.64	0.60	0.56	0.67	0.63	0.59	0.56	0.65	0.61	0.58	0.56	0.63	0.60	0.57	0.55	0.53
2.5	0.71	0.67	0.63	0.60	0.70	0.66	0.63	0.60	0.68	0.64	0.62	0.59	0.66	0.63	0.61	0.59	0.57
3.0	0.72	0.69	0.66	0.63	0.71	0.68	0.65	0.63	0.69	0.66	0.64	0.62	0.67	0.65	0.63	0.61	0.59
4.0	0.74	0.72	0.69	0.67	0.73	0.71	0.69	0.66	0.71	0.69	0.67	0.66	0.69	0.68	0.66	0.65	0.63
5.0	0.76	0.73	0.71	0.69	0.75	0.72	0.71	0.69	0.73	0.71	0.69	0.68	0.71	0.69	0.68	0.67	0.65
7.0	0.77	0.75	0.74	0.72	0.76	0.74	0.73	0.72	0.74	0.73	0.72	0.70	0.72	0.71	0.70	0.69	0.67
10.0	0.78	0.77	0.76	0.75	0.77	0.76	0.75	0.74	0.75	0.74	0.73	0.73	0.74	0.73	0.72	0.71	0.69

附录 各种灯具的光度参数

吸顶式高效直下控照型荧光灯具光度参数   附表6

灯具外形图

配光曲线 cd/1000lm

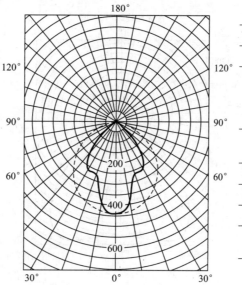

型号		FAC41260PH
生产厂		松下公司
外形尺寸(mm)	长L_1	1230
	宽W	160
	高H	123
光源		松下高效荧光灯 e—Hf—1×45W
灯具效率		72%
上射光通比		0
下射光通比		72%
最大允许距高比L/h	A-A	0.78
	B-B	1.34

发光强度值

θ(°)	0	5	10	15	20	25	30	35	40	45	50	55	60	65	70	75	80	85	90
I_θ(cd) C0°,C180°	435.1	424.0	385.4	301.0	263.9	261.6	256.4	229.3	181.3	125.2	65.7	31.9	14.3	0.6	0.6	0.2	0.1	0.1	0.1
C90°,C270°	435.1	428.6	424.9	416.6	402.7	385.1	363.1	337.8	309.7	277.1	241.2	204.6	165.6	128.3	92.6	57.8	29.2	7.4	0.3

利用系数表

有效顶棚反射比（%）	80				70				50				30				0
墙反射比（%）	70	50	30	10	70	50	30	10	70	50	30	10	70	50	30	10	0
地面反射比（%）	10				10				10				10				0
室形系数 RI																	
0.6	0.47	0.40	0.35	0.31	0.46	0.39	0.35	0.31	0.45	0.38	0.34	0.31	0.43	0.38	0.34	0.31	0.30
0.8	0.54	0.48	0.43	0.40	0.53	0.47	0.43	0.40	0.52	0.46	0.42	0.39	0.50	0.45	0.42	0.39	0.38
1.0	0.59	0.53	0.49	0.45	0.58	0.52	0.48	0.45	0.56	0.51	0.48	0.45	0.55	0.50	0.47	0.45	0.43
1.25	0.63	0.57	0.54	0.50	0.62	0.57	0.53	0.50	0.60	0.56	0.53	0.50	0.58	0.55	0.52	0.50	0.48
1.5	0.65	0.61	0.57	0.54	0.64	0.60	0.57	0.54	0.62	0.59	0.56	0.53	0.61	0.58	0.55	0.53	0.51
2.0	0.69	0.65	0.62	0.59	0.68	0.64	0.61	0.59	0.66	0.63	0.60	0.58	0.64	0.62	0.59	0.58	0.56
2.5	0.70	0.67	0.65	0.62	0.70	0.67	0.64	0.62	0.68	0.65	0.63	0.61	0.66	0.64	0.62	0.61	0.59
3.0	0.72	0.69	0.67	0.65	0.71	0.68	0.66	0.64	0.69	0.67	0.65	0.63	0.67	0.66	0.64	0.63	0.61
4.0	0.73	0.71	0.69	0.68	0.72	0.70	0.69	0.67	0.71	0.69	0.68	0.66	0.69	0.68	0.66	0.65	0.64
5.0	0.74	0.73	0.71	0.70	0.73	0.72	0.70	0.69	0.72	0.70	0.69	0.68	0.70	0.69	0.68	0.67	0.65
7.0	0.75	0.74	0.73	0.72	0.74	0.73	0.72	0.71	0.72	0.72	0.71	0.70	0.71	0.70	0.70	0.69	0.67
10.0	0.76	0.75	0.74	0.74	0.75	0.75	0.74	0.73	0.74	0.73	0.72	0.72	0.72	0.71	0.71	0.70	0.68

嵌入式消光格栅荧光灯具光度参数   附表7

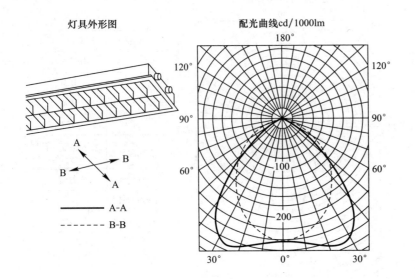

型号		FAC42761ENH
生产厂		松下公司
外形尺寸（mm）	长 L_1	1200
	宽 W	300
	高 H	85
光源		T8-2×36W
灯具效率		58%
上射光通比		0
下射光通比		58%
最大允许距高比 L/h	A-A	1.52
	B-B	1.25

发光强度值

θ (°)		0	5	10	15	20	25	30	35	40	45	50	55	60	65	70	75	80	85	90
I_θ (cd)	C0°,C180°	236.5	238.8	244.4	252.7	260.7	267.8	263.5	241.8	213.0	160.4	107.3	57.7	28.0	16.4	11.6	7.8	4.2	1.5	0.4
	C90°,C270°	236.5	234.1	227.8	219.8	210.1	199.2	185.3	166.7	150.8	131.3	112.1	91.4	71.4	51.0	31.4	18.2	10.9	5.0	0.5

利用系数表

有效顶棚反射比（%）	80				70				50				30				0
墙反射比（%）	70	50	30	10	70	50	30	10	70	50	30	10	70	50	30	10	0
地面反射比（%）	10				10				10				10				0
室形系数 RI																	
0.6	0.36	0.30	0.25	0.23	0.35	0.29	0.25	0.23	0.34	0.29	0.25	0.23	0.33	0.28	0.25	0.22	0.21
0.8	0.42	0.36	0.33	0.30	0.41	0.36	0.32	0.30	0.40	0.35	0.32	0.29	0.39	0.35	0.32	0.29	0.28
1.0	0.46	0.41	0.37	0.34	0.45	0.41	0.37	0.34	0.44	0.40	0.37	0.34	0.42	0.39	0.36	0.34	0.33
1.25	0.49	0.45	0.41	0.39	0.49	0.44	0.41	0.39	0.47	0.43	0.41	0.38	0.46	0.43	0.40	0.38	0.37
1.5	0.51	0.47	0.44	0.42	0.51	0.47	0.44	0.42	0.49	0.46	0.43	0.41	0.48	0.45	0.43	0.41	0.40
2.0	0.54	0.51	0.48	0.46	0.53	0.50	0.48	0.46	0.52	0.49	0.47	0.45	0.51	0.48	0.47	0.45	0.44
2.5	0.56	0.53	0.51	0.49	0.55	0.53	0.50	0.49	0.54	0.51	0.50	0.48	0.52	0.50	0.49	0.47	0.46
3.0	0.57	0.55	0.53	0.51	0.56	0.54	0.52	0.51	0.55	0.53	0.51	0.50	0.53	0.52	0.50	0.49	0.48
4.0	0.58	0.57	0.55	0.53	0.58	0.56	0.54	0.53	0.56	0.55	0.53	0.52	0.55	0.53	0.52	0.51	0.50
5.0	0.59	0.58	0.56	0.55	0.59	0.57	0.56	0.55	0.57	0.56	0.55	0.54	0.56	0.55	0.54	0.53	0.52
7.0	0.60	0.59	0.58	0.57	0.59	0.58	0.57	0.57	0.58	0.57	0.56	0.56	0.56	0.56	0.55	0.55	0.53
10.0	0.61	0.60	0.59	0.59	0.60	0.59	0.59	0.58	0.59	0.58	0.58	0.57	0.58	0.57	0.57	0.56	0.54

附录 各种灯具的光度参数

嵌入式白色钢板格栅荧光灯具光度参数   附表8

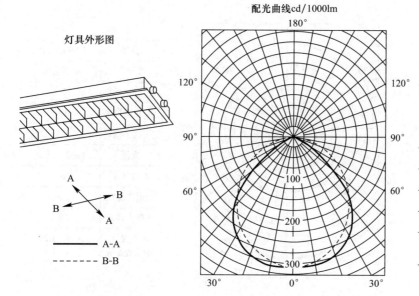

型号	FAC42651P
生产厂	松下公司
外形尺寸(mm) 长L_1	1200
外形尺寸(mm) 宽W	300
外形尺寸(mm) 高H	85
光源	T8-2×36W
灯具效率	72%
上射光通比	0
下射光通比	72%
最大允许距高比L/h A-A	1.29
最大允许距高比L/h B-B	1.28

发光强度值

θ (°)	0	5	10	15	20	25	30	35	40	45	50	55	60	65	70	75	80	85
I_θ(cd) C0°,C180°	306.9	309.0	309.7	304.2	298.7	284.5	268.2	246.4	215.7	170.5	121.3	77.4	49.2	34.1	24.3	15.8	9.1	4.1
I_θ(cd) C90°,C270°	306.9	306.3	300.4	289.0	277.5	261.4	245.3	228.0	208.0	186.2	162.3	139.4	113.7	86.4	59.0	33.1	18.0	8.4

利用系数表

有效顶棚反射比（%）	80				70				50				30				0
墙反射比（%）	70	50	30	10	70	50	30	10	70	50	30	10	70	50	30	10	0
地面反射比（%）	10				10				10				10				0
室形指数 RI																	
0.6	0.44	0.36	0.31	0.28	0.43	0.36	0.31	0.27	0.42	0.35	0.31	0.27	0.40	0.34	0.30	0.27	0.26
0.8	0.52	0.44	0.39	0.36	0.51	0.44	0.39	0.36	0.49	0.43	0.39	0.36	0.47	0.42	0.38	0.35	0.34
1.0	0.56	0.50	0.45	0.41	0.55	0.49	0.45	0.41	0.54	0.48	0.44	0.41	0.52	0.47	0.44	0.41	0.39
1.25	0.61	0.55	0.50	0.47	0.59	0.54	0.50	0.47	0.58	0.53	0.49	0.46	0.56	0.52	0.49	0.46	0.44
1.5	0.63	0.58	0.54	0.51	0.62	0.57	0.54	0.50	0.60	0.56	0.53	0.50	0.58	0.55	0.52	0.50	0.48
2.0	0.67	0.62	0.59	0.56	0.66	0.62	0.58	0.56	0.64	0.60	0.58	0.55	0.62	0.59	0.57	0.55	0.53
2.5	0.69	0.65	0.62	0.60	0.68	0.65	0.62	0.59	0.66	0.63	0.61	0.59	0.64	0.62	0.60	0.58	0.56
3.0	0.70	0.67	0.65	0.62	0.69	0.67	0.64	0.62	0.68	0.65	0.63	0.61	0.66	0.64	0.62	0.60	0.58
4.0	0.72	0.70	0.68	0.66	0.71	0.69	0.67	0.65	0.69	0.68	0.66	0.64	0.68	0.66	0.65	0.63	0.61
5.0	0.73	0.71	0.70	0.68	0.72	0.71	0.69	0.67	0.71	0.69	0.68	0.66	0.69	0.68	0.66	0.65	0.63
7.0	0.75	0.73	0.72	0.70	0.74	0.72	0.71	0.70	0.72	0.71	0.70	0.69	0.70	0.69	0.68	0.68	0.66
10.0	0.76	0.75	0.73	0.73	0.75	0.74	0.73	0.72	0.73	0.72	0.71	0.71	0.71	0.71	0.70	0.69	0.67

嵌入式下开放式荧光灯具光度参数   附表9

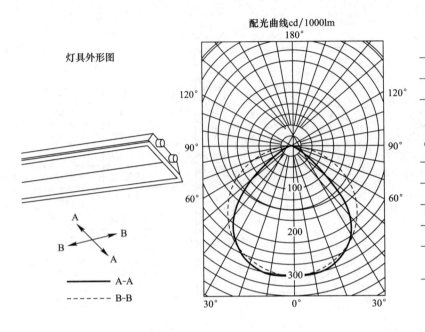

型号		FAC42601P
生产厂		松下公司
外形尺寸(mm)	长L_1	1200
	宽W	300
	高H	85
光源		T8-2×36W
灯具效率		76%
上射光通比		0
下射光通比		76%
最大允许距高比L/h	A-A	1.29
	B-B	1.37

发光强度值

θ(°)	0	5	10	15	20	25	30	35	40	45	50	55	60	65	70	75	80	85
I_θ(cd) C0°,C180°	299.2	301.3	301.8	296.8	291.8	278.2	262.4	241.6	211.0	166.7	117.6	73.4	44.7	30.2	21.3	13.8	8.1	3.7
I_θ(cd) C90°,C270°	299.2	299.7	297.4	290.9	284.3	273.5	262.4	249.4	233.6	215.5	194.8	175.0	151.5	125.8	97.9	69.4	39.8	12.6

利用系数表

有效顶棚反射比(%)	80				70				50				30				0
墙反射比(%)	70	50	30	10	70	50	30	10	70	50	30	10	70	50	30	10	0
地面反射比(%)	10				10				10				10				0
室形指数RI																	
0.6	0.46	0.37	0.32	0.28	0.45	0.37	0.32	0.28	0.43	0.36	0.31	0.28	0.42	0.35	0.31	0.28	0.26
0.8	0.54	0.46	0.41	0.37	0.53	0.46	0.40	0.37	0.51	0.45	0.40	0.36	0.49	0.44	0.39	0.36	0.35
1.0	0.59	0.52	0.47	0.43	0.58	0.52	0.46	0.43	0.56	0.50	0.46	0.42	0.54	0.49	0.45	0.42	0.41
1.25	0.64	0.57	0.52	0.49	0.63	0.57	0.52	0.48	0.61	0.55	0.51	0.48	0.59	0.54	0.51	0.48	0.46
1.5	0.67	0.61	0.56	0.53	0.66	0.60	0.56	0.53	0.63	0.59	0.55	0.52	0.61	0.58	0.54	0.52	0.50
2.0	0.71	0.66	0.62	0.59	0.69	0.65	0.62	0.58	0.67	0.64	0.61	0.58	0.65	0.62	0.60	0.57	0.56
2.5	0.73	0.69	0.66	0.63	0.72	0.68	0.65	0.62	0.70	0.67	0.64	0.62	0.68	0.65	0.63	0.61	0.59
3.0	0.75	0.71	0.68	0.66	0.74	0.70	0.68	0.65	0.71	0.69	0.66	0.64	0.70	0.67	0.65	0.63	0.62
4.0	0.77	0.74	0.72	0.69	0.76	0.73	0.71	0.69	0.74	0.72	0.70	0.68	0.72	0.70	0.68	0.67	0.65
5.0	0.78	0.76	0.74	0.72	0.77	0.75	0.73	0.71	0.75	0.73	0.72	0.70	0.73	0.72	0.70	0.69	0.67
7.0	0.79	0.78	0.76	0.75	0.78	0.77	0.75	0.74	0.76	0.75	0.74	0.73	0.75	0.73	0.73	0.72	0.69
10.0	0.80	0.79	0.78	0.77	0.79	0.78	0.77	0.76	0.77	0.77	0.76	0.75	0.76	0.75	0.74	0.74	0.71

嵌入式乳白面板荧光灯具光度参数 附表10

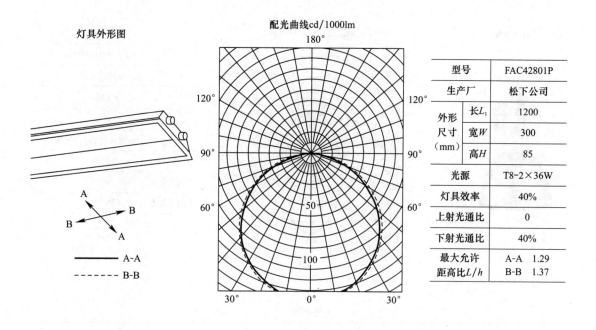

型号	FAC42801P
生产厂	松下公司
外形尺寸(mm) 长L_1	1200
宽W	300
高H	85
光源	T8-2×36W
灯具效率	40%
上射光通比	0
下射光通比	40%
最大允许距高比L/h A-A	1.29
B-B	1.37

发光强度值

θ (°)	0	5	10	15	20	25	30	35	40	45	50	55	60	65	70	75	80	85	90
L_θ(cd) C0°,C180°	137.9	136.7	134.0	132.3	128.1	122.9	115.7	109.9	103.1	94.0	82.2	73.3	61.1	49.7	37.6	25.8	15.0	5.5	0.3
C90°,C270°	137.9	136.7	134.6	132.9	128.9	123.9	116.8	111.4	105.1	96.1	84.0	75.6	63.1	51.4	39.2	27.0	15.6	5.1	0.3

利用系数表

有效顶棚反射比（%）	80				70				50				30				0
墙反射比（%）	70	50	30	10	70	50	30	10	70	50	30	10	70	50	30	10	0
地面反射比（%）	10				10				10				10				0
室形指数 RI																	
0.6	0.23	0.18	0.15	0.12	0.22	0.17	0.14	0.12	0.21	0.17	0.14	0.12	0.20	0.17	0.14	0.12	0.12
0.8	0.27	0.22	0.19	0.17	0.26	0.22	0.19	0.17	0.25	0.21	0.19	0.17	0.24	0.21	0.18	0.16	0.16
1.0	0.29	0.25	0.22	0.20	0.29	0.25	0.22	0.20	0.28	0.24	0.22	0.20	0.27	0.24	0.21	0.19	0.19
1.25	0.32	0.28	0.25	0.23	0.31	0.28	0.25	0.23	0.30	0.27	0.24	0.23	0.29	0.26	0.24	0.22	0.21
1.5	0.33	0.30	0.27	0.25	0.33	0.30	0.27	0.25	0.32	0.29	0.27	0.25	0.30	0.28	0.26	0.25	0.24
2.0	0.36	0.33	0.30	0.29	0.35	0.32	0.30	0.28	0.34	0.32	0.30	0.28	0.33	0.31	0.29	0.28	0.27
2.5	0.37	0.35	0.33	0.31	0.36	0.34	0.32	0.31	0.35	0.33	0.32	0.30	0.34	0.33	0.31	0.30	0.29
3.0	0.38	0.36	0.34	0.33	0.37	0.36	0.34	0.32	0.36	0.35	0.33	0.32	0.35	0.34	0.33	0.31	0.30
4.0	0.39	0.38	0.36	0.35	0.39	0.37	0.36	0.35	0.38	0.36	0.35	0.34	0.37	0.35	0.34	0.34	0.32
5.0	0.40	0.39	0.37	0.36	0.39	0.38	0.37	0.36	0.38	0.37	0.36	0.35	0.37	0.36	0.36	0.35	0.34
7.0	0.41	0.40	0.39	0.38	0.40	0.39	0.39	0.38	0.39	0.39	0.38	0.37	0.38	0.38	0.37	0.36	0.35
10.0	0.42	0.41	0.40	0.39	0.41	0.40	0.40	0.39	0.40	0.39	0.39	0.38	0.39	0.39	0.38	0.38	0.37

高天棚照明灯具光度参数　　　　附表 11

灯具外形图

配光曲线 cd/1000lm

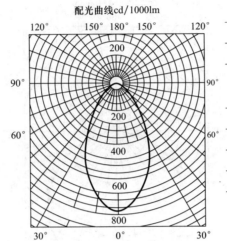

型号		MDK900/400 LA（W）
生产厂		飞利浦公司
外形尺寸（mm）	ϕ	424
	高 H	600
光源		金属卤化物灯 400W
灯具效率		75.3%
上射光通比		0
下射光通比		75.3%

发光强度值

θ (°)	0	2.5	5	7.5	10	12.5	15	17.5	20	22.5	25	27.5	30
I_θ (cd)	741	730	713	689	658	626	597	572	538	495	444	393	346
θ (°)	32.5	35	37.5	40	42.5	45	47.5	50	52.5	55	57.5	60	62.5
I_θ (cd)	306	268	230	193	158	126	99	77	57	39	25	16	10
θ (°)	65	67.5	70	72.5	75	77.5	80	82.5	85	87.5	90		
I_θ (cd)	7	5	4	4	3	3	2	2	2	1	0		

利用系数表

有效顶棚反射比（%）	80	80	70	70	70	70	50	50	30	30	0
墙反射比（%）	50	50	50	50	50	30	30	10	30	10	0
地面反射比（%）	30	10	30	20	10	10	10	10	10	10	0
室形指数 RI											
0.60	0.54	0.52	0.54	0.53	0.51	0.48	0.48	0.45	0.47	0.45	0.44
0.80	0.61	0.57	0.60	0.58	0.57	0.53	0.53	0.51	0.53	0.50	0.49
1.00	0.67	0.62	0.66	0.63	0.61	0.58	0.58	0.55	0.57	0.55	0.54
1.25	0.72	0.66	0.70	0.68	0.65	0.62	0.61	0.59	0.61	0.59	0.58
1.50	0.75	0.68	0.74	0.71	0.68	0.65	0.64	0.62	0.64	0.62	0.61
2.00	0.81	0.72	0.79	0.75	0.71	0.69	0.69	0.67	0.68	0.66	0.65
2.50	0.84	0.74	0.82	0.78	0.74	0.72	0.71	0.70	0.70	0.69	0.68
3.00	0.87	0.76	0.85	0.80	0.75	0.74	0.73	0.72	0.72	0.71	0.70
4.00	0.90	0.78	0.87	0.82	0.77	0.76	0.75	0.74	0.74	0.73	0.71
5.00	0.92	0.79	0.89	0.83	0.78	0.77	0.76	0.75	0.75	0.74	0.72

参 考 文 献

[1] 范同顺. 建筑配电与照明. 北京：高等教育出版社，2004.
[2] 俞丽华. 电气照明（第四版）. 上海：同济大学出版社，2004.
[3] 《建筑照明设计标准》编制组. 建筑照明设计标准培训讲座. 北京：中国建筑工业出版社，2005.
[4] 建筑照明设计标准 GB 50034—2004. 北京：中国建筑工业出版社，2004.
[5] 王晓东. 电气照明技术. 北京：机械工业出版社，2004.
[6] 北京照明学会照明设计专业委员会. 照明设计手册（第二版）. 北京：中国电力出版社，2006.
[7] 国家经贸委/UNDP/GEF 中国绿色照明工程项目办公室，中国建筑科学研究院. 绿色照明工程实施手册. 北京：中国建筑工业出版社，2003.
[8] 黄民德. 建筑电气技术基础（第二版）. 天津：天津大学出版社，2006.
[9] 城市道路照明设计标准 CJJ 45—2006. 北京：中国建筑工业出版社，2007.
[10] 刘祖明. LED 照明驱动器设计案例精解. 北京：化学工业出版社，2011.
[11] 刘祖明. LED 照明工程设计与产品组装. 北京：化学工业出版社，2011.
[12] 周志敏，纪爱华等. 太阳能 LED 照明技术与工程设计. 北京：中国电力出版社，2011.
[13] 中华人民共和国住房与城乡建设部. 城市夜景照明设计规范 JGJ/T 163—2008. 北京：中国建筑工业出版社，2008.
[14] 徐云，刘付平，张凯洪等. 节能照明系统工程设计. 北京：中国电力出版社，2009.
[15] 李文华. 室内照明设计. 北京：中国水利水电出版社，2007.
[16] 盖里·斯蒂芬（Gary Steffy）编著，荣浩磊，李丽，杜江涛译. 建筑照明设计（第 2 版）. 北京：机械工业出版社，2009.
[17] 马小军等. 智能照明控制系统. 南京：东南大学出版社，2009.
[18] 史新. 照明工程设计禁忌手册. 武汉：华中科技大学出版社，2010.
[19] 民用建筑电气设计规范 JGJ 16—2008. 北京：中国建筑工业出版社，2008.
[20] 张小青. 建筑防雷与接地技术. 北京：中国电力出版社，2003.
[21] 芮静康. 建筑防雷与电气安全技术. 北京：中国建筑工业出版社，2003.
[22] 杨金夕. 防雷·接地及电气安全技术. 北京：机械工业出版社，2004.
[23] 建筑物防雷设计规范 GB 50057—2010. 北京：中国计划出版社，2010.
[24] 电子信息系统机房设计规范 GB 50174—2008. 北京：中国计划出版社，2008.
[25] 低压电涌保护器（SPD）第 1 部分：低压配电系统的电涌保护器性能要求和试验方法 GB18802.1—2011. 北京：中国标准出版社，2011.
[26] 电气装置安装工程接地装置施工及验收规范 GB 50169—2006. 北京：中国计划出版社，2006.
[27] 通信局（站）防雷与接地工程设计规范 YD 5098—2005. 北京：邮电大学出版社，2005.
[28] 国际电工委员会标准 IEC61312—1. 雷电电磁脉冲的防护. 第一部分：一般原则（通则）.
[29] 国际电工委员会标准 IEC61312—2. 雷电电磁脉冲的防护. 第二部分：建筑物在受到直接雷击和邻近雷击情况下内部的电磁场.
[30] 国际电工委员会标准 IEC61312—3. 雷电电磁脉冲的防护. 第三部分：电涌保护器的要求.
[31] 虞昊. 现代防雷技术基础（第二版）. 北京：清华大学出版社，2005.
[32] 李建民，罗军. 安全用电. 北京：中国铁道出版社，2011.